高职高专“十二五”规划教材

计算机专业系列

中文版PowerPoint 2007基础与上机实训

（第二版）

陈 笑 编著

南京大学出版社

内容简介

本书系统地介绍了微软公司最新推出的办公自动化套装软件中的演示文稿制作软件——中文版PowerPoint 2007使用方法和操作技巧。全书共分12章，分别介绍了中文版PowerPoint 2007的基本功能和操作，演示文稿的创建方法，幻灯片中文字、段落的设置，图形、图像、多媒体对象的插入与设置，幻灯片备注、讲义、页眉和页脚以及动画效果的添加与设置，幻灯片的放映、打印及发布等内容。

本书内容翔实、结构清晰、技术分析透彻、编排合理，具有很强的实用性和可操作性，既可作为各类高职高专院校相关专业的教材，也可作为电脑办公用户很好的自学参考书。

图书在版编目(CIP)数据

中文版PowerPoint 2007基础与上机实训 / 陈笑编著. —2版. —南京：南京大学出版社，2013.7

高职高专"十二五"规划教材·计算机专业系列

ISBN 978-7-305-11891-3

Ⅰ.①中… Ⅱ.①陈… Ⅲ.①图形软件 Ⅳ.①TP391.41

中国版本图书馆CIP数据核字(2013)第173467号

出版发行　南京大学出版社
社　　址　南京市汉口路22号　　邮　　编　210093
网　　址　http://www.NjupCo.com
出 版 人　左　健

丛 书 名　高职高专"十二五"规划教材·计算机专业系列
书　　名　中文版PowerPoint 2007基础与上机实训(第二版)
编　　著　陈　笑
责任编辑　吴　汀　　　　编辑热线　025-83592123

照　　排　南京南琳图文制作有限公司
印　　刷　宜兴市盛世文化印刷有限公司
开　　本　787×1092　1/16　印张16.25　字数380千
版　　次　2013年7月第2版　　2013年7月第1次印刷
ISBN 978-7-305-11891-3
定　　价　32.00元

发行热线　025-83594756
电子邮箱　Press@NjupCo.com
　　　　　Sales@NjupCo.com(市场部)

前　言

Office 2007 是 Microsoft 公司最新推出的办公自动化套装软件。Office 2007 在 Office 2003 的基础之上作了进一步的完善，提高了程序的易用性，新增了许多实用工具，加强了各组件间的协作和优势互补。

中文版 PowerPoint 2007 是目前最专业的演示文稿制作软件之一，也是 Office 2007 办公套装软件中的一个重要组成部分。利用中文版 PowerPoint 2007 不仅可以制作出图文并茂、表现力和感染力极强的演示文稿，还能够通过计算机屏幕、幻灯片、投影仪或 Internet 发布。现在，无论是企业展示新产品、开会作报告，还是教师讲课或亲友相互赠送电子贺卡，都可以使用 PowerPoint 来实现。

本书共分 12 章，第 1 章介绍了 PowerPoint 2007 的新增功能；第 2 章介绍了演示文稿的创建与保存；第 3、4 章介绍了幻灯片中占位符、文本及段落的使用方法；第 5 章介绍了 PowerPoint 的图形处理功能；第 6、7 章介绍了编辑幻灯片母版，插入表格、图表及 SmartArt 图形的方法；第 8 章介绍了在幻灯片中插入多媒体对象的方法；第 9、10 章介绍了演示文稿的动画效果及幻灯片的放映方式；第 11 章介绍了幻灯片的打印和发布方法；第 12 章通过几个典型的商务实例综合地介绍了 PowerPoint 2007 的使用方法。

全书图文并茂、语言流畅，采用由浅入深、循序渐进的方法，在内容编写上充分考虑读者实际，通过大量可操作性强和有代表性的实例，让读者在了解 PowerPoint 2007 功能的同时，迅速掌握软件的使用方法和技巧。本书在各章后面都配有适量的练习题，读者在阅读完相应章节后，可及时检验自己的学习效果。

本书可以作为高职高专学校相关课程的教材，也可作为电脑办公用户很好的自学参考书。

本书由陈笑编著，参加本书编写的还有李义官、沈亚静、李珍珍、胡元元、王璐、蒋惠民、金丽萍、庄春华、吕斌、沙晓芳、高维杰等。

由于作者水平有限，加之创作时间仓促，书中难免存在不足之处，欢迎广大读者批评指正。

作　者

目 录

第 1 章　初识 PowerPoint 2007

PowerPoint 是一款专门用来制作演示文稿的应用软件，也是 Microsoft Office 系列软件中的重要组成部分。使用 PowerPoint 可以制作出集文字、图形、图像、声音以及视频等多媒体元素为一体的演示文稿，让信息以更轻松、更高效的方式表达出来。中文版 PowerPoint 2007 在继承以前版本的强大功能的基础上，更是采用了全新的界面和便捷的操作模式以引导用户制作图文并茂、声形兼备的多媒体演示文稿。

通过本章的理论学习和上机实训，读者应了解和掌握以下内容：

- PowerPoint 应用特点
- PowerPoint 2007 的新增功能
- 启动 PowerPoint 2007
- PowerPoint 2007 的界面和视图
- 自定义工作环境

1.1　PowerPoint 2007 简介

使用 PowerPoint 制作个性化的演示文稿，首先需要了解其应用特点。Microsoft 公司最新推出的 PowerPoint 2007 办公软件除了拥有全新的界面外，还添加了许多新功能，使软件应用更加方便快捷。

1.1.1　PowerPoint 的应用特点

PowerPoint 和其他 Office 应用软件一样，使用方便、界面友好。简单来说，PowerPoint 具有如下应用特点：

- 简单易用　作为 Office 软件中的一员，PowerPoint 在选项卡、工作界面的设置上和 Word、Excel 类似。各种工具的使用也相当简单，一般情况下，用户经过短时间的学习就可以制作出具有专业水准的多媒体演示文稿。
- 帮助系统　在演示文稿的制作过程中，使用 PowerPoint 帮助系统，可以查询到各种提示，帮助用户进行幻灯片的制作，提高工作效率。
- 与他人协作　PowerPoint 使通过因特网协作和共享演示文稿更加简单，地理位置分散的用户在自己的办公地点就可以很好地与他人进行合作。
- 多媒体演示　使用 PowerPoint 制作的演示文稿可以应用于不同的场合。演示的内容可以是文字、图形、图像、声音以及视频等多媒体信息。另外，PowerPoint 还提供了多种控制自如的放映方式和变化多样的画面切换效果，在放映时还可以方便地使用鼠标箭头或笔迹指示对演示重点内容进行标示和强调。

- 发布应用　在 PowerPoint 中,可以将演示文稿保存为 HTML 格式的网页文件,然后发布到因特网上,异地的观众可直接使用浏览器观看发布者发布的演示文稿。
- 支持多种格式的图形文件　Office 的剪辑库收集了多种类别的剪贴画,通过自定义的方法,可以向剪辑库中增加新的图形。此外,PowerPoint 还允许在幻灯片中添加 JPEG、BMP、WMF、GIF 等图形文件。对于不同类型的图形对象,可以设置动态效果。
- 输出方式的多样化　用户可以根据制作的演示文稿,选择输出供观众使用的讲义或者供演讲者使用的备注文档。此外,用户还可以根据需要打印出幻灯片的大纲。

1.1.2　PowerPoint 2007 的新增功能

PowerPoint 2007 在继承了旧版本优秀特点的同时,明显地调整了工作环境及工具按钮,从而更加直观和便捷。此外,PowerPoint 2007 还新增了某些功能和特性。

1. 面向结果的功能区

PowerPoint 2007 取消了菜单命令,将菜单转换为相应的选项卡,并且每个选项卡的下方都列出了不同功能的选项区域。如"开始"选项卡中包含"剪贴板"、"字体"、"段落"等选项区域,如图 1－1 所示。

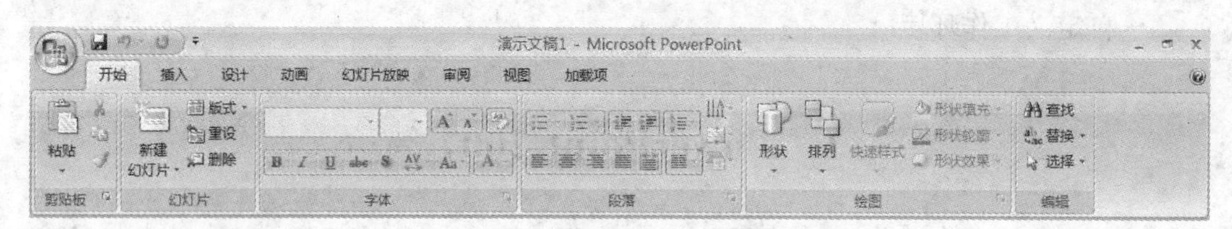

图 1－1　功能区的"开始"选项卡

2. 取消任务窗格功能

PowerPoint 2007 提供新的主题、版式和快速样式。当为演示文稿设置格式时,PowerPoint 2007 将提供广泛的选择余地。在 PowerPoint 以前的版本中,用户必须分别为表格、图表和图形选择颜色和样式,并需要确保它们的美观性;而在 PowerPoint 2007 中,主题简化了专业演示文稿的创建过程,用户只需选择需要的主题,演示文稿就将自动应用背景、文字、图形、图表和表格格式。图 1－2 为应用主题和快速样式后的幻灯片效果。

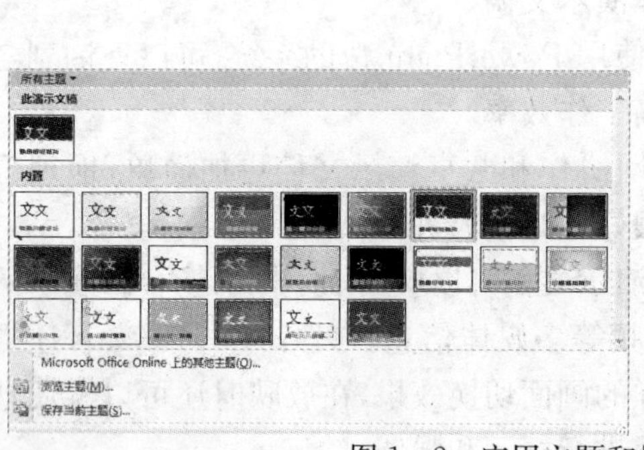

图 1－2　应用主题和快速样式后的幻灯片效果

提示：

主题包括主题颜色、主题字体和主题效果，可以作为一套独立的选择方案应用于文件中；版式包括幻灯片上标题和副标题文本、列表、图片、表格、图表、形状和视频等元素的排列方式；快速样式是格式设置选项的集合，使用它可更容易地设置演示文稿和对象的格式。

3. 增强的图表功能

PowerPoint 支持插入各种类型的图表，以用来制作出专业的数据图表。从提供的图表类型上看，PowerPoint 2007 的图表种类更加多样，图表效果表现更加直观。图 1－3 所示为 PowerPoint 2007 提供的“插入图表”对话框。

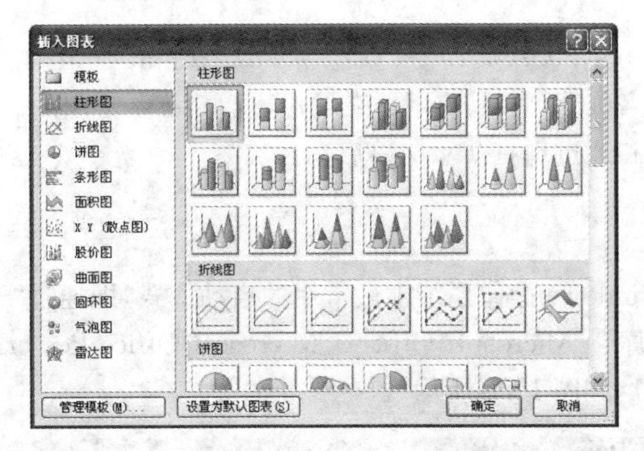

图 1－3　PowerPoint 2007 的“插入图表”对话框

4. 专业的 SmartArt 图形

SmartArt 图形可以用于表达演示流程、层次结构、循环或关系等，它的功能同 PowerPoint 2003 的图示功能类似，不同的是 PowerPoint 2003 提供的图示只有简单 6 种样式，而 PowerPoint 2007 提供的 SmartArt 图形不仅样式丰富，而且支持自定义配色方案和三维样式的设置，如图 1－4 所示。

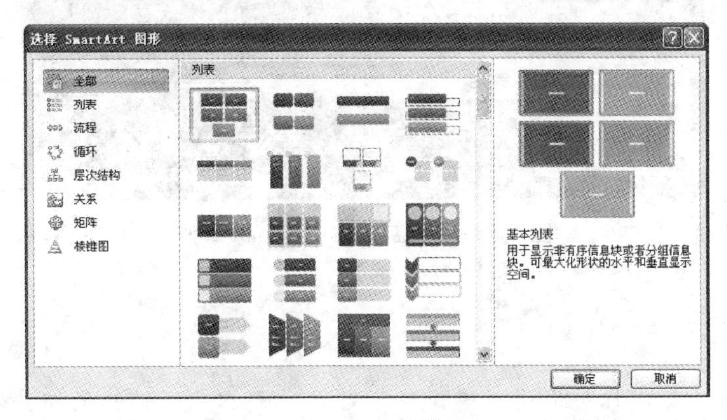

图 1－4　PowerPoint 2007 提供的 SmartArt 图形

5. 方便的共享模式

在 PowerPoint 旧版本中,由于幻灯片使用的模板不同,使得制作后的演示文稿很难与其他人共享;由于演示文稿占用的空间通常都较大,因此很难通过电子邮件进行传送。PowerPoint 2007 提供的一些文件格式大大减小了文件体积,为共享文件提供了便捷,如用户可以直接将演示文稿保存为 PDF 格式。

1.2 启动 PowerPoint 2007

当用户安装完 Office 2007(典型安装)之后,PowerPoint 2007 也将成功安装到系统中,这时启动 PowerPoint 2007 就可以使用它来创建演示文稿。常用的启动方法有:常规启动、通过创建新文档启动和通过现有演示文稿启动。

1.2.1 常规启动

常规启动是在 Windows 操作系统中最常用的启动方式,即通过“开始”菜单启动。单击“开始”按钮,选择“程序”| Microsoft Office | Microsoft Office PowerPoint 2007 命令,即可启动 PowerPoint 2007,如图 1-5 所示。

图 1-5 常规启动 PowerPoint 2007

提示:

如果用户在安装 Office 2007 时选择自定义安装,那么由于选择的组件不同,在图 1-5 中看到的菜单项也会不同。此外,在 Windows 2000 以上版本的操作系统中,由于系统菜单会把不常用的菜单项自动隐藏,所以看到的菜单项也会有所不同。

1.2.2 通过创建新文档启动

成功安装 Microsoft Office 2007 之后，在桌面或者“我的电脑”窗口中的空白区域右击，将弹出如图 1-6 所示的快捷菜单，此时选择“新建”|“Microsoft Office PowerPoint 演示文稿”命令，即可在桌面或者当前文件夹中创建一个名为“新建 Microsoft Office PowerPoint 演示文稿”的文件。此时可以重命名该文件，然后双击文件图标，即可打开新建的 PowerPoint 2007 文件。

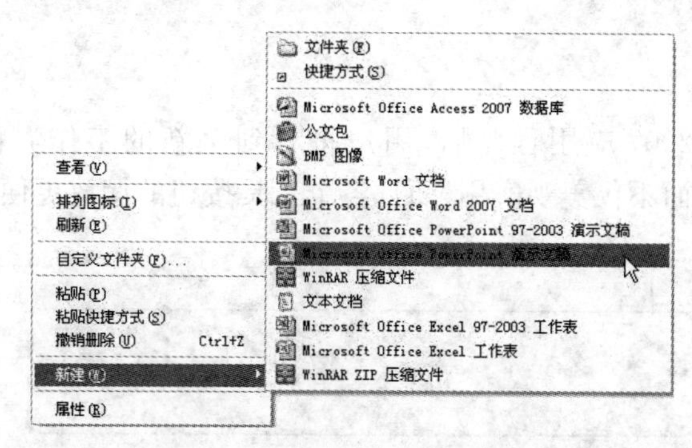

图 1-6 使用快捷菜单新建文件

提示：

使用该方法启动 PowerPoint 2007，可以避免用户在较为忙碌的情况下忘记存盘而造成的数据丢失，该文件会每隔 10 分钟(系统默认)自动保存用户的操作。

1.2.3 通过现有演示文稿启动

用户在创建并保存 PowerPoint 2007 演示文稿后，可以通过已有的演示文稿启动 PowerPoint 2007。通过已有演示文稿启动可以分为两种方式：直接双击演示文稿图标和在“文档”中启动。

1. 双击图标启动

用户可以利用 Windows 中的“我的电脑”或资源管理器找到已经创建的演示文稿，然后双击图标来自动启动 PowerPoint 2007。

2. 在“文档”中启动

如果用户在当前计算机中已经使用 PowerPoint 2007 创建或打开过演示文稿，那么 Windows 会记录下用户在计算机中最近打开过的文件名称。在“开始”菜单中选择“文档”命令，此时将列出所有可以打开文件的文件名，选择相应的文件名即可打开演示文稿。

提示：

当演示文稿的存储路径发生改变，或者演示文稿已经被删除时，使用“开始”|“文档”命令将不能打开该文件。

1.3 PowerPoint 2007 的界面组成

PowerPoint 2007 与旧版本相比，界面有了较大的改变，它使用选项卡替代原有的菜单，使用各种选项区域替代原有的菜单子命令和工具栏。本节将主要介绍 PowerPoint 2007 的工作界面及各种视图方式。

1.3.1 界面简介

启动 PowerPoint 2007 应用程序后，用户将看到全新的工作界面，如图 1-7 所示。PowerPoint 2007 的界面不仅美观实用，而且各个工具按钮的摆放更便于用户的操作。

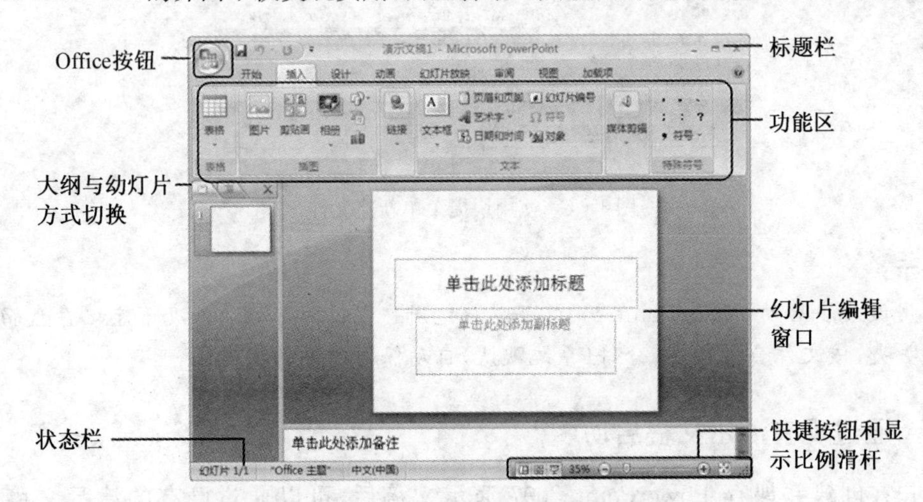

图 1-7 PowerPoint 2007 界面构成

1. 标题栏

标题栏位于界面的顶端，用来显示当前应用程序名称和编辑的演示文稿名称。标题栏最右端有 3 个按钮，分别用来控制窗口的最大化(还原)、最小化和关闭。

2. Office 按钮

Office 按钮 是 PowerPoint 2007 新增的功能按钮，它位于整个工作界面的左上方，单击该按钮后将打开如图 1-8 所示的菜单和列表。从图中可以看到，左侧列出了“新建”、“打开”、“保存”、“另存为”、“打印”、“准备”、“发布”等命令菜单，右侧列出了最近使用的文档列表。

Office 按钮右侧为快速访问工具栏，默认状态下包括“保存”按钮 、“撤销”按钮 和“重复”按钮 。

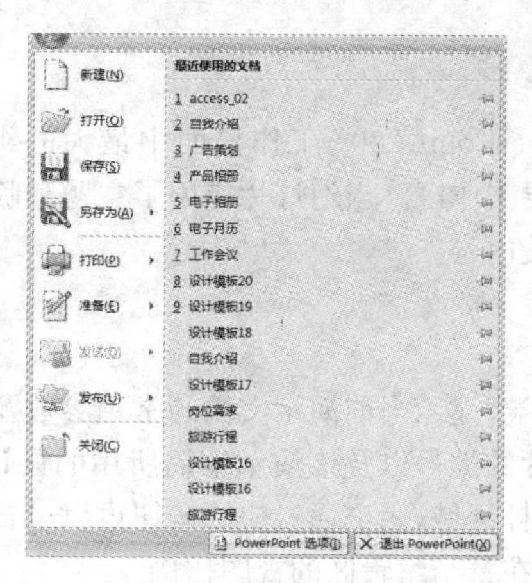

图 1－8　Office 按钮下的菜单与列表

3. 功能区

PowerPoint 2007 将旧版本中的菜单栏和工具栏合并为功能区，如图 1－9 所示为功能区中的“插入”选项卡。

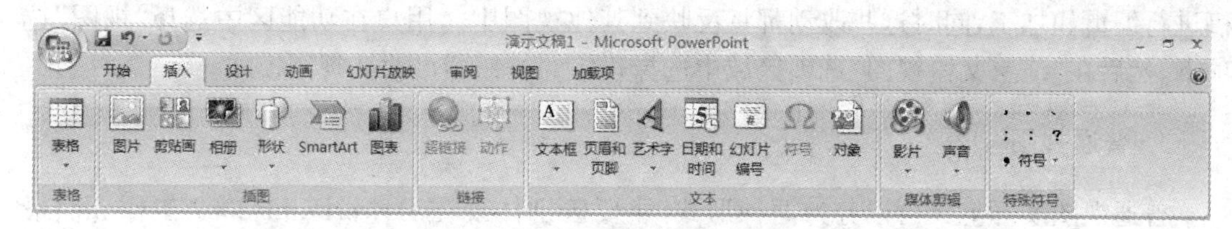

图 1－9　功能区中的“插入”选项卡

从图中可以看出，功能区将旧版本中的“插入”菜单(如图 1－10 所示)下的“表格”、“图片”、“超链接”、“文本框”、“影片和声音”和“特殊符号”命令分别作为“表格”、“插图”、“链接”、“文本”、“媒体剪辑”和“特殊符号”选项区域进行放置。用户可以在选项区域中找到常用的工具按钮，大大节省了以前版本中寻找命令所需花费的时间。

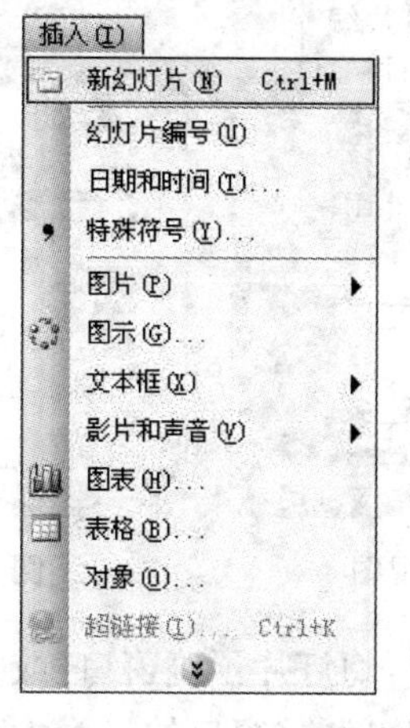

图 1－10　PowerPoint 2003 中“插入”菜单下的命令

4. 幻灯片编辑窗口

幻灯片编辑窗口是 PowerPoint 2007 工作界面中最大的组成部分，它是使用 PowerPoint 进行幻灯片制作的主要工作区。当幻灯片应用了主题和版式后，编辑区将出现相应的提示信息，提示用户输入相关内容。

5. 状态栏

状态栏位于界面的最底端，显示当前演示文稿的常用参数及工作状态，如整个文稿的总页数、当前正在编辑的幻灯片的编号以及该演示文稿所用的设计模板名称等。状态栏的右侧为快捷按钮和显示比例滑杆区域，用户通过快捷按钮可以设置幻灯片的视图模式，通过显示比例滑杆可以控制幻灯片在整个编辑区的视图比例。

1.3.2 视图简介

PowerPoint 2007 提供了“普通视图”、“幻灯片浏览视图”、“备注页视图”和“幻灯片放映”4 种视图模式，使用户在不同的工作需求下都能得到一个舒适的工作环境。每种视图都包含有该视图下特定的工作区、功能区和其他工具。在不同的视图中，用户都可以对演示文稿进行编辑和加工，同时这些改动都将反映到其他视图中。用户在功能区中选择“视图”选项卡，然后在“演示文稿视图”选项区域中选择相应的按钮即可改变视图模式。

1. 普通视图

普通视图实际上又可以分为两种形式，主要区别体现在 PowerPoint 2007 工作界面最左边的预览窗口，分别显示为“幻灯片”和“大纲”两种形式，用户可以通过单击该预览窗口上方的切换按钮进行切换。如图 1-11 和图 1-12 所示分别为“幻灯片”和“大纲”形式的普通视图。

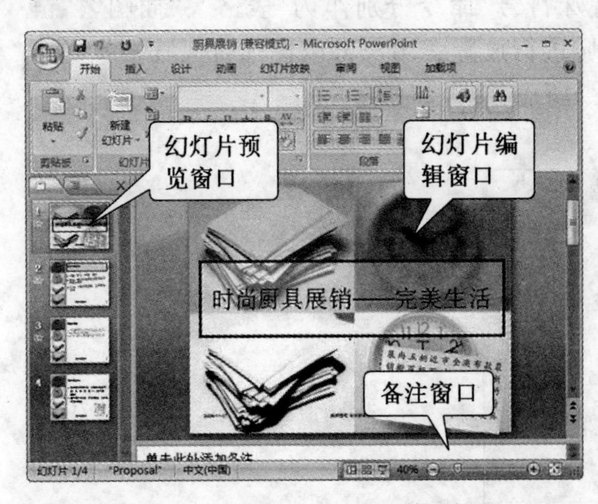

图 1-11 “幻灯片”形式的普通视图

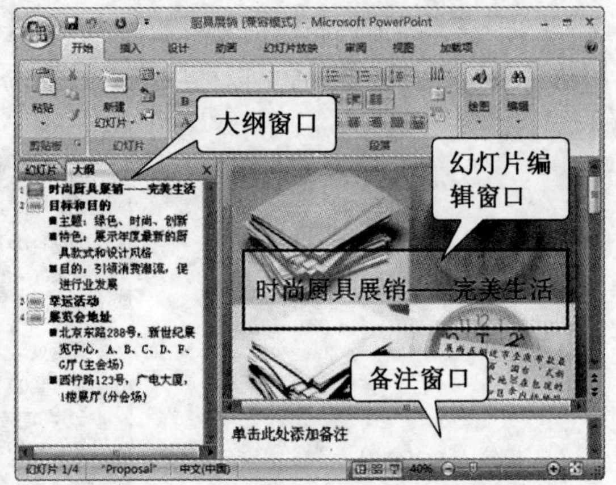

图 1-12 “大纲”形式的普通视图

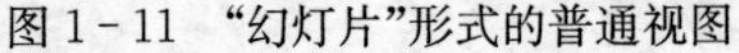

普通视图中主要包含 3 种窗口：幻灯片预览窗口(或大纲窗口)、幻灯片编辑窗口和备注窗口。用户拖动各个窗口的边框即可调整窗口的显示大小。

- 幻灯片视图

在幻灯片视图中，左侧的幻灯片预览窗口从上到下依次显示每一张幻灯片的缩略图，用户从中可以查看幻灯片的整体外观。当在预览窗口单击幻灯片缩略图时，该张幻灯片将显示在幻灯片编辑窗口中，这时就可以向当前幻灯片中添加或修改文字、图形、图像和声音等信息。用户可以在预览窗口中上下拖动幻灯片，以改变其在整个演示文稿中的位置。

- 大纲视图

大纲视图主要用来显示 PowerPoint 演示文稿的文本部分，它为组织材料、编写大纲提供了一个良好的工作环境。使用大纲视图是组织和编辑演示文稿内容的最好方法，因为用户在工作时可以看见屏幕上所有的标题和正文，这样就可以在幻灯片中重新安排要点，将整张幻灯片从一处移动到另一处，或者编辑标题和正文等。例如，如果要重排幻灯片或项目符号，只要选定要移动的幻灯片图标 ▭ 或文本符号，将其拖动到新位置即可。

2. 幻灯片浏览视图

使用幻灯片浏览视图，可以在屏幕上同时看到演示文稿中的所有幻灯片，这些幻灯片以缩略图方式显示在同一窗口中，如图 1－13 所示。

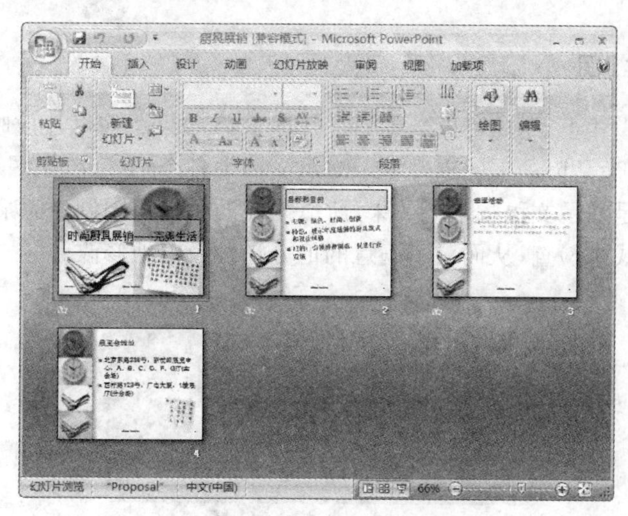

图 1－13　幻灯片浏览视图

在该视图模式中可以看到改变幻灯片的背景设计、配色方案或更换模板后演示文稿的整体变化，也可以检查各个幻灯片是否前后协调、图标的位置是否合适等问题。同时在该视图中可以添加、删除和移动幻灯片，以及设置幻灯片之间的动画切换。

从图 1－13 所示的幻灯片浏览视图中可以看到，有些幻灯片的左下角显示了一个 ☆ 标志，单击该标志即可预览幻灯片的动画效果。当没有为幻灯片添加动画效果时，则不显示该标志。幻灯片右下角显示的是当前幻灯片的编号，也是当前演示文稿中幻灯片的播放顺序。

如果要对当前幻灯片的内容进行编辑，则可以右击该幻灯片，在弹出的快捷菜单中选择相应命令，或者双击幻灯片切换到普通视图即可。

3. 备注页视图

在备注页视图模式下，用户可以方便地添加和更改备注信息，如图 1－14 所示。同时，在该视图中也可以添加图形等信息。

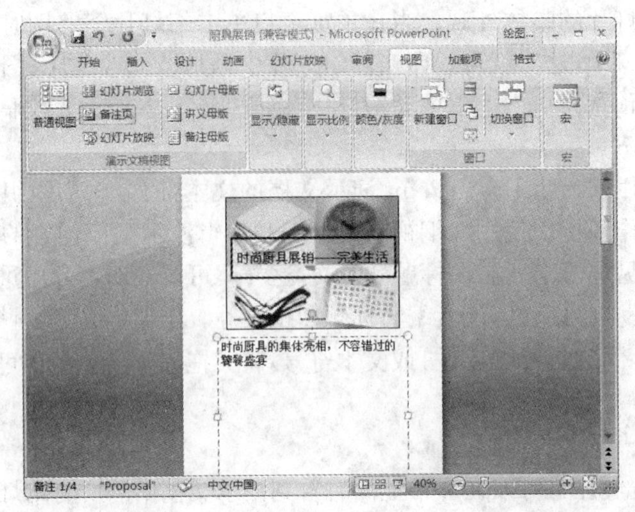

图 1-14　备注页视图

4. 幻灯片放映视图

在幻灯片放映模式下，用户可以看到幻灯片的最终效果。幻灯片放映视图并不是显示单个的静止的画面，而是以动态的形式显示演示文稿中各个幻灯片，如图 1-15 所示。幻灯片放映视图显示的是演示文稿的最终效果，所以当在演示文稿中创建完某一张幻灯片时，就可以利用该视图模式来检查，从而对不满意的地方进行及时地修改。

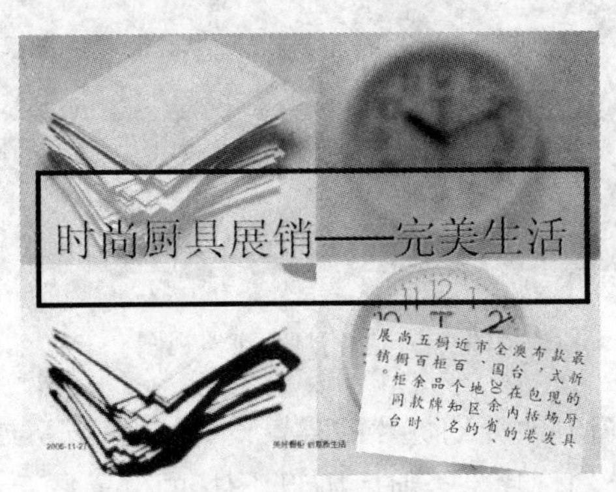

图 1-15　幻灯片放映视图

用户也可以通过单击状态栏右下角的“幻灯片放映”按钮 切换当前的视图模式。在幻灯片放映时，可以按键盘上的 Esc 键退出放映。

提示：

在 PowerPoint 中，按下 F5 键可以直接进入幻灯片的放映模式，并从头开始放映；按下 Shift+F5 键则可以从当前幻灯片开始向后放映。

1.4 自定义快速访问工具栏及工作环境

PowerPoint 2007 支持自定义快速访问工具栏及设置工作环境，从而使用户能够按照自己的习惯设置工作界面，在制作演示文稿时更加得心应手。

1.4.1 自定义快速访问工具栏

快速访问工具栏位于标题栏的左侧，如图 1－16 所示。该工具栏能够帮助用户快速地进行常用命令的操作。

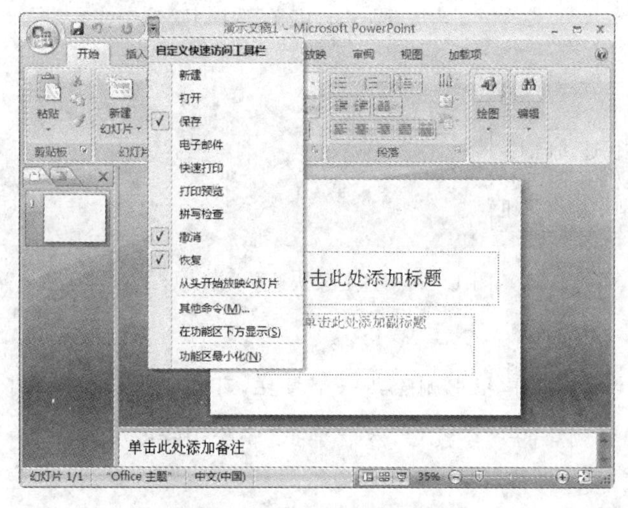

图 1－16 快速访问工具栏

1. 添加新的按钮

当用户需要添加其他命令按钮（如“剪贴画”按钮）时，可以通过“PowerPoint 2007 选项”对话框中的“自定义”选项卡中的选项进行设置。

【实训 1－1】在快速访问工具栏中添加“剪贴画”按钮。

(1) 启动 PowerPoint 2007 应用程序，打开其工作界面。

(2) 单击快速访问工具栏右侧的下拉箭头，在弹出的菜单中选择“其他命令”命令，打开“PowerPoint 选项”对话框的“自定义”选项卡，如图 1－17 所示。

(3) 在“从下列位置选择命令”下拉列表框中选择“插入选项卡”选项，并在其下方的列表框中选择“剪贴画”选项。

(4) 在对话框中单击“添加”按钮 添加(A) >> ，此时“剪贴画”选项添加到右侧的列表框中。

(5) 单击“确定”按钮，此时快速访问工具栏效果如图 1－18 所示。

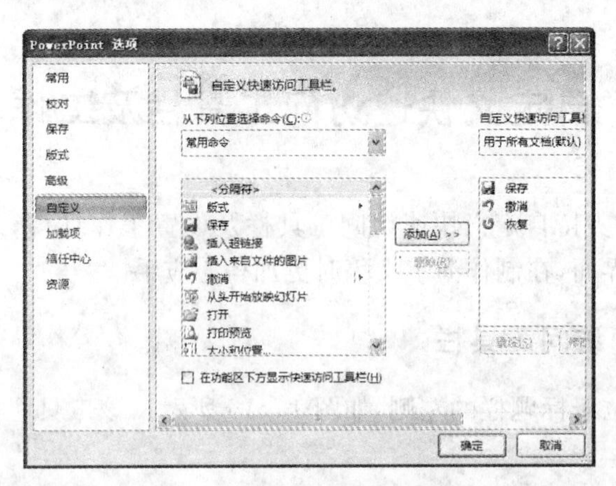

图 1-17 “自定义”选项卡

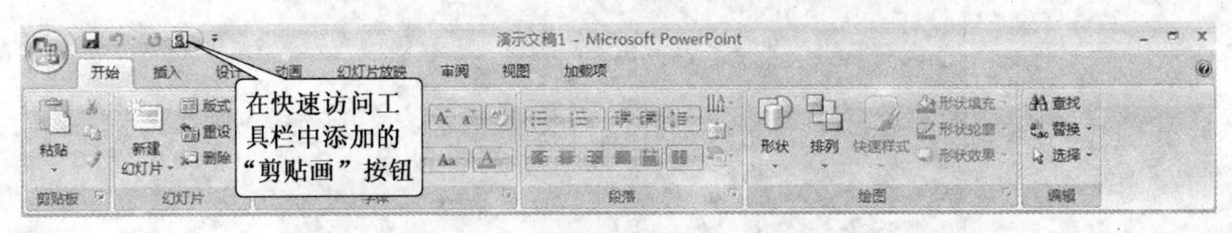

图 1-18 自定义快速访问工具栏

提示：

如果需要在快速访问工具栏中删除某一个按钮，可在该选项卡的“自定义快速访问工具栏”列表框中选择需要删除的命令按钮，然后单击“删除”按钮 删除(R) 即可。

2. 快速访问工具栏位置的调整

默认状态下，快速访问工具栏位于功能区的上方，当单击该工具栏右侧的下拉箭头时，在弹出的菜单中选择“在功能区下方显示”命令，那么该工具栏将放置在如图 1-19 所示的位置上。同时，菜单中的相应命令改为“在功能区上方显示”。

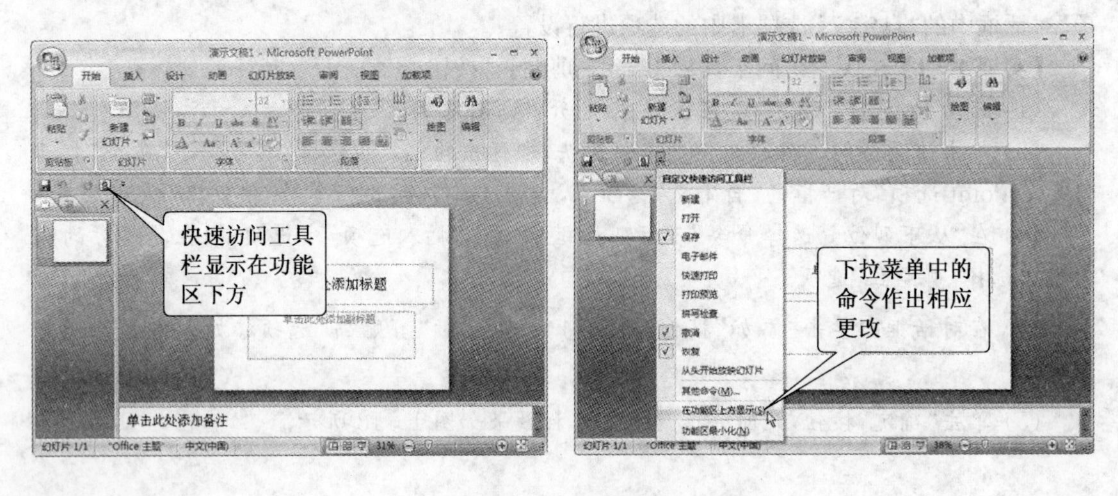

图 1-19 调整快速访问工具栏的位置

1.4.2 设置工作环境

在 PowerPoint 2007 中，用户可以对工作环境进行设置。单击 Office 按钮，在弹出的菜单中单击“PowerPoint 选项”按钮，如图 1－20 所示。此时，工作界面上将打开如图 1－17 所示的“PowerPoint 选项”对话框。

提示：

在“PowerPoint 选项”对话框中，包含了“常用”、“校对”、“保存”、“版式”、“高级”、“自定义”、“加载项”、“信任中心”和“资源”9 个选项卡。各个选项卡分别用来设置不同的工作环境。

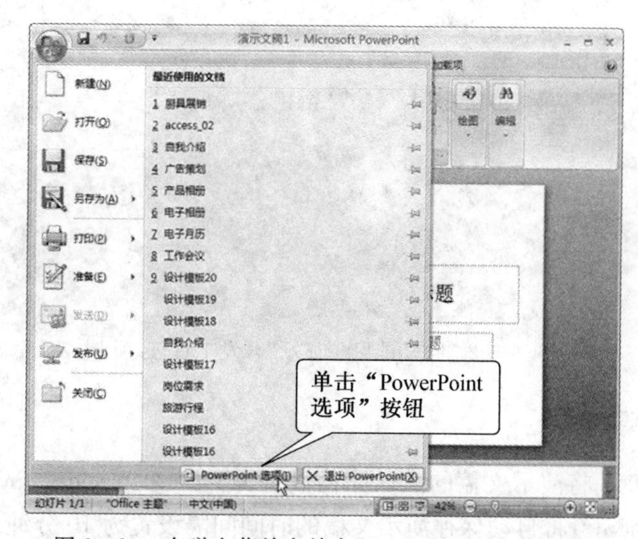

图 1－20 在弹出菜单中单击“PowerPoint 选项”按钮

1. 在功能区添加“开发工具”选项卡

PowerPoint 2007 默认的功能区中包含了最常用的工具按钮，如果用户需要添加宏或者其他控件就需要使用隐藏的“开发工具”选项卡。

【实训 1－2】在功能区添加“开发工具”选项卡。

（1）启动 PowerPoint 2007 应用程序，打开其工作界面。

（2）单击 Office 按钮，在弹出的菜单中单击“PowerPoint 选项”按钮 PowerPoint 选项(I)，在打开的对话框中切换到“常用”选项卡，如图 1－21 所示。

（3）在对话框的“PowerPoint 首选使用选项”选项区域中选择“在功能区显示‘开发工具’选项卡”复选框，单击“确定”按钮。

（4）此时“开发工具”选项卡显示在功能区中，如图 1－22 所示。

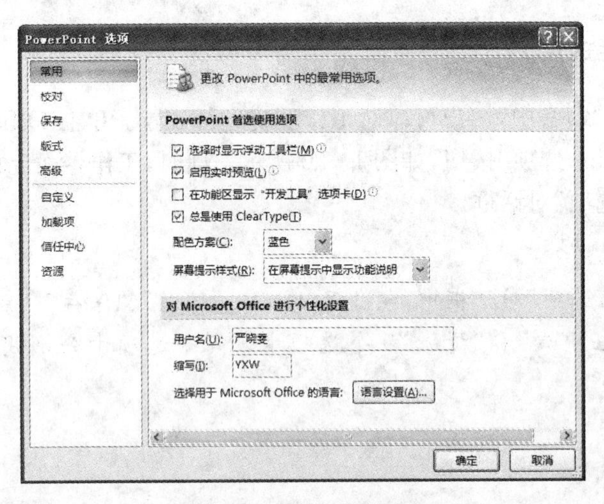

图 1-21 "常用"选项卡

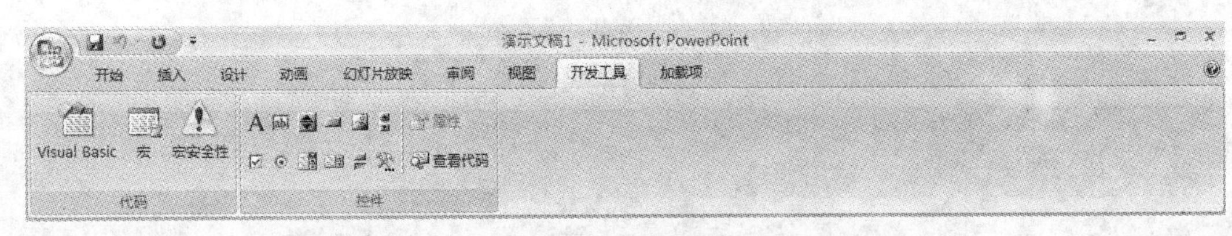

图 1-22 在功能区中显示"开发工具"选项卡

2. 设置保存选项

PowerPoint 2007 将演示文稿的默认路径设置为 C:\Documents and Settings\Administrator My Documents,将自动保存演示文稿的时间间隔设置为 10 分钟。如果用户需要将这些默认的设置更改为便于自己工作的状态模式,则可以根据以下步骤进行操作。

【实训 1-3】根据工作需要设置保存选项。

(1) 启动 PowerPoint 2007 应用程序,打开工作界面。

(2) 单击 Office 按钮,在弹出的菜单中单击"PowerPoint 选项"按钮,在打开的对话框中切换到"保存"选项卡,如图 1-23 所示。

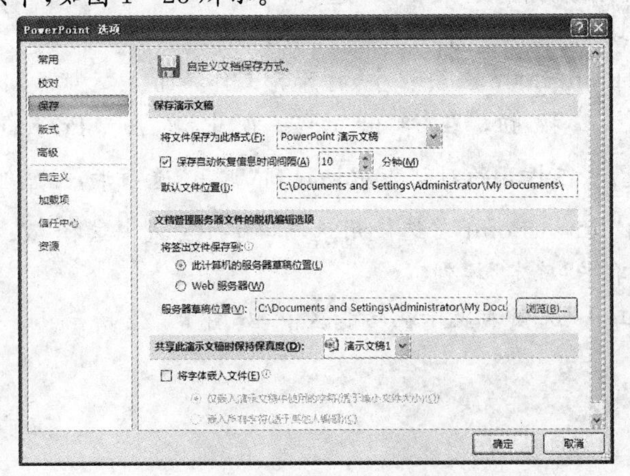

图 1-23 "保存"选项卡

(3) 在对话框的“保存演示文稿”选项区域中选中“保存自动恢复信息时间间隔”复选框,并在其右侧的文本框中输入数字5,即每隔5分钟自动保存一次演示文稿。

(4) 在“默认文件位置”文本框中输入自定义的保存路径。

(5) 设置完成后,单击“确定”按钮关闭该对话框。

3. 隐藏功能区

在编辑演示文稿的过程中,如果需要更大操作区域的幻灯片编辑窗口,那么可以双击标题栏下方的选项卡标签,此时功能区被隐藏,幻灯片的显示比例被放大,如图1-24所示。

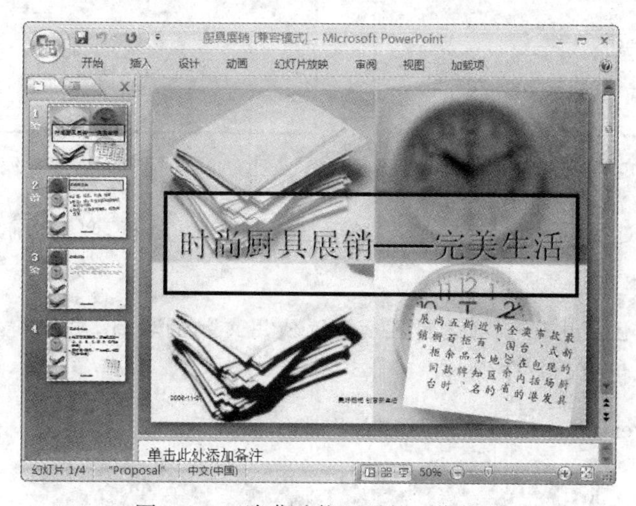

图1-24 隐藏功能区后的工作界面

提示:

如果需要显示功能区,则再次双击选项卡标签即可。隐藏/显示功能区在幻灯片的编辑过程中对调整界面的比例有很大的帮助。显示和隐藏功能区的快捷键为Ctrl+F1。

4. 工作环境的综合设置

【实训1-4】将PowerPoint的工作界面设置为“黑色”主题,并取消句首字母大写功能,同时要求PowerPoint最多可取消操作10次,并且不显示垂直标尺。

(1) 启动PowerPoint 2007应用程序,打开其工作界面。

(2) 单击Office按钮,在弹出的菜单中单击“PowerPoint选项”按钮,在打开的对话框中切换到“常规”选项卡。

(3) 在“PowerPoint首选使用选项”选项区域的“配色方案”下拉列表框中选择“黑色”选项。

(4) 切换到“校对”选项卡,在“自动更正选项”选项区域中单击“自动更正选项”按钮,打开“自动更正”对话框。

(5) 在对话框中取消选择“句首字母大写”复选框,如图1-25所示。单击“确定”按钮返回。

(6) 切换到如图1-26所示的“高级”选项卡,在“编辑选项”选项区域的“最多可取消操作数"文本框中输入数字 10。

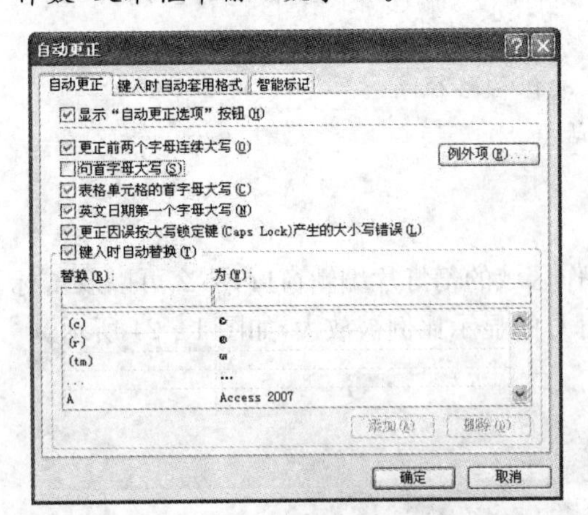

图 1-25 "自动更正"对话框

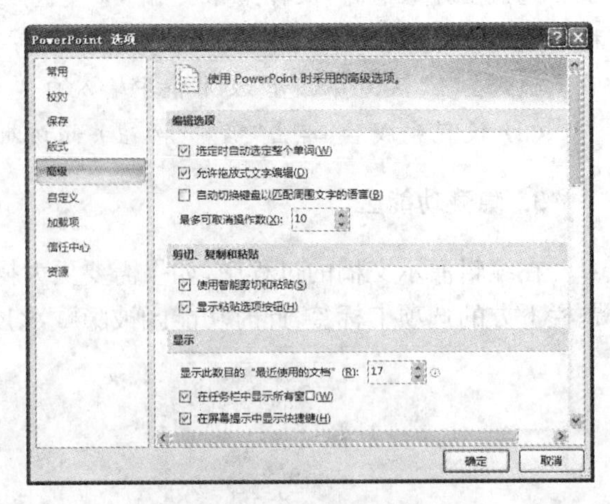

图 1-26 "高级"选项卡

(7) 在"显示"选项区域中取消选择"显示垂直标尺"复选框，单击"确定"按钮。

提示：

在"显示"选项区域中还可以设置显示最近使用文档的数目，更改"显示此数目的'最近使用的文档'"文本框中的数值即可。

(8) 此时 PowerPoint 工作界面外观如图 1-27 所示。

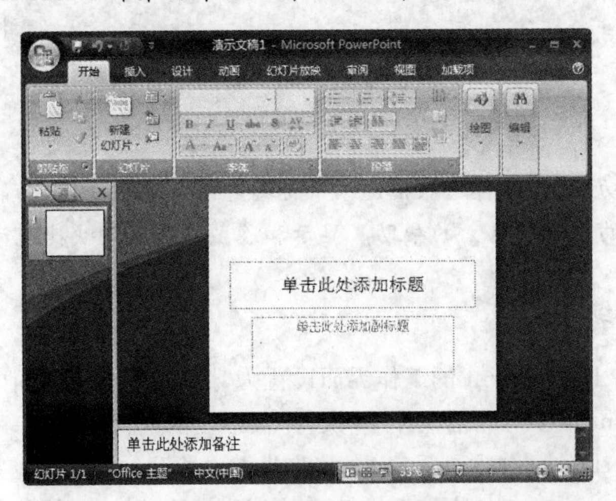

图 1-27 更改 PowerPoint 界面外观后的效果

(9) 在功能区显示"视图"选项卡，在"显示/隐藏"选项区域中选中"标尺"复选框，如图 1-28所示。

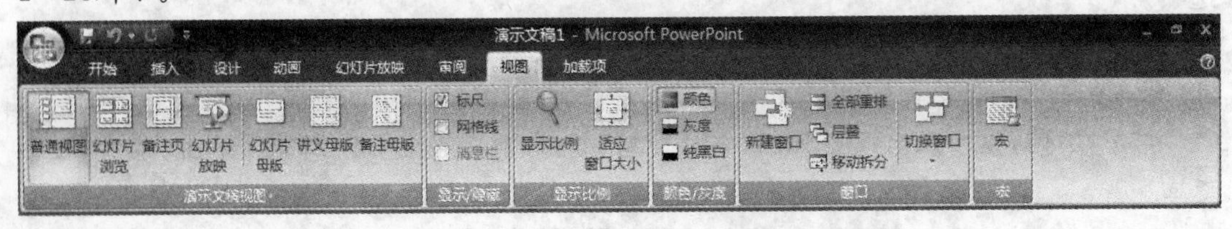

图 1-28 在"视图"选项卡中进行相关设置

(10) 此时 PowerPoint 工作界面将显示水平标尺,垂直标尺将被隐藏,如图 1-29 所示。

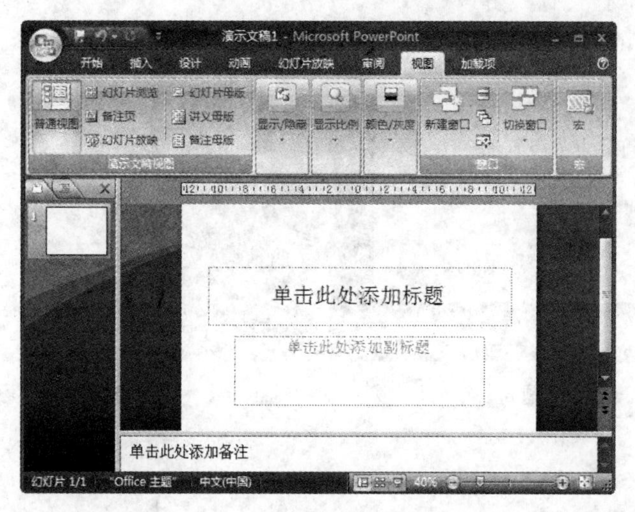

图 1-29 工作界面仅显示水平标尺

1.5 思考与练习

1. 简述 PowerPoint 的应用特点。
2. 简述 PowerPoint 2007 的新增功能。
3. 简述 PowerPoint 提供的 4 种视图方式的不同特点。
4. 除了本章介绍的几种启动 PowerPoint 2007 的方法,是否还有其他启动 PowerPoint 2007 的方法?
5. 简述 PowerPoint 2007 的界面组成元素及其各自的功能。
6. 在快速访问工具栏中添加如图 1-30 所示的按钮。

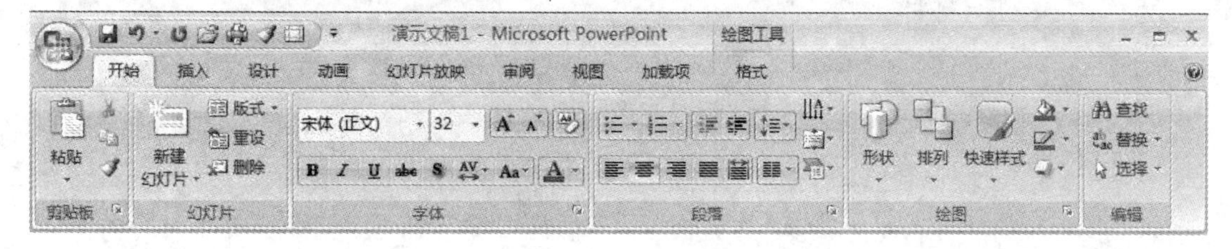

图 1-30 习题 6

7. 在快速访问工具栏中如何删除添加的按钮?
8. 在 PowerPoint 的工作界面将功能区最小化,并在功能区下方显示快速访问工具栏,最终效果如图 1-31 所示。
9. 将 PowerPoint 默认的蓝色工作界面设置为如图 1-32 所示的主题颜色。

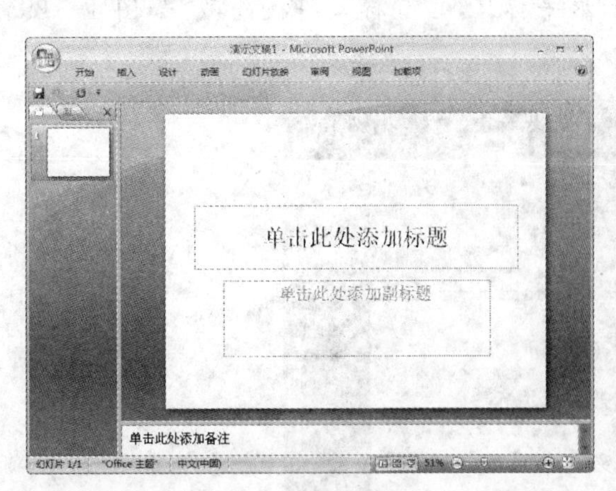

图 1－31　习题 8

图 1－32　习题 9

第 2 章　使用 PowerPoint 创建演示文稿

演示文稿是用于介绍和说明某个问题和事件的一组多媒体材料，也就是 PowerPoint 生成的文件形式。演示文稿中可以包含幻灯片、演讲备注和大纲等内容，而 PowerPoint 则是创建和演示播放这些内容的工具。本章主要介绍创建、放映与保存演示文稿的方法和编辑幻灯片的基本操作。

通过本章的理论学习和上机实训，读者应了解和掌握以下内容：

- 创建演示文稿的方法
- 添加和选择幻灯片
- 复制、调整和删除幻灯片
- 放映和保存演示文稿

2.1　创建演示文稿

在 PowerPoint 中，存在演示文稿和幻灯片两个概念。使用 PowerPoint 制作出来的整个文件叫演示文稿，而演示文稿中的每一页叫做幻灯片，每张幻灯片都是演示文稿中既相互独立又相互联系的内容。

2.1.1　快速建立空演示文稿

空演示文稿由带有布局格式的空白幻灯片组成，用户可以在空白的幻灯片上设计出具有鲜明个性的背景色彩、配色方案、文本格式等。

1. 启动 PowerPoint 自动创建空演示文稿

无论是使用“开始”按钮启动 PowerPoint，还是通过创建新文档启动或者通过现有演示文稿启动，都将自动打开空演示文稿，如图 2-1 所示。

2. 使用 Office 按钮创建空演示文稿

单击工作界面左上角的 Office 按钮，在弹出的菜单中选择“新建”命令，打开如图 2-2 所示的“新建演示文稿”对话框。单击对话框的“模板”列表框中的“空白文档和最近使用的文档”选项，然后选择“空白演示文稿”选项，单击“创建”按钮即可新建一个空演示文稿。

2.1.2　建立演示文稿的其他方法

PowerPoint 除了创建最简单的空演示文稿外，还可以根据自定义模板、现有内容和内置模板创建演示文稿。模板是一种以特殊格式保存的演示文稿，一旦应用了一种模板后，幻

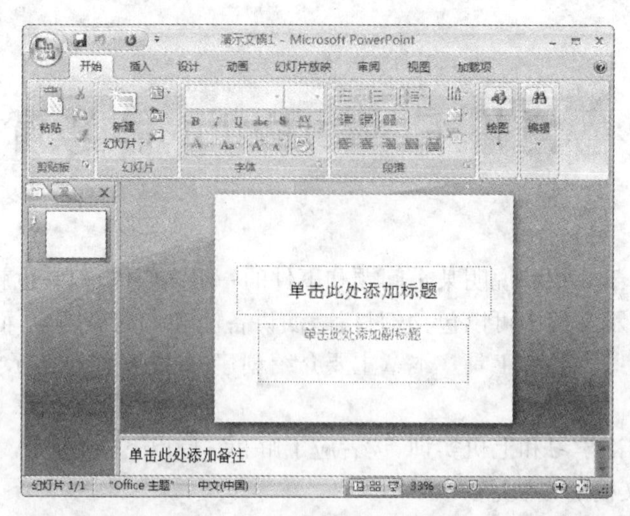

图 2-1 新建的空演示文稿

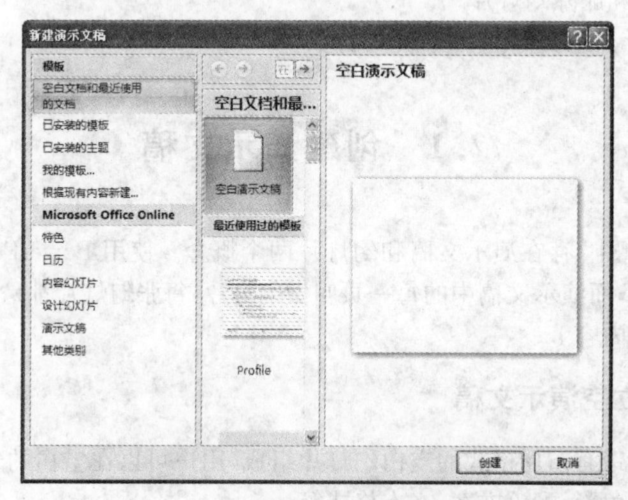

图 2-2 “新建演示文稿”对话框

灯片的背景图形、配色方案等就都已经确定，所以套用模板可以提高创建演示文稿的效率。

1. 根据现有模板创建演示文稿

PowerPoint 2007 提供了许多美观的设计模板，这些设计模板将演示文稿的样式、风格，包括幻灯片的背景、装饰图案、文字布局及颜色、大小等均预先定义好。用户在设计演示文稿时可以先选择演示文稿的整体风格，然后再进行进一步的编辑和修改。

【实训 2-1】根据现有模板创建演示文稿。

(1) 启动 PowerPoint 2007 应用程序，打开工作界面。

(2) 单击 Office 按钮，在弹出的菜单中选择“新建”命令，打开“新建演示文稿”对话框。

(3) 在对话框左侧的“模板”列表框中选择“已安装的模板”选项，此时“新建演示文稿”对话框效果如图 2-3 所示。

(4) 在“已安装的模板”列表框中选择“现代型相册”模板，单击“创建”按钮。此时，该模

图 2-3　在对话框中显示已安装的模板

板应用在演示文稿中，如图 2-4 所示。

图 2-4　应用模板后的幻灯片效果

提示：

使用现有模板创建的演示文稿一般都拥有漂亮的界面和统一的风格。以这种方式创建的演示文稿一般都会有背景或装饰图案，用户可以在设计时随时调整内容的位置等，以获得较好的画面效果。

2. 根据自定义模板创建演示文稿

用户可以将自定义演示文稿保存为“PowerPoint 模板”类型，使其成为一个自定义模板保存在“我的模板”中。当以后需要使用该模板时，在“我的模板”列表框中调用即可。自定义模板可以由两种方法获得，包括：

- 在演示文稿中自行设计主题、版式、字体样式、背景图案、配色方案等基本要素，然后保存为模版。

- 由其他途径(如下载、共享、光盘等)获得的模板。

【实训 2-2】将从其他途径获得的模板保存到“我的模板”列表框中,并调用该模板。

(1) 双击打开下载的模板,单击 Office 按钮,在弹出的菜单中选择“另存为”命令,打开“另存为”对话框。

(2) 在“保存类型”下拉列表框中选择“PowerPoint 模板”选项,如图 2-5 所示。此时对话框中的“保存位置”下拉列表框将自动更改保存路径。单击“确定”按钮,将下载的模板保存到 PowerPoint 默认模板存储路径下。

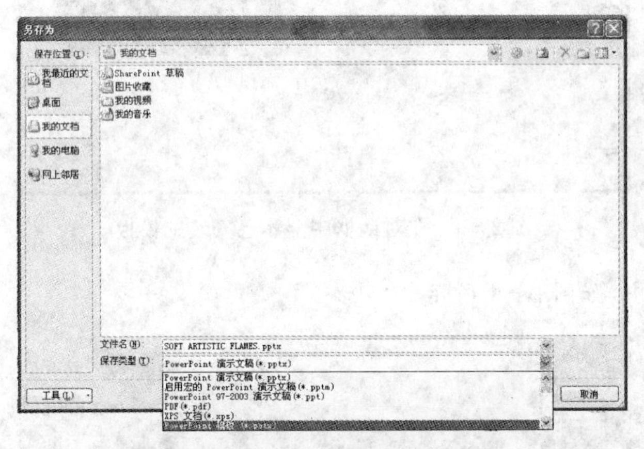

图 2-5　设置“保存类型”下拉列表框

(3) 关闭保存后的模板。启动 PowerPoint 2007 应用程序,打开一个空演示文稿。

(4) 单击 Office 按钮,在弹出的菜单中选择“新建”命令,打开“新建演示文稿”对话框。

(5) 在“模板”列表框中选择“我的模板”命令,如图 2-6 所示。

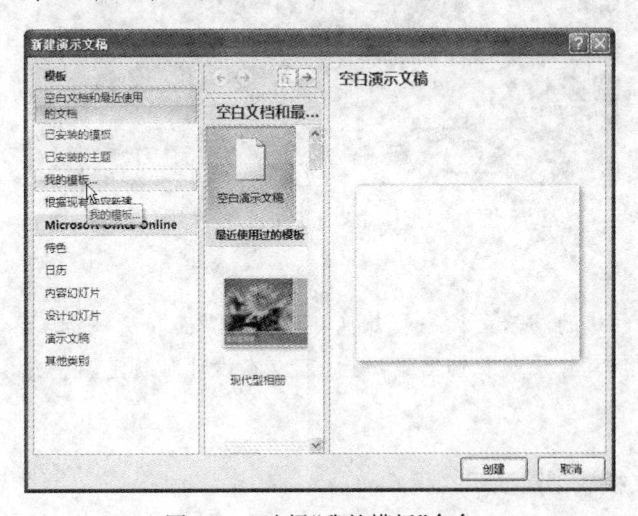

图 2-6　选择“我的模板”命令

(6) 此时打开“新建演示文稿”对话框,在“我的模板”列表框中显示了刚刚创建的自定义模板,如图 2-7 所示。

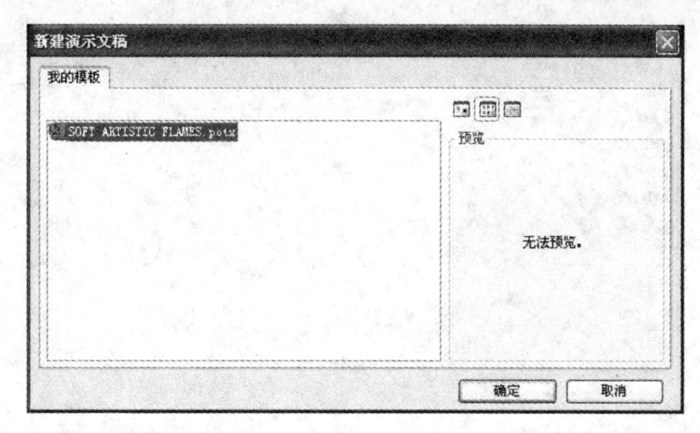

图 2-7 “我的模板”列表框

(7) 在列表框中选择该模板选项，单击“确定”按钮，此时该模板应用到当前演示文稿中，如图 2-8 所示。

图 2-8 将模板应用到当前演示文稿

3. 根据现有内容新建演示文稿

如果用户想使用现有演示文稿中的一些内容或风格来设计其他的演示文稿，就可以使用 PowerPoint 的“根据现有内容新建”功能。这样就能够得到一个和现有演示文稿具有相同内容和风格的新演示文稿，用户只需在原有的基础上进行适当修改即可。

要根据现有内容新建演示文稿，只需在“新建演示文稿”对话框中选择“根据现有内容新建”命令，然后在打开的“根据现有演示文稿新建”对话框中选择需要应用的演示文稿文件，单击“新建”按钮即可，如图 2-9 所示。

提示：

在“根据现有演示文稿新建”对话框中，用户还可以打开网页文件(即 HTML 文件)。因此，可以利用 PowerPoint 的这项功能，快速将其他形式的文件制作成演示文稿。

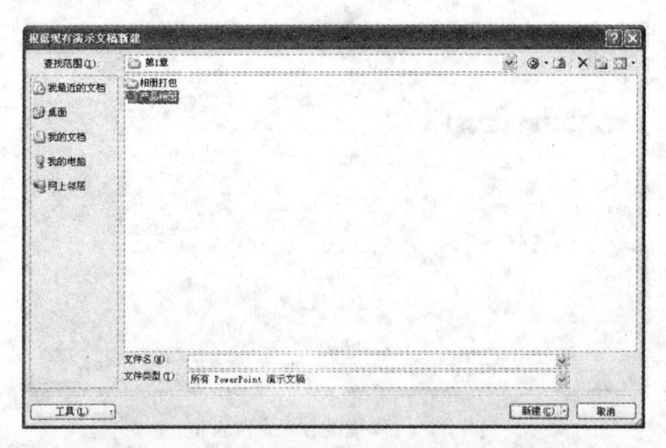

图 2-9 “根据现有演示文稿新建”对话框

4. 使用 Office Online 模板创建演示文稿

PowerPoint 2007 的 Office Online 功能提供大量免费的模板文件，用户可以直接在“新建演示文稿”对话框中使用 Office Online 功能。

【实训 2-3】使用 Office Online 上的日历模板，创建一个演示文稿。

(1) 启动 PowerPoint 2007 应用程序，打开工作界面。

(2) 单击 Office 按钮，在弹出的菜单中选择“新建”命令，打开“新建演示文稿”对话框。

(3) 在对话框上方的搜索栏文本框中输入搜索的文字“日历”，单击“开始搜索”按钮，如图 2-10 所示。

(4) 此时对话框显示搜索到的模板，如图 2-11 所示。

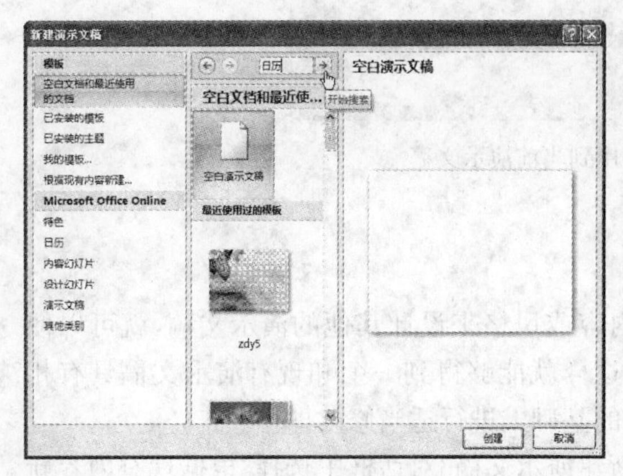

图 2-10 设置搜索选项

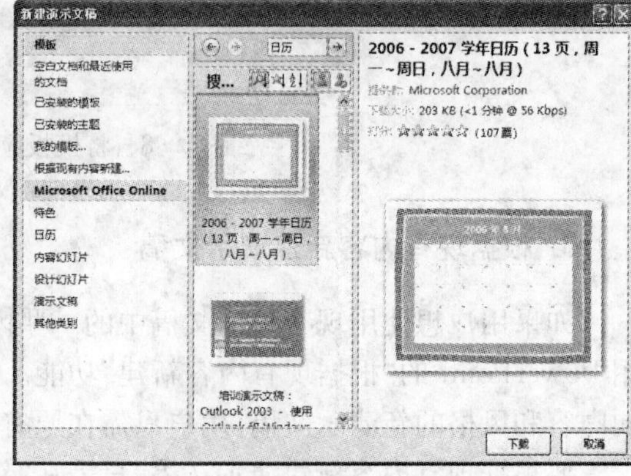

图 2-11 显示搜索到的模板

(5) 在“搜索结果”列表框中选择需要的模板，单击“下载”按钮即可。

提示：

由于 Microsoft 网站会常常更新，因此用户看到的“搜索结果”列表可能与图 2-11 所示的不一样。Office Online 模板只支持正版 Office 软件，在下载模板的过程中将自动验证，只有验证通过时，该模板才会下载到当前演示文稿中。

2.2 编辑幻灯片

在 PowerPoint 中,可以对幻灯片进行编辑操作,主要包括添加新幻灯片、选择幻灯片、复制幻灯片、调整幻灯片顺序和删除幻灯片等。在对幻灯片的操作过程中,最为方便的视图模式是幻灯片浏览视图。对于小范围或少量的幻灯片操作,也可以在普通视图模式下进行。

2.2.1 添加新幻灯片

在启动 PowerPoint 2007 后,PowerPoint 会自动建立一张新的幻灯片,随着制作过程的推进,需要在演示文稿中添加更多的幻灯片。要添加新幻灯片,可以按照下面的方法进行操作。

单击“开始”选项卡,在功能区的“幻灯片”选项区域中单击“新建幻灯片”按钮,即可添加一张默认版式的幻灯片。当需要应用其他版式时,单击“新建幻灯片”按钮右下方的下拉箭头,弹出如图 2-12 所示的菜单。在该菜单中选择需要的版式即可将其应用到当前幻灯片中,如图 2-13 所示。

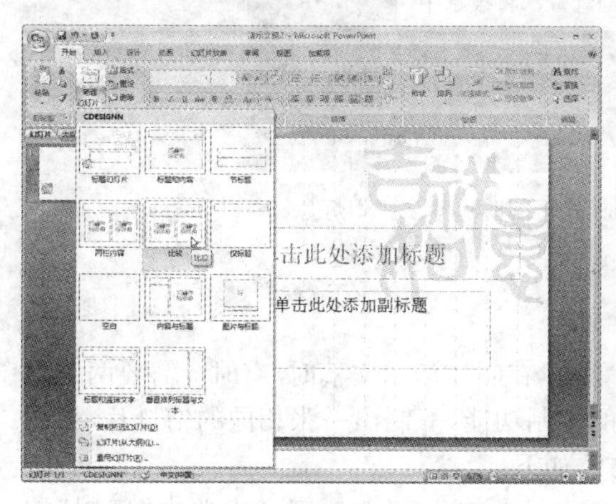

图 2-12 弹出的版式菜单

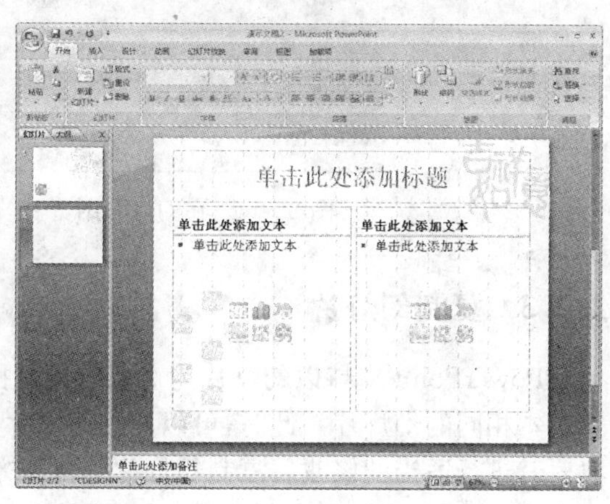

图 2-13 显示应用版式后的新幻灯片

提示:

版式是指预先定义好的幻灯片内容在幻灯片中的排列方式,如文字的排列及方向、文字与图表的位置等。

2.2.2 选择幻灯片

在 PowerPoint 中,用户可以选中一张或多张幻灯片,然后对选中的幻灯片进行操作。以下是在普通视图中选择幻灯片的方法。

- 选择单张幻灯片:无论是在普通视图还是在幻灯片浏览视图下,只需单击需要的幻灯片,即可选中该张幻灯片。
- 选择编号相连的多张幻灯片:首先单击起始编号的幻灯片,然后按住 Shift 键,单击结束编号的幻灯片，此时两张幻灯片之间的多张幻灯片被同时选中。

- 选择编号不相连的多张幻灯片：在按住 Ctrl 键的同时，依次单击需要选择的每张幻灯片，即可同时选中单击的多张幻灯片。在按住 Ctrl 键的同时再次单击已选中的幻灯片，则取消选择该幻灯片。

在幻灯片浏览视图中，除了可以使用上述的 3 种方法来选择幻灯片以外，还可以直接在幻灯片之间的空隙中按下鼠标左键并拖动，此时鼠标划过的幻灯片都将被选中，如图 2－14 所示。

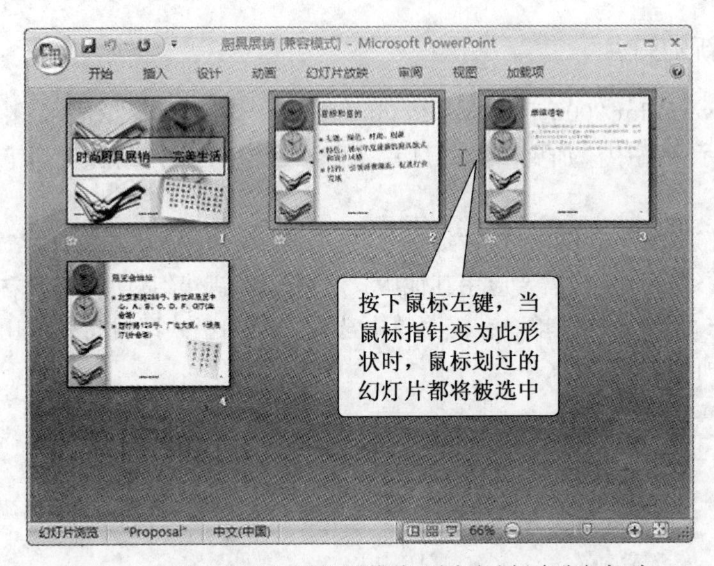

图 2－14　在幻灯片浏览视图模式下同时选择多张幻灯片

2.2.3　复制幻灯片

PowerPoint 支持以幻灯片为对象的复制操作。在制作演示文稿时，有时会需要两张内容基本相同的幻灯片。此时，可以利用幻灯片的复制功能，复制出一张相同的幻灯片，然后再对其进行适当的修改。复制幻灯片的基本方法如下：

- 选中需要复制的幻灯片，在“开始”选项卡的“剪贴板”选项区域中单击“复制”按钮。
- 在需要插入幻灯片的位置单击，然后在“开始”选项卡的“剪贴板”选项区域中单击“粘贴”按钮。

提示：

用户可以同时选择多张幻灯片进行上述操作。Ctrl＋C、Ctrl＋V 快捷键同样适用于幻灯片的复制和粘贴操作。

2.2.4　调整幻灯片顺序

在制作演示文稿时，如果需要重新排列幻灯片的顺序，就需要移动幻灯片。移动幻灯片可以用到“剪切”按钮和“粘贴”按钮，其操作步骤与使用“复制”和“粘贴”按钮相似。

在普通视图中，首先选中需要移动顺序的幻灯片，然后按住鼠标左键并拖动选中的幻灯片，此时目标位置上将出现一条横线，如图 2－15 所示。释放鼠标后，第 2 张和第 3 张幻灯片的位置进行了调换，如图 2－16 所示。

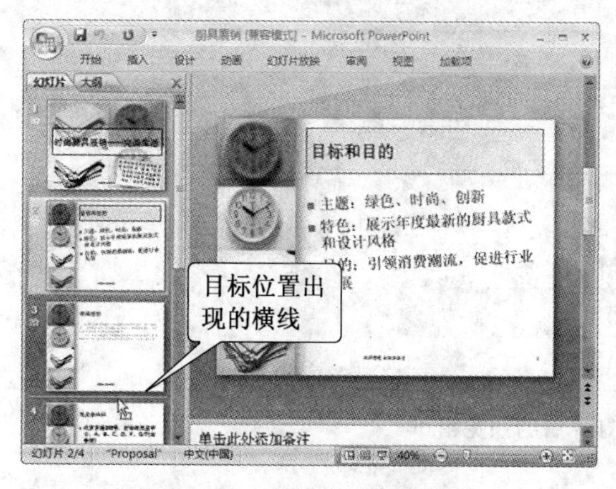

图 2－15　目标位置出现横线

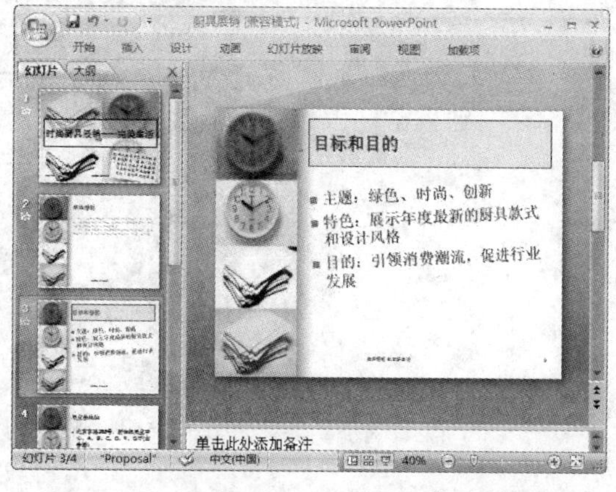

图 2－16　调换位置后的演示文稿效果

提示：

移动幻灯片后，PowerPoint 将会对所有幻灯片重新编号，所以在幻灯片的编号上看不出哪张幻灯片被移动，只能通过幻灯片中的内容进行区别。

2.2.5　删除幻灯片顺序

在演示文稿中删除多余幻灯片是清除大量冗余信息的有效方法。

【实训 2－3】在演示文稿中将第 2～4 张幻灯片删除。

(1) 启动 PowerPoint 2007 应用程序，打开"橱柜展销"演示文稿。

(2) 在幻灯片预览窗口中选中第 2 张幻灯片缩略图(如图 2－17 所示)，然后按住 Shift 键，单击第 4 张幻灯片缩略图，此时同时选中第 2～4 张幻灯片，如图 2－18 所示。

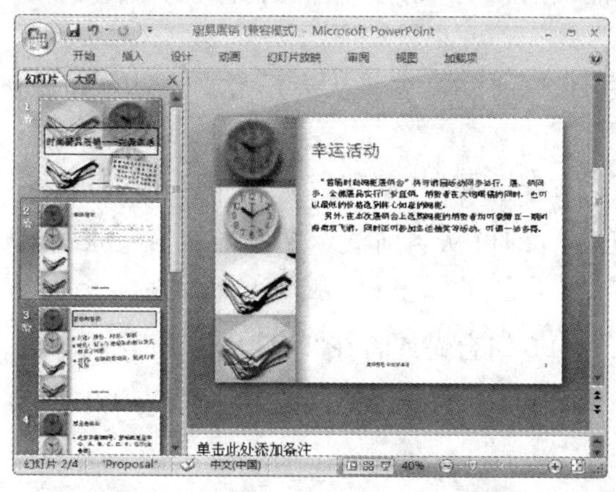

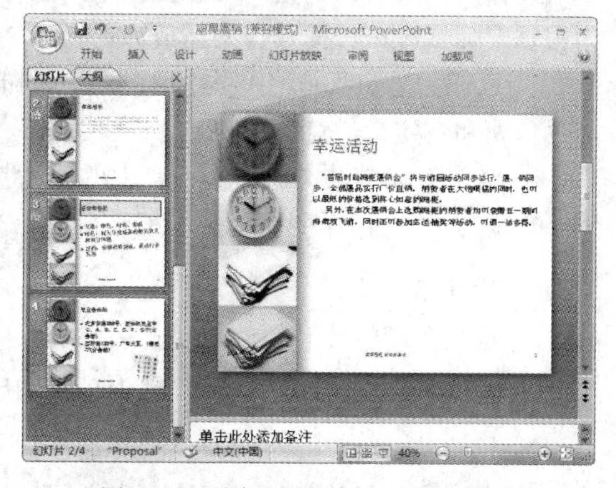

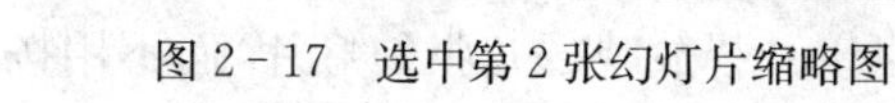

图 2－17　选中第 2 张幻灯片缩略图　　图 2－18　同时选中第 2～4 张幻灯片

(3) 按下 Delete 键将第 2～4 张幻灯片删除，此时幻灯片预览窗口效果如图 2－19 所示。

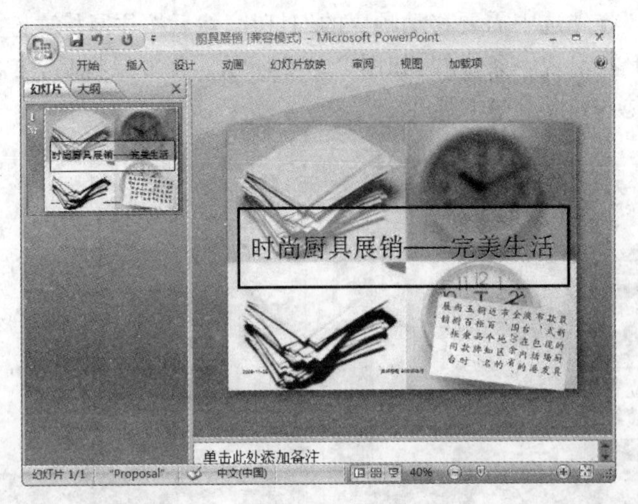

图 2-19 删除幻灯片后的预览窗口

提示：

要删除单张幻灯片，只需在幻灯片预览窗口中选中需要删除的幻灯片，按下 Delete 键即可。要删除多张幻灯片，只需在选中多张幻灯片的情况下，按下 Delete 键。

2.3 放映与保存演示文稿

在演示文稿的制作过程中可以随时进行幻灯片的放映，以观看幻灯片的显示及动画效果。保存幻灯片可以将用户的制作成果永久地保存下来，供以后使用或再次编辑。

2.3.1 放映演示文稿

制作幻灯片的目的是向观众播放最终的作品，在不同的场合、不同的观众的条件下，必须根据实际情况来选择具体的播放方式。

在 PowerPoint 2007 中，提供了 3 种不同的幻灯片播放模式：从头开始放映、从当前幻灯片放映和自定义幻灯片放映：

- 从头开始放映　直接按键盘上的 F5 键或者在“幻灯片放映”选项卡的“开始放映幻灯片”选项区域中单击“从头开始”按钮，即可从当前演示文稿中的第一张幻灯片开始放映。
- 从当前幻灯片开始放映　直接按下 Shift+F5 组合键或者在“幻灯片放映”选项卡的“开始放映幻灯片”选项区域中单击“从当前幻灯片”按钮，即可从当前幻灯片开始放映，便于用户查看当前编辑效果。
- 自定义幻灯片放映　使用自定义幻灯片放映可以选择放映哪几张幻灯片，而不用按顺序依次放映每张幻灯片。

提示：

PowerPoint 默认的幻灯片放映状态是全屏放映，单击鼠标左键或按键盘上的任意键，即可播放下一张幻灯片，按下 Esc 键则可以退出放映。

2.3.2 保存演示文稿

文件的保存是一种常规操作，在演示文稿的创建过程中及时保存工作成果，可以避免数据的意外丢失。在 PowerPoint 中保存演示文稿的方法和步骤与其他 Windows 应用程序相似。

1. 常规保存

在进行文件的常规保存时，可以在快速访问工具栏中单击“保存”按钮 ，也可以单击 Office 按钮，在弹出的菜单中选择“保存”命令。当用户第一次保存该演示文稿时，将打开如图 2－20 所示的“另存为”对话框，供用户选择保存位置和命名演示文稿。

在“保存位置”下拉列表框中可以选择文件保存的路径；在“文件名”文本框中可以修改文件名称；在“保存类型”下拉列表框中选择文件的保存类型。

提示：

PowerPoint 2007 制作的演示文稿不向下兼容，如果要在以前版本中打开 PowerPoint 2007 制作的演示文稿，就要将该文件的“保存类型”设置为“PowerPoint 97－2003 演示文稿”。

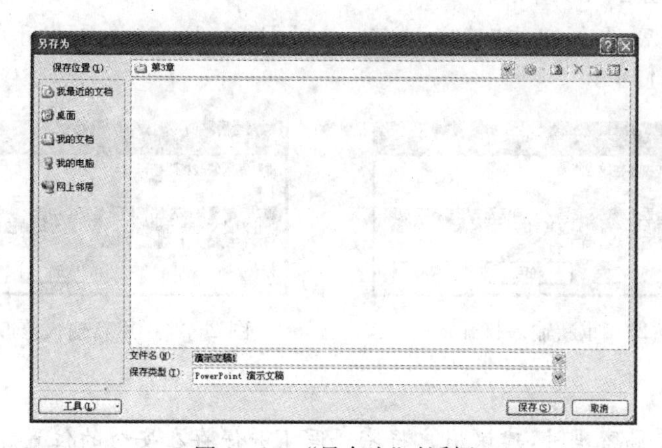

图 2－20 “另存为”对话框

2. 加密保存

加密保存可以防止其他用户在未授权的情况下打开或修改演示文稿，以此加强文档的安全性。

【实训 2－4】 在保存演示文稿时为其设置权限密码。

(1) 创建一个演示文稿后，在快速访问工具栏中单击“保存”按钮 ，打开“另存为”对话框。

(2) 设置完“保存位置”、“文件名”和“保存类型”属性后，单击左下角的“工具”按钮，在弹出的菜单中选择“常规选项”命令，如图 2-21 所示。

(3) 此时打开“常规选项”对话框，在对话框的“打开权限密码”文本框和“修改权限密码”文本框中输入密码，如图 2-22 所示。

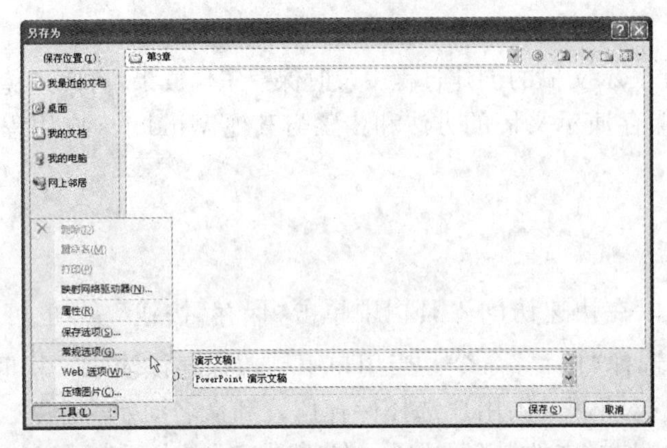

图 2-21 选择“常规选项”命令

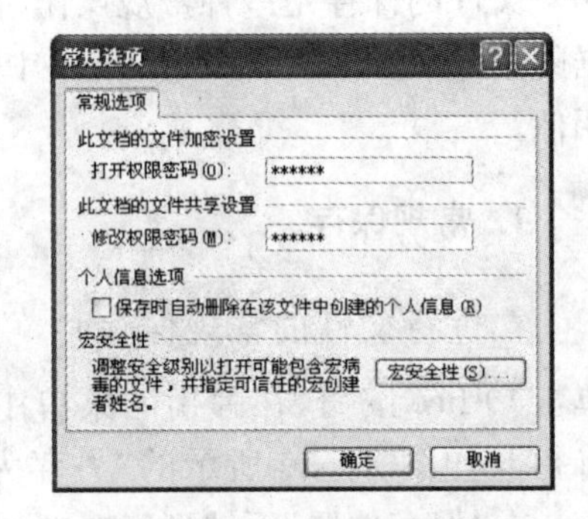

图 2-22 “常规选项”对话框

提示：

“打开权限密码”和“修改权限密码”可以设置为相同的密码，也可以设置为不同的密码，它们将分别作用于打开权限和修改权限。

(4) 单击“确定”按钮，此时 PowerPoint 将打开“确认密码”对话框，要求用户重新输入打开权限密码，如图 2-23 所示。

(5) 再次输入密码后，单击“确定”按钮，此时 PowerPoint 将要求用户重新输入修改权限密码，如图 2-24 所示。

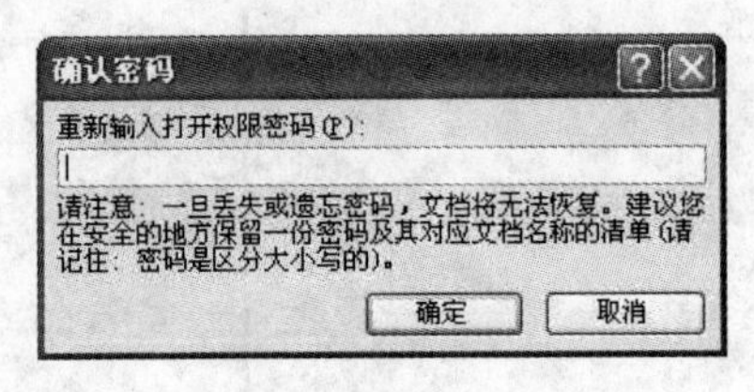

图 2-23 重新输入打开密码

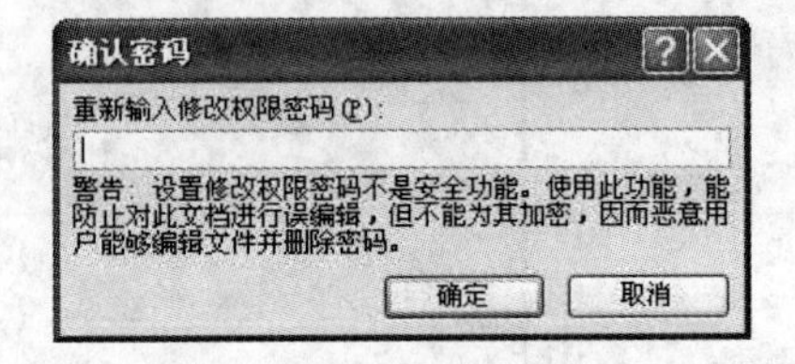

图 2-24 重新输入修改密码

提示：

当设置演示文稿密码时，建议用户将密码写下并保存在安全的位置。如果丢失了密码，将无法打开受密码保护的文件。密码是区分大小写的，如果用户指定密码时混合使用了大小写字母，在输入密码时，键入的大小写形式必须与之完全一致。密码可以是包含字母、数字、空格和符号的任意组合，并且最长可以为 15 个字符。

(6) 单击“确定”按钮，返回到“另存为”对话框。单击“保存”按钮，将该演示文稿加密保存。

(7) 在保存路径中双击保存的演示文稿，此时 PowerPoint 将打开“密码”对话框，只有在用户输入正确的密码时才会打开该演示文稿，如图 2-25 所示。

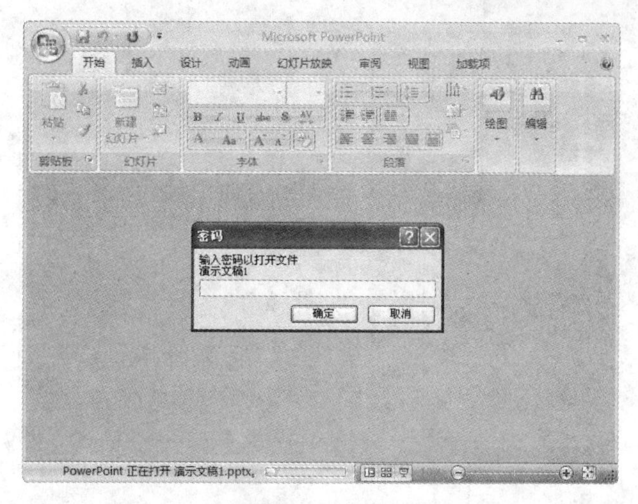

图 2 - 25　打开演示文稿时打开的对话框

(8) 输入密码后，单击“确定”按钮，此时将打开如图 2 - 26 所示的“密码”对话框，输入密码后单击“确定”按钮，即可打开演示文稿并进行修改。

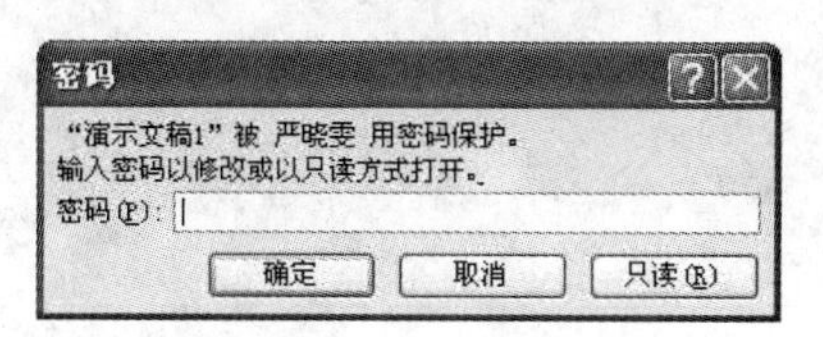

图 2 - 26　“密码”对话框

提示：

在图 2 - 26 中单击“只读”按钮，那么用户只可以浏览该演示文稿，但不能对演示文稿进行修改。

2.4　思考与练习

1. 简述创建演示文稿的常用方法。
2. 简述插入幻灯片的 3 种不同方式。
3. 简述复制和移动幻灯片的区别。
4. 简述保存演示文稿的方法。
5. 简述放映演示文稿的 3 种基本方法。
6. 使用 PowerPoint 自带的模板“宣传手册”创建一个演示文稿，然后删除第 2 和第 3 张幻灯片。
7. 从 Office Online 中下载如图 2 - 27 所示的“证书、奖状”类别的模板，将其应用到当前演示文稿中。

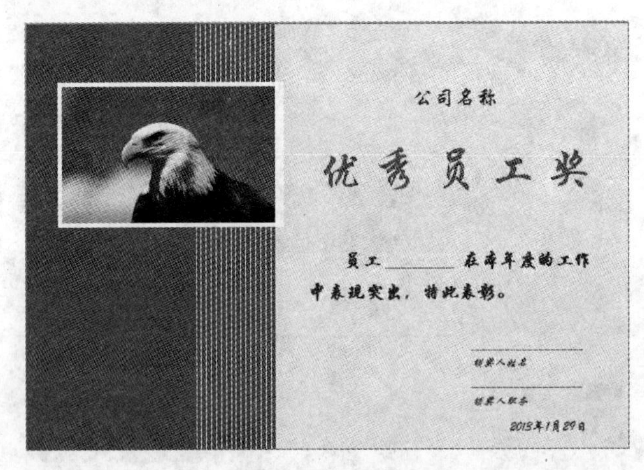

图 2-27　习题 7

第 3 章　文本处理功能

直观明了的演示文稿少不了文字的说明，文字是演示文稿中至关重要的组成部分。本章将讲述在幻灯片中添加文本、修饰演示文稿中的文字、设置文字的对齐方式和添加特殊符号的方法。

通过本章的理论学习和上机实训，读者应了解和掌握以下内容：

- 占位符的编辑和属性
- 在幻灯片中添加文本
- 在幻灯片中编辑文本
- 设置文本的属性
- 插入符号和公式

3.1　占位符的基本编辑

占位符是包含文字和图形等对象的容器，其本身是构成幻灯片内容的基本对象，具有自己的属性。用户可以对其中的文字进行操作，也可以对占位符本身进行大小调整、移动、复制、粘贴及删除等操作。

3.1.1　选择、移动及调整占位符

占位符常见的操作状态有两种：文本编辑与整体选中。在文本编辑状态中，用户可以编辑占位符中的文本；在整体选中状态中，用户可以对占位符进行移动、大小调整等操作。

1. 选择

要在幻灯片中选中占位符，具体方法主要有：

- 在文本编辑状态下，单击其边框，即可选中该占位符。
- 在幻灯片中可以拖动鼠标选择占位符。当鼠标指针处在幻灯片的空白处时，按下鼠标左键并拖动，此时将出现一个虚线框，当释放鼠标时，处在虚线框内的占位符都会被选中。
- 在按住键盘上的 Shift 键或 Ctrl 键时依次单击多个占位符，可同时选中它们。

提示：

按住 Shift 键和按住 Ctrl 键的不同之处在于，按住前者只能选择一个或多个占位符；而按住后者时，除了可以同时选中多个占位符外，还可拖动选中的占位符，实现对所选占位符的复制。

占位符的文本编辑状态与选中状态的主要区别是边框的形状不同，如图 3－1 所示。

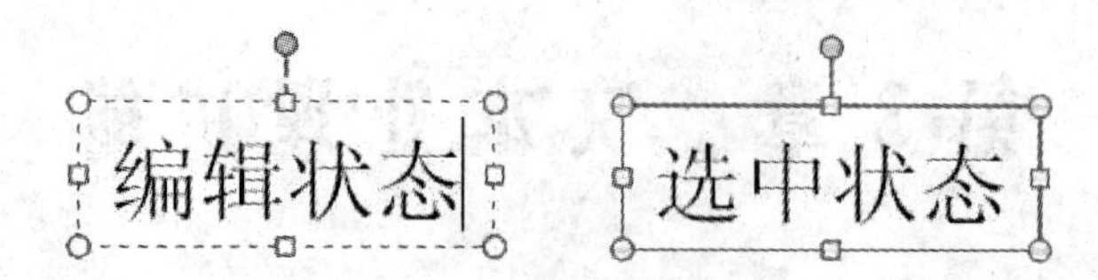

图 3－1　占位符的编辑与选中状态

2. 移动

当占位符处于选中状态时，将鼠标指针移动到占位符的边框时将显示 形状，此时按住鼠标左键并拖动文本框到目标位置，释放鼠标即可。

当占位符处于选中状态时，可以通过键盘方向键来移动占位符的位置。使用方向键移动的同时按住 Ctrl 键，可以实现微移。图 3－2 所示为移动后的占位符在幻灯片中的效果。

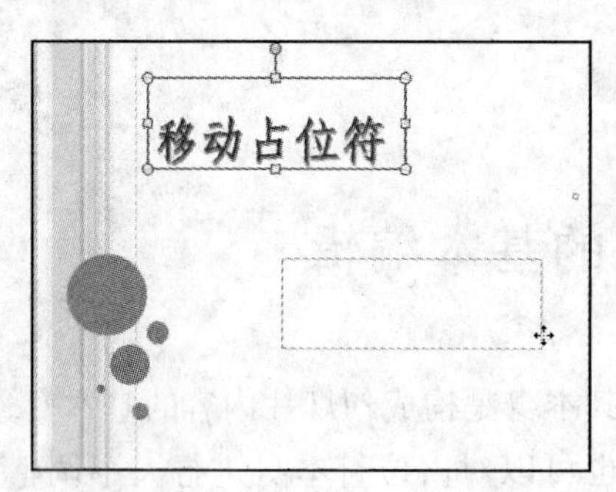

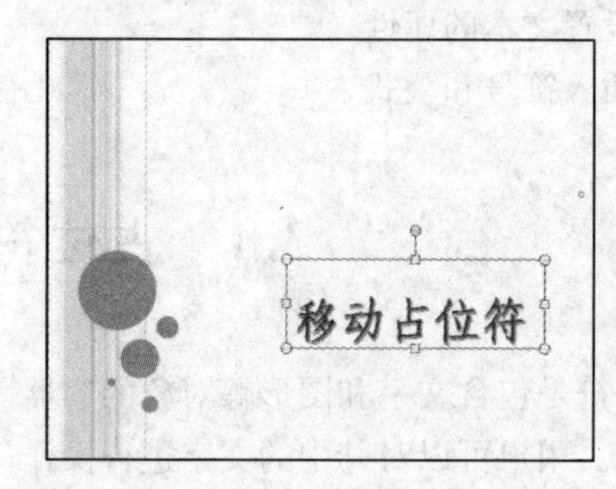

图 3－2　移动占位符

3. 调整

调整占位符主要是指调整其大小。在占位符处于选中状态时，将鼠标指针移动到占位符右下角的控制点上，此时鼠标指针变为 形状。按住鼠标左键并向内拖动，缩小占位符的尺寸到合适大小时释放鼠标即可，如图 3－3 所示。

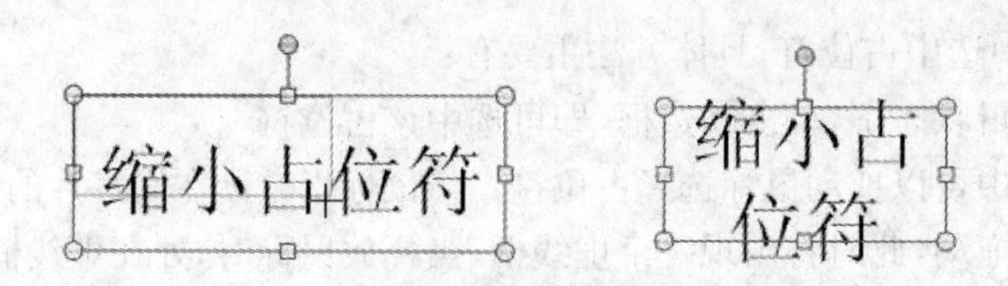

图 3－3　缩小占位符

提示：

如果要将占位符的尺寸放大，可以在鼠标指针变为双箭头形状时，按住鼠标左键并向外拖动，当放大到合适大小时释放鼠标即可。

3.1.2 复制、剪切、粘贴和删除占位符

用户可以对占位符进行复制、剪切、粘贴及删除等基本编辑操作。对占位符的编辑操作与对其他对象的操作相同，选中占位符之后，在“开始”选项卡的“剪贴板”选项区域中选择“复制”、“粘贴”及“剪切”等相应按钮即可。

- 在复制或剪切占位符时，会同时复制或剪切占位符中的所有内容和格式，以及占位符的大小和其他属性。
- 当把复制的占位符粘贴到当前幻灯片时，被粘贴的占位符将位于原占位符的附近；当把复制的占位符粘贴到其他幻灯片时，则被粘贴的占位符的位置将与原占位符在幻灯片中的位置完全相同。
- 占位符的剪切操作常用来在不同的幻灯片间移动内容。
- 选中占位符后按键盘上的 Delete 键，可以把占位符及其内部的所有内容删除。

3.2 设置占位符属性

在 PowerPoint 2007 中，占位符、文本框及自选图形等对象具有相似的属性，如颜色、线型等，设置它们的属性的操作是相似的。在幻灯片中选中占位符时，功能区将出现“格式”选项卡，如图 3-4 所示。通过该选项卡中的各个按钮和命令即可设置占位符的属性。

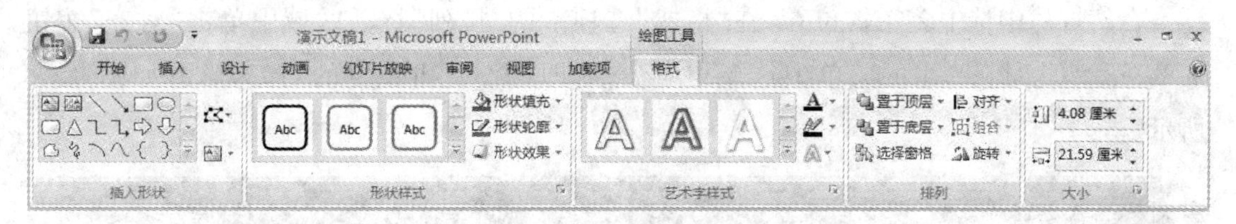

图 3-4 “格式”选项卡

3.2.1 旋转占位符

在编辑演示文稿时，占位符可以任意角度旋转。选中占位符，在“格式”选项卡的“排列”选项区域中单击“旋转”按钮 旋转，在弹出的菜单中选择相应命令即可实现指定角度的旋转，如图 3-5 所示。

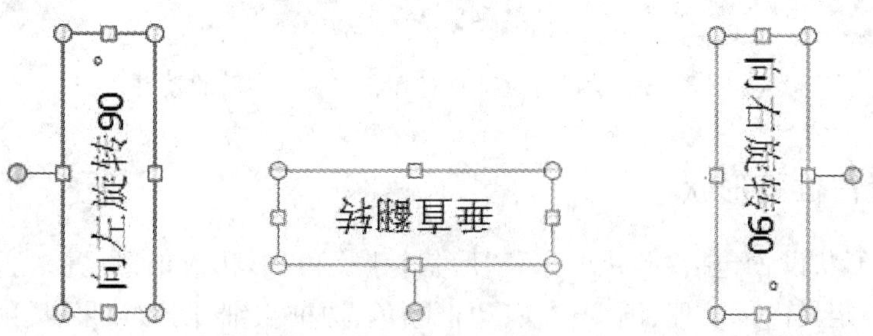

图 3-5 水平放置的占位符向左旋转 90°、垂直翻转和向右旋转 90°后的效果

单击“旋转”按钮后，在弹出的菜单中选择“其他旋转选项”命令，将打开如图 3－6 所示的“大小和位置”对话框。在“尺寸和旋转”选项区域中设置“高度”为“2.5 厘米”，“宽度”为“5.2 厘米”，“旋转”角度为 30°。单击“关闭”按钮，得到的占位符效果如图 3－7 所示。

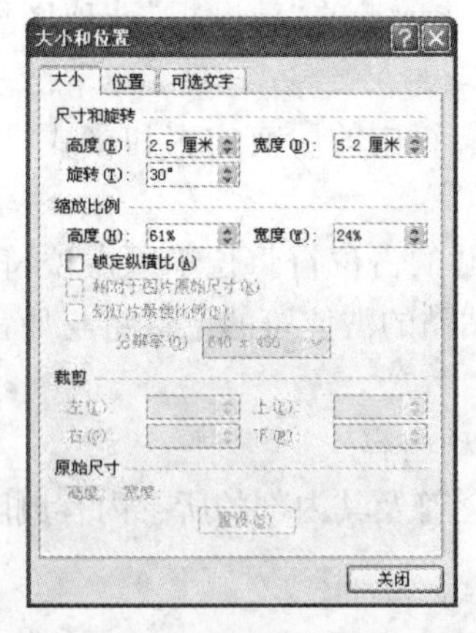

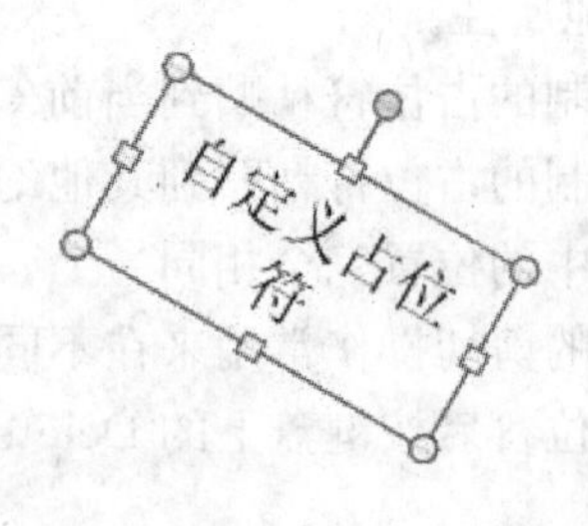

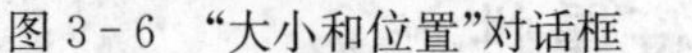

图 3－6 “大小和位置”对话框　　图 3－7 自定义占位符的高度、宽度和旋转角度

3.2.2 对齐占位符

如果一张幻灯片中包含两个或两个以上的占位符，用户可以通过选择相应命令来左对齐、右对齐、左右居中或横向分布占位符。

在幻灯片中选中多个占位符，在“格式”选项卡的“排列”选项区域中单击“对齐”按钮 对齐，此时在弹出的菜单中选择相应命令，即可设置占位符的对齐方式，如图 3－8 所示。

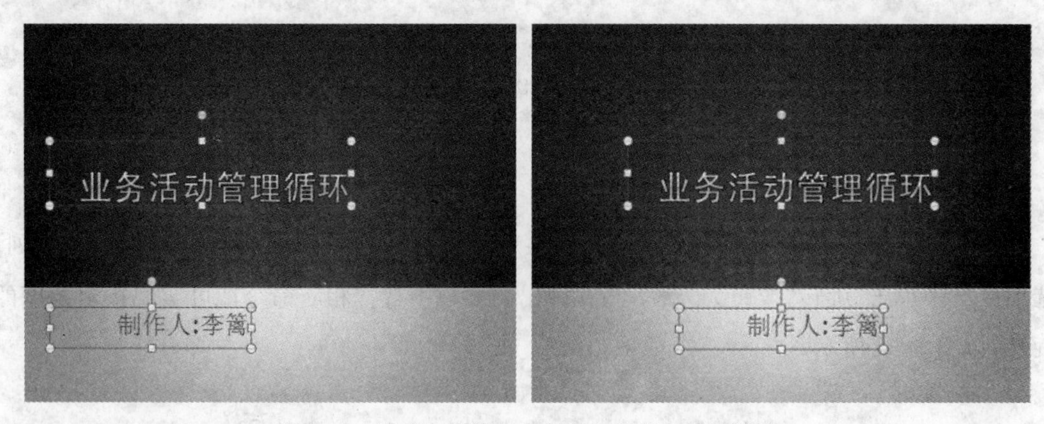

图 3－8 设置占位符左对齐和左右居中后的效果

3.2.3 设置占位符形状

占位符的形状设置包括“形状填充”、“形状轮廓”和“形状效果”设置。通过设置占位符的形状，可以自定义内部纹理、渐变样式、边框颜色、边框粗细、阴影效果、反射效果等。

【实训 3－1】在“格式”选项卡的“形状样式”选项区域中设置占位符的形状。

(1) 启动 PowerPoint 2007 应用程序,打开一个空白演示文稿。

(2) 在“单击此处添加标题”占位符中输入文字“业务活动管理循环”。

(3) 选中该占位符,在“格式”选项卡的“形状样式”选项区域中单击“形状填充”按钮 形状填充 ,在弹出的菜单中选择如图 3-9 所示的主题颜色。此时添加过颜色后的占位符效果如图 3-10 所示。

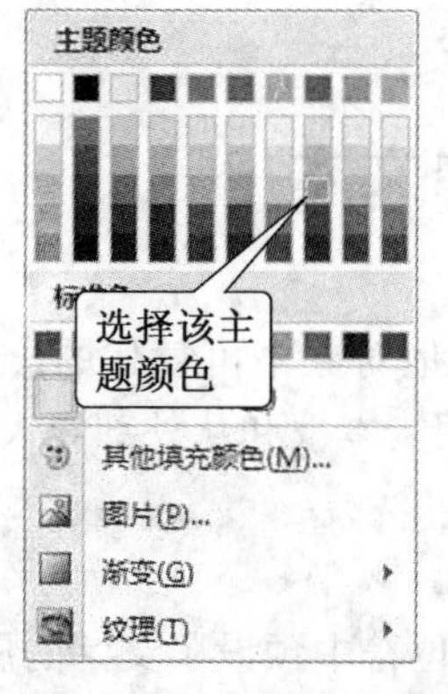

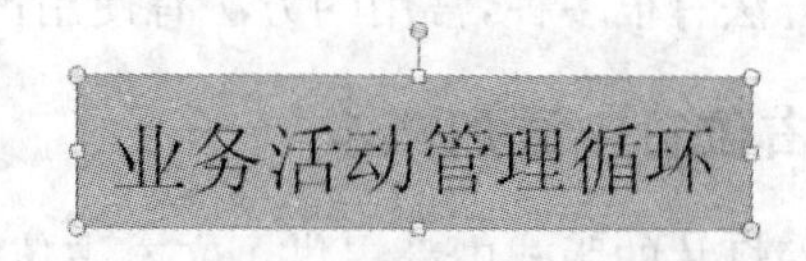

图 3-9　为占位符设置主题颜色　　　图 3-10　设置颜色后的占位符效果

(4) 在如图 3-9 所示的菜单中选择“渐变”|“中心辐射”命令,此时占位符效果如图 3-11 所示。

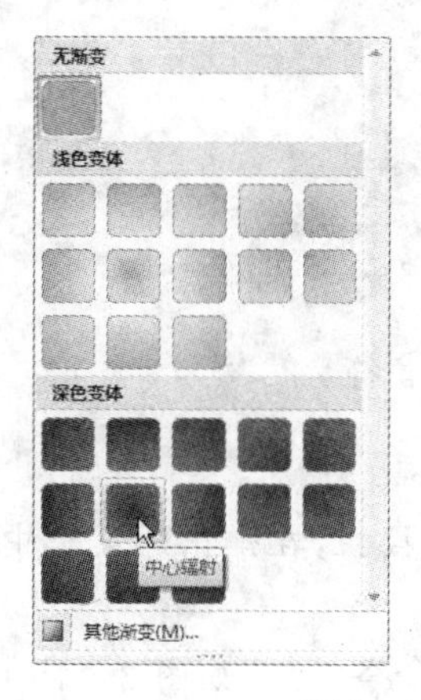

业务活动管理循环

图 3-11　设置占位符的渐变效果

(5) 单击“形状轮廓”按钮 形状轮廓 ,在弹出菜单的“主题颜色”选项区域中选择最后一行第 5 列的颜色。

(6) 在“形状轮廓”的弹出菜单中选择“粗线”|“1 磅”命令,设置外边框的线型样式,此时占位符效果如图 3-12 所示。

业务活动管理循环

图 3-12　为占位符设置轮廓

（7）单击“形状效果”按钮，在弹出的菜单中选择“发光”|“强调文字颜色 6，8pt 发光”命令，将占位符的边框设置为发光效果，如图 3－13 所示。

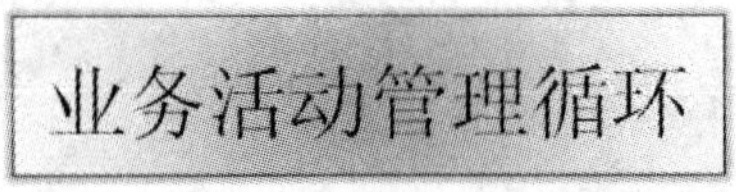

业务活动管理循环

图 3－13　为占位符边框设置发光效果

3.3　在幻灯片中添加文本

文本对演示文稿中主题、问题的说明及阐述作用是其他对象不可替代的。在幻灯片中添加文本的方法有很多种，常用的方法有使用占位符、使用文本框和从外部导入文本。

3.3.1　在占位符中添加文本

大多数幻灯片的版式中都提供了文本占位符，这种占位符中预设了文字的属性和样式，供用户添加标题文字、项目文字等，如图 3－14 所示。

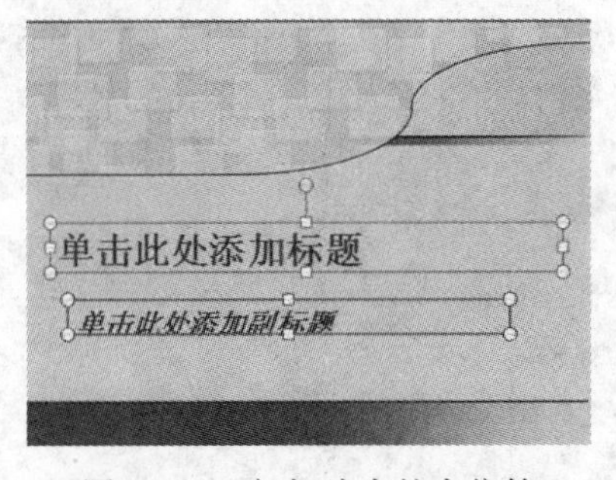

图 3－14　幻灯片中的占位符

【实训 3－2】在幻灯片的文本占位符中添加文本。

（1）启动 PowerPoint 2007 应用程序，单击 Office 按钮，在弹出的菜单中选择“新建”命令，打开“新建演示文稿”对话框。

（2）在对话框的“模板”列表框中选择“我的模板”命令，打开如图 3－15 所示的“新建演示文稿”对话框。

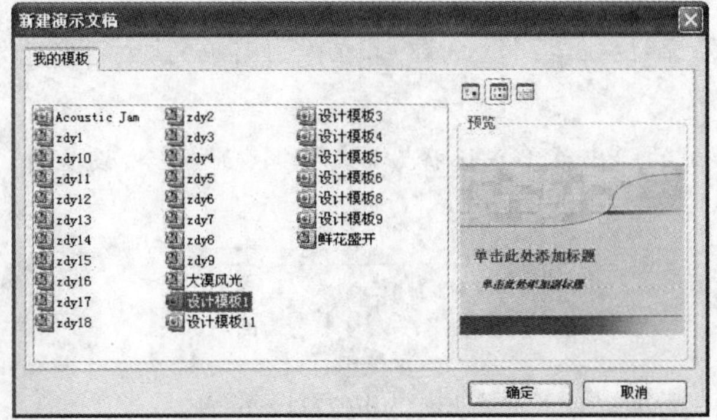

图 3－15　“新建演示文稿”对话框

提示：

“我的模板”列表框中显示的所有选项都是添加的自定义模板。在没有创建自定义模板前，“我的模板”列表框为空。

(3) 在“我的模板”列表框中选择“设计模板1”选项，然后单击“确定”按钮，将该模板应用到当前演示文稿中。

(4) 单击“单击此处添加标题”文本占位符内部，此时该占位符中将出现闪烁的光标，如图3-16所示。

(5) 在占位符中输入文字“商业资料通告第318/2004号”。

(6) 使用相同方法，在“单击此处添加副标题”文本占位符中输入文字“秘鲁：对部分进口纺织及成衣产品实施临时保障措施”，如图3-17所示。

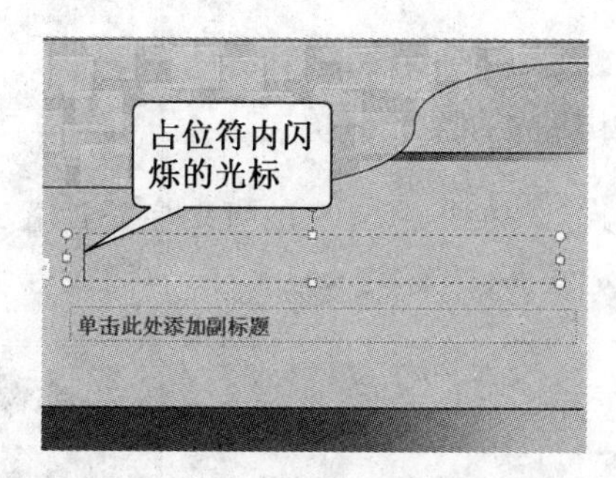

图3-16 占位符中闪烁的光标

图3-17 在占位符中输入文字

(7) 单击Office按钮，在弹出的菜单中选择“另存为”命令，将该演示文稿以文件名“商业通告”进行保存。

3.3.2 使用文本框添加文本

文本框是一种可移动、可调整大小的文字容器，它与文本占位符非常相似。使用文本框可以在幻灯片中放置多个文字块，使文字按照不同的方向排列；也可以突破幻灯片版式的制约，实现在幻灯片中任意位置添加文字信息的目的。

1. 使用文本框插入文字

PowerPoint 2007提供了两种形式的文本框：横排文本框和垂直文本框，它们分别用来放置水平方向的文字和垂直方向的文字。

【实训3-3】在幻灯片中使用文本框添加文字。

(1) 启动PowerPoint 2007应用程序，打开【实训3-2】制作的“商业通告”演示文稿。

(2) 在幻灯片预览窗口中选择第2张幻灯片缩略图，将其显示在幻灯片编辑窗口中。

(3) 单击“插入”选项卡，在“文本”选项区域中单击“文本框”按钮下方的下拉箭头，在弹出的菜单中选择“横排文本框”命令。

(4) 移动鼠标指针到幻灯片的编辑窗口，当指针形状变为↓形状时，在幻灯片页面中按住鼠标左键并拖动，鼠标指针变成十形状。当拖动到合适大小的矩形框后，释放鼠标完成横排文本框的插入，如图3-18所示。

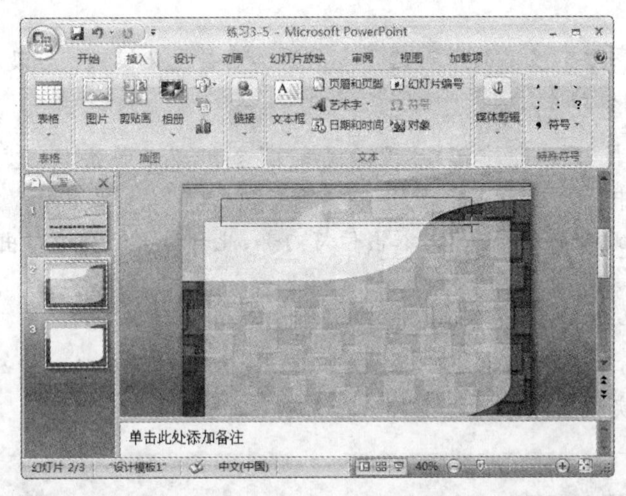

图 3－18　在幻灯片中插入横排文本框

(5) 光标自动位于文本框内，如图 3－19 所示。在其中输入说明文字并设置文字字号为 44，如图 3－20 所示。在幻灯片中任意空白处单击，退出文本框文字编辑状态。

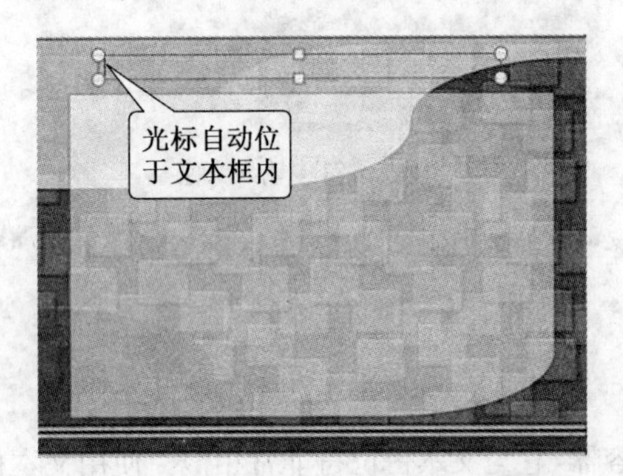

图 3－19　插入的文本框中自动显示光标

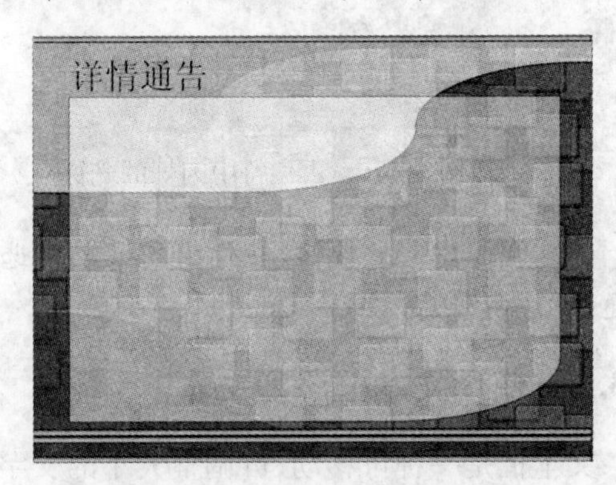

图 3－20　在文本框中输入文字

(6) 在功能区单击“插入”选项卡，参照步骤(3)～(4)在幻灯片中插入如图 3－21 所示的垂直文本框。

(7) 在该垂直文本框中输入如图 3－22 所示的文字，并设置文字字号为 27。

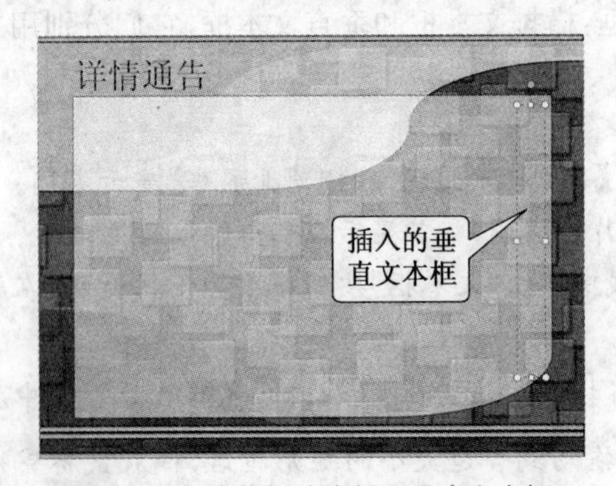

图 3－21　在幻灯片中插入垂直文本框

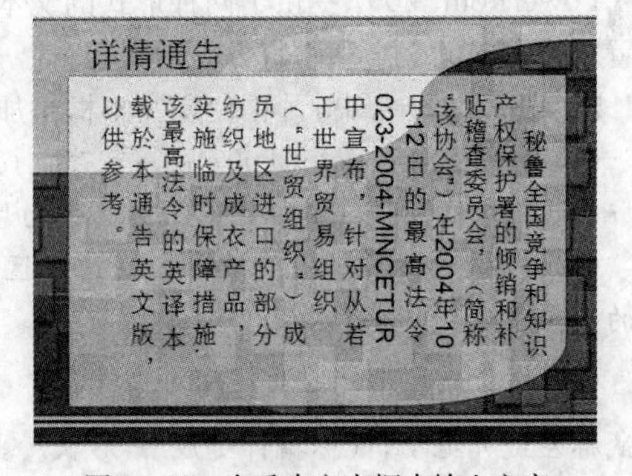

图 3－22　在垂直文本框中输入文字

(8) 在快速访问工具栏中单击“保存”按钮，将修改后的演示文稿保存。

2. 设置文本框

文本框中新输入的文字没有任何格式，需要用户根据演示文稿的实际需要进行设置。文本框上方有一个绿色的旋转控制点，拖动该控制点可以方便地将文本框旋转至任意角度。

【实训 3-4】 旋转文本框的角度，并设置文本框中文字的字体和样式。

(1) 启动 PowerPoint 2007 应用程序，打开【实训 3-3】制作的“商业通告”演示文稿。

(2) 将第 2 张幻灯片显示在幻灯片编辑窗口中，选中横排文本框，将鼠标指针移动到文本框上方的绿色控制点上，此时鼠标指针将变为 ↻ 形状。顺时针拖动该控制点，将文本框旋转 45 度左右，效果如图 3-23 所示。

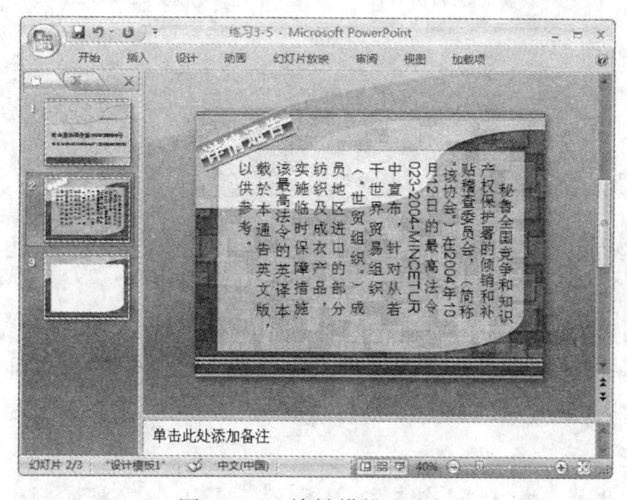

图 3-23 旋转横排文本框

(3) 在文本框中选中文字“详情通告”，单击功能区的“格式”选项卡，在“艺术字样式”选项区域中单击“填充”列表框旁边的“其他”按钮，在弹出的“应用于所选文字”菜单中选择第 3 行第 1 列的样式。

(4) 单击“形状样式”选项区域右下方的下拉箭头，打开如图 3-24 所示的“设置形状格式”对话框。

(5) 在“填充”选项区域中选择“渐变填充”单选按钮，在“预设颜色”下拉列表框中选择“极目远眺”选项。

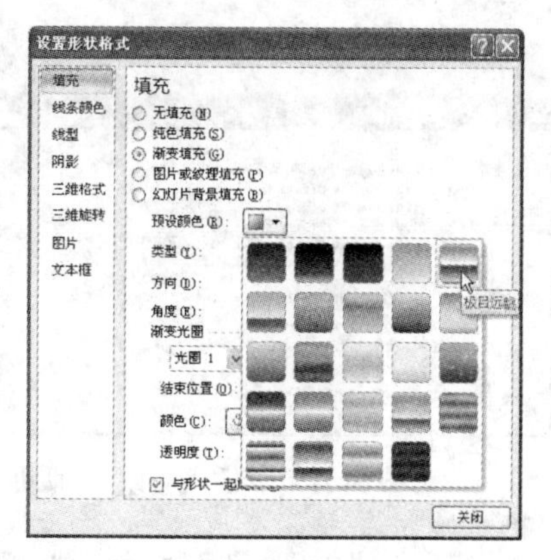

图 3-24 “设置形状格式”对话框

提示：

在图 3-24 所示的对话框中切换到“三维格式”或“三维旋转”选项卡，可以为文本框设置三维效果。

(6) 单击“关闭”按钮，此时文本框效果如图 3-25 所示。

(7) 在快速访问工具栏中单击“保存”按钮，将该演示文稿保存。

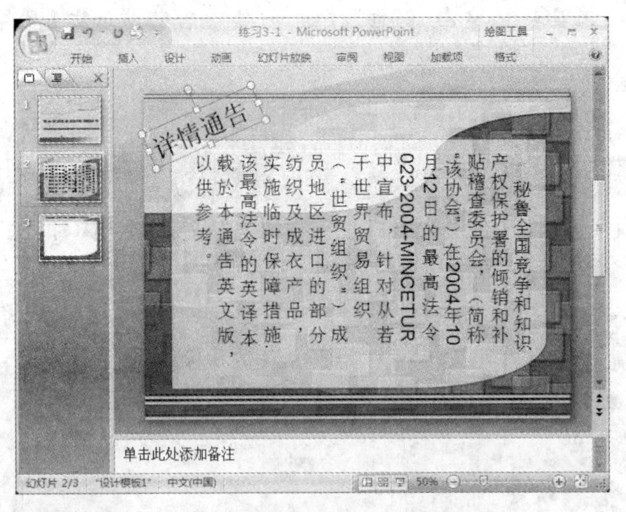

图 3-25 设置渐变样式后的文本框

3.3.3 从外部导入文本

用户除了使用复制的方法从其他文档中将文本粘贴到幻灯片中，还可以在"插入"选项卡中选择"对象"命令，直接将文本文档导入到幻灯片中。

【实训 3-5】使用插入对象的方法在幻灯片中导入外部文本。

(1) 启动 PowerPoint 2007 应用程序，打开【实训 3-4】制作的"商业通告"演示文稿。

(2) 将第 3 张幻灯片显示在幻灯片编辑窗口中，单击"单击此处添加标题"文本占位符，在其中输入文字"通告第 2 条："。

(3) 选中"单击此处添加文本"文本占位符，按下 Delete 键将其删除。单击"插入"选项卡，在"文本"选项区域中单击"对象"按钮，打开"插入对象"对话框，如图 3-26 所示。

(4) 在对话框中选择"由文件创建"单选按钮，此时"插入对象"对话框如图 3-27 所示。

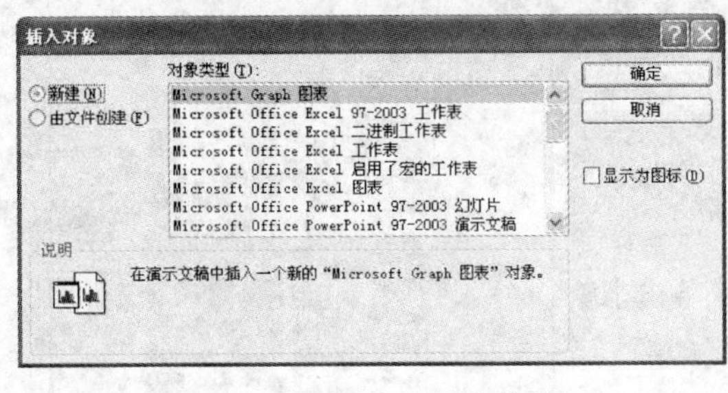

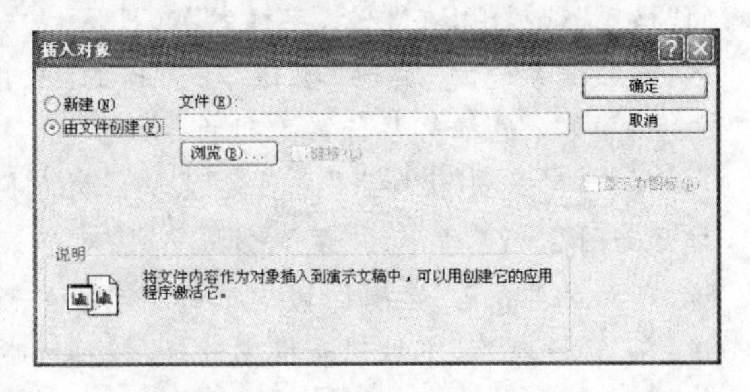

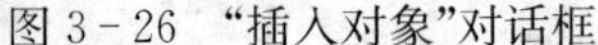

图 3-26 "插入对象"对话框　　　　图 3-27 选择插入文件的方式

(5) 单击"浏览"按钮，打开"浏览"对话框。在该对话框中选择要插入的文本文件，单击"确定"按钮，如图 3-28 所示。

(6) 此时"插入对象"对话框的"文件"文本框中将显示该文本文档的路径，如图 3-29 所示。

图 3 - 28 “浏览”对话框

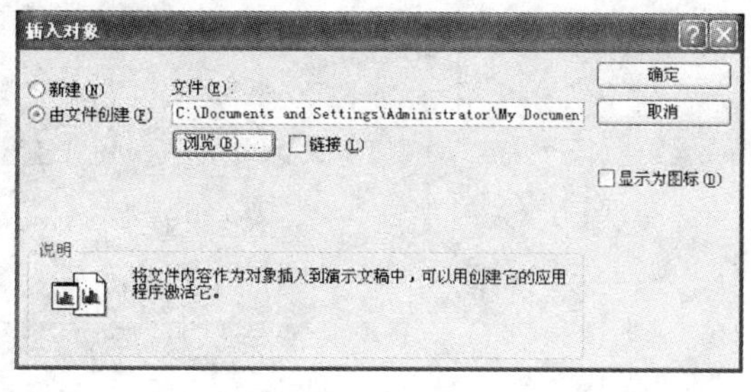

图 3 - 29 “文件”文本框显示插入文件的路径

(7) 单击“确定”按钮，此时幻灯片中显示导入的文本文档，如图 3 - 30 所示。将鼠标指针移动到该文挡边框的右下角，当鼠标指针变为 ↖↘ 形状时，拖动导入的文本框，调整大小，效果如图 3 - 31 所示。

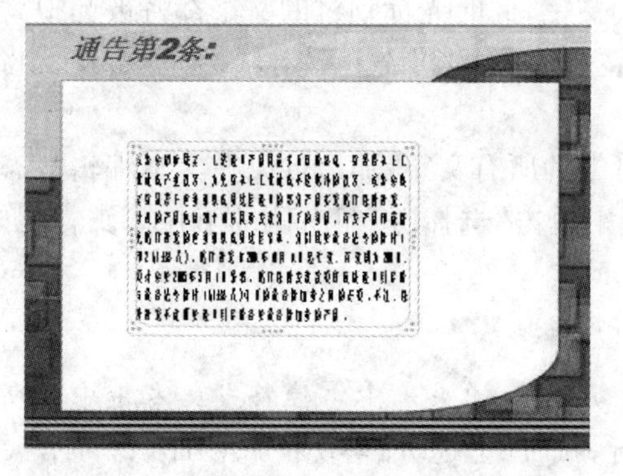

图 3 - 30 幻灯片中显示导入的文本

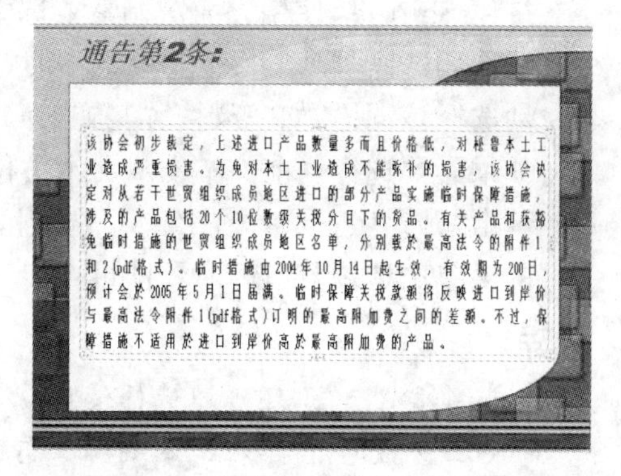

图 3 - 31 调整导入的文本框的大小

(8) 在快速访问工具栏中单击“保存”按钮，将修改后的演示文稿保存。

3.4 文本的基本操作

PowerPoint 2007 的文本基本操作主要包括选择、复制、粘贴、剪切、撤销与重复、查找与替换等。掌握文本的基本操作是进行文字属性设置的基础。

3.4.1 选择文本

用户在编辑文本之前，首先要选择文本，然后再进行复制、剪切等相关操作。

在 PowerPoint 2007 中，常用的选择方式主要有以下几种：

- 当将鼠标指针移动至文字上方时，鼠标形状将变为 I 形状。在要选择文字的起始位置单击鼠标左键，进入文字编辑状态。此时按住鼠标左键，拖动鼠标到要选择文字的结束位置释放鼠标，被选择的文字将以高亮显示，如图 3 - 32 所示。
- 进入文字编辑状态，将光标定位在要选择文字的起始位置，按住 Shift 键，在需要选

图 3-32　选中文字“商业资料通告”

择的文字的结束位置单击鼠标左键，然后松开 Shift 键，此时在第一次单击鼠标左键位置和按住鼠标左键位置之间的文字都将被选中。

- 进入文字编辑状态，利用键盘上的方向键，将闪烁的光标定位到需要选择的文字前，按住 Shift 键，使用方向键调整要选中的文字，此时光标划过的文字都将被选中。
- 当需要选择一个语义完整的词语时，在需要选择的词语上双击，PowerPoint 就将自动选择该词语，如“资料”、“实施”等。
- 如果需要选择当前文本框或文本占位符中的所有文字，那么可以在文本编辑状态下单击“开始”选项卡，在“编辑”选项区域中单击“选择”按钮右侧的下拉箭头，在弹出的菜单中选择“全选”命令即可。

提示：

在文本编辑状态下，还可以选择使用 Ctrl＋A 组合键来选中占位符或文本框中的所有文字。需要注意的是，当不在文本编辑状态下时，执行“全选”命令或按下 Ctrl＋A 组合键将会选中当前幻灯片中的所有对象，包括占位符、文本框、图片、图形等。

- 在一个段落中连续单击鼠标左键 3 次，可以选择整个段落。
- 当单击占位符或文本框的边框时，整个占位符或文本框将被选中，此时占位符中的文本不以高亮显示，但具有与被选中文本相同的特性，如可以为选中的文字设置字体、字号等属性。
- 单击空白处，可以取消文本的选中状态。

3.4.2　复制、粘贴、剪切和移动文本

在 PowerPoint 中复制、粘贴和剪切的内容可以是当前编辑的文本，也可以是图片、声音等其他对象。使用这些操作，可以帮助用户创建重复的内容，或者把一段内容移动到其他位置。

1. 复制与粘贴

首先选中需要复制的文字，单击“开始”选项卡，在“剪贴板”选项区域中单击“复制”按钮，这时选中的文字将复制到 Windows 剪贴板上。然后将光标定位到需要粘贴的位置，单击“剪贴板”选项区域中的“粘贴”按钮，此时，复制的内容将被粘贴到新的位置。

提示：

在选中需要复制的文本后，用户可以使用 Ctrl＋C 组合键完成复制，使用 Ctrl＋V 组合键完成粘贴。

2. 剪切与粘贴

剪切操作主要用来移动一段文字。当选中要移动的文字后，单击“开始”选项卡，在“剪贴板”选项区域中单击“剪切”按钮，这时被选中的文字将被剪切到 Windows 剪贴板上，同时原位置的文本消失。将光标定位到新位置后，单击“剪贴板”选项区域中的“粘贴”按钮，就可以将剪切的内容粘贴到新的位置，从而实现文字的移动。

3. 鼠标移动

首先选中需要移动的文字，当鼠标指针再次移动到被选中的文字上方时，鼠标指针将由 I 形状变为 形状，这时可以按住鼠标左键并向目标位置拖动文字。在拖动文字时，鼠标指针下方将出现一个矩形 。

【实训 3－6】使用鼠标移动的方法，移动“商业通告”演示文稿第 3 张幻灯片中的部分文字。

(1) 启动 PowerPoint 2007 应用程序，打开【实训 3－5】制作的“商业通告”演示文稿。

(2) 单击“插入”选项卡，在“文本”选项区域中单击“文本框”按钮，在弹出的菜单中选择“横排文本框”命令，在如图 3－33 所示的位置添加一个水平文本框。

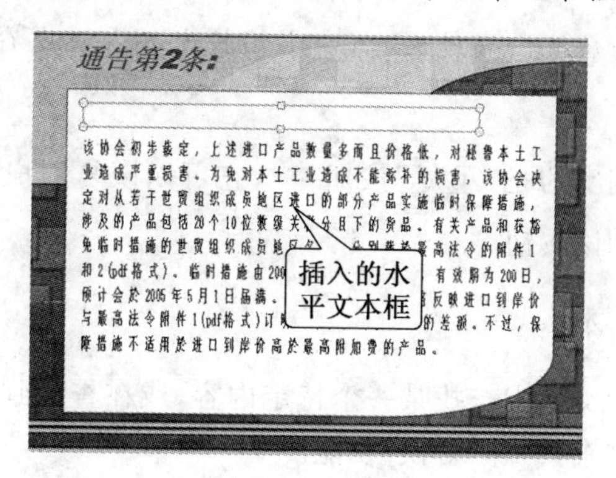

图 3－33　在幻灯片中插入水平文本框

(3) 将第 3 张幻灯片显示在幻灯片编辑窗口中，选中文字“通告第 2 条：”。

(4) 将鼠标指针移动到被选中的文字上，按住鼠标左键并拖动文字向下移动，将其移动到添加的横排文本框中，如图 3－34 所示。

(5) 选中“单击此时添加标题”文本框，按下 Delete 键将其删除。

(6) 单击 Office 按钮，在弹出的菜单中选择“另存为”命令，将演示文稿以“鼠标移动”为文件名进行保存。

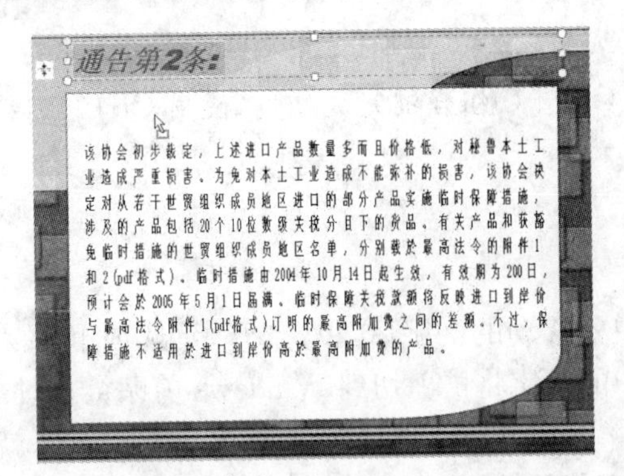

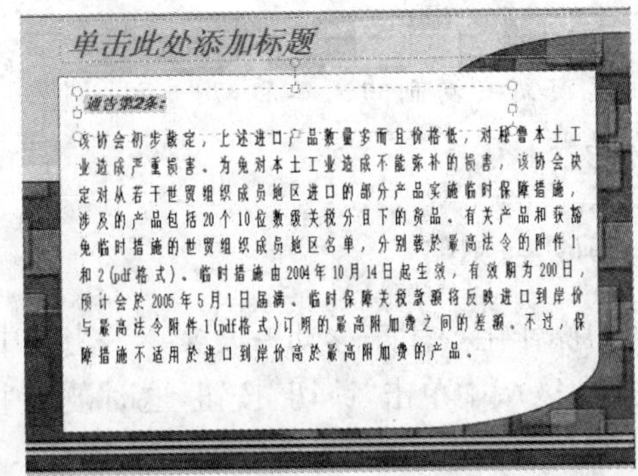

图 3－34　将文字拖动到添加的文本框中

3.4.3　撤销与重复文本操作

撤销和重复是编辑演示文稿中常用的操作，“撤销”命令对应的快捷键是 Ctrl＋Z，“重复”命令对应的快捷键是 Ctrl＋Y。

用户在进行编辑工作时难免会出现误操作，例如误删除文本或错误地进行剪切、设置等，这时可以通过“撤销”功能返回到该步骤操作前的状态。

在快速访问工具栏中单击“撤销”按钮，就可以撤销前一步的操作。默认情况下，PowerPoint 2007 可以撤销前 20 步操作。用户还可以在“PowerPoint 选项”对话框中设置撤销次数。

提示：

如果将可撤销操作的数值设置过大，将会占用较大的系统内存，从而影响 PowerPoint 的运行速度。

与“撤销”按钮功能相反的是“重复”按钮，它可以恢复用户撤销的操作。在快速访问工具栏中也能直接找到该按钮。

3.4.4　查找与替换文本

当需要在较长的演示文稿中查找某一个特定内容，或在查找到特定内容后将其替换为其他内容时，就可以使用“查找”和“替换”功能。

1. 查找

在“开始”选项卡的“编辑”选项区域中单击“查找”按钮，将打开如图 3－35 所示的“查找”对话框。

图 3－35　“查找”对话框

在“查找”对话框中，各选项的功能如下：

- “查找内容”下拉列表框　用于输入所要查找的内容。
- “区分大小写”复选框　选中该复选框，在查找时需要完全匹配由大小写字母组合成的单词。
- “全字匹配”复选框　选中该复选框，PowerPoint 只查找用户输入的完整单词或字母，而 PowerPoint 默认的查找方式是非严格匹配查找，即该复选框未选中时的查找方式。例如，在“查找内容”下拉列表框中输入文字“计算”时，如果选中该复选框，系统仅会查找该文字，而对“计算机”、“计算器”等词忽略不计；如果未选中该复选框，系统则会对所有包含输入内容的词进行查找统计。
- “区分全/半角”复选框　选中该复选框，在查找时将区分全角字符与半角字符。
- “查找下一个”按钮　单击该按钮开始查找。当系统找到第一个满足条件的字符后，该字符将高亮显示，这时可以再次单击“查找下一个”按钮，继续查找到其他满足条件的字符。

2. 替换

PowerPoint 2007 中的替换功能包括替换文本内容和替换字体。在“开始”选项卡的“编辑”选项区域中单击“替换”按钮右侧的下拉箭头，在弹出的菜单中选择相应命令即可。

【实训 3－7】使用 PowerPoint 的替换功能，将“商业通告”演示文稿中的文字“资料”替换为“贸易”。

(1) 启动 PowerPoint 2007 应用程序，打开【实训 3－5】制作的“商业通告”演示文稿。

(2) 在“开始”选项卡的“编辑”选项区域中单击“替换”按钮右侧的下拉箭头，在弹出的菜单中选择“替换”命令，打开“替换”对话框，如图 3－36 所示。

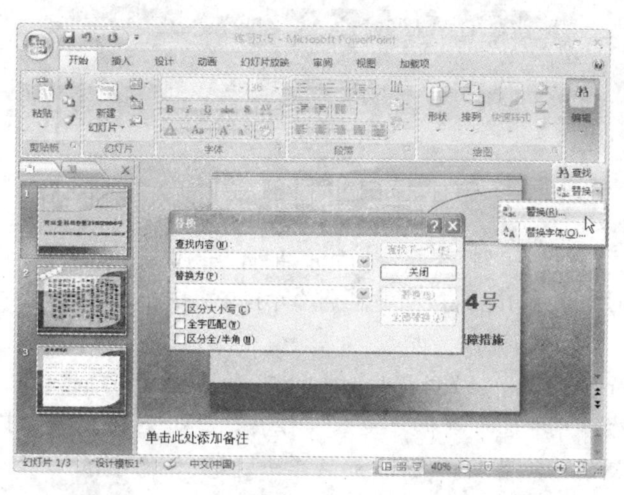

图 3－36　选择“替换”命令打开“替换”对话框

(3) 在对话框的“查找内容”下拉列表框中输入文字“资料”，在“替换为”下拉列表框中输入文字“贸易”，并选择“全字匹配”复选框，如图 3－37 所示。

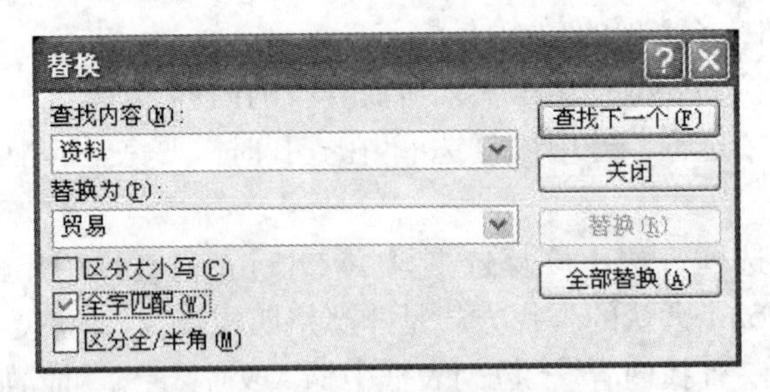

图 3-37　设置“替换”对话框

(4) 单击“查找下一处”按钮，此时幻灯片中第一次的出现文字“资料”被选中，单击“替换”按钮，完成对该处文字的替换，如图 3-38 所示。

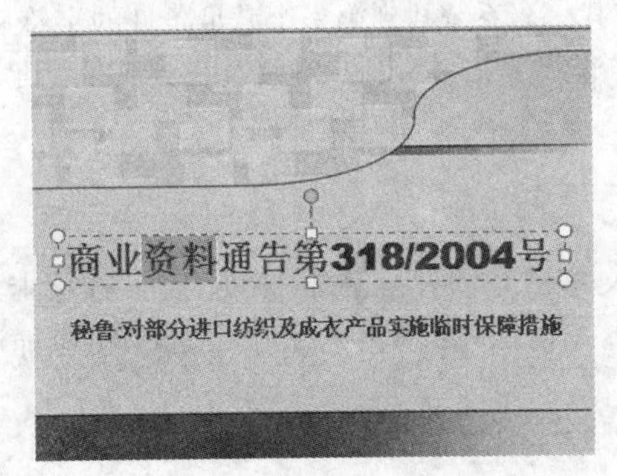

图 3-38　完成该处文字的替换

(5) 单击“查找下一处”按钮，PowerPoint 将继续对符合条件的文本进行替换。当全部替换完成后，系统将打开如图 3-39 所示的提示对话框。

图 3-39　Microsoft Office PowerPoint 提示对话框

(6) 单击“确定”按钮返回到“替换”对话框，单击“关闭”按钮完成替换。

【实训 3-8】使用替换功能，将“商业通告”演示文稿中第一张幻灯片的副标题文字替换字体。

(1) 启动 PowerPoint 2007 应用程序，打开【实训 3-5】制作的“商业通告”演示文稿。

(2) 在第一张幻灯片中选中副标题文本占位符，在“开始”选项卡的“编辑”选项区域中单击“替换”按钮右侧的下拉箭头，在弹出的菜单中选择“替换字体”命令，打开“替换字体”对话框。

(3) 在“替换为”下拉列表框中选择“华文楷体”选项，如图 3-40 所示。

(4) 单击“替换”按钮，此时选中的占位符中的文字字体被替换，如图 3-41 所示。单击“关闭”按钮，关闭“替换字体”对话框。

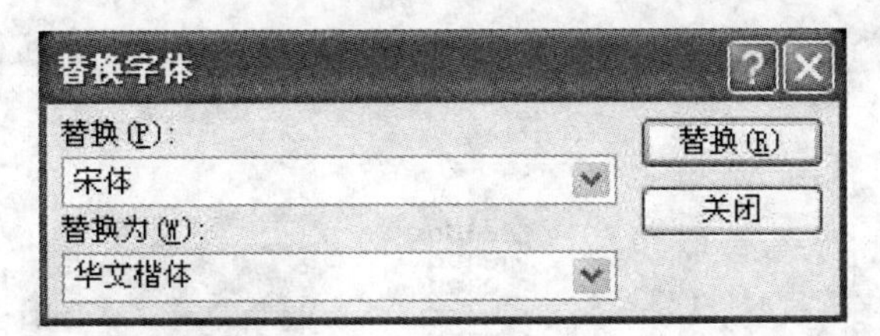

图 3-40 设置“替换字体”对话框

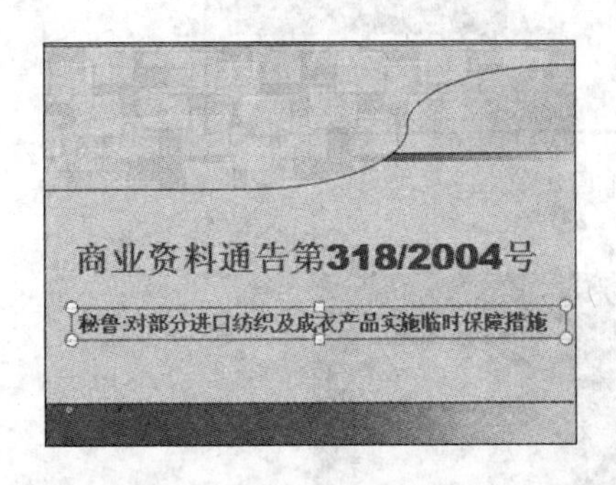

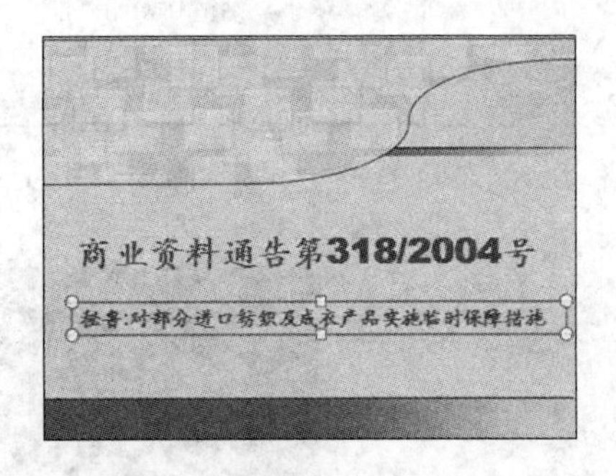

图 3-41 替换副标题文字字体

3.5 设置文本的基本属性

为了使演示文稿更加美观、清晰，通常需要对文本属性进行设置。文本的基本属性设置包括字体、字形、字号及字体颜色等设置。在 PowerPoint 中，当幻灯片应用了版式后，幻灯片中的文字也具有了预先定义的属性。但在很多情况下，用户仍然需要按照自己的要求对它们重新进行设置。

3.5.1 设置字体和字号

为幻灯片中的文字设置合适的字体和字号，可以使幻灯片的内容清晰明了。和编辑文本一样，在设置文本属性之前，首先要选择相应的文本。

【实训 3-9】在幻灯片中为输入的文字设置字体和字号。

(1) 启动 PowerPoint 2007 应用程序，单击 Office 按钮，在弹出的菜单中选择“新建”命令，打开“新建演示文稿”对话框。

(2) 在对话框的“模板”列表框中选择“我的模板”命令，打开“新建演示文稿”对话框。

(3) 在“我的模板”列表框中选择“设计模板 3”选项，如图 3-42 所示。然后单击“确定”按钮，将该模板应用到当前演示文稿中。

(4) 在第一张幻灯片的“单击此处添加标题”文本占位符中输入文字“埃尔工业自动化有限公司”，在“单击此处添加副标题”文本占位符中输入文字“公司简介”，如图 3-43 所示。

(5) 选中“单击此处添加标题”文本占位符，单击“开始”选项卡，在“字体”选项区域的“字体”下拉列表框中选择“华文琥珀”选项，如图 3-44 所示。

(6) 选中“单击此处添加副标题”文本占位符，在“字体”选项区域的“字号”下拉列表框

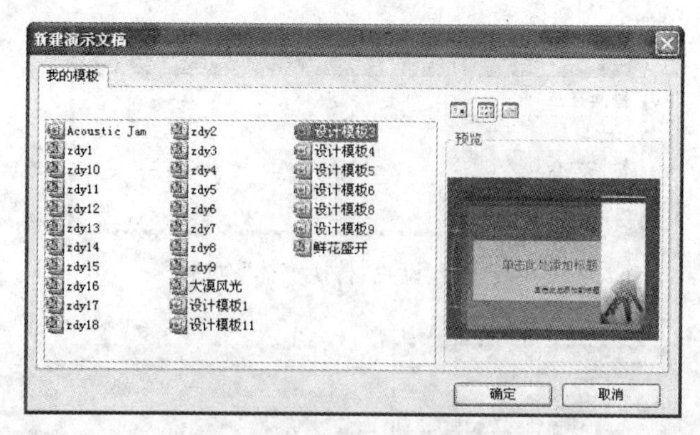

图 3-42　选择自定义模板

图 3-43　在文本占位符中添加文字

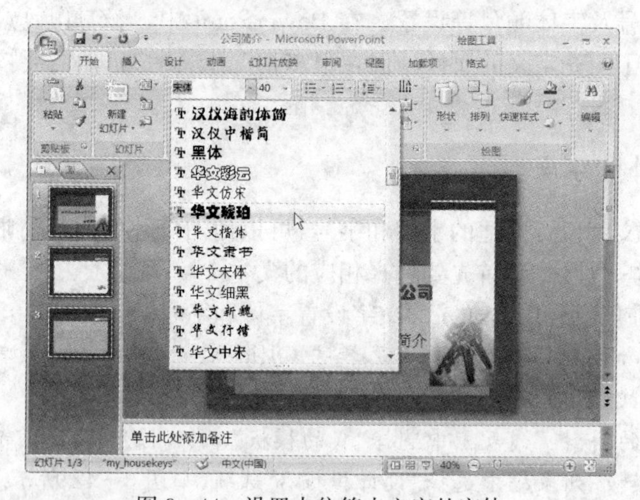

图 3-44　设置占位符中文字的字体

中选择 36，此时幻灯片效果如图 3-45 所示。

(7) 单击 Office 按钮，在弹出的菜单中选择“另存为”命令，将该演示文稿以文件名“公司简介”进行保存。

图 3-45　设置文字字体和字号后的幻灯片效果

3.5.2　设置字体颜色

用户的输出设备(如显示器、投影仪、打印机等)都能够显示彩色信息,这样在设计演示文稿时就可以进一步设置文字的字体颜色。

【实训 3-10】在幻灯片中为输入的文字设置字体颜色。

(1) 启动 PowerPoint 2007 应用程序,打开【实训 3-9】制作的"公司简介"演示文稿。

(2) 在幻灯片预览窗口中选择第 2 张幻灯片缩略图,将其显示在幻灯片编辑窗口中。

(3) 在两个文本占位符中分别输入如图 3-46 所示的文字。

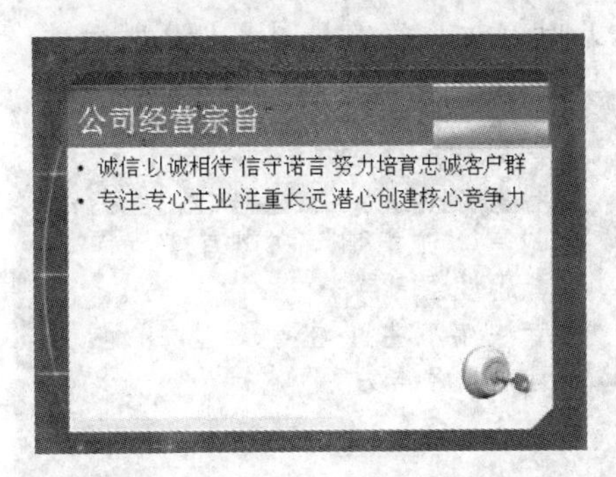

图 3-46　在文本占位符中输入文字

(4) 选中"公司经营宗旨"占位符,在"开始"选项卡的"字体"选项区域中单击"字体颜色"按钮 A 右侧的下拉箭头,在弹出的菜单中选择如图 3-47 所示的"浅绿色"选项。

(5) 此时标题文字如图 3-48 所示。

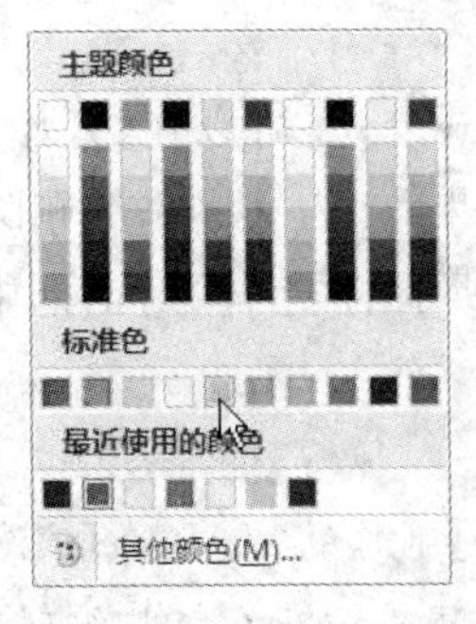

图 3-47　选择文字颜色

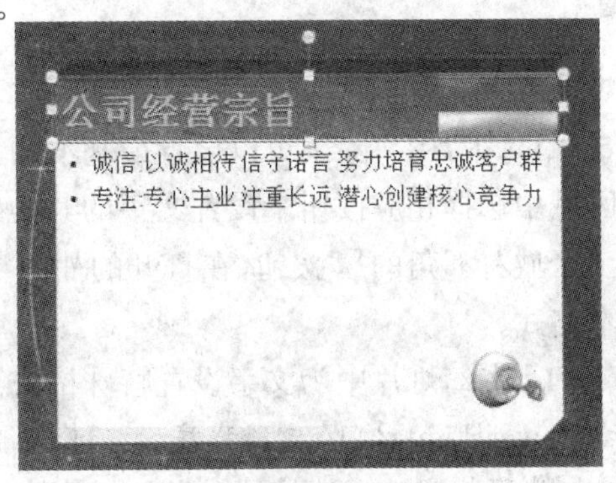

图 3-48　设置颜色后的文字效果

(6) 选中“公司经营宗旨”占位符,在“字体”选项区域中依次单击“加粗”按钮 **B** 和“阴影”按钮 **S** ,将文字字型设置为加粗和阴影效果,并设置其字号为 48。

(7) 选中幻灯片中的另一个文本占位符,设置文字字号为 40。

(8) 在“字体”选项区域中单击“字体颜色”按钮右侧的下拉箭头,在弹出的菜单中选择“其他颜色”命令。

(9) 此时打开“颜色”对话框,切换到“标准”选项卡,在“颜色”选项区域中选择如图 3-49 所示的颜色。

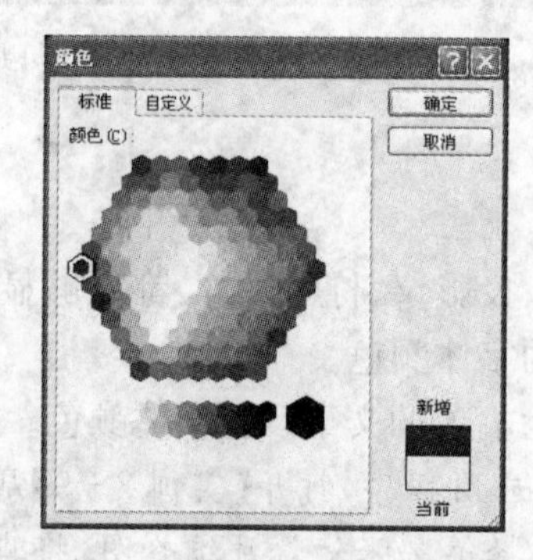

图 3-49 在“颜色”对话框中选择颜色

(10) 单击“确定”按钮,此时幻灯片效果如图 3-50 所示。

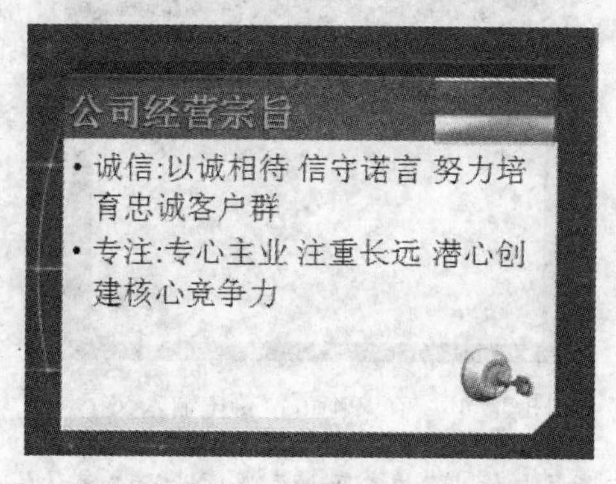

图 3-50 设置字体大小和颜色后的幻灯片效果

(11) 单击快速访问工具栏中的“保存”按钮,将修改后的演示文稿保存。

3.5.3 设置特殊文本格式

在 PowerPoint 中,用户除了可以设置最基本的文字格式外,还可以在“开始”选项卡的“字体”选项区域中选择相应按钮来设置文字的其他特殊效果,如为文字添加删除线等。单击“字体”选项区域右下角的 按钮,在打开的如图 3-51 所示的“字体”对话框中也可以设置特殊的文本格式。

【实训 3-11】在幻灯片中为文字设置特殊格式。

(1) 启动 PowerPoint 2007 应用程序,打开【实训 3-10】制作的“公司简介”演示文稿。

(2) 在幻灯片预览窗口中选择第 3 张幻灯片缩略图,将其显示在幻灯片编辑窗口中。

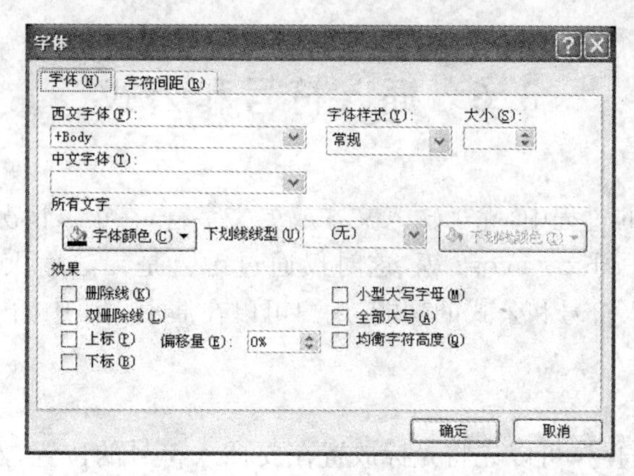

图 3-51 “字体”对话框

(3) 在“单击此处添加标题”占位符中输入文字“公司概况”,设置文字字号为 48。

(4) 在“单击此处添加文本”占位符中输入如图 3-52 所示的文字,设置文字字号为 32。

(5) 选中文字“既古老又年轻的行业”,单击“字体”选项区域右下角的 按钮,打开“字体”对话框。

(6) 在对话框中的“所有文字”选项区域的“下划线线型”下拉列表框中选择“粗波浪线”选项,单击“确定”按钮,此时幻灯片效果如图 3-53 所示。

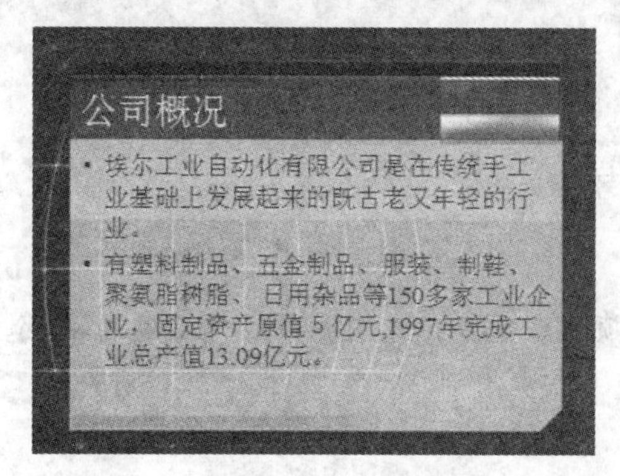

图 3-52 在文本占位符中输入文字

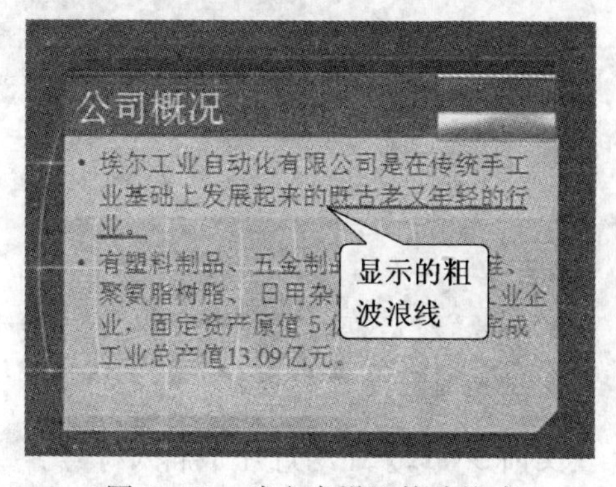

图 3-53 为文字设置特殊格式

(7) 单击快速访问工具栏中的“保存”按钮,将修改后的演示文稿保存。

提示:

在图 3-51 所示的“字体”对话框中,如果选中“上标”复选框,那么可使文字按上标的格式显示,如常用的数学公式 X2 等。在其右侧的“偏移量”文本框中可以调节数值,当设置为上标时,偏移量为正数,数值越大,文字的偏移位置越高。

如果选中“下标”复选框,可使文字按下标的格式显示,如常用的化学符号 H2O 等。当设置为下标时,偏移量为负数,数值越小,文字的偏移位置越低。

3.6 插入符号和公式

在编辑演示文稿的过程中，除了输入文本或英文字符，在很多情况下还要插入一些符号和公式，例如□2、β、∈、Fx＝Fcosβ 等，这时仅通过键盘是无法输入这些符号的。PowerPoint 2007 提供了插入符号和公式的功能，用户可以在演示文稿中插入各种符号和公式。

3.6.1 插入符号

要在文档中插入符号，可以先将光标放置在要插入符号的位置，然后单击功能区的“插入”选项卡，在“文本”选项区域中单击“符号”按钮Ω 符号，打开如图 3－54 所示的“符号”对话框，在其中选择要插入的符号，单击“插入”按钮即可。

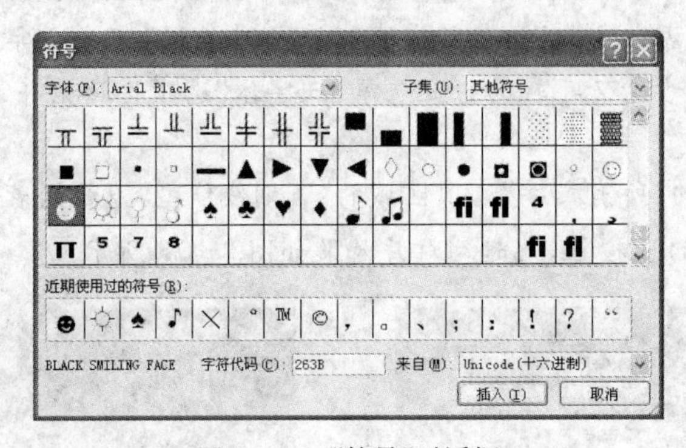

图 3－54 “符号”对话框

提示：

在“符号”对话框的“近期使用过的符号”选项区域中显示了用户最近使用过的 16 个符号，方便用户对符号进行查找。

【实训 3－12】在幻灯片中插入符号。

(1) 启动 PowerPoint 2007 应用程序，打开【实训 3－11】制作的“公司简介”演示文稿。

(2) 在幻灯片预览窗口中选择第 1 张幻灯片缩略图，将其显示在幻灯片编辑窗口中。

(3) 单击“插入”选项卡，在“文本”选项区域中单击“文本框”按钮，在弹出的菜单中选择“横排文本框”命令，在幻灯片中插入一个水平文本框。

(4) 在该文本框内部单击，使其处于文字编辑状态，在其中输入文字“注册商标：”。

(5) 在“文本”选项区域中单击“符号”按钮，打开如图 3－54 所示的“符号”对话框，在“子集”下拉列表框中选择“拉丁语-1 增补”选项，然后在符号列表框中选择符号©，单击“插入”按钮，将其插入到文本框中。

(6) 在符号©后继续输入文本“1998－2018 aier”。

(7) 参照步骤(5)，将插入点置于 aier 后面，然后使用“符号”对话框插入“商标”符号™。

(8) 将文本框中的文本字号设置为 28，此时幻灯片效果如图 3－55 所示。

(9) 单击快速访问工具栏中的“保存”按钮，将修改后的演示文稿保存。

图 3-55 在幻灯片中插入字符

3.6.2 插入公式

要在幻灯片中插入各种公式，可以使用公式编辑器输入统计函数、数学函数、微积分方程式等复杂公式。单击“插入”选项卡，在“文本”选项区域中单击“对象”按钮 对象，在打开的对话框中选择公式编辑器即可。

【实训 3-13】 在幻灯片中使用公式编辑器插入公式。

(1) 启动 PowerPoint 2007 应用程序，打开【实训 3-12】制作的“公司简介”演示文稿。

(2) 在幻灯片预览窗口中选择第 3 张幻灯片缩略图，将其显示在幻灯片编辑窗口中。

(3) 单击“开始”选项卡，在“幻灯片”选项区域中单击“新建幻灯片”按钮，添加一张新幻灯片。

(4) 在“单击此处添加标题”占位符中输入文字“投资分析财务公式”。

(5) 删除“单击此处添加文本”占位符，在“插入”选项卡的“文本”选项区域中单击“对象”按钮，打开如图 3-56 所示的“插入对象”对话框。

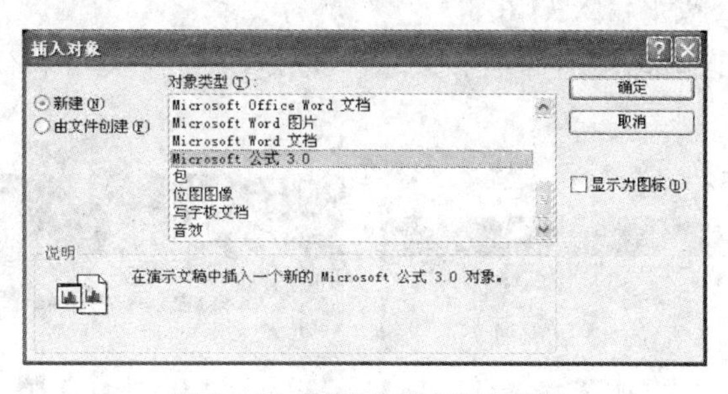

图 3-56 “插入对象”对话框

(6) 在对话框的“对象类型”列表框中选择“Microsoft 公式 3.0”选项，然后单击“确定”按钮，此时将打开“公式编辑器”窗口，如图 3-57 所示。

(7) 在编辑区域闪烁的光标处输入如图 3-58 所示的文字，然后在窗口的工具栏中单击“求和模板”按钮，在弹出的菜单中选择第一个选项，此时窗口效果如图 3-59 所示。

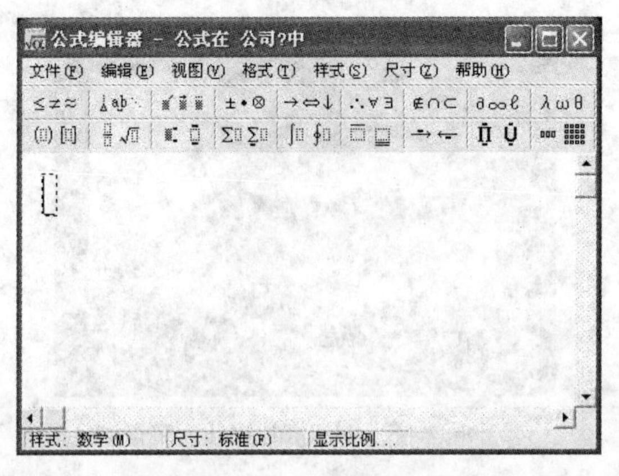

图 3-57 “公式编辑器”窗口

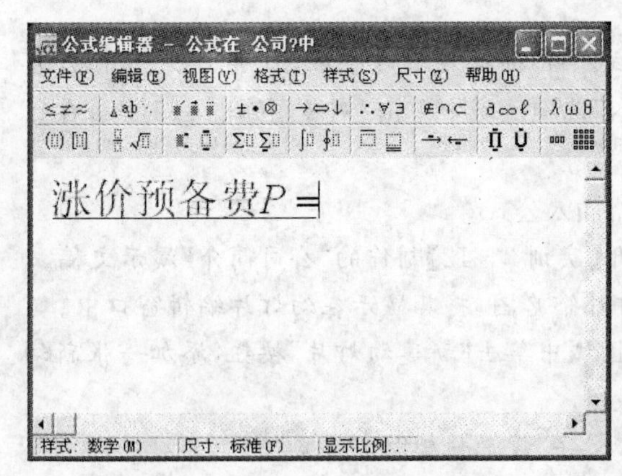

图 3-58 在编辑窗口输入文字

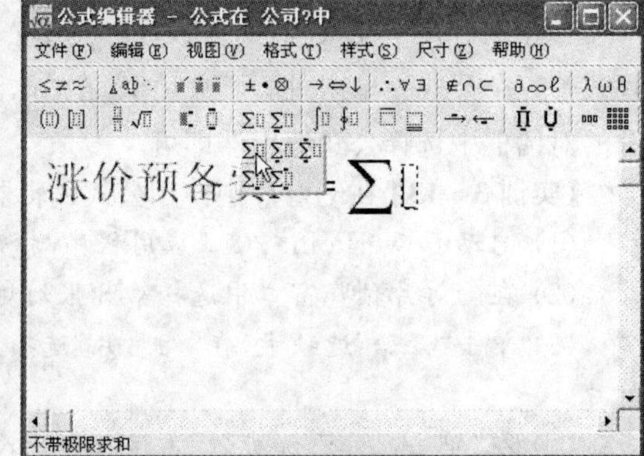

图 3-59 在窗口中输入公式

(8) 继续在编辑区域中输入如图 3-60 所示的公式。

(9) 关闭该窗口，此时幻灯片中将出现输入的公式，调整大小和位置后的幻灯片效果如图 3-61 所示。

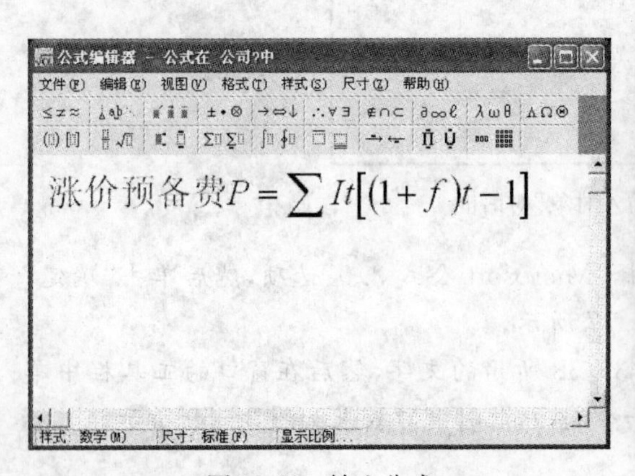

图 3-60 输入公式

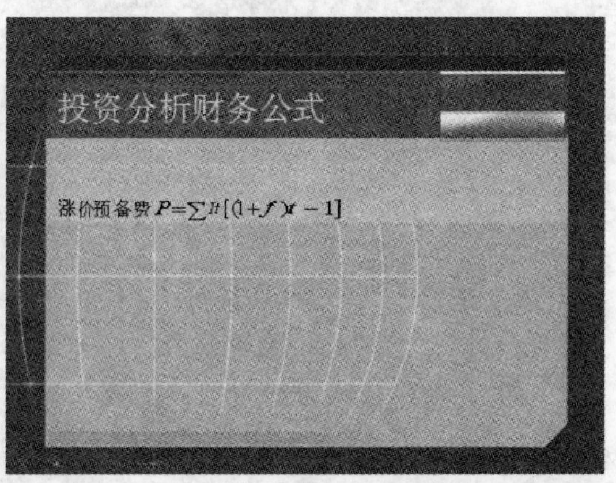

图 3-61 插入公式后的幻灯片效果

3.7 实例制作——职业规划

本小节综合应用文本处理的知识点,包括占位符属性设置、文本框的添加、文本操作以及插入符号等,设计一个商务演示文稿。

【实训 3-14】使用文本处理功能制作演示文稿“职业规划”。

(1) 启动 PowerPoint 2007 应用程序,单击 Office 按钮,在弹出的菜单中选择“新建”命令,打开“新建演示文稿”对话框。

(2) 在对话框的“模板”列表框中选择“我的模板”命令,打开“新建演示文稿”对话框。

(3) 在“我的模板”列表框中选择“设计模板 4”选项,如图 3-62 所示,然后单击“确定”按钮,将该模板应用到当前演示文稿中。

(4) 单击“单击此处添加标题”文本占位符,输入文字“职业生涯规划”。

(5) 选中该文本占位符并右击,将弹出如图 3-63 所示的快捷工具栏,在“字号”下拉列表框中选择 60。

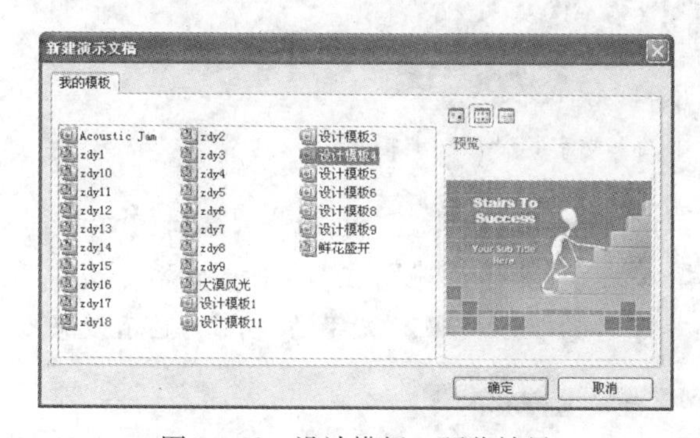

图 3-62 设计模板 4 预览效果

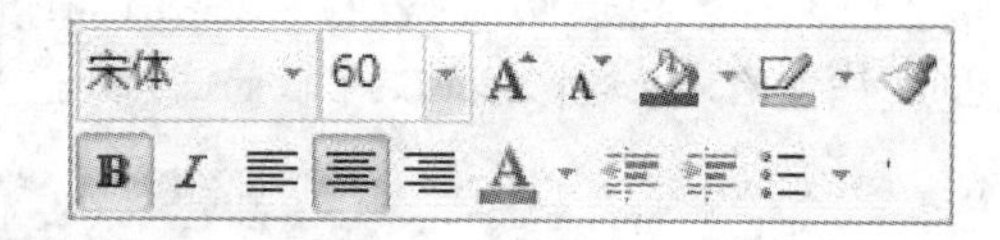

图 3-63 快捷工具栏

(6) 在“单击此处添加副标题”占位符中输入如图 3-64 所示的文字,并在如图 3-63 所示的快捷工具栏中设置其字号为 32,字体颜色为“黑色”。

图 3-64 设置字体效果后的幻灯片

(7) 单击“开始”选项卡,在“字体”选项区域中单击“阴影”按钮 **S** ,取消字体的阴影效果。

(8) 在幻灯片预览窗口中单击第 2 张幻灯片缩略图,使其显示在幻灯片编辑窗口中。

(9) 在“单击此处添加标题”占位符中输入文字“职业规划 4 步骤”,设置文字字号为 60。然后选中“单击此处添加文本”占位符,按下 Delete 键将其删除。

(10) 单击“插入”选项卡,在“文本”选项区域中单击“文本框”按钮,在弹出的菜单中选择“垂直文本框”命令,插入一个垂直文本框。

(11) 在该文本框中输入如图 3-65 所示的文字,设置文字字号为 40,字型为“加粗”。

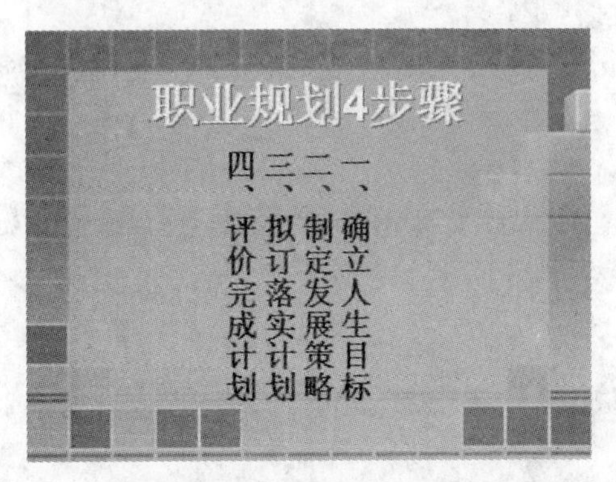

图 3-65 在垂直文本框中输入文字并设置文字属性

(12) 在幻灯片预览窗口中单击第 3 张幻灯片缩略图,使其显示在幻灯片编辑窗口中。

(13) 在“单击此处添加标题”占位符中输入文字“具体讲述”;在“单击此处添加文本”占位符中输入如图 3-66 所示的文字,设置其字号为 24,并取消文字的“阴影”显示效果。

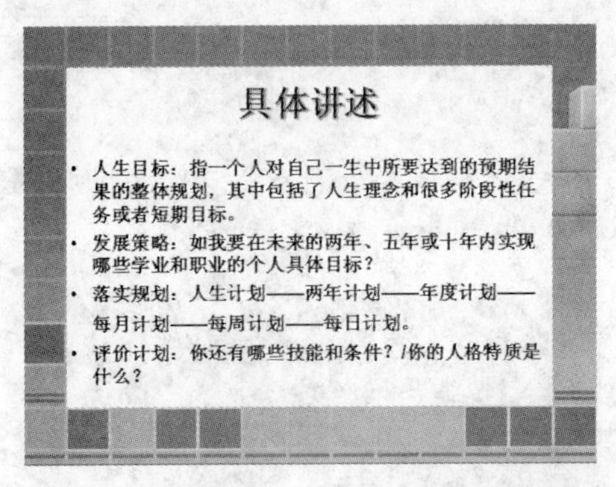

图 3-66 在幻灯片中输入文字并设置文字属性

(14) 选中文字“人生目标:”,在“开始”选项卡中单击“字体”选项区域中的“下划线”按钮 **U** ,为选中的文字添加下划线。

(15) 参照步骤(14),为文字“发展战略:”、“落实规划:”和“评价计划:”添加下划线,如图 3-67 所示。

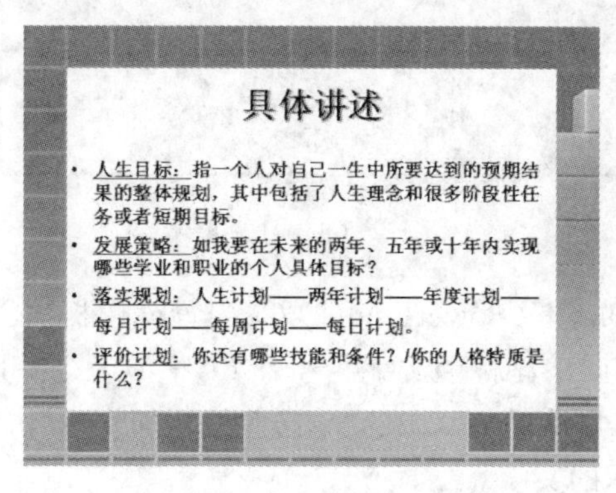

图 3 - 67　为文字添加下划线

(16) 在幻灯片预览窗口中单击第 4 张幻灯片缩略图,使其显示在幻灯片编辑窗口中。

(17) 在“单击此处添加标题”占位符中输入文字“工作技巧—注意工作细节”。

(18) 在该占位符的下方插入一个水平文本框,并输入文字,设置文字字号为 24,效果如图 3 - 68 所示。

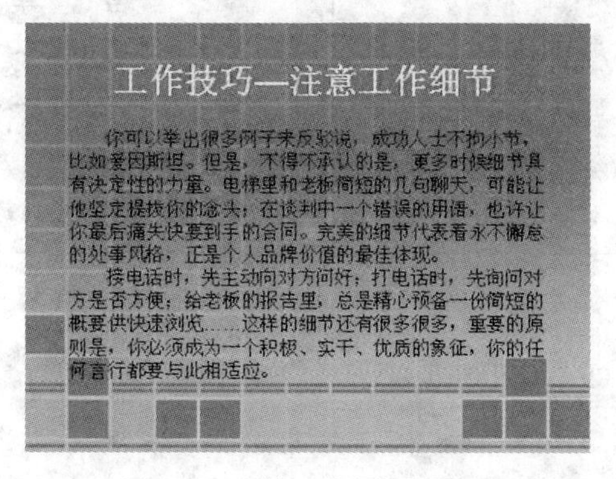

图 3 - 68　第 4 张幻灯片效果

(19) 单击 Office 按钮,在弹出的菜单中选择“另存为”命令,将该演示文稿以文件名“职业规划”进行保存。

3.8　思考与练习

1. 在幻灯片中如何选中占位符?
2. 在演示文稿中如何复制、剪切、粘贴和删除占位符?
3. 简述在幻灯片中添加文本的方法。
4. 如何从外部导入文本到幻灯片中?
5. 简述选择文本的常用方法。
6. 什么是撤销与重复操作?
7. 如何在演示文稿种查找与替换文本?
8. 创建和设置如图 3 - 69 所示的占位符。

业务策划与推广

图 3-69　习题 8

9. 使用自定义模板 Profile(PowerPoint 2007 内置该模板)，创建如图 3-70 所示的幻灯片，设置标题文字字号为 48；副标题文字字号为 40，字型为“加粗”，字体颜色为红色。

10. 添加一张幻灯片，删除幻灯片中的“单击此处添加文本”占位符，并插入一个垂直文本框，输入如图 3-71 所示的文字。

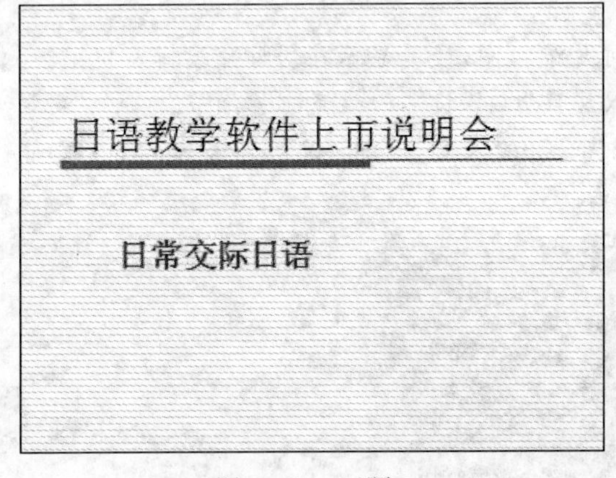

图 3-70　习题 9

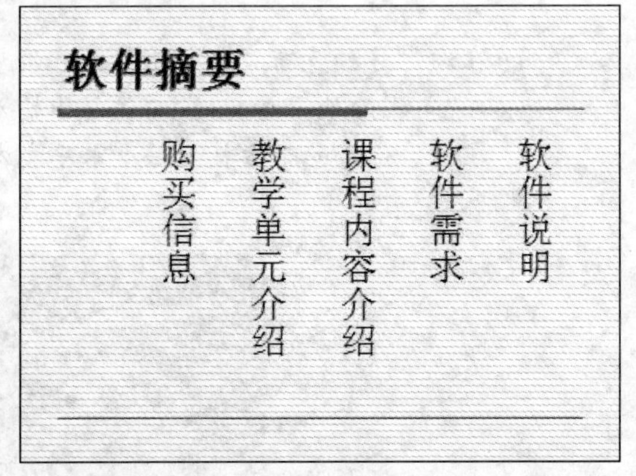

图 3-71　习题 10

11. 使用“培训”模板(PowerPoint 2007 内置该模板)，在幻灯片中插入如图 3-72 所示的公式。

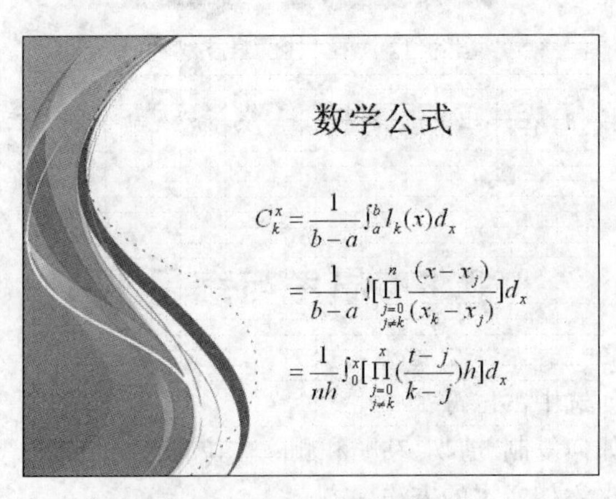

图 3-72　习题 11

12. 在“数学公式”幻灯片中添加文本框，并插入如图 3-73 所示的公式。

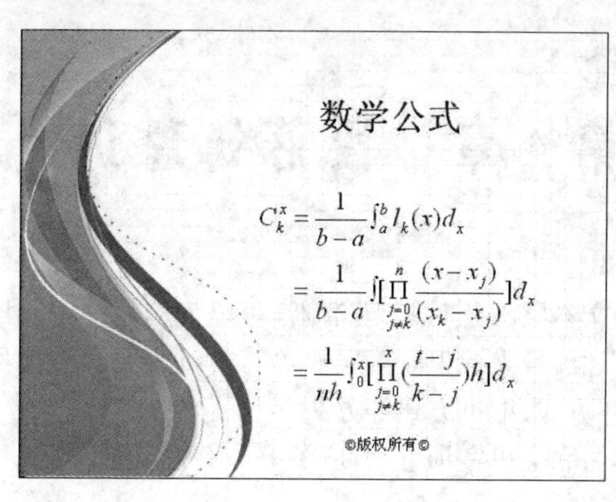
数学公式
$C_k^x = \frac{1}{b-a}\int_a^b l_k(x)d_x$
$= \frac{1}{b-a}\int[\prod_{\substack{j=0\\j\neq k}}^{n}\frac{(x-x_j)}{(x_k-x_j)}]d_x$
$= \frac{1}{nh}\int_0^x[\prod_{\substack{j=0\\j\neq k}}^{x}(\frac{t-j}{k-j})h]d_x$
©版权所有©

图 3-73　习题 12

第 4 章　段落处理功能

为了使幻灯片中的文本层次分明、条理清晰，可以为幻灯片中的段落设置格式和级别，如使用不同的项目符号和编号来标识段落层次等。本章主要介绍使用项目符号和编号、设置段落级别、段落的对齐方式、缩进方式等方法。

通过本章的理论学习和上机实训，读者应了解和掌握以下内容：

- 设置段落的对齐方式
- 设置段落的缩进方式
- 设置行间距和段间距
- 使用项目符号和编号

4.1　编排段落格式

段落格式包括段落对齐、段落缩进及段落间距设置等。掌握了在幻灯片中编排段落格式后，就可以为整个演示文稿设置风格相适应的段落格式。

4.1.1　设置段落的对齐方式

段落对齐是指段落边缘的对齐方式，包括左对齐、右对齐、居中对齐、两端对齐和分散对齐。

- 左对齐：左对齐时，段落左边对齐，右边参差不齐。
- 右对齐：右对齐时，段落右边对齐，左边参差不齐。
- 居中对齐：居中对齐时，段落居中排列。
- 两端对齐：两端对齐时，段落左右两端都对齐分布，但是段落最后不满一行的文字右边是不对齐的。
- 分散对齐：分散对齐时，段落左右两边均对齐，而且当每个段落的最后一行不满一行时，将自动拉开字符间距使该行均匀分布。

设置段落格式时，首先选定要对齐的段落，然后在"开始"选项卡的"段落"选项区域中单击"文本左对齐"按钮、"文本右对齐"按钮、"居中"按钮、"两端对齐"按钮和"分散对齐"按钮。

【实训 4－1】为幻灯片中的段落设置对齐方式。

(1) 启动 PowerPoint 2007 应用程序，单击 Office 按钮，在弹出的菜单中选择"新建"命令，打开"新建演示文稿"对话框。

(2) 在对话框的"模板"列表中选择"我的模板"命令，打开"新建演示文稿"对话框。

(3) 在“我的模板”列表框中选择 Fireworks 选项，如图 4－1 所示，然后单击“确定”按钮，将该模板应用到当前演示文稿中。

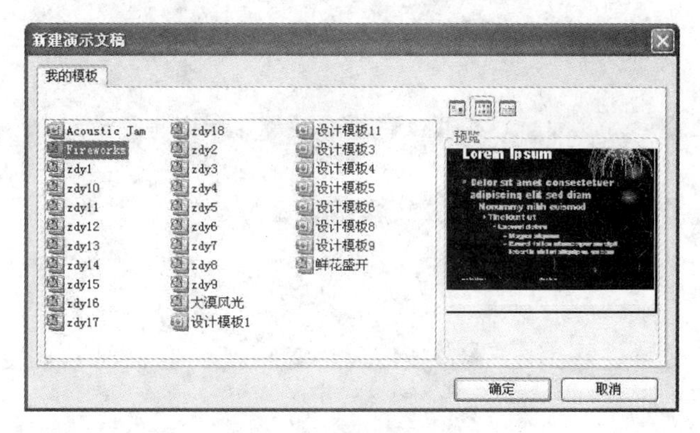

图 4－1　模板预览效果

提示:

Fireworks 是 PowerPoint 2003 提供的模板，用户可以在 PowerPoint 2003 中将找到该模板，并将其导入到 PowerPoint 2007 中。

(4) 在打开第 1 张幻灯片的“单击此处添加标题”文本占位符中输入两行文字，在“单击此处添加副标题”文本占位符中输入文字“庆功晚会串词”，如图 4－2 所示。

图 4－2　在占位符中输入文字

(5) 选中第 1 个文本占位符，在“开始”选项卡的“段落”选项区域中单击“居中”按钮；选中第 2 个文本占位符，在“段落”选项区域中单击“文本右对齐”按钮，此时，幻灯片效果如图 4－3 所示。

图 4－3　设置占位符中段落文字的对齐方式

(6) 在“开始”选项卡的“幻灯片”选项区域中单击“新建幻灯片”按钮，添加新幻灯片。

(7) 在“单击此处添加标题”文本占位符中输入文字“预祝庆功会圆满成功!”。分别单击“字体”选项区域中的“加粗”按钮 **B** 和“文字阴影”按钮 S ，将文字格式设置为加粗和阴影。

(8) 在“单击此处添加文本”文本占位符中单击鼠标，将其内部默认设置的项目符号(左上角的圆点)删除。

(9) 在该文本占位符中输入如图 4-4 所示的多段文字。

(10) 选中第 2 行文字，在“段落”选项区域中单击“分散对齐”按钮，将该段文字分散对齐。

(11) 最后一段文字，设置段落对齐方式为“居中对齐”，此时该幻灯片效果如图 4-5 所示。

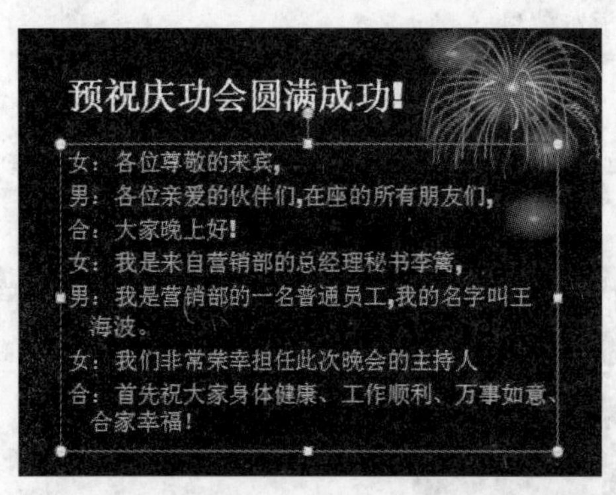

图 4-4 在文本占位符中输入多段文字

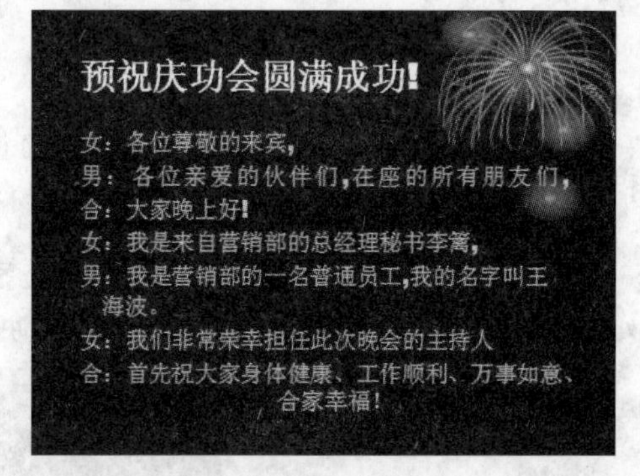

图 4-5 设置部分段落的对齐方式

(12) 单击 Office 按钮，在弹出的菜单中选择“另存为”命令，将演示文稿以文件名“庆功会”进行保存。

4.1.2 设置段落的缩进方式

在 PowerPoint 2007 中，可以设置段落与占位符或文本框左边框的距离，也可以设置首行缩进和悬挂缩进。使用“段落”对话框可以准确地设置缩进尺寸，在功能区单击“段落”选项区域右下角的按钮，将打开“段落”对话框，如图 4-6 所示。

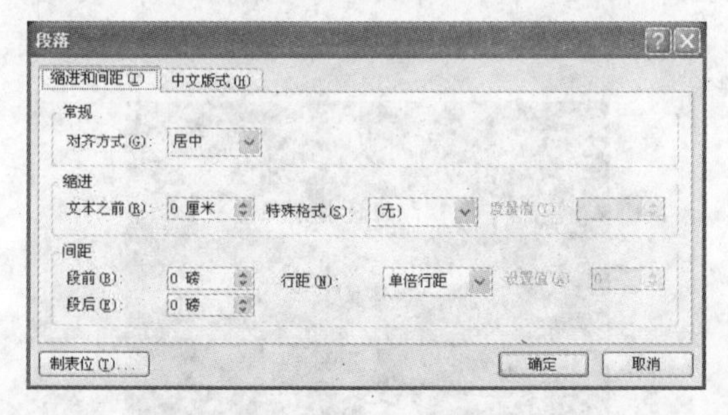

图 4-6 “段落”对话框

提示：

段落缩进是为了突出某段或某几段文字，使用缩进方式可以使幻灯片中的某段文字相对其他段落偏移一定的距离。

【实训 4-2】为幻灯片中的段落设置缩进方式。

(1) 启动 PowerPoint 2007 应用程序，打开【实训 4-1】制作的演示文稿“庆功会”。

(2) 在幻灯片预览窗口中选择第 2 张幻灯片，将其显示在幻灯片编辑窗口中。

(3) 选中第 2 个占位符，单击“段落”选项区域右下角的按钮，打开“段落”对话框。在“缩进”选项区域的“文本之前”文本框中输入“1.5 厘米”，单击“确定”按钮，此时幻灯片效果如图 4-7 所示。

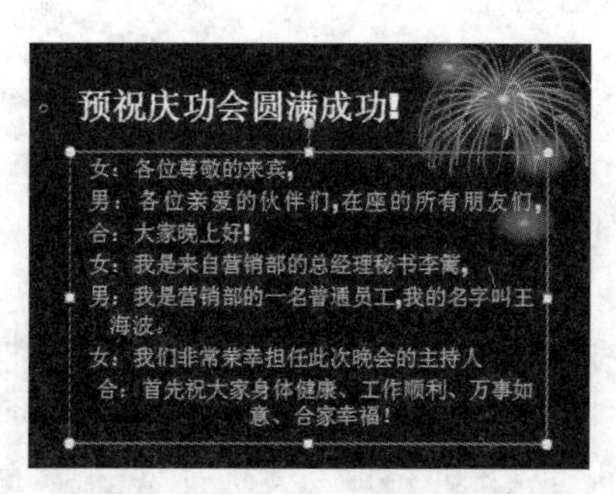

图 4-7　设置“文本之前”属性

(4) 在“开始”选项卡的“幻灯片”选项区域中单击“新建幻灯片”按钮，添加一张新幻灯片。

(5) 在新幻灯片中按下 Ctrl＋A 组合键，同时选中幻灯片中的两个文本占位符，然后按 Delete 键将其删除。

(6) 在功能区中切换到“插入”选项卡，在“文本”选项区域中单击“文本框”按钮，插入一个横排文本框，并输入文字。

(7) 设置文字字形为“华文楷体”、字号为 36，此时幻灯片效果如图 4-8 所示。

(8) 选中该文本框，打开“段落”对话框，在“缩进”选项区域的“特殊格式”下拉列表框中选择“首行缩进”选项，然后单击“确定”按钮，此时幻灯片效果如图 4-9 所示。

(9) 在快速访问工具栏中单击“保存”按钮，将修改后的演示文稿保存。

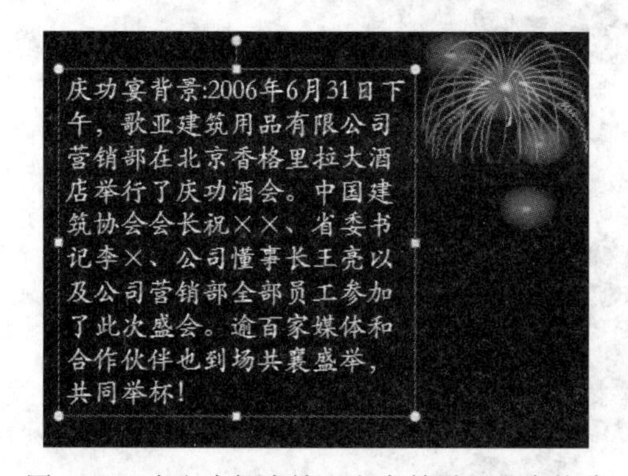

图 4-8　在文本框中输入文字并设置文字格式

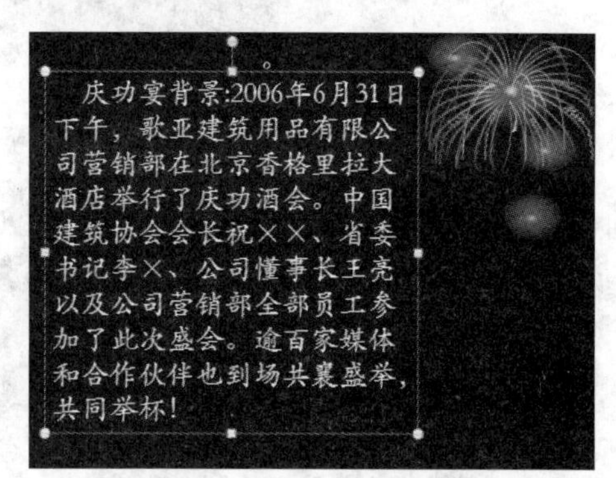

图 4-9　设置首行缩进

4.1.3 设置行间距和段间距

在 PowerPoint 中，用户可以设置行距及段落换行的方式。设置行距可以改变 PowerPoint 默认的行距，使演示文稿中的内容条理更为清晰；设置换行格式，可以使文本以用户规定的格式分行。

1. 设置段落行距

选择需要设置行距的段落，在“开始”选项卡的“段落”选项区域中单击“行距”按钮 ，在弹出的菜单中选择需要的命令即可改变默认行距。如果在菜单中选择“其他”命令，将打开如图 4-6 所示的“段落”对话框。

该对话框中的“间距”选项区域用来设置段落的行距，各选项的功能如下：

- “段前”文本框　用于设置当前段落与前一段之间的距离。如果前一段已经设置了段后值，则当前段落的第一行文字与上一段落的最后一行文字之间的距离为当前段前值与前一段段后值之和。
- “段后”文本框　用于设置当前段落与下一段落之间的距离。
- “行距”文本框　用于设置段落中行与行之间的距离，默认值为 1。当值大于 1 时，表示加大行距，小于 1 时表示缩小行距。需要注意的是，不可以过多的缩小行距，否则会引起文字的重叠。

【实训 4-3】 设置【实训 4-2】中第 1 张幻灯片内的标题文字行距为 1.5 行，段前值设置为默认值 12 磅，段后值设置为 24 磅。

(1) 启动 PowerPoint 2007 应用程序，打开【实训 4-2】制作的演示文稿“庆功会”。

(2) 该演示文稿自动打开第 1 张幻灯片，选中标题文字“歌亚建筑用品有限公司营销部”，单击“行距”按钮。

(3) 在弹出的菜单中选择“其他”命令，打开“段落”对话框。

(4) 在“间距”选项区域的“行距”文本框中选择“1.5 倍行距”选项；在“段前”文本框中选择“12 磅”选项；在“段后”文本框中选择“24 磅”选项，单击“确定”按钮，此时该换灯片的效果如图 4-10 所示。

图 4-10　设置幻灯片中段落的行距

2. 设置换行格式

打开如图 4-6 所示的对话框,切换到"中文版式"选项卡,在"常规"选项区域中可以设置段落的换行格式,如图 4-11 所示。

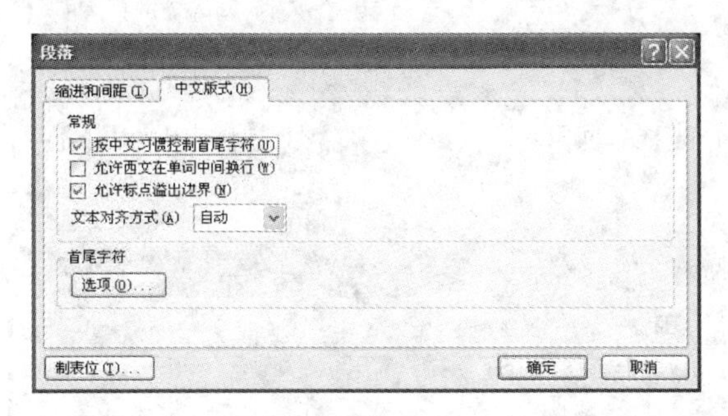

图 4-11 "段落"对话框的"中文版式"选项卡

"常规"选项区域中的 3 个复选框意义分别如下:

- 选择"按中文习惯控制首尾字符"复选框,可以使段落中的首尾字符按中文习惯显示。
- 选择"允许西文在单词中间换行"复选框,行尾的单词有可能被分为两部分显示。
- 选择"允许标点溢出边界"复选框,可以使行尾的标点位置超过文本框边界而不会换到下一行,如图 4-12 所示。

图 4-12 设置换行格式

4.2 使用项目符号

在演示文稿中,为了使某些内容更为醒目,经常要用到项目符号。项目符号用于强调一些特别重要的观点或条目,从而使主题更加美观、突出。

4.2.1 常用项目符号

将光标定位在需要添加项目符号的段落中,在"开始"选项卡的"段落"选项区域中单击

“项目符号”按钮 右侧的下拉箭头，打开项目符号菜单，在该菜单中选择需要使用的项目符号命令即可。

提示：

如果在“单击此处添加文本”文本占位符中输入文字，那么该段或多段文字将自动带有项目符号。

在项目符号菜单中选择“项目符号和编号”命令，将打开如图 4-13 所示的“项目符号和编号”对话框。

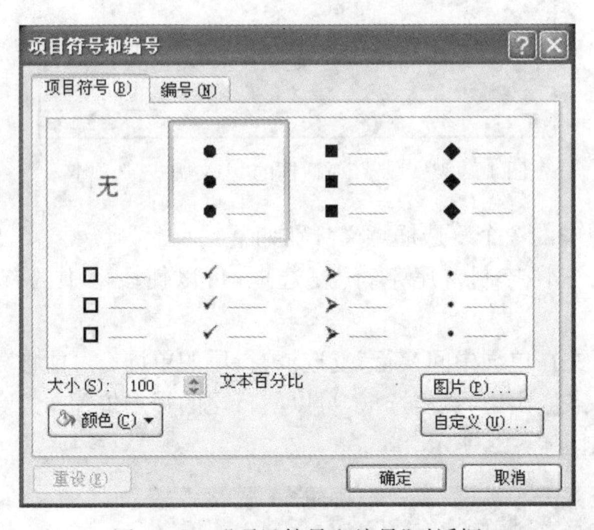

图 4-13 “项目符号和编号”对话框

在该对话框中，可以根据需要单击选择其中的符号样式。对话框中部分选项的意义如下：

- “大小”文本框　用于设置项目符号与正文文本的高度比例，以百分数表示。当该文本框中的值大于 100%时，表示项目符号的高度将超过正文文本的高度。
- “颜色”按钮　用于设置项目符号的颜色，单击该按钮将打开颜色面板。

【实训 4-4】在幻灯片中为文本添加项目符号。

(1) 启动 PowerPoint 2007 应用程序，打开【实训 4-2】制作的演示文稿“庆功会”。

(2) 在幻灯片预览窗口中选择第 3 张幻灯片缩略图，将其显示在幻灯片编辑窗口中。单击“新建幻灯片”按钮，在演示文稿中添加一张空白幻灯片。

(3) 在“单击此处添加标题”文本占位符中输入文字“庆功会赞助商及合作伙伴”，设置字体为“华文隶书”，字号为 54。

(4) 单击“单击此处添加文本”文本占位符，在其中输入如图 4-14 所示的文字。

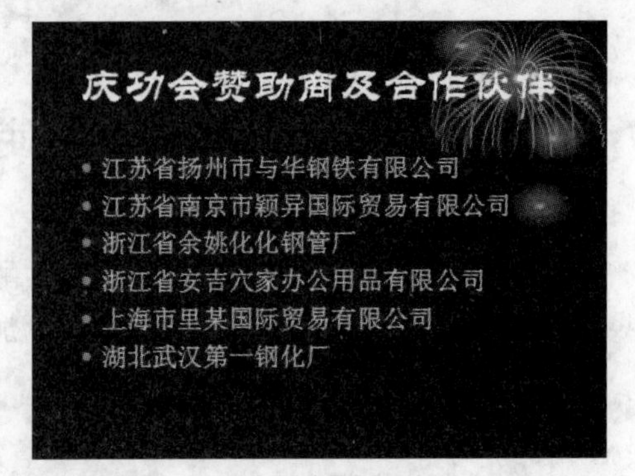

图 4-14 在文本占位符中添加文字

(5) 选中添加文字后的“单击此处添加文本”

文本占位符，单击“项目符号”按钮，在弹出的菜单中选择“加粗空心方形项目符号”选项，如图4－15所示。

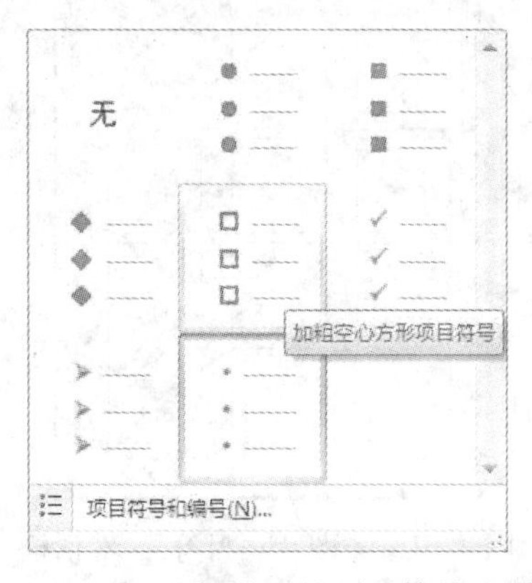

图4－15　选择需要的项目符号选项

(6) 打开如图4－13所示的“项目符号和编号”对话框，在“大小”文本框中输入数字85。

(7) 单击“颜色”按钮，在弹出的菜单中选择如图4－16所示的颜色，单击“确定”按钮，此时幻灯片效果如图4－17所示。

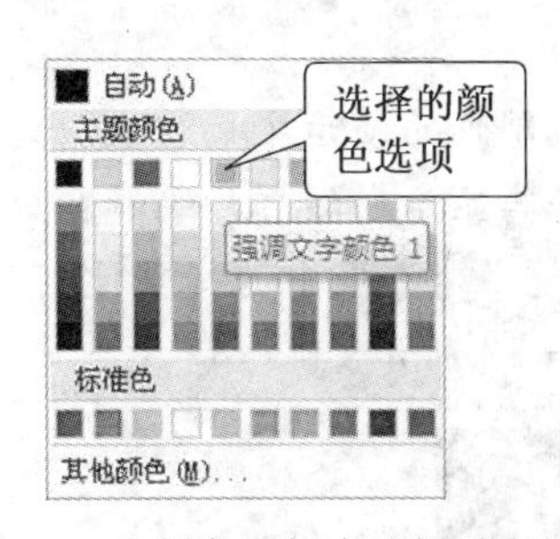

图4－16　在颜色面板中选择需要的颜色

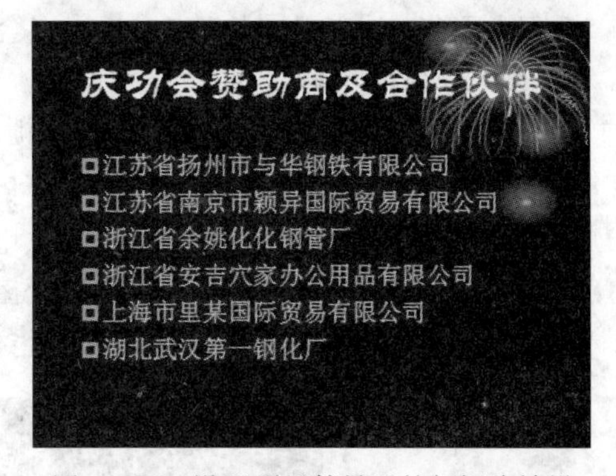

图4－17　设置项目符号后的幻灯片效果

(8) 在快速访问工具栏中单击“保存”按钮，将修改后的演示文稿保存。

4.2.2　图片项目符号

在“项目符号和编号”对话框中可供选择的项目符号类型共有7种，此外PowerPoint还可以将图片设置为项目符号，丰富了项目符号的形式。

提示：

Office程序中包含一个剪辑库，其中含有大量的图形及多媒体素材供用户使用。此外，PowePoint允许用户将其他绘图工具绘制的图形作为演示文稿中的项目符号。

在“项目符号和编号”对话框中单击“图片”按钮，将打开如图4－18所示的“图片项目符号”对话框。

该对话框中的部分选项意义如下：

- “搜索文字”文本框　在此文本框中输入需要搜索的关键词，单击“搜索”按钮，则符

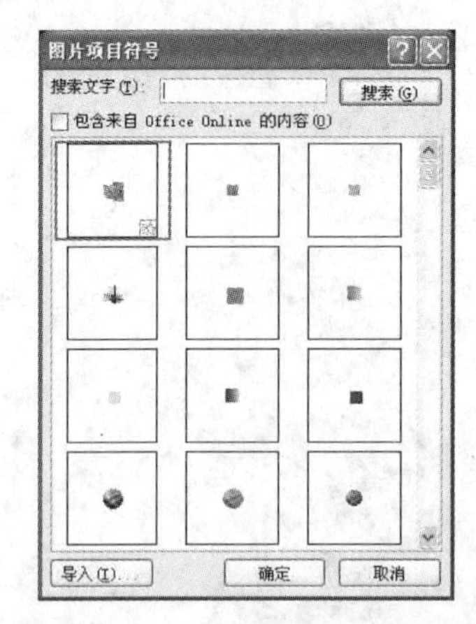

图 4-18 “图片项目符号”对话框

合条件的结果将显示在对话框的列表框中。如果没有输入任何关键词，则表示搜索全部剪辑。

- “导入”按钮　单击该按钮将打开“将剪辑添加到管理器”对话框，用户可以将指定的图形文件导入到 Office 剪辑库中，并将其设置为项目符号。
- 当把鼠标移动到剪辑图片的上方时，将会显示该剪辑的信息，包括关键词、图片的尺寸、文件大小、文件格式等。

【实训 4-5】在幻灯片中为文本添加图形项目符号。

(1) 启动 PowerPoint 2007 应用程序，打开【实训 4-4】制作的演示文稿“庆功会”。

(2) 在幻灯片预览窗口中选择第 4 张幻灯片缩略图，将其显示在幻灯片编辑窗口中。

(3) 选中含有项目符号的文本占位符，在“图片项目符号”对话框中选择第 1 行第 1 列的图片剪辑选项，单击“确定”按钮，此时幻灯片效果如图 4-19 所示。

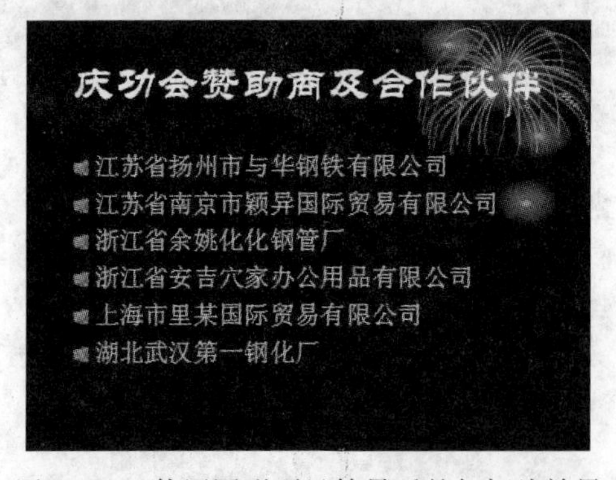

图 4-19　使用图形项目符号后的幻灯片效果

提示：

在“图片项目符号”对话框中可以看到，有些图片的右下角含有动画图标，如果选择使用该图片，则其具有系统默认设置的动画效果。

4.2.3 自定义项目符号

在 PowerPoint 中，除了系统提供的项目符号和图片项目符号外，还可以将系统符号库中的各种字符设置为项目符号。在“项目符号和编号”对话框中单击“自定义”按钮，将打开“符号”对话框，如图 4-20 所示。

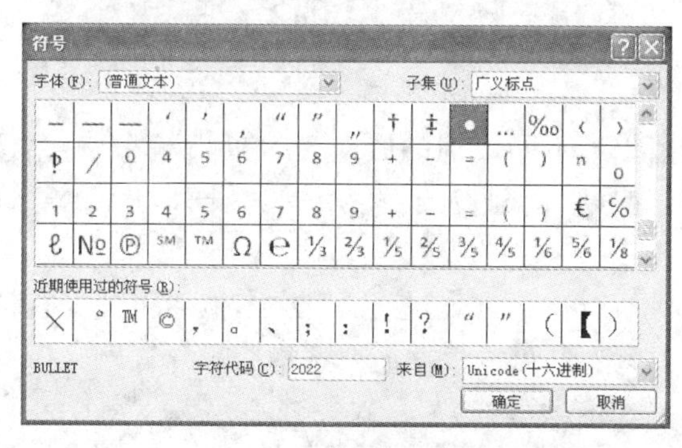

图 4-20 “符号”对话框

提示：

自定义项目符号对话框中包含了 Office 所有可插入的字符，用户可以在符号列表中选择需要的符号。“近期使用过的符号”列表中列出了最近在演示文稿中插入过的字符，以方便用户查找。

【实训 4-6】 在幻灯片中为文本添加自定义项目符号。

(1) 启动 PowerPoint 2007 应用程序，打开【实训 4-4】制作的演示文稿“庆功会”。

(2) 在幻灯片预览窗口中选择第 2 张幻灯片缩略图，将其显示在幻灯片编辑窗口中。

(3) 在幻灯片中选中 3 段女主持人的串词，在“项目符号和编号”对话框中单击“自定义”按钮，在“符号”对话框的“子集”下拉列表框中选择“其他符号”选项，在符号列表框中选择♪符号，单击“确定”按钮，此时幻灯片效果如图 4-21 所示。

(4) 参照步骤(3)将男主持人串词前添加项目符号♠；在男女主持合说的串词前添加项目符号☻，此时幻灯片效果如图 4-22 所示。

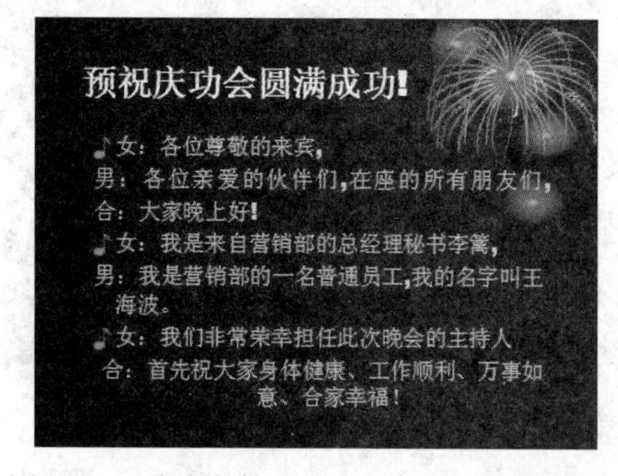

图 4-21 为女主持人的 3 段串词添加项目符号

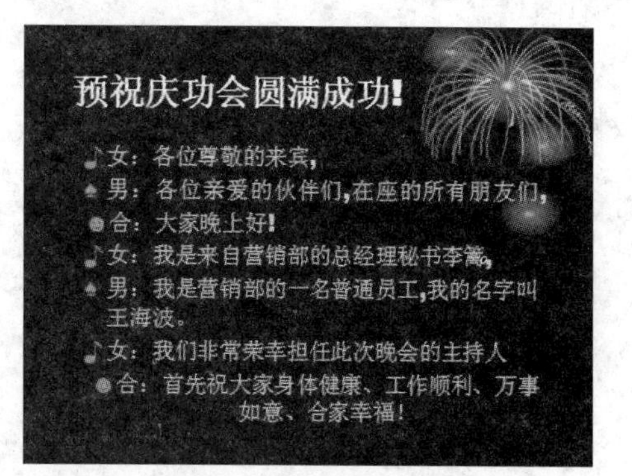

图 4-22 为其他文字添加项目符号

提示:

当使用自定义项目符号后,“项目符号和编号”对话框左下角的“重新设置”按钮将变为可用状态。单击该按钮,对话框中的符号列表将重新显示默认的 7 种符号类型。

4.3 使用项目编号

在 PowerPoint 中,可以为不同级别的段落设置项目编号,使主题层次更加分明、有条理。在默认状态下,项目编号是由阿拉伯数字构成。此外,PowerPoint 还允许用户使用自定义项目编号样式。

要为段落设置项目编号,可将光标定位在段落中,然后打开“项目符号和编号”对话框的“编号”选项卡,如图 4-23 所示,可以根据需要选择编号样式。

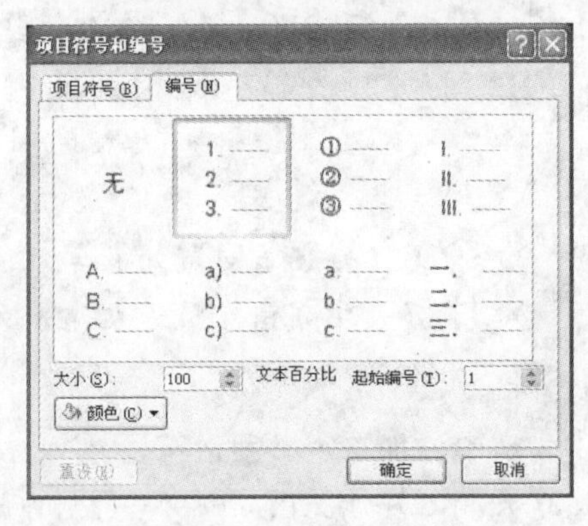

图 4-23 “编号”选项卡

提示:

在“编号”选项卡中,用户除了可以设置编号的大小、颜色外,还可以通过“起始编号”文本框设置编号的起始值。

【实训 4-7】 在幻灯片中为文本添加编号。

(1) 启动 PowerPoint 2007 应用程序,打开【实训 4-4】制作的演示文稿“庆功会”。

(2) 在幻灯片预览窗口中选择第 4 张幻灯片缩略图,将其显示在幻灯片编辑窗口中。

(3) 在幻灯片中选中含有项目符号的文本占位符,在“开始”选项卡的“段落”选项区域中单击“编号”按钮,此时幻灯片中的项目符号将自动替换为编号,如图 4-24 所示。

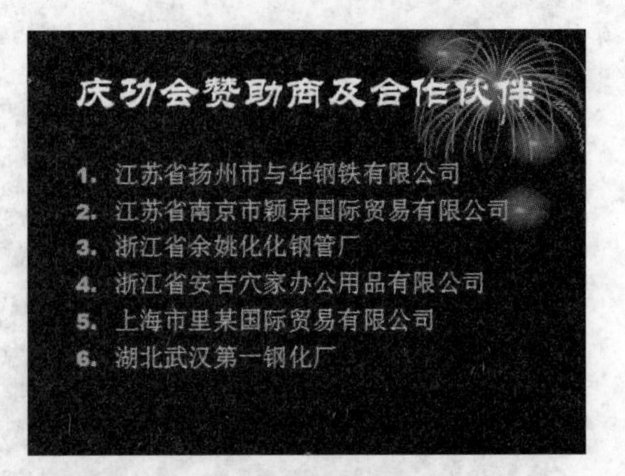

图 4-24 为文本添加编号

4.4 实例制作——软件上市说明会

本节综合应用段落处理的知识点，包括设置段落对齐、段落缩进、行间距、段间距以及项目符号和编号，设计一个商务演示文稿。

【实训4-8】使用段落处理功能制作演示文稿“软件上市说明会”。

(1) 启动 PowerPoint 2007 应用程序，单击 Office 按钮，在弹出的菜单中选择“新建”命令，打开“新建演示文稿”对话框。

(2) 在对话框的“模板”列表中选择“我的模板”命令，打开“新建演示文稿”对话框。

(3) 在“我的模板”列表框中选择“设计模板5”选项，如图4-25所示。

(4) 单击“确定”按钮，此时自定义模板应用到演示文稿中，如图4-26所示。

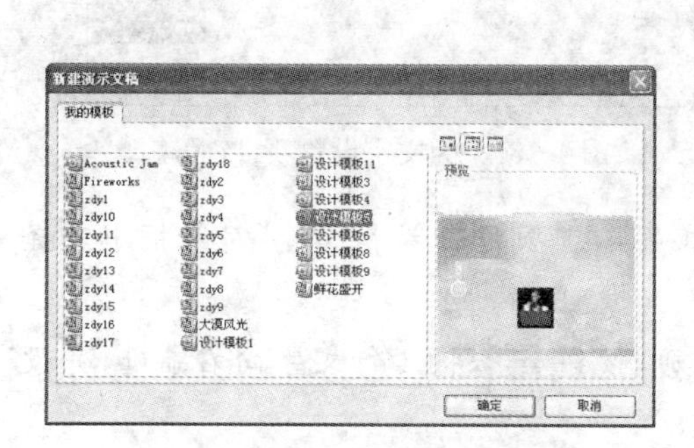

图4-25 “新建演示文稿”对话框

图4-26 设计模板应用到演示文稿中

(5) 在第1张幻灯片的两个文本占位符中输入如图4-27所示的文字，设置标题文字“游戏软件上市说明会”的字体颜色为“黑色”；设置副标题文字“大沙界2007版”的字号为40；并将两个文本占位符的位置上下移动稍做调整。

(6) 选中副标题文字，在“开始”选项卡的“段落”选项区域中单击“文本右对齐”按钮，此时幻灯片效果如图4-28所示。

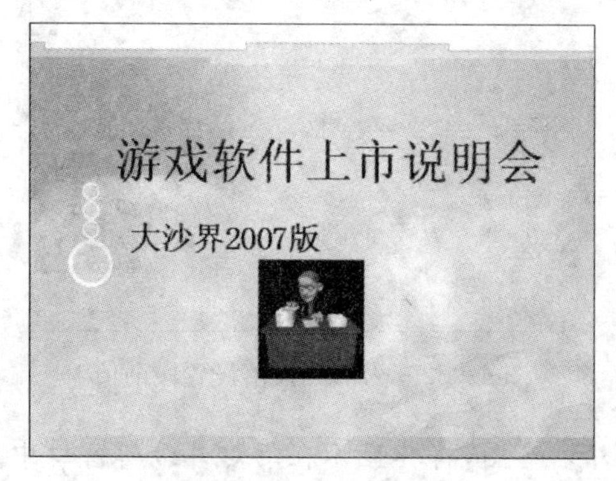

图4-27 在幻灯片中输入文字

图4-28 将副标题文字设置为“右对齐”

(7) 在幻灯片预览窗口中选择第2张幻灯片缩略图，将其显示在幻灯片编辑窗口中。

(8) 在幻灯片的两个文本占位符中输入如图4-29所示的文字。设置标题文字的字号为44；设置文字CPU、“操作系统”、“光驱”和“内存”的字体为“华文新魏”，字号为32。

(9) 同时选中文字CPU、“操作系统”、“光驱”和“内存”，在“段落”选项区域中单击“项目符号”按钮右侧的下拉箭头，在弹出的菜单中选择“项目符号和编号”命令，打开“项目符号和编号”对话框。

(10) 在对话框中选择“带填充效果的大方形项目符号”选项，然后单击“颜色”按钮，在弹出的菜单中设置该项目符号的颜色为“土黄色”，此时幻灯片效果如图4-30所示。

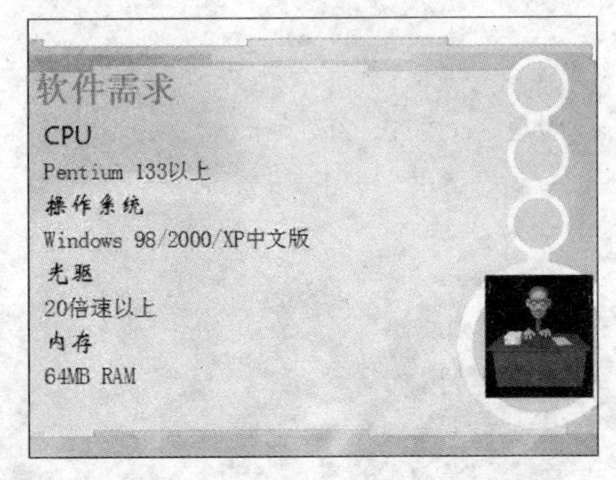

图4-29 在幻灯片中输入文字

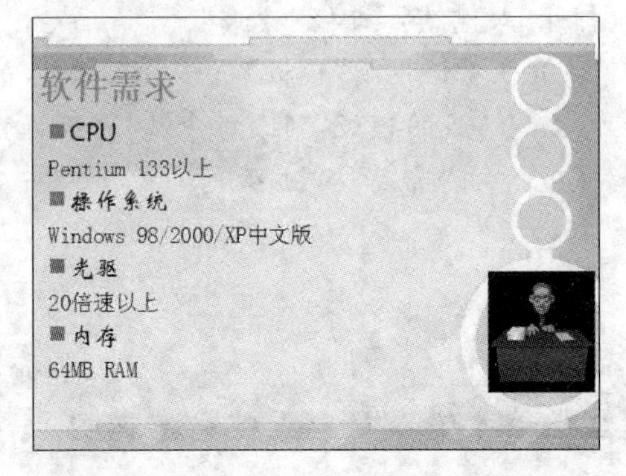

图4-30 为文字设置项目符号

(11) 在幻灯片中选中正文部分的另外4行文字，在“项目符号和编号”对话框中选择“加粗空心方形项目符号”选项，单击“确定”按钮。

(12) 在“段落”选项区域中单击“提高列表级别”按钮，将4行文字向右缩进，并设置字号为24，此时幻灯片效果如图4-31所示。

(13) 选中文字“操作系统”，单击“段落”选项区域右下角的按钮，打开“段落”对话框，在“间距”选项区域的“段前”文本框中输入“24磅”，单击“确定”按钮。

(14) 参照步骤(13)，设置文字“光驱”和“内存”的段前值均为“24磅”，此时幻灯片效果如图4-32所示。

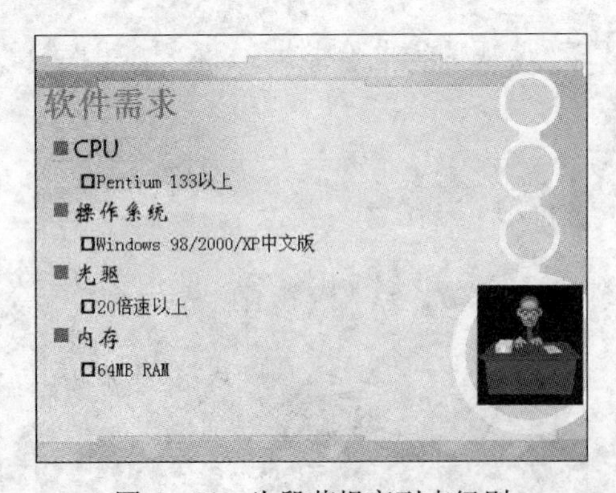

图4-31 为段落提高列表级别

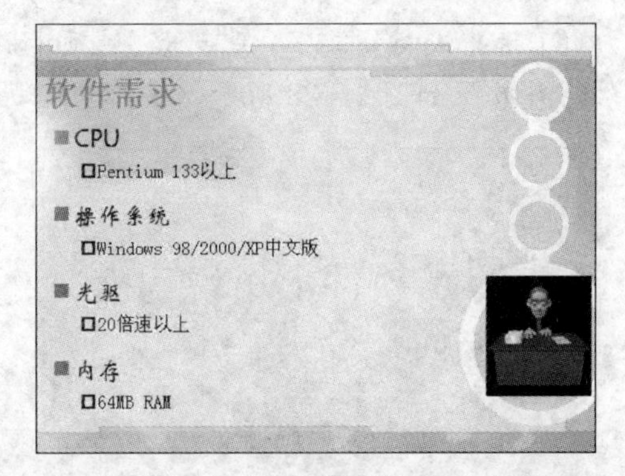

图4-32 为部分段落设置段前值

(15) 在幻灯片预览窗口中选择第3张幻灯片缩略图，将其显示在幻灯片编辑窗口中。

(16) 在“单击此处添加标题”文本占位符中输入文字“江苏地区游戏软件销售点”，在

“单击此处添加文本”文本占位符中输入文字。

(17) 选中输入的两个超链接地址，右击打开快捷菜单，选择“删除超链接”命令，此时幻灯片效果如图4-33所示。

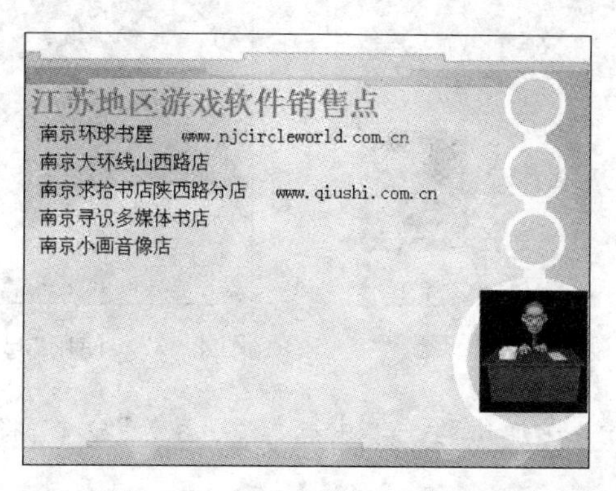

图4-33 在幻灯片中添加文字

(18) 选中“单击此处添加文本”文本占位符，设置文字字体为“华文新魏”，字号为28。

(19) 选中“单击此处添加文本”文本占位符，在“段落”选项区域中单击“行距”按钮 右侧的下拉箭头，在弹出的菜单中选择“2.0”命令，此时幻灯片效果如图4-34所示。

(20) 选中“单击此处添加文本”文本占位符，在“段落”选项区域中单击“编号”按钮，在弹出的菜单中选择“带圆圈编号”选项，此时幻灯片效果如图4-35所示。

图4-34 设置文字字体、大小及行距

图4-35 为幻灯片中的段落添加编号

(21) 在幻灯片预览窗口中选择第4张幻灯片缩略图，将其显示在幻灯片编辑窗口中。

(22) 在幻灯片中选中“单击此处添加标题”文本占位符，按Delete键将其删除。

(23) 在“单击此处添加文本”文本占位符中输入如图4-36所示的文字，并参照步骤(17)～(19)设置文字格式和段落行距。

(24) 选中“单击此处添加标题”文本占位符，打开“项目符号和编号”对话框，并切换到“编号”选项卡，选择“带圆圈编号”选项，在“起始编号”文本框中输入数字6，单击“确定”按钮，此时幻灯片效果如图4-37所示。

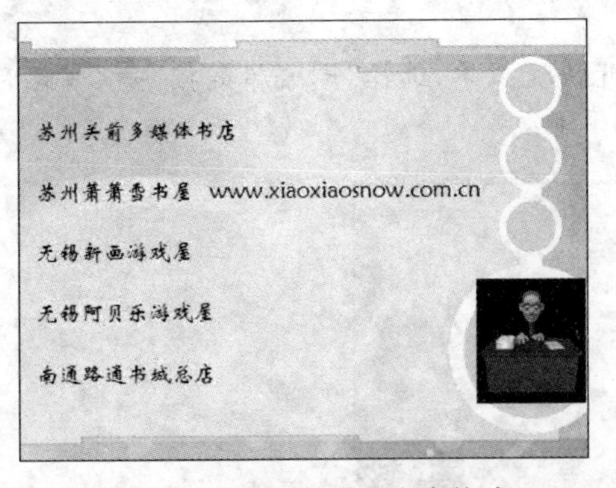

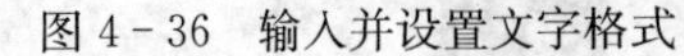

图 4-36 输入并设置文字格式

图 4-37 使用“起始编号”功能为段落编号

(25) 单击 Office 按钮,在弹出的菜单中选择“另存为”命令,将该演示文稿以文件名“软件上市说明会”进行保存。

4.5 思考与练习

1. 什么是段落对齐? 常用的段落对齐方法有哪些?

2. 如何设置允许西文在单词中间换行和允许标点溢出边界?

3. 使用模板 Capsules 创建如图 4-38 所示的幻灯片。设置标题文字的对齐方式为“分散对齐”;设置副标题文字的对齐方式为“居中”对齐。

4. 使用 Capsules 模板,创建如图 4-39 所示的幻灯片。要求段落间距为 1.5 行,并使用“起始编号”功能从 d 开始自动编号。

图 4-38 习题 3

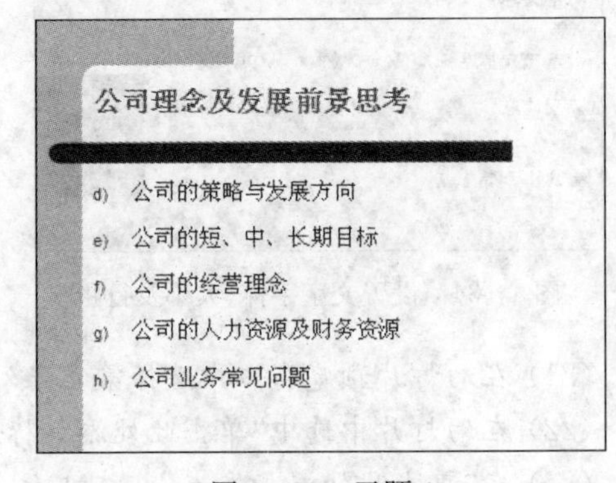

图 4-39 习题 4

5. 使用 Capsules 模板,创建如图 4-40 所示的幻灯片。要求插入图片项目符号,并使用自定义项目符号。

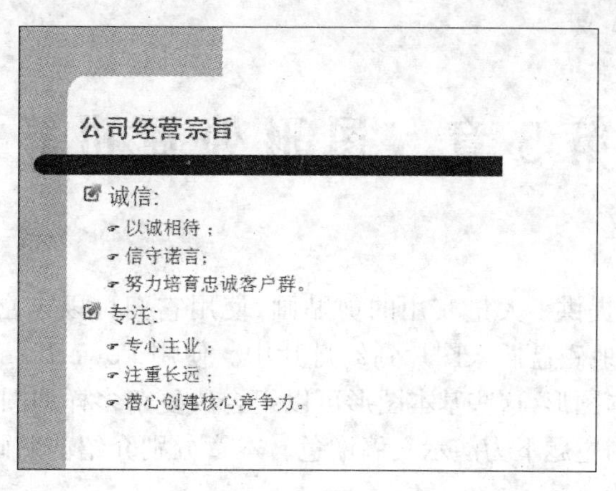

图 4 - 40　习题 5

6. 在创建的诗歌幻灯片中，将横排的方式显示的文本旋转 270 度，最终文本效果如图 4 - 41 所示。

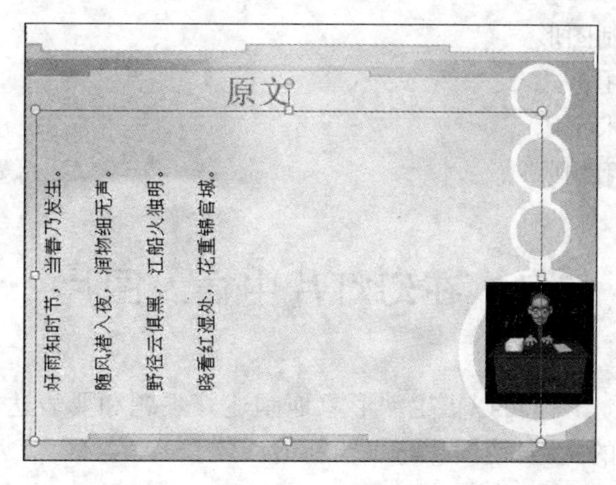

图 4 - 41　习题 6

第 5 章　图形处理功能

PowerPoint 2007 提供了大量实用的剪贴画，使用它们可以丰富幻灯片的版面效果。此外，用户还可以从本地磁盘插入图片到幻灯片中。使用 PowerPoint 2007 的绘图工具可以绘制各种简单的基本图形，这些基本图形可以组合成复杂多样的图案效果。使用艺术字和相册功能能够在适当主题下为演示文稿增色。本章分别介绍剪贴画、图片、图形、艺术字等图形对象的处理功能。

通过本章的理论学习和上机实训，读者应了解和掌握以下内容：

- 插入和编辑剪贴画
- 插入和编辑外部图片
- 在幻灯片中绘制图形
- 设置图形的常用格式
- 插入和编辑艺术字
- 在幻灯片中使用相册

5.1　在幻灯片中插入图片

在演示文稿中插入图片，可以更生动形象地阐述其主题和要表达的思想。在插入图片时，要充分考虑幻灯片的主题，使图片与主题和谐一致。

5.1.1　插入剪贴画

PowerPoint 2007 附带的剪贴画库内容非常丰富，所有的图片都经过专业设计，它们能够表达不同的主题，适合于制作各种不同风格的演示文稿。

要插入剪贴画，可以在“插入”选项卡的“插图”选项区域中单击“剪贴画”按钮，打开“剪贴画”任务窗格，如图 5－1 所示。

图 5－1　“剪贴画”任务窗格

提示：

在“剪贴画”任务窗格的“搜索文字”文本框中输入剪贴画的名称后，单击“搜索”按钮即可查找与之相对应的剪贴画；“搜索范围”下拉列表框可以帮助用户缩小搜索的范围，将搜索结果限制在某一个特定的集合内；“结果类型”下拉列表框可以将搜索的结果限制为特定的媒体文件类型。

在搜索剪贴画时，可以使用通配符代替一个或多个字符来进行搜索。在“搜索文字”文本框中输入字符“*”可代替文件名中的多个字符;输入字符“?”可代替文件名中的单个字符。搜索完成后,将在搜索结果预览列表中列出所有可以插入的剪贴画的预览样式,单击其中任意一张剪贴画都会将该剪贴画插入到幻灯片中。

【实训 5-1】在幻灯片中插入剪贴画。

(1) 启动 PowerPoint 2007 应用程序,单击 Office 按钮,在弹出的菜单中选择“新建”命令,打开“新建演示文稿”对话框。

(2) 在对话框的“模板”列表中选择“我的模板”命令,打开“新建演示文稿”对话框。

(3) 在“我的模板”列表框中选择“设计模板 6”选项,如图 5-2 所示,然后单击“确定”按钮,将该模板应用到当前演示文稿中。

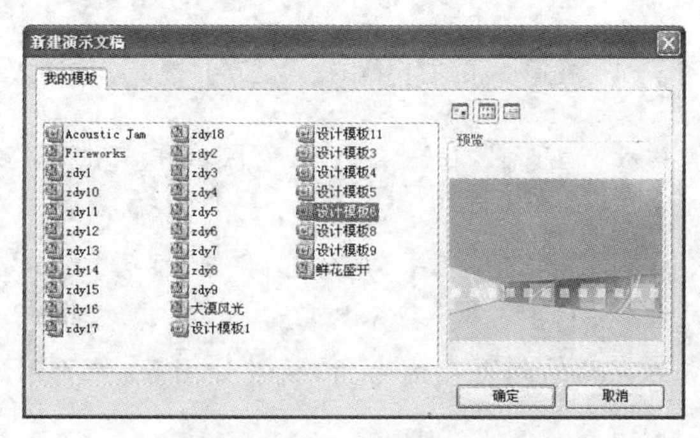

图 5-2 预览模板

(4) 在第 1 张幻灯片中调整两个文本占位符的位置,并输入文字。设置标题文字的字体为“华文琥珀”,字号为 54;设置副标题文字的字体为“华文新魏”,字号为 36,字型为“加粗”。

(5) 选中副标题文本占位符,在“开始”选项卡的“段落”选项区域中单击“文本右对齐”按钮,将副标题文字右对齐,如图 5-3 所示。

图 5-3 在占位符中输入文字并设置文字格式

(6) 在幻灯片预览窗口中选择第 2 张幻灯片缩略图,将其显示在幻灯片编辑窗口中。

(7) 在“单击此处添加标题”文本占位符中输入文字“设计院简介”,设置文字字体为“华文琥珀”,字号为 44,字型为“阴影”。

(8) 在“单击此处添加文本”文本占位符中输入设计院介绍文字,设置文字字号为 24,文字行距为 1.5 行,并在“字体”选项区域中单击“倾斜”按钮,取消倾斜字型,此时幻灯片效果如图 5-4 所示。

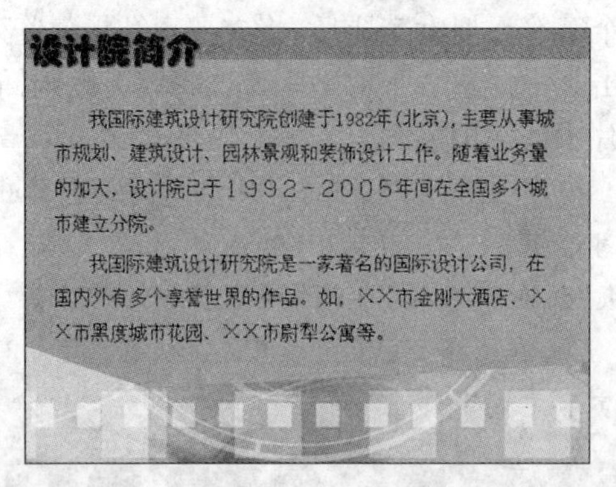

图 5-4　在第 2 张幻灯片中输入文字并设置文字格式

(9) 在功能区单击“插入”选项卡，在“插图”选项区域中单击“剪贴画”按钮，打开“剪贴画”任务窗格。

(10) 在“搜索文字”文本框中输入文字“建筑”，单击“搜索”按钮，此时与建筑有关的剪贴画显示在预览列表中。单击如图 5-5 所示的剪贴画，将其添加到幻灯片中。

(11) 在幻灯片中拖动剪贴画到页面右上角，效果如图 5-6 所示。

图 5-5　选择剪贴画

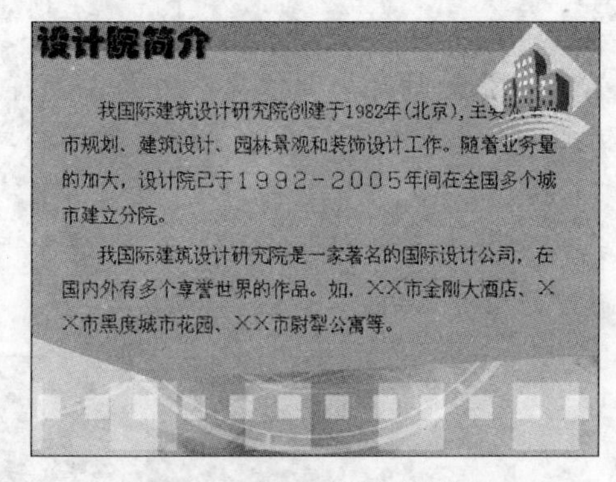

图 5-6　设置剪贴画的位置

(12) 单击 Office 按钮，在弹出的菜单中选择“另存为”命令，将该演示文稿以文件名“建筑设计”进行保存。

5.1.2　插入来自文件的图片

用户除了可以插入 PowerPoint 2007 附带的剪贴画之外，还可以插入磁盘中的图片。这些图片可以是 BMP 位图，也可以是由其他应用程序创建的图片，或从因特网下载的或通过扫描仪及数码相机输入的图片等。

在“插入”选项卡的“插图”选项区域中单击“图片”按钮，打开如图 5-7 所示的“插入图片”对话框。

“插入图片”对话框是 Windows 中常见的打开文件对话框，其中各个选项及按钮的功能如下：

- “查找范围”下拉列表框　该下拉列表框中显示磁盘驱动器或文件夹，供用户选择需

图5-7 “插入图片”对话框

要打开的文件路径。

• “后退”按钮 单击该按钮将退回到前一步访问过的文件夹。

• “向上一级”按钮 单击该按钮将打开当前文件夹列表的上级文件夹。

• “视图”按钮 单击该按钮右侧的▾,将打开图片查看方式列表,用户可以根据需要选择视图模式。

• “插入”按钮 单击该按钮,将选中的图片插入到当前幻灯片中。单击该按钮右侧的下拉箭头,将出现一个下拉菜单,其中包含“插入”、“链接到文件”和“插入和链接”3个选项。

◇“插入”选项 表示当前图片文件被插入并保存到演示文稿中。

◇“链接到文件”选项 表示在演示文稿中只保存一个图片的链接,当图片文件丢失或移动位置时,演示文稿中的图片有可能无法正常显示。

◇“插入和链接”选项 将演示文稿中与图片文件建立链接关系,同时将图片保存在演示文稿中。即当这个图片文件产生变化时,演示文稿会随之自动更新。

• “文件类型”下拉列表框 用于选择文件类型,只有符合规定类型的文件才能显示在对话框的文件列表中。

【实训5-2】在幻灯片中插入来自文件的图片。

(1) 启动PowerPoint 2007应用程序,打开【实训5-1】创建的“建筑设计”演示文稿。

(2) 在功能区单击“插入”选项卡,在“插图”选项区域中单击“图片”按钮,打开“插入图片”对话框。

(3) 在对话框的“查找范围”下拉列表中选择文件路径,在文件列表中选中要插入的图片,单击“插入”按钮。

(4) 此时图片已被添加到幻灯片中,如图5-8所示。

图5-8 在幻灯片中插入图片

(5) 在快速访问工具栏中单击“保存”按钮,将修改后的演示文稿保存。

5.2 编辑图片

在演示文稿中插入图片后,用户可以调整其位置、大小,也可以根据需要进行裁剪、调整对比度和亮度、添加边框、设置透明色等操作。

对图片进行编辑,可以首先选中图片,然后通过功能区的“格式”选项卡来进行设置,如图 5-9 所示。

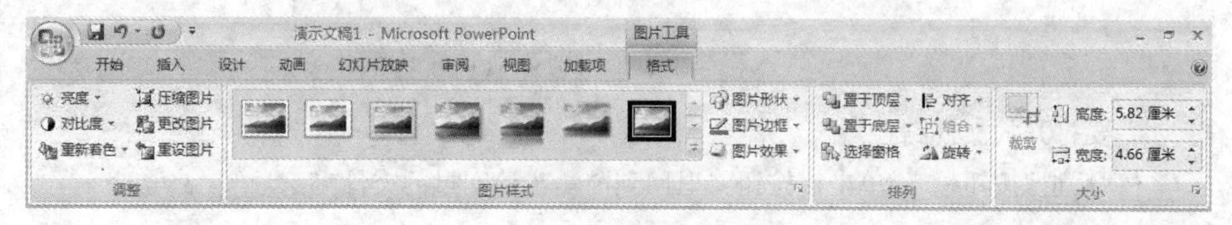

图 5-9 选中图片后出现的“格式”选项卡

5.2.1 调整图片位置

要调整图片位置,可以在幻灯片中选中该图片,然后按键盘上的方向键上、下、左、右移动图片。也可以按住鼠标左键拖动图片,等拖动到合适的位置后释放鼠标左键即可,如图 5-10 所示。

 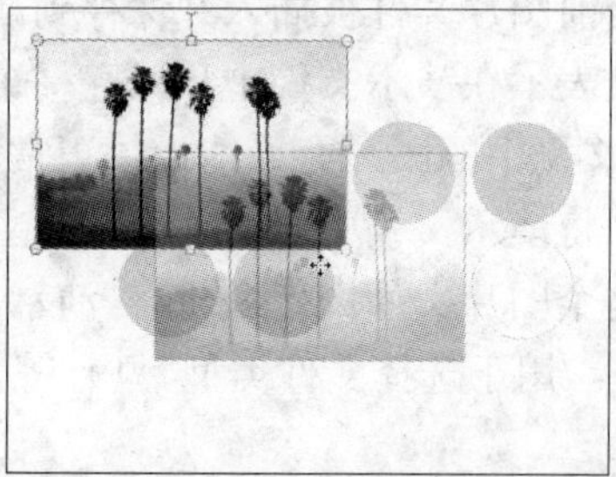 

图 5-10 将图片从幻灯片的左上角拖动到幻灯片的中间

提示:

在使用键盘方向键移动图片时,可以同时使用 Ctrl 键实现微移。

5.2.2 调整图片大小

单击插入到幻灯片中的图片,图片周围将出现 8 个白色控制点,当鼠标移动到控制点上方时,鼠标指针变为双箭头形状,此时按下鼠标左键拖动控制点,即可调整图片的大小。

- 当拖动图片 4 个角上的控制点时,PowerPoint 会自动保持图片的长宽比例不变,如图 5-11 所示。
- 拖动 4 条边框中间的控制点时,可以改变图片原来的长宽比例,如图 5-12 所示。

图 5-11　向上拖动右下角的控制点调整图片大小

图 5-12　向左拖动图片右边框中间的控制点调整图片大小

• 按住 Ctrl 键调整图片大小时，将保持图片中心位置不变，如图 5-13 所示。

图 5-13　按住 Ctrl 键向内拖动图片右上角的控制点调整图片大小

5.2.3　旋转图片

在幻灯片中选中图片时，周围除了出现 8 个白色控制点外，还有 1 个绿色的旋转控制点。拖动该控制点，可自由旋转图片。另外，在“格式”选项卡的“排列”选项区域中单击“旋转”按钮，可以通过该按钮下的命令控制图片旋转的方向。

【实训 5-3】在幻灯片编辑插入的图片。

(1) 启动 PowerPoint 2007 应用程序，打开【实训 5-2】创建的“建筑设计”演示文稿。

(2) 在打开的幻灯片中选中插入的图片，向内拖动右下角的白色控制点，将插入的图片按长宽比例缩小。

(3) 按住鼠标左键拖动图片到标题文字的左上角，如图 5-14 所示。

图 5-14 改变图片大小并拖动图片

(4) 将鼠标指针移动到图片上方的绿色旋转控制点上,鼠标指针变为 形状,此时拖动该指针逆时针旋转 90°,使得幻灯片效果如图 5-15 所示。

图 5-15 逆时针旋转图片

(5) 在幻灯片预览窗口中选择第 2 张幻灯片缩略图,将其显示在幻灯片编辑窗口中。

(6) 在幻灯片中选中插入的剪贴画,在功能区切换到“格式”选项卡,单击“旋转”按钮 ,在弹出的菜单中选择“其他旋转选项”命令,打开“大小和位置”对话框。

(7) 在“尺寸和旋转”选项区域中设置“旋转”文本框中的值为 25°,如图 5-16 所示。

(8) 单击“关闭”按钮,此时幻灯片效果如图 5-17 所示。

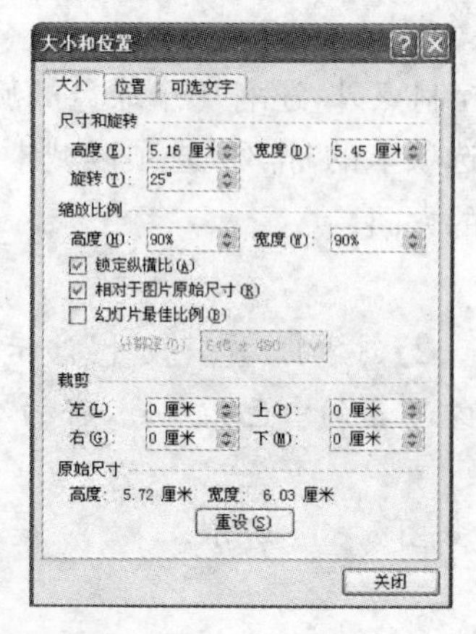

图 5-16 “大小和位置”对话框

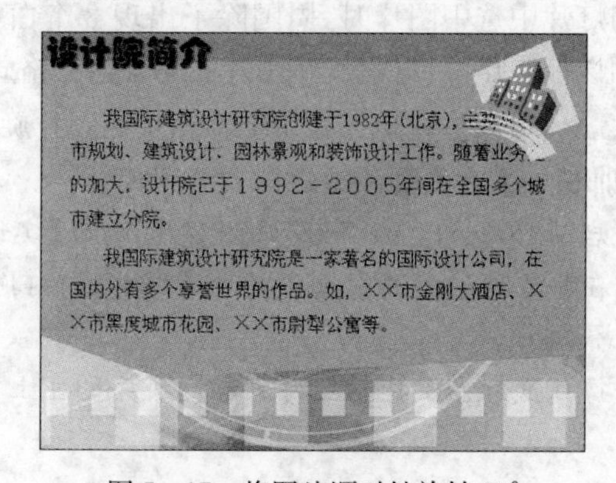

图 5-17 将图片顺时针旋转 25°

提示：

当"旋转"文本框中的值为正数时，图片顺时针旋转；当"旋转"文本框中的值为负数时，图片逆时针旋转。

5.2.4　裁剪图片

对图片的位置、大小和角度进行调整，只能改变整个图片在幻灯片中所处的位置和所占的比例。而当插入的图片中有多余的部分时，可以使用"裁剪"操作，将图片中多余的部分删除。

选中图片，在"格式"选项卡的"大小"选项区域中单击"裁剪"按钮，此时被选中的图片周围将出现8个由较粗的黑色短线组成的裁剪标志，如图5-18所示。将鼠标移动到┓、┃、━等裁剪标志上，按下鼠标左键拖动到需要的位置，即可完成裁剪。在空白处单击鼠标或者再次单击"裁剪"按钮，将退出裁剪状态。

图5-18　图片周围出现裁剪标志

【实训5-4】在幻灯片中裁剪插入的图片。

(1) 启动 PowerPoint 2007 应用程序，打开一个空白的演示文稿。

(2) 在幻灯片的空白处单击，按下 Ctrl＋A 组合键同时选中两个文本占位符，然后单击 Delete 键将其删除。

(3) 在幻灯片中插入如图5-19所示的图片，并调整其大小和位置。

图5-19　在幻灯片中插入图片

(4) 选中插入的图片,在功能区切换到“格式”选项卡,单击“大小”选项区域中的“裁剪”按钮。

(5) 向内拖动图片右上角的 ┓ 标志到如图 5-20 所示的位置。释放鼠标后,图片效果如图 5-21 所示。

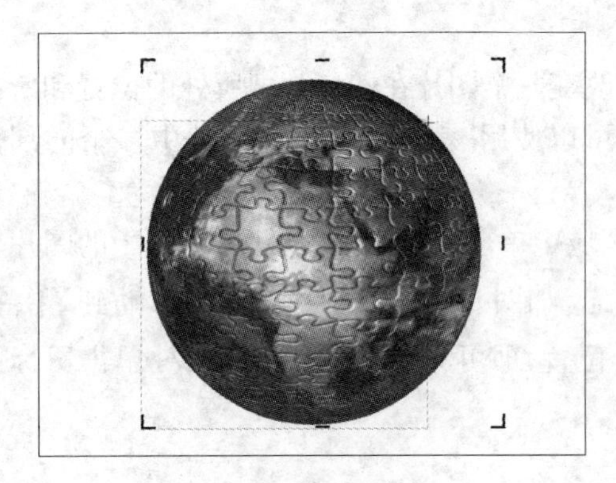

图 5-20　拖动裁剪标志

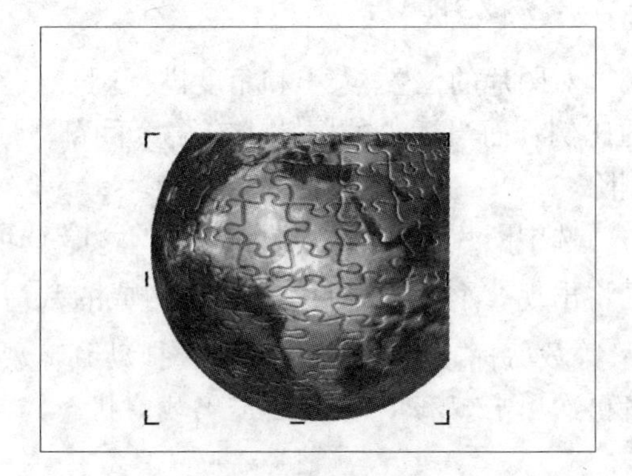

图 5-21　裁剪后的图片效果

提示:

如果需要精确设置裁剪的大小,可以单击“大小”选项区域右下角的按钮,打开“大小和位置”对话框,在“大小”选项卡的“裁剪”选项区域中设置裁剪图片上、下、左、右的值。需要注意的是,如果在“上”、“下”、“左”和“右”的文本框中输入正数,则表示减少图形区域;如果输入负数,则表示放大图形区域。

5.2.5　重新调色

在 PowerPoint 中可以对插入的 Windows 图元文件(.wmf)等矢量图形进行重新着色。选中图片后,在“格式”选项卡的“调整”选项区域中单击“重新着色”按钮 重新着色,打开如图 5-22 所示的菜单,用户可以从中选择需要的模式为图片重新着色。

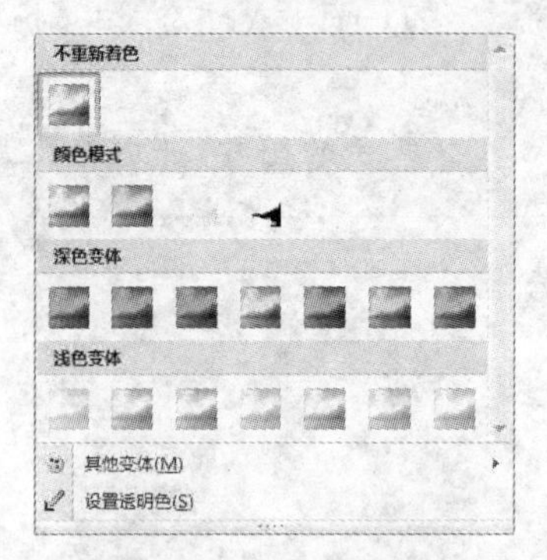

图 5-22　“重新着色”按钮下的菜单

【实训 5-5】在幻灯片中为剪贴画重新着色。

(1) 启动 PowerPoint 2007 应用程序,打开【实训 5-3】创建的“建筑设计”演示文稿。

(2) 在幻灯片预览窗口中选择第 2 张幻灯片缩略图,将其显示在幻灯片编辑窗口中。

(3) 选中插入的剪贴画,在"图片工具"选项区域中单击"重新着色"按钮,在打开菜单的"颜色模式"选项区域中选择第1种模式,此时幻灯片效果如图5-23所示。

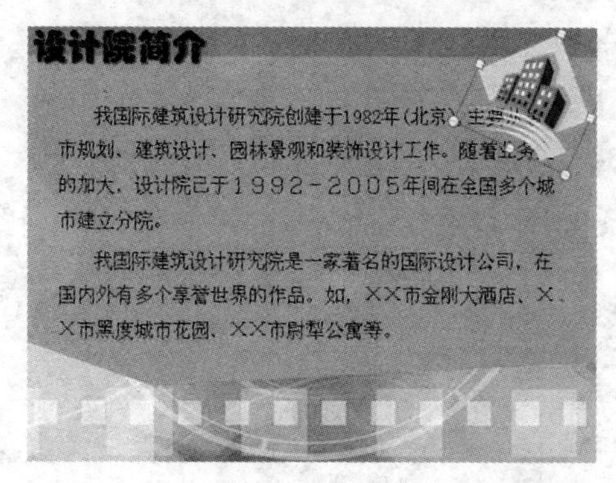

图5-23 重新为幻灯片中的图片着色

提示:

如果"重新着色"按钮下的菜单中没有合适的颜色选择,那么可以选择"其他变体"命令,打开如图5-24所示菜单,在其中选择需要的颜色即可。

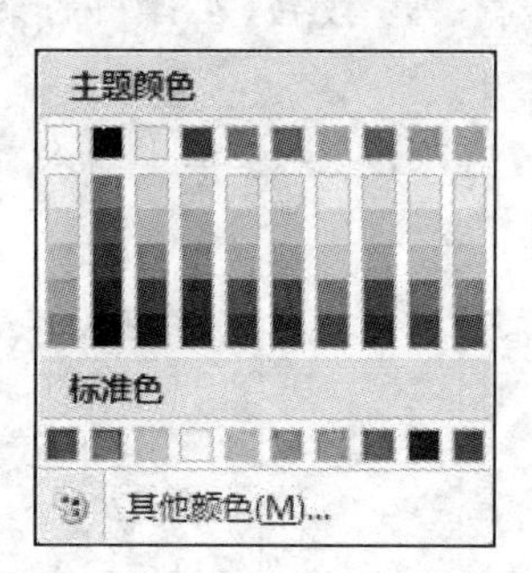

图5-24 "其他变体"命令下的菜单

(4) 在快速访问工具栏中单击"保存"按钮,将修改后的演示文稿保存。

5.2.6 调整图片的对比度和亮度

图片的亮度是指图片整体的明暗程度,对比度是指图片中最亮部分和最暗部分的差别。用户可以通过调整图片的亮度和对比度,使效果不好的图片看上去更为舒适,也可以将正常的图片调高亮度或降低对比度达到某种特殊的效果。

在调整图片对比度和亮度时,首先应选中图片,然后在"调整"选项区域中单击"亮度"按钮 亮度 和"对比度"按钮 对比度 进行设置。

【实训5-6】在幻灯片中调整图片的亮度和对比度。

(1) 启动PowerPoint 2007应用程序,打开【实训5-5】创建的"建筑设计"演示文稿。

(2) 在幻灯片预览窗口中选择第3张幻灯片缩略图,将其显示在幻灯片编辑窗口中。

(3) 在"单击此处添加标题"文本占位符中输入文字"2006年7月005号方案",设置文字字体为"华文琥珀",字号为44。

(4) 在幻灯片中插入如图5-25所示的3张图片,并调整其大小和位置。

(5) 打开“插入”选项卡，在“文本”选项区域中单击“横排文本框”按钮，在 3 张图片的下方插入 3 个水平文本框，并分别输入文字“(一)”、“(二)”和“(三)”，如图 5－26 所示。

图 5－25　在幻灯片中插入图片

图 5－26　在图片下方插入文本框

(6) 选中第 1 张图片，在“调整”选项区域中单击“对比度”按钮，在弹出的菜单中选择“－30%”命令。

(7) 选中第 2 张图片，单击“亮度”按钮，在打开的亮度列表中选择“－30%”选项。

(8) 选中第 3 张图片，单击“对比度”按钮，在弹出的菜单中选择“图片修正选项”命令，打开“设置图片格式”对话框。

(9) 在“图片”选项区域中的“对比度”文本框中输入“20%”(如图 5－27 所示)，关闭对话框，此时幻灯片效果如图 5－28 所示。

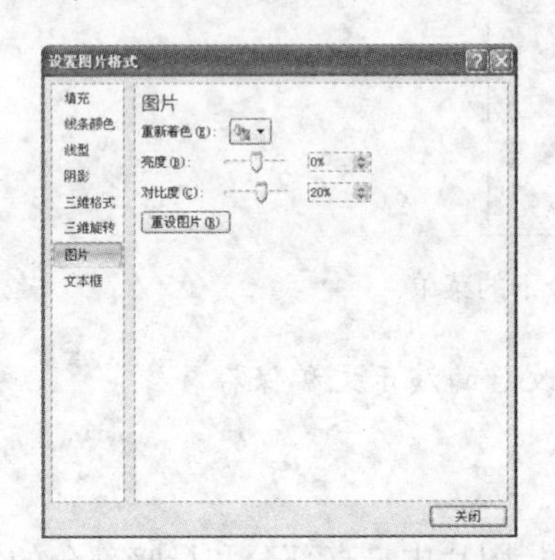

图 5－27　“设置图片格式”对话框

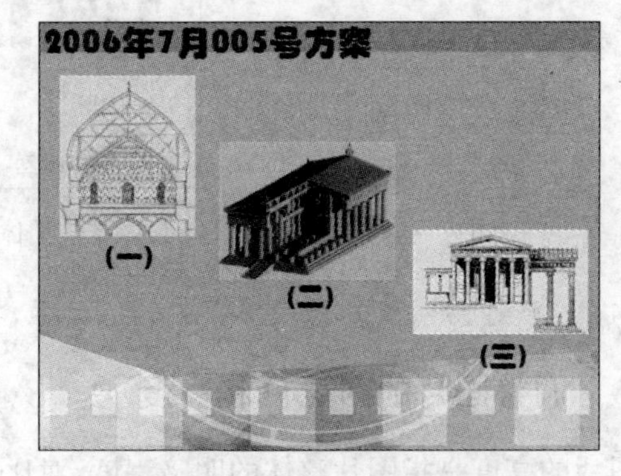

图 5－28　设置后的幻灯片效果

(10) 在快速访问工具栏中单击“保存”按钮，将修改后的演示文稿保存。

5.2.7　改变图片外观

PowerPoint 2007 提供改变图片外观的功能，该功能可以赋予普通图片形状各异的样式，从而达到美化幻灯片的效果。

要改变图片的外观样式，应首先选中该图片，然后在“格式”选项卡的“图片样式”选项区域中选择图片的外观样式。

【实训 5－7】在幻灯片中改变图片的外观样式。

(1) 启动 PowerPoint 2007 应用程序，打开【实训 5－6】创建的“建筑设计”演示文稿。

(2) 在幻灯片预览窗口中选择第3张幻灯片缩略图,将其显示在幻灯片编辑窗口中。

(3) 选中第1张图片,在"图片样式"选项区域的样式列表中选择"金属框架"选项,将该图片样式应用于当前图片中。

(4) 在"图片样式"选项区域中单击"图片边框"按钮[图片边框],在弹出的菜单中选择如图5-29所示的"深蓝"色。此时幻灯片中第1张图片的效果如图5-30所示。

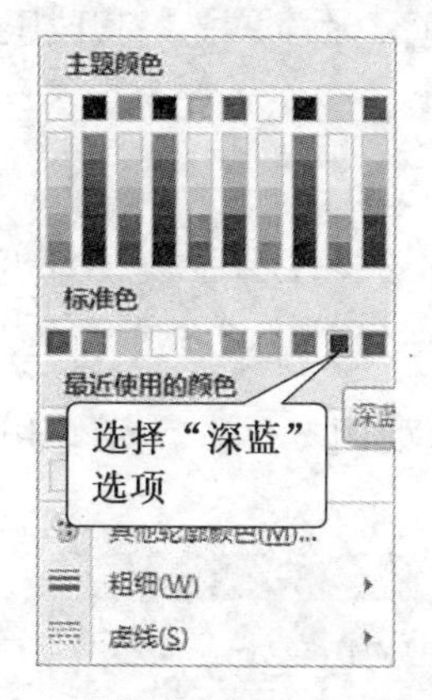

图5-29 在菜单中设置图片边框颜色

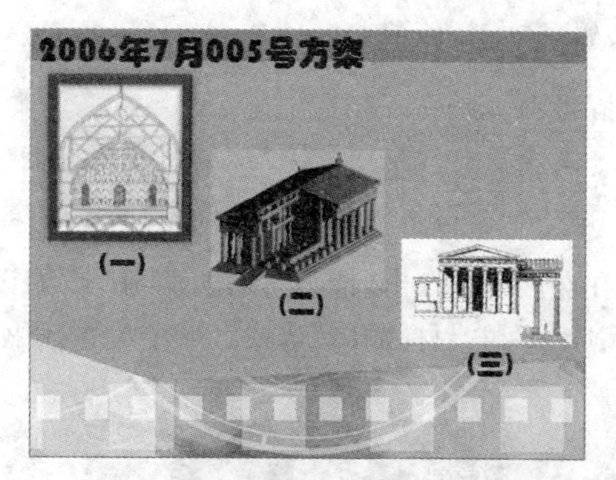

图5-30 设置第1张图片后的效果

(5) 选中第2张图片,参照步骤(3)令图片应用"圆形对角白色"选项,并将图片边框颜色设置为"深蓝",此时幻灯片效果如图5-31所示。

图5-31 第2张图片应用样式后效果

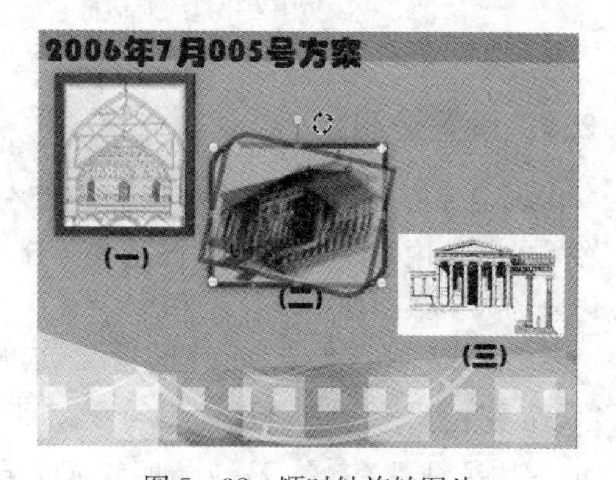

图5-32 顺时针旋转图片

(6) 将鼠标移动到该图片上方的绿色旋转控制点上,将其顺时针方向旋转约30°左右,如图5-32所示。

(7) 选中第3张图片,参照步骤(3)令该图片应用"映像棱台黑色"选项,并将该图片边框颜色设置为"深蓝",此时幻灯片效果如图5-33所示。

(8) 在快速访问工具栏中单击"保存"按钮,将修改后的演示文稿保存。

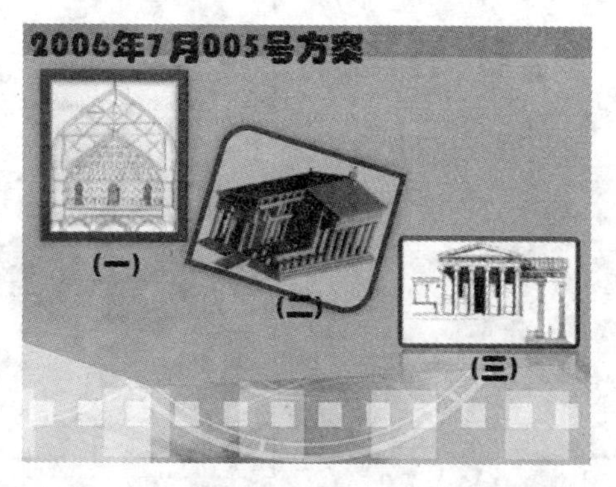

图5-33 设置3张图片后的幻灯片效果

5.2.8 压缩图片文件

在 PowerPoint 中,可以通过"压缩图片"功能对演示文稿中的图片进行压缩,以节省硬盘空间和减少下载时间。在压缩图片时,用户可以根据用途降低图片的分辨率,如用于屏幕放映的图像,可以将分辨率减少到 96dpi(点每英寸);用于打印的图像,可以将分辨率减少到 200dpi。

在"格式"选项卡的"调整"选项区域中单击"压缩图片"按钮 压缩图片 ,打开"压缩图片"对话框,如图 5-34 所示。

提示:

如果在该对话框中选中"仅应用于所选图片"复选框,那么该压缩步骤仅对当前选中的图片有效,如果取消选中该复选框,则压缩步骤对当前演示文稿中的所有图片有效。

在对话框中单击"选项"按钮,打开"压缩设置"对话框,如图 5-35 所示。用户可以在"压缩选项"和"目标输出"选项区域中设置压缩选项。

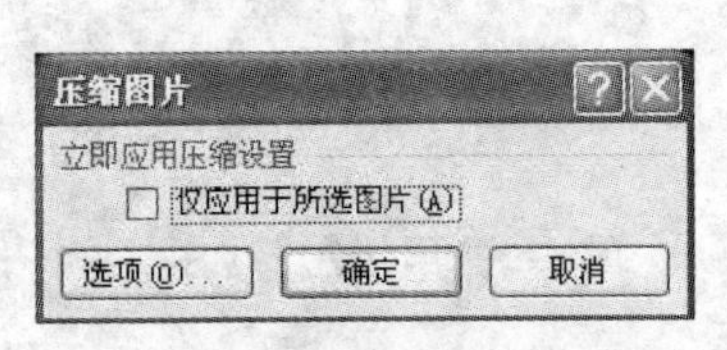

图 5-34 "压缩图片"对话框

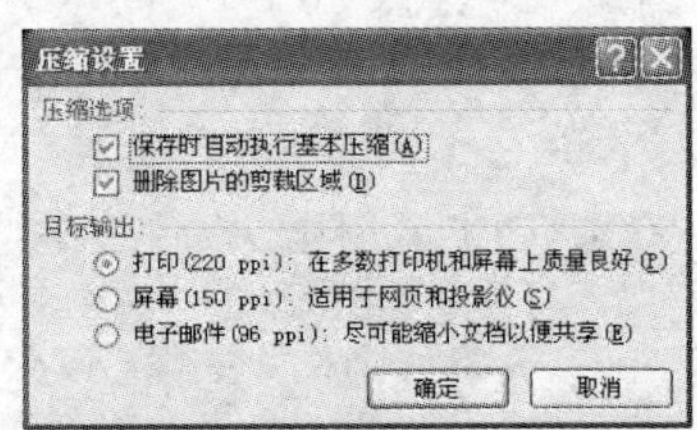

图 5-35 "压缩设置"对话框

5.2.9 设置透明色

PowerPoint 允许用户将图片中的某部分设置为透明色,例如,让某种颜色区域透出被它覆盖的其他内容,或者让图片的某些部分与背景分离开。PowerPoint 可在除 GIF 动态图片以外的大多数图片中设置透明区域。

选中图片后,在"格式"选项卡的"调整"选项区域中单击"重新着色"按钮,在弹出的菜单中选择"设置透明色"命令,此时鼠标指针变为 形状。单击图片中需要设置透明色的区域或颜色,即可将鼠标单击处的颜色设置为透明色,同时有该颜色的区域均变为透明色,如图 5-36 所示。

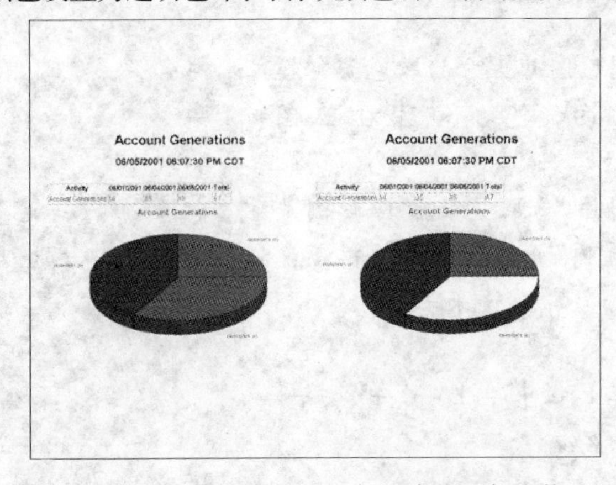

图 5-36 将图片中的绿色区域设置为透明

提示：

在屏幕上显示时，图片中的透明区域是白色或幻灯片的背景色；在打印时，透明区域与打印纸的颜色相同。

5.2.10 图片的其他设置

用户可以对插入的图片设置形状和效果，在幻灯片中选中图片，单击“格式”选项卡，在“图片样式”选项区域中单击“图片形状”按钮 图片形状 和“图片效果”按钮 图片效果，然后在弹出的菜单中进行设置即可。

【实训 5-8】设置图片的形状和效果。

（1）启动 PowerPoint 2007 应用程序，打开【实训 5-7】创建的“建筑设计”演示文稿。

（2）在打开的第 1 张幻灯片中选中插入的图片，单击“图片形状”按钮，打开如图 5-37 所示的菜单。

（3）在“基本形状”选项区域中选择“太阳形”命令，将其应用到图片中。

（4）向外拖动图片左上角的白色控制点，放大图片，此时幻灯片效果如图 5-38 所示。

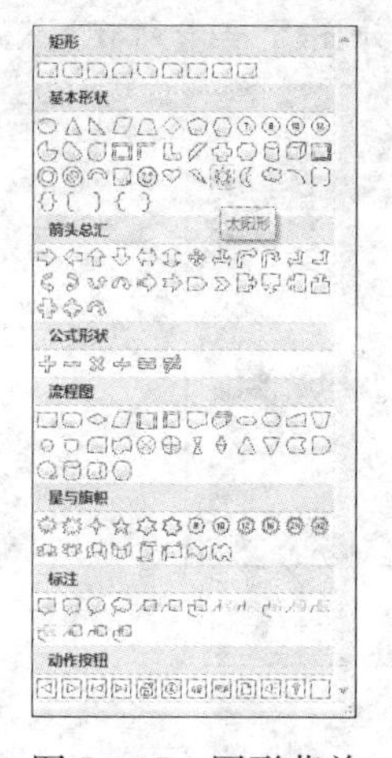

图 5-37 图形菜单

图 5-38 设置形状后的图形效果

（5）选中图片，单击“图片效果”按钮，将打开如图 5-39 所示的菜单，然后选择“映像”|“映像变体”命令中的“半映像，4pt 偏移量”选项，此时幻灯片效果如图 5-40 所示。

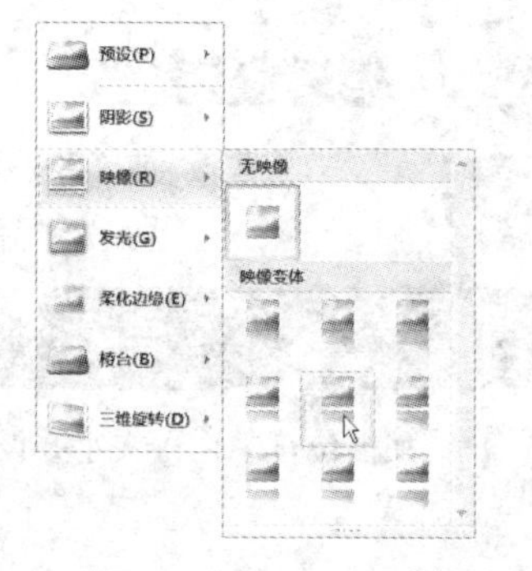

图 5-39 选择映像变体选项

图 5-40 设置后的幻灯片效果

(6) 在快速访问工具栏中单击“保存”按钮，将修改后的演示文稿保存。

提示：

在“调整”选项区域中单击“重设图片”按钮 重设图片 ，可将图片还原到刚插入时的状态。

5.3 在幻灯片中绘制图形

PowerPoint 2007 提供了功能强大的绘图工具，利用绘图工具可以绘制各种线条、连接符、几何图形、星形以及箭头等复杂的图形。在功能区切换到“插入”选项卡，在“插图”选项区域单击“形状”按钮，在弹出的菜单中选择需要的形状绘制图形即可。

【实训 5-9】在幻灯片中绘制图形。

(1) 启动 PowerPoint 2007 应用程序，单击 Office 按钮，在弹出的菜单中选择“新建”命令，打开“新建演示文稿”对话框。

(2) 在对话框的“模板”列表中选择“我的模板”命令，打开“新建演示文稿”对话框。

(3) 在“我的模板”列表框中选择“设计模板 7”选项，如图 5-41 所示，然后单击“确定”按钮，将该模板应用到当前演示文稿中。

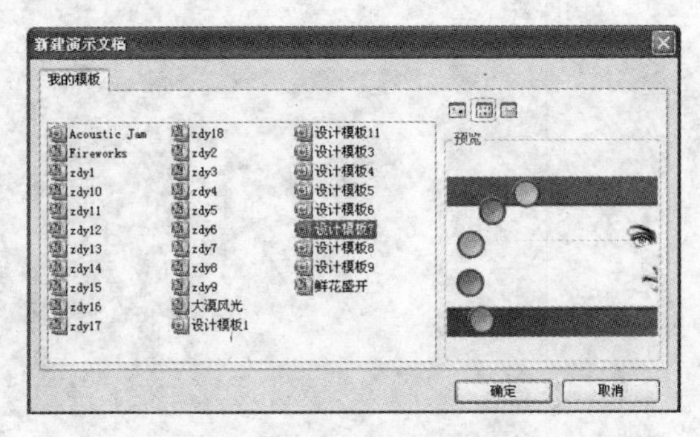

图 5-41 模板预览效果

(4) 在第 1 张幻灯片中调整两个文本占位符的位置，并在其中输入文字。设置标题文字的字体为“华文琥珀”，字号为 54；设置副标题文字的字体为“华文新魏”，字号为 36，字型为“加粗”。

(5) 选中副标题文本占位符，在“开始”选项卡的“段落”选项区域中单击“文本右对齐”按钮，将副标题文字右对齐，如图 5-42 所示。

(6) 在幻灯片预览窗口中选择第 2 张幻灯片缩略图，将其显示在幻灯片编辑窗口中。

(7) 在“单击此处添加标题”文本占位符中输入文字“农业循环经济”，设置文字字体为“华文隶书”、字号为 54、字体效果为“阴影”。

图 5-42 在占位符中输入文字并设置文字格式

(8) 选中“单击此处添加副标题”文本占位符，按下 Delete 键将其删除。

(9) 使用插入功能，在幻灯片中插入如图 5-43 所示的剪贴画和图片，并将其调整到适当的位置。

(10) 单击“插入”选项卡，在“插图”选项区域中单击“形状”按钮，打开菜单命令。在该菜单中的“箭头总汇”选项区域中选择“燕尾形箭头”命令，将鼠标移动到幻灯片中，在适当的位置拖动鼠标绘制燕尾形箭头。

(11) 拖动箭头上方的绿色旋转控制点，逆时针方向拖动，使其效果如图 5-44 所示。

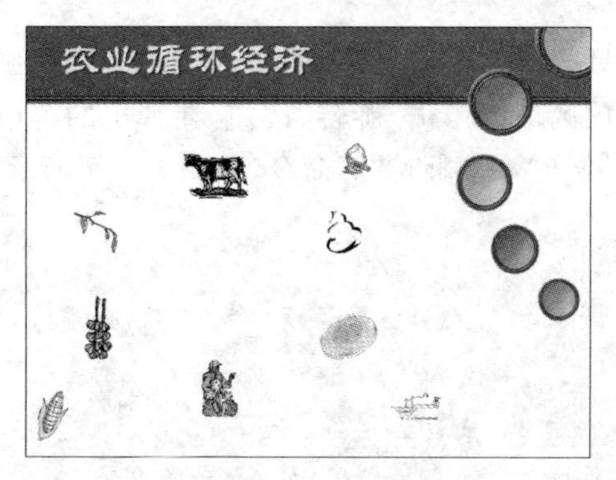

图 5-43　在幻灯片中插入剪贴画和图片

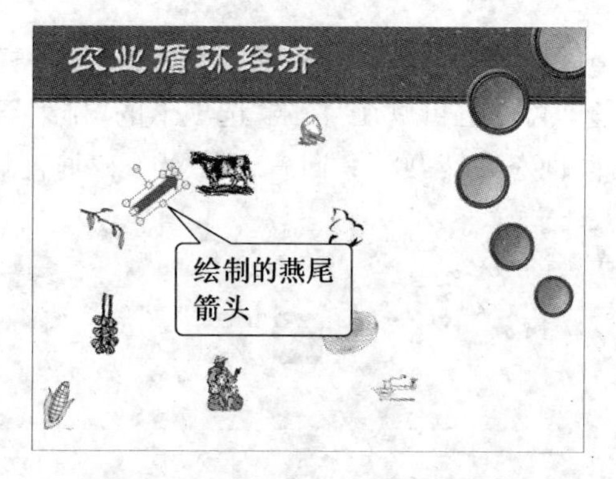

图 5-44　在幻灯片中绘制燕尾箭头

(12) 选中绘制的燕尾箭头，按下 Ctrl+C 组合键，将其复制到剪贴板上，然后按下 Ctrl+V 组合键，在幻灯片中粘贴一个大小相同的燕尾箭头，并调整位置。

(13) 拖动绿色的旋转控制点，将复制的箭头调整到合适的角度。

(14) 参照步骤(12)～(13)，在幻灯片中复制粘贴 4 个燕尾箭头，并调整它们的位置和旋转角度，如图 5-45 所示。

(15) 在“形状”菜单下选择“箭头”命令，此时鼠标指针变为十形。将鼠标放置在剪贴画“牛”的右上角，并按住鼠标左键拖动，直到拖动到其右上方的图片附近释放鼠标。

(16) 参照步骤(15)绘制另外 2 个箭头，此时幻灯片效果如图 5-46 所示。

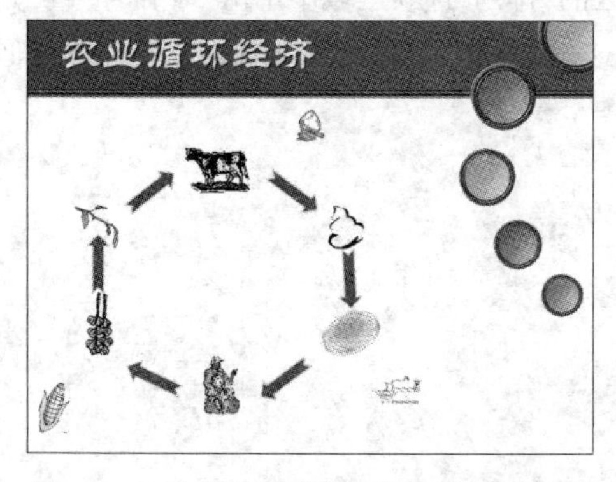

图 5-45　在幻灯片中复制并调整燕尾箭头

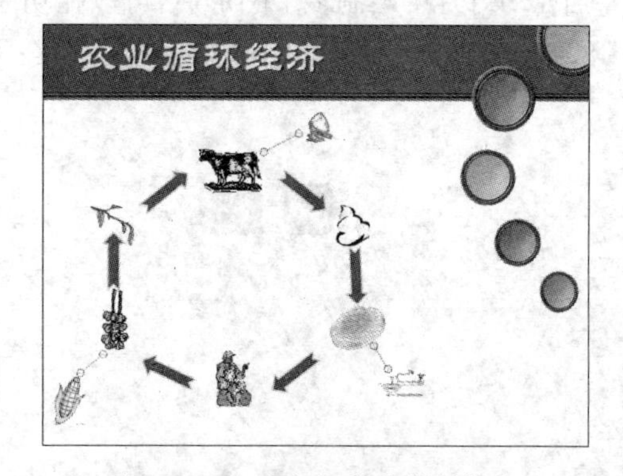

图 5-46　在幻灯片中绘制箭头

(17) 单击 Office 按钮，在弹出的菜单中选择“另存为”命令，将该演示文稿以文件名“循环经济”进行保存。

5.4 编辑图形

在 PowerPoint 中,可以对绘制的图形进行个性化的编辑。和其他操作一样,在进行设置前,应首先选中该图形。对图形最基本的编辑包括旋转图形、对齐图形、层叠图形和组合图形等。

5.4.1 旋转图形

旋转图形与旋转文本框、文本占位符一样,只要拖动其上方的绿色旋转控制点任意旋转图形即可。也可以在“格式”选项卡的“排列”选项区域中单击“旋转”按钮,在弹出的菜单中选择“向左旋转 90°”、“向右旋转 90°”、“垂直翻转”和“水平翻转”等命令,如图 5－47 所示。

图 5－47 单击“旋转”按钮后显示的菜单

提示:

如果在拖动绿色控制点旋转图形的同时按下 Shift 键,可以分别实现 15°、30°、45°、60°和 75°角旋转。

5.4.2 对齐图形

当在幻灯片中绘制多个图形后,可以在功能区的“排列”选项区域中单击“对齐”按钮(如图 5－48 所示),在弹出的菜单中选择相应的命令来对齐图形,其具体对齐方式与文本对齐相似。

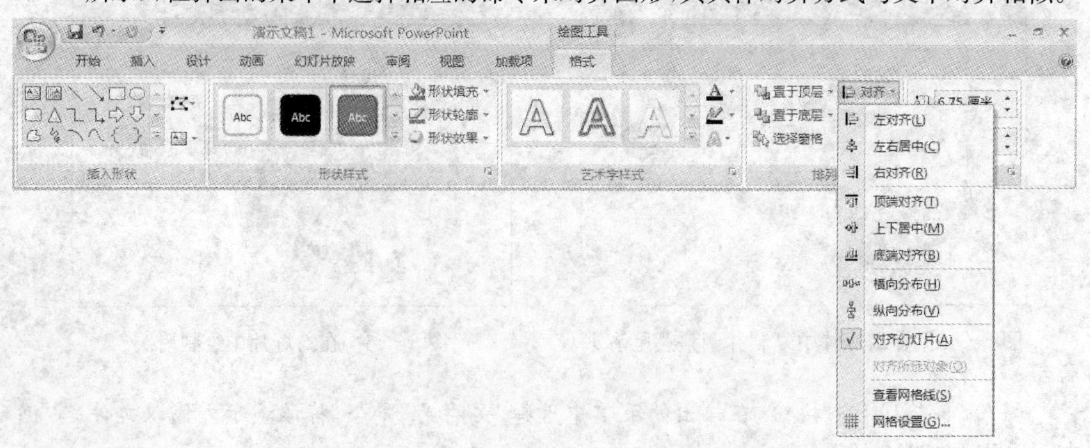

图 5－48 单击“对齐”按钮后显示的菜单

5.4.3 层叠图形

对于绘制的图形,PowerPoint 将按照绘制的顺序将它们放置于不同的对象层中,如果对象之间有重叠,则后绘制的图形将覆盖在先绘制的图形之上,即上层对象遮盖下层对象。当需要显示下层对象时,可以通过调整它们的叠放次序来实现。

要调整图形的层叠顺序,可以在功能区的“排列”选项区域中单击“置于顶层”按钮 置于顶层 和“置于底层”按钮 置于底层 右侧的下拉箭头,在弹出的菜单中选择相应命令即可,如图 5-49 所示。

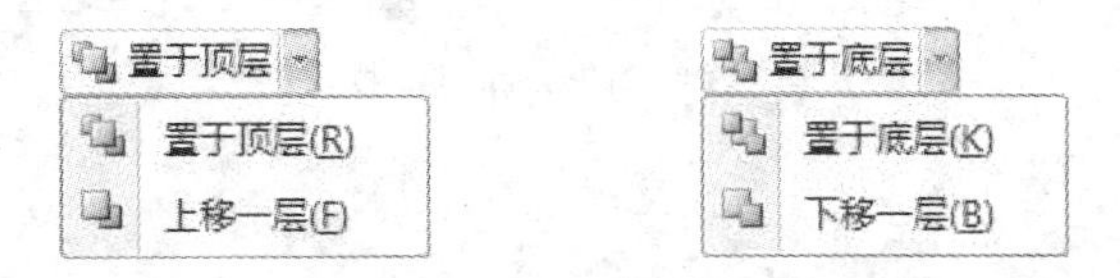

图 5-49 单击“置于顶层”和“置于底层”按钮后显示的菜单

提示:

用户还可以在要调整叠放次序的图形上右击,在弹出的快捷菜单中选择“置于顶层”和“置于底层”命令来调整图形的叠放顺序。

5.4.4 组合图形

在绘制多个图形后,如果希望这些图形保持相对位置不变,可以使用“组合”按钮下的命令将其进行组合,如图 5-50 所示。当图形被组合后,可以像一个图形一样被选中、复制或移动。

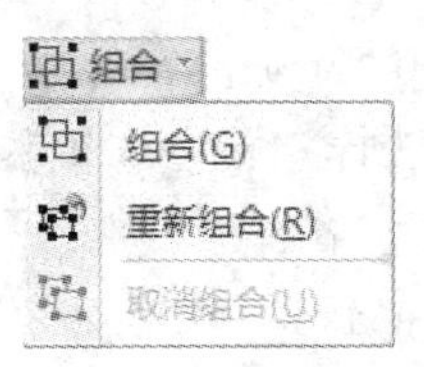

图 5-50 单击“组合”按钮后显示的菜单

提示:

用户可以选择“取消组合”命令解除组合。对于已经取消组合的图形可以使用“重新组合”命令将其再次组合。

【实训 5-10】在幻灯片中将绘制的多个图形组合为一个图形。

(1) 启动 PowerPoint 2007 应用程序,打开【实训 5-9】创建的“循环经济”演示文稿。

(2) 在幻灯片预览窗口中选择第 2 张幻灯片缩略图,将其显示在幻灯片编辑窗口中。

(3) 选中绘制的 6 个燕尾箭头,在“排列”选项区域中单击“组合”按钮,在弹出的菜单中选择“组合”命令,将它们组合为一个图形,如图 5-51 所示。

(4) 在快速访问工具栏中单击“保存”按钮,将修改后的演示文稿保存。

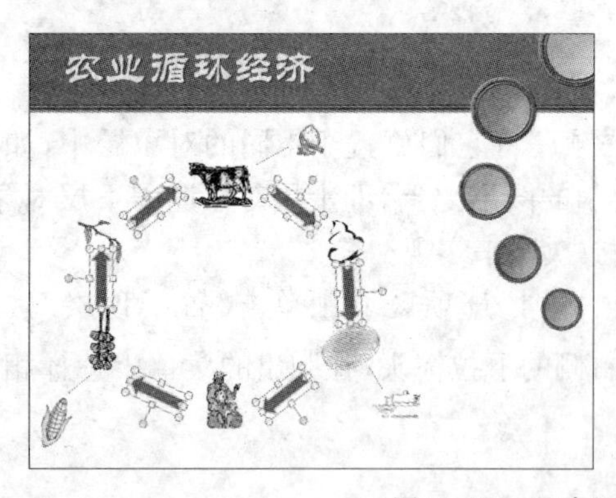

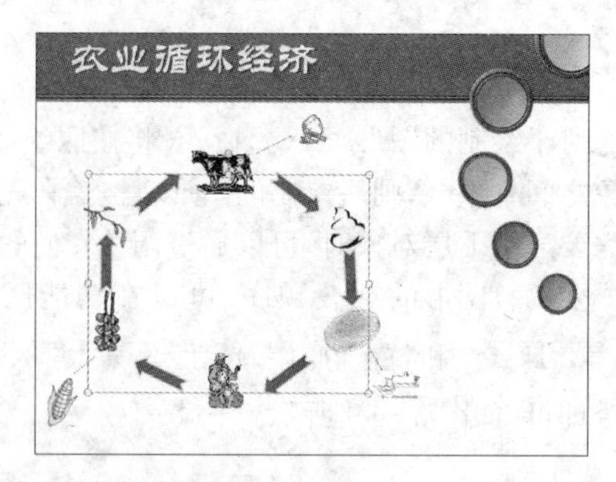

图 5-51 组合图形前后的幻灯片效果

5.5 设置图形格式

PowerPoint 具有功能齐全的图形设置功能，可以利用线型、箭头样式、填充颜色、阴影效果和三维效果等对图形进行修饰。利用系统提供的图形设置工具，可以使配有图形的幻灯片更容易理解。

5.5.1 设置线型

选中绘制的图形，在"格式"选项卡的"形状样式"选项区域中单击"形状轮廓"按钮 形状轮廓，在弹出的菜单中选择"粗细"和"虚线"命令，然后在其子命令中选择需要的线型样式即可。

【实训 5-11】 在幻灯片中为绘制的箭头设置线型。

(1) 启动 PowerPoint 2007 应用程序，打开【实训 5-10】创建的"循环经济"演示文稿。

(2) 在幻灯片预览窗口中选择第 2 张幻灯片缩略图，将其显示在幻灯片编辑窗口中。

(3) 选中绘制的 3 个箭头，单击"形状轮廓"按钮，在弹出的菜单中选择"粗细"|"4.5 磅"命令，将 3 个箭头的线型设置为 4.5 磅，如图 5-52 所示。

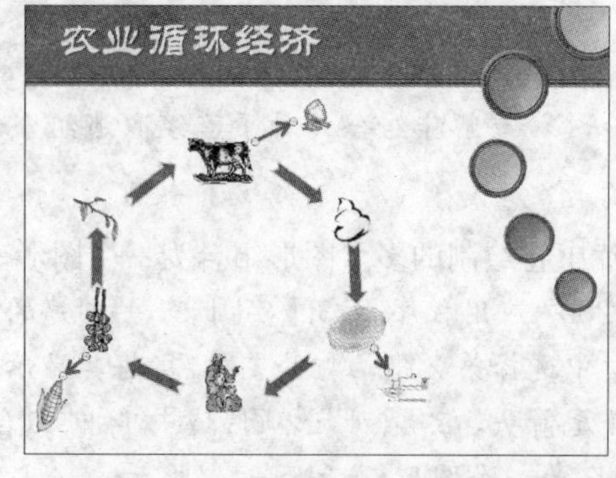

图 5-52 设置箭头线型样式

(4) 在快速访问工具栏中单击“保存”按钮,将修改后的演示文稿保存。

5.5.2 设置线条颜色

在幻灯片中绘制的线条都有默认的颜色,用户可以根据演示文稿的整体风格改变线条颜色。单击“形状轮廓”按钮,在弹出的菜单中选择颜色即可。

【实训 5-12】 在幻灯片中为绘制的箭头设置线型颜色。

(1) 启动 PowerPoint 2007 应用程序,打开【实训 5-11】创建的“循环经济”演示文稿。

(2) 在幻灯片预览窗口中选择第 2 张幻灯片缩略图,将其显示在幻灯片编辑窗口中。

(3) 选中绘制的 3 个箭头,单击“形状轮廓”按钮,在“标准色”选项区域中选择第 1 种颜色,如图 5-53 所示。

(4) 在快速访问工具栏中单击“保存”按钮,将修改后的演示文稿保存。

提示:

此时幻灯片中的 3 个箭头线条颜色由默认的蓝色变为设置后的深红色。

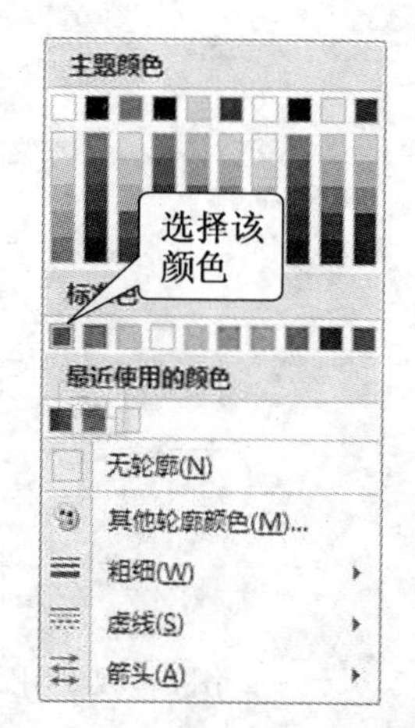

图 5-53 在颜色区域中选择颜色

5.5.3 设置填充颜色

为图形添加填充颜色是指在一个封闭的对象中加入填充效果,这种效果可以是单色、过渡色、纹理甚至是图片颜色。用户可以通过单击“形状填充”按钮,在弹出的菜单中选择满意的颜色,也可以通过单击“其他填充颜色”命令设置其他颜色。另外,根据需要还可选择“渐变”或“纹理”命令为一个对象填充一种过渡色或纹理样式。

【实训 5-13】 在幻灯片中为绘制的燕尾箭头设置填充颜色。

(1) 启动 PowerPoint 2007 应用程序,打开【实训 5-12】创建的“循环经济”演示文稿。

(2) 在幻灯片预览窗口中选择第 2 张幻灯片缩略图,将其显示在幻灯片编辑窗口中。

(3) 选中组合过的燕尾箭头图形,单击“形状填充”按钮,在“标准色”选项区域中选择“深红”色,将该组合图形中的 6 个燕尾箭头填充为深红色。

(4) 在快速访问工具栏中单击“保存”按钮,将修改后的演示文稿保存。

5.5.4 设置阴影及三维效果

在 PowerPoint 中可以为绘制的图形添加阴影或三维效果。设置图形对象阴影效果的方法是首先选中对象,单击“形状效果”按钮,在打开的面板中选择“阴影”命令,然后在如图 5-54 所示的菜单中选择需要的阴影样式即可。

设置图形对象三维效果的方法是首先选中对象,然后单击“形状效果”按钮,在弹出的菜单中选择“三维旋转”命令,然后在如图 5-55 所示的三维旋转样式列表中选择需要的样式即可。

提示：

如果要取消设置的阴影及三维效果，只需要在选中该图形的情况下，分别在图 5－54 和图 5－55 所示的菜单中选择“无阴影”和“无旋转”命令即可。

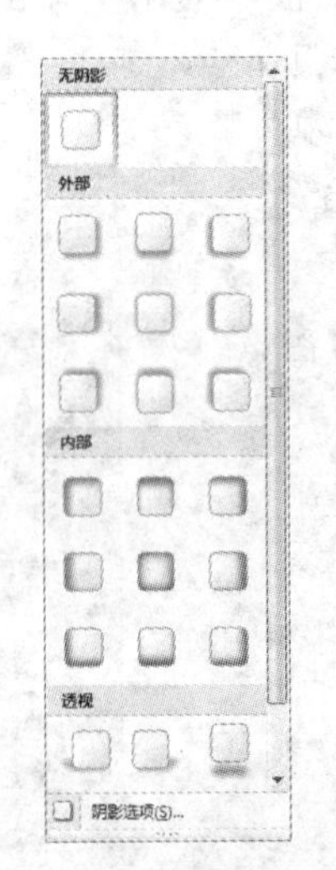

图 5－54　阴影效果样式列表

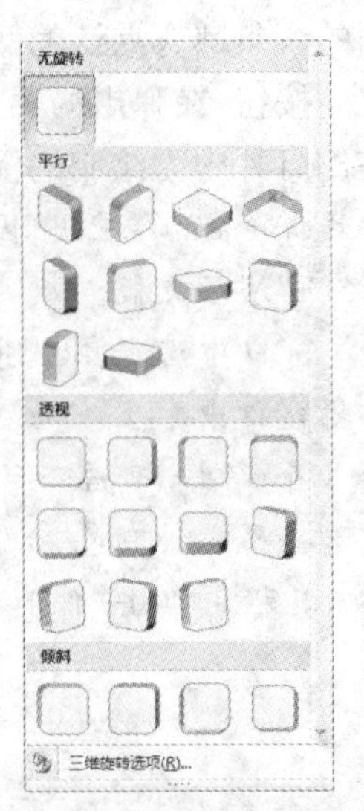

图 5－55　三维旋转样式列表

5.5.5　在图形中输入文字

大多数自选图形允许用户在其内部添加文字。常用的方法有两种：选中图形，直接在其中输入文字；在图形上右击，选择“编辑文字”命令，然后在光标处输入文字。单击输入的文字，可以再次进入文字编辑状态进行修改。

【实训 5－14】在幻灯片中绘制图形，并在图形中添加文字。

(1) 启动 PowerPoint 2007 应用程序，打开【实训 5－13】创建的“循环经济”演示文稿。

(2) 在幻灯片预览窗口中选择第 2 张幻灯片缩略图，将其显示在幻灯片编辑窗口中。

(3) 单击“插入”选项卡，在“插图”选项区域中单击“形状”按钮，在菜单的“矩形”选项区域中选择“圆角矩形”命令▢，将鼠标移动到幻灯片中，绘制一个圆角矩形图形。

(4) 选中绘制的圆角矩形，按下 Ctrl＋C 组合键，将其复制到剪贴板上，然后按下 5 次 Ctrl＋V 组合键，在幻灯片中粘贴 5 个大小相同的圆角矩形，并调整它们的位置，使得幻灯片效果如图 5－56 所示。

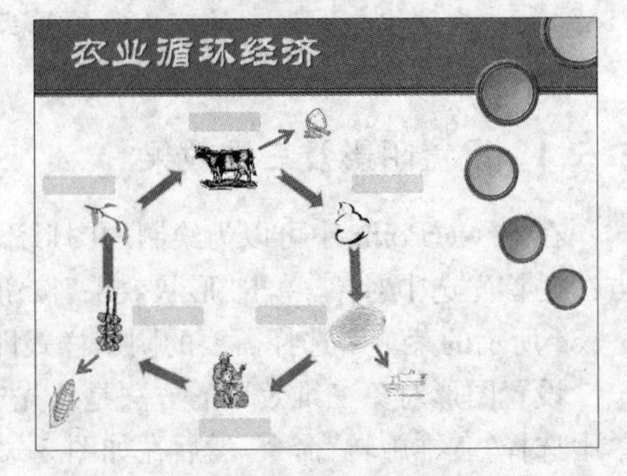

图 5－56　在幻灯片中绘制并粘贴圆角矩形

(5) 参照步骤(3)，在“标注”选项区域中单击“圆角矩形标注”选项▢，在幻灯片中绘制圆角矩形标注，并在幻灯片中复制粘贴两个相同的标注，调整它们位置使效果如图 5－57 所示。

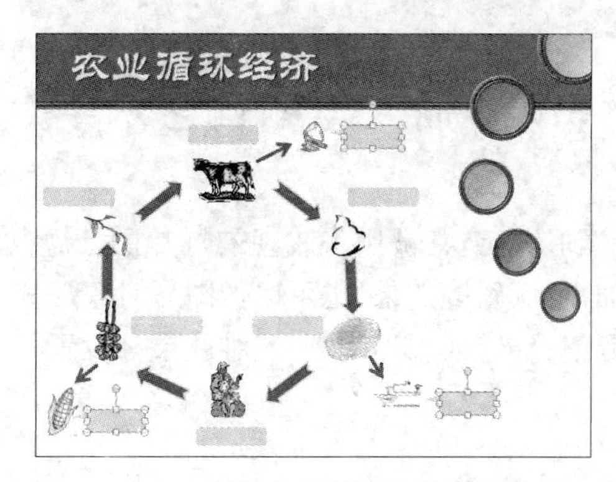

图 5-57　在幻灯片中绘制并粘贴圆角矩形标注

提示：

在幻灯片中绘制完标注图形后，除了出现 8 个白色控制点和一个绿色旋转控制点外，还出现一个黄色控制点，该控制点用来指定标注的指向。

(6) 同时选中 6 个圆角矩形图形，单击“形状填充”按钮，在打开菜单的“标准色”选项区域中选择“橙色”命令，将颜色填充为橙色。

(7) 参照步骤(6)，将 3 个圆角矩形标注的颜色填充为“深灰色”，如图 5-58 所示。

(8) 选中最左侧的圆角矩形图形，在其中输入文字“秸秆”。选中文字并右击鼠标，设置字体颜色为“黑色”，字形为“加粗”。

(9) 参照步骤(8)，在其他圆角矩形图形和圆角矩形标注中输入文字，如图 5-59 所示。

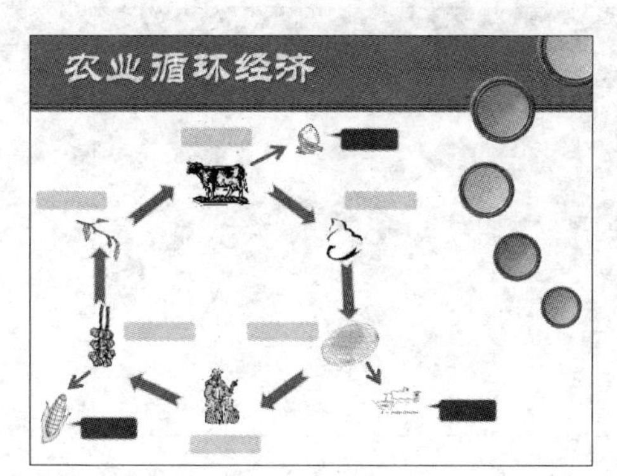

图 5-58　设置填充颜色

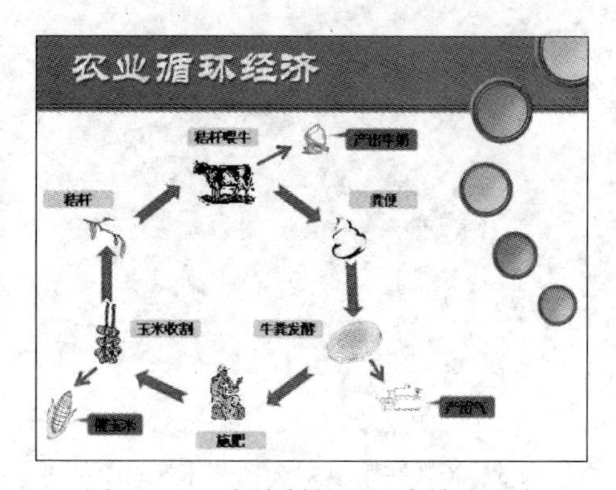

图 5-59　在绘制的图形中输入文字

提示：

在拖动鼠标绘制圆角矩形时，按住键盘上的 Shift 键，可以绘制出圆角正方形；按住 Ctrl 键，可以绘制以起始点位置为中心的图形。

(10) 在快速访问工具栏中单击“保存”按钮，将修改后的演示文稿保存。

5.6 插入与编辑艺术字

艺术字是一种特殊的图形文字，常被用来表现幻灯片的标题文字。用户既可以像对普通文字一样设置其字号、加粗、倾斜等效果，也可以像图形对象那样设置它的边框、填充等属性，还可以对其进行大小调整、旋转或添加阴影、三维效果等设置。

5.6.1 插入艺术字

在"插入"功能区的"文本"选项区域中单击"艺术字"按钮，打开艺术字样式列表。单击需要的样式，即可在幻灯片中插入艺术字。

【实训 5-15】在幻灯片中插入艺术字。

(1) 启动 PowerPoint 2007 应用程序，打开【实训 5-14】创建的"循环经济"演示文稿。

(2) 在幻灯片预览窗口中选择第 3 张幻灯片缩略图，将其显示在幻灯片编辑窗口中。

(3) 选中"单击此处添加标题"文本占位符，按下 Delete 键将其删除。

(4) 单击"插入"选项卡，在"文字"选项区域中单击"艺术字"按钮，在弹出的菜单中选择第 4 行第 1 列的样式(如图 5-60 所示)，将其应用在幻灯片中，此时幻灯片效果如图 5-61 所示。

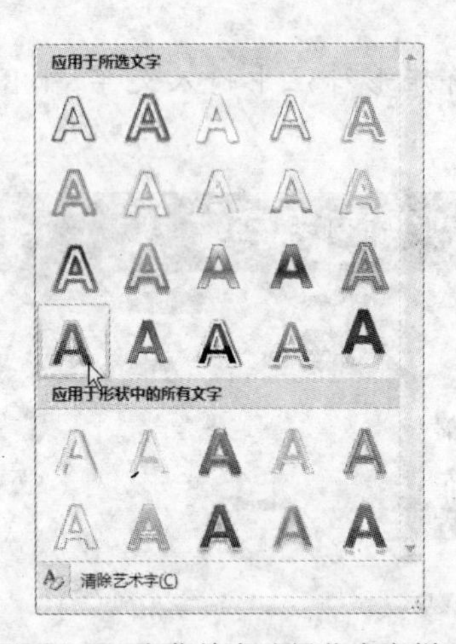

图 5-60　在菜单中选择艺术字样式

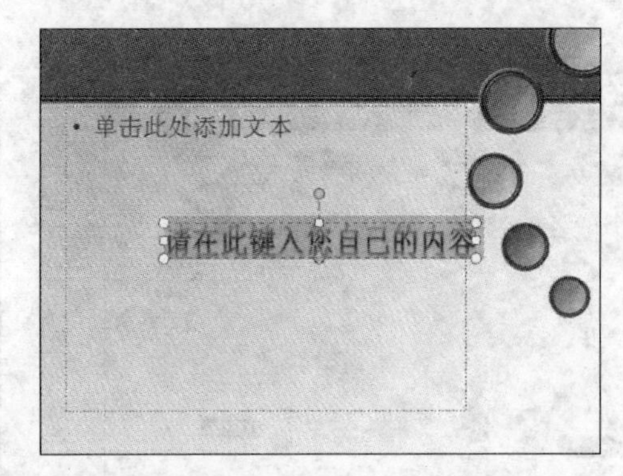

图 5-61　幻灯片中出现艺术字文本占位符

提示：

艺术字是图形对象，因此在"大纲"视图中无法查看其文字效果，也不能像普通文本一样对其进行拼写检查。

(5) 直接在该占位符中输入文字"循环农业的概念及其特点"，并将其拖动到幻灯片的标题位置，如图 5-62 所示。

(6) 在快速访问工具栏中单击"保存"按钮，将修改后的演示文稿保存。

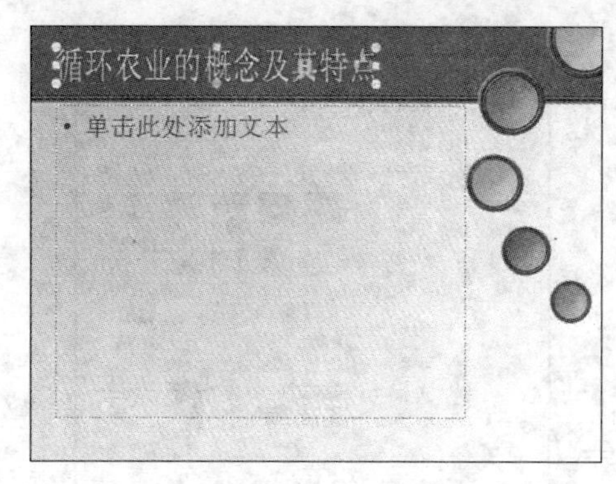

图 5-62 为幻灯片添加艺术字标题

5.6.2 编辑艺术字

用户在插入艺术字后，如果对艺术字的效果不满意，可以对其进行编辑修改。选中艺术字，在“格式”选项卡的“艺术字样式”选项区域中单击按钮，在打开的“设置文本效果格式”对话框中进行编辑即可，如图 5-63 所示。

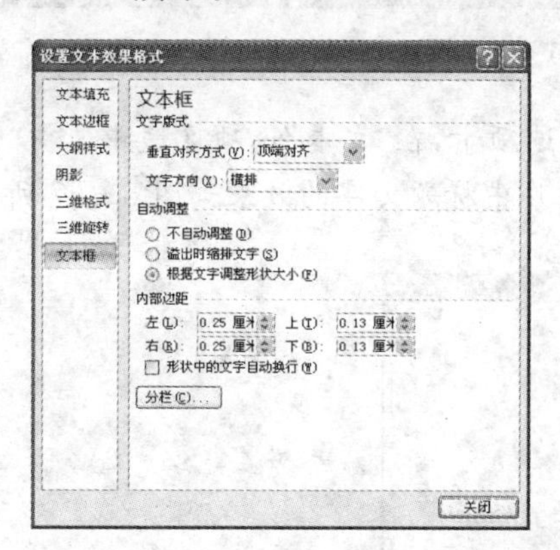

图 5-63 “设置文本效果格式”对话框

提示：

在图 5-63 所示的对话框中，用户可以在“文字方向”下拉列表框中选择艺术字的排列方式，如“横排”、“竖排”、“所有文字旋转 90°”、“所有文字旋转 270°”和“堆积”等。

【实训 5-16】 在幻灯片中为添加的艺术字设置格式。

(1) 启动 PowerPoint 2007 应用程序，打开【实训 5-15】创建的“循环经济”演示文稿。

(2) 在幻灯片预览窗口中选择第 3 张幻灯片缩略图，将其显示在幻灯片编辑窗口中。

(3) 选中插入的艺术字，在功能区切换到“格式”选项卡，单击“艺术字样式”选项区域右下角的按钮，打开“设置文本效果格式”对话框。

(4) 在对话框中切换到“文本边框”选项卡，选中“渐变线”单选按钮。

(5) 单击“预设颜色”下拉箭头，在打开的颜色面板中选择“麦浪滚滚”选项，如图 5-64 所示。

(6) 单击“渐变光圈”选项区域的“颜色”下拉箭头，在打开的颜色面板中选择“深红”选

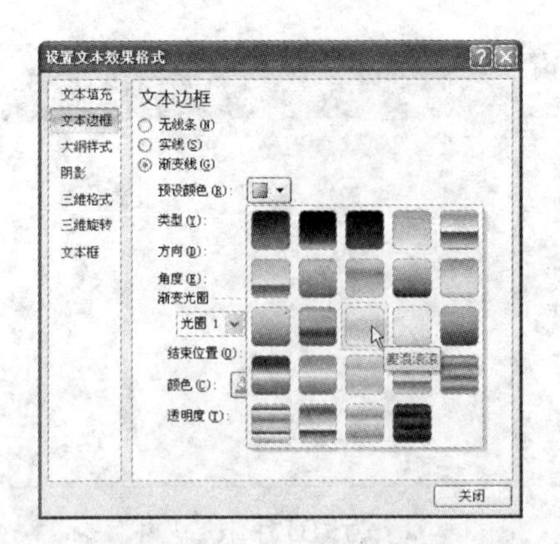

图 5-64　选择预设颜色

项，并在“结束位置”文本框中输入“46%”。

(7) 单击“关闭”按钮，此时幻灯片中标题文字的效果如图 5-65 所示。

循环农业的概念及其特点

图 5-65　设置“文本边框”属性后的艺术字效果

(8) 切换到“三维旋转”选项卡，在“文本”选项区域中选中“保持文本平面状态”复选框，如图 5-66 所示。此时幻灯片中标题文字的效果如图 5-67 所示。

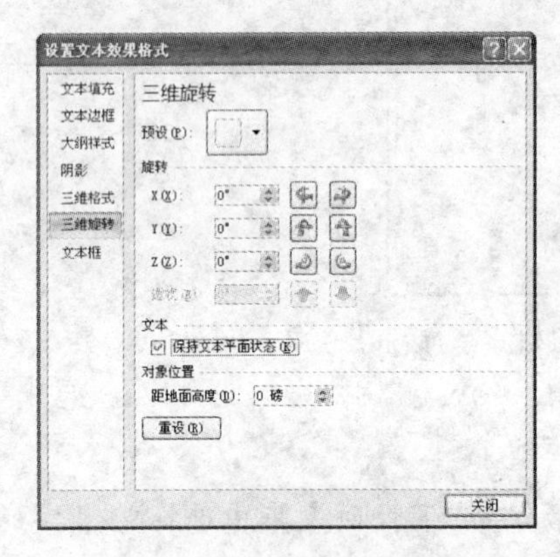

图 5-66　“三维旋转”选项卡

图 5-67　设置“三维旋转”属性后的艺术字效果

提示：

在幻灯片中选中艺术字，艺术字周围将出现一个粉色的控制点，水平方向左右拖动该控制点即可实现艺术字的左右倾斜。

(9) 单击“单击此处添加文本”文本占位符，在其中输入如图 5-68 所示的文字，并设置字号为 24，字型为“加粗”。

(10) 在快速访问工具栏中单击“保存”按钮，将修改后的演示文稿保存。

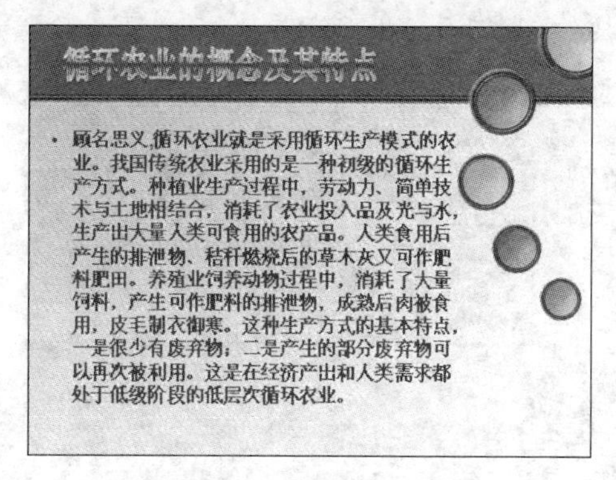

图 5-68　在幻灯片中添加文字

5.7　插入相册

随着数码相机的普及,使用计算机制作电子相册的用户越来越多,当没有制作电子相册的专门软件时,使用 PowerPoint 也能轻松制作出漂亮的电子相册。在商务应用中,电子相册同样适用于介绍公司的产品目录,或者分享图像数据及研究成果。

5.7.1　新建相册

在幻灯片中新建相册时,只要在"插入"功能区的"插图"选项区域中单击"相册"按钮,在弹出的菜单中选择"新建相册"命令,然后从本地磁盘的文件夹中选择相关的图片文件插入即可。在插入相册的过程中可以更改图片的先后顺序、调整图片的色彩明暗对比与旋转角度,以及设置图片的版式和相框形状等。

【实训 5-17】在幻灯片中插入相册,制作公司旅游风景留念相册。

(1) 启动 PowerPoint 2007 应用程序,打开一个空白演示文稿。

(2) 切换到"插入"选项卡,在"插图"选项区域中单击"相册"按钮,打开如图 5-69 所示的"相册"对话框。

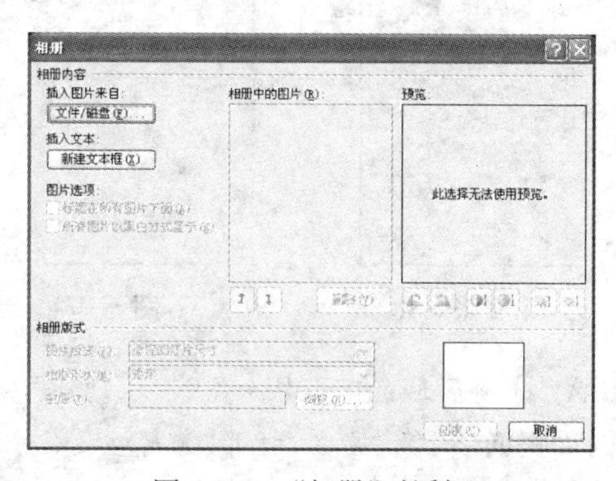

图 5-69　"相册"对话框

(3) 在对话框中单击"文件/磁盘"按钮,打开"插入新图片"对话框,在图片列表中选中需要的图片，单击“插入”按钮，如图 5-70 所示。

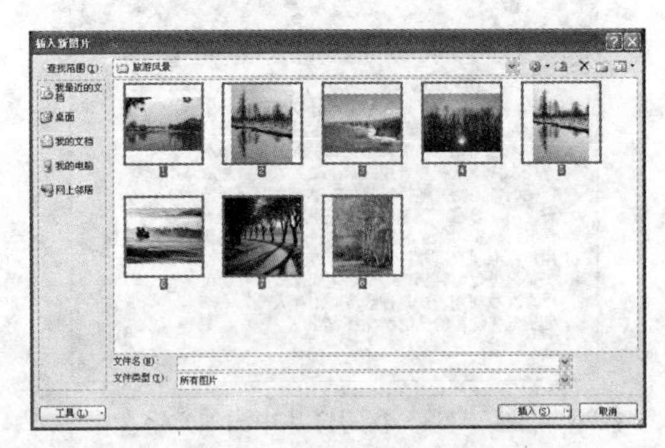

图 5-70 “插入新图片”对话框

提示：

与 PowerPoint 2003 不同，PowerPoint 2007 不提供向演示文稿或相册添加来自扫描仪或照相机等外部设备的图片。

(4) 此时返回到“相册”对话框，在“相册中的图片”列表中选择图片名称“1. jpg”，单击 按钮，将该图片移动到列表框的最上方。

(5) 参照步骤(4)，分别选中列表框中的图片名称，单击 按钮或 按钮，使它们按照“1. jpg”至“8. jpg”的顺序从上到下依次排列。

(6) 在“相册中的图片”列表框中选中图片名称为“2. jpg”的图片，此时该图片显示在右侧的预览框中，如图 5-71 所示。

(7) 单击预览框下方的“减少对比度”按钮，调整图片的对比度，调整后的图片效果如图 5-72 所示。

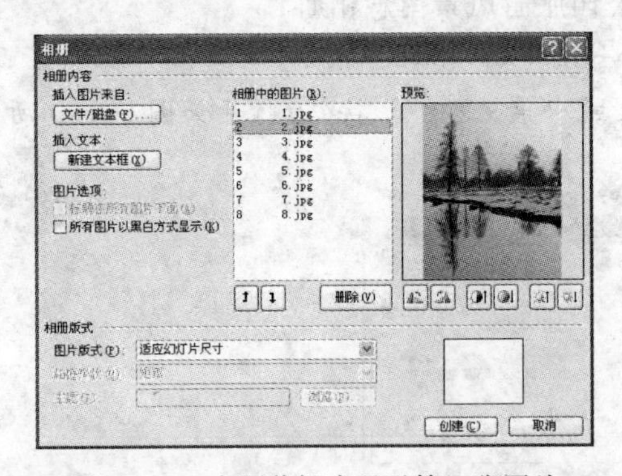

图 5-71 在预览框中显示第 2 张图片

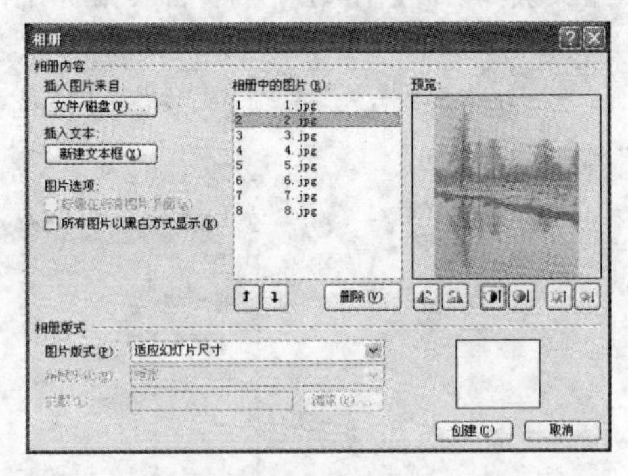

图 5-72 调整图片的对比度

(8) 在对话框“相册版式”选项区域的“图片版式”下拉列表中选择“1 张图片(带标题)”选项，然后单击主题文本框右侧的“浏览”按钮，打开“选择主题”对话框。

(9) 在“选择主题”对话框中选择“电子相册”模板，单击“选择”按钮，返回到“相册”对话框，单击“创建”按钮创建包含 8 张图片的电子相册。

(10) 这时演示文稿中显示相册封面和插入的图片，如图 5-73 所示。

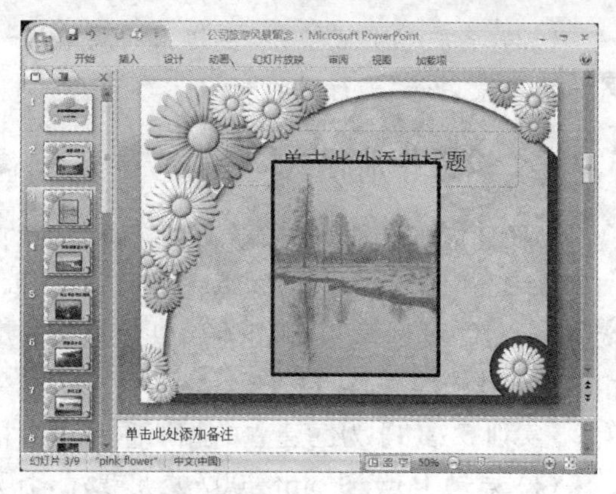

图 5-73 演示文稿中显示相册封面和插入的图片

(11) 在幻灯片预览窗口中选择第 1 张幻灯片缩略图,将其显示在幻灯片编辑窗口中。在幻灯片中选中文本占位符,修改封面中的文字,如图 5-74 所示。

图 5-74 在第 1 张幻灯片中修改占位符中的文字

提示:

如果需要在相册幻灯片中输入其他文字,可以单击“相册”对话框中的“新建文本框”按钮,创建文本框。

(12) 依次单击 2~9 张幻灯片缩略图,在幻灯片编辑窗口中调整相片的大小,使其与主题大小吻合,并在每张幻灯片的“单击此处添加标题”文本占位符中添加图片的主题,如图5-75所示。

图 5-75 调整幻灯片中的相片大小并输入相片主题

(13) 单击 Office 按钮,在弹出的菜单中选择"另存为"命令,将该演示文稿以文件名"公司旅游风景留念"进行保存。

5.7.2 设置相册格式

对于建立的相册,如果不满意它所呈现的效果,可以单击"相册"按钮,在弹出的菜单中选择"编辑相册"命令,打开"编辑相册"对话框重新修改相册的图片顺序、图片版式、相框形状、演示文稿设计模板等相关属性。设置完成后,PowerPoint 会自动帮助用户重新整理相册。

【实训 5-18】为已建立的相册重新设置格式。

(1) 启动 PowerPoint 2007 应用程序,打开【实训 5-17】创建的"公司旅游风景留念"演示文稿。

(2) 切换到"插入"选项卡,单击"插图"选项区域的"相册"按钮下方的下拉箭头,在弹出的菜单中选择"编辑相册"命令,打开"编辑相册"对话框。

(3) 在"相册版式"选项区域中设置"图片版式"属性为"2 张图片",单击"更新"按钮,此时幻灯片效果如图 5-76 所示。

图 5-76　重新设置相册格式后的幻灯片效果

(4) 在 2～5 张幻灯片中调整相片的大小和位置,使它们与演示文稿的模板相符合,如图 5-77 所示。

图 5-77　在幻灯片中调整相片的大小和位置

(5) 单击 Office 按钮,在弹出的菜单中选择"另存为"命令,将该演示文稿以文件名"修改相片格式”进行保存。

5.8 实例制作——家居展览

综合应用图形处理的知识点，包括插入图片、编辑图片、绘制图形、设置图形格式、插入艺术字、插入相册等，设计一个有关家居展的演示文稿。

【实训 5－19】使用图形处理功能制作演示文稿“家居展览”。

（1）启动 PowerPoint 2007 应用程序，单击 Office 按钮，在弹出的菜单中选择“新建”命令，打开“新建演示文稿”对话框。

（2）在对话框的“模板”列表中选择“我的模板”命令，打开“新建演示文稿”对话框。

（3）在“我的模板”列表框中选择“设计模板 8”选项，然后单击“确定”按钮，将该模板应用到当前演示文稿中，如图 5－78 所示。

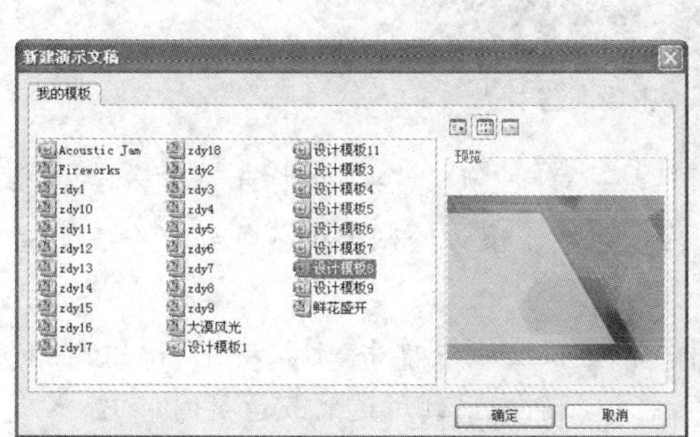

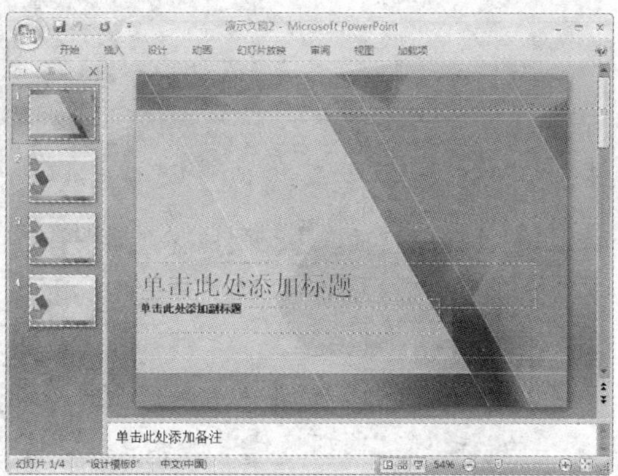

图 5－78　在演示文稿中应用模板

（4）在第 1 张幻灯片中将“单击此处添加标题”文本占位符拖动到幻灯片的上方，并在其中输入文字“第 7 届家居展览会”，设置文字字体为“华文彩云”、字号为 60、字型为“加粗”和“倾斜”。

（5）选中“单击此处添加副标题”文本占位符，按下 Delete 键将其删除，如图 5－79 所示。

图 5－79　输入标题文字并删除副标题文本占位符

(6) 切换到"插入"选项卡，单击"文本"选项区域的"艺术字"按钮，在打开的艺术字样式列表中选择第 4 行第 4 列的样式。

(7) 此时幻灯片中出现艺术字占位符，在该占位符中输入数字 7，然后拖动数字 7 周围的白色控制点，调整其大小和位置。

(8) 顺时针方向拖动数字 7 上方的绿色旋转控制点，使该艺术字向右倾斜 10°左右。

(9) 切换到"格式"选项卡，在"艺术字样式"选项区域中单击"文本填充"按钮 A ，在打开菜单的"标准色"选项区域中选择"黄色"选项，将艺术字颜色设置为黄色，如图 5-80 所示。

图 5-80 在幻灯片中插入艺术字

(10) 切换到"插入"选项卡，在"插图"选项区域中单击"形状"按钮，打开菜单命令。在"星与旗帜"选项区域中选择"五角星"选项☆，在艺术字 7 上方绘制大小不等的 5 个五角星图形，如图 5-81 所示。

(11) 选中最上方的五角星图形，在"形状样式"选项区域中单击"形状填充"按钮，在打开菜单的"标准色"选项区域中选择"绿色"选项，将该颜色应用到所选的五角星图形中。

(12) 单击"形状填充"按钮，在弹出的菜单中选择"渐变"命令，然后在"渐变"子命令中选择"线性向上"选项。

(13) 同时选中最下方的 3 个五角星图形，参照步骤(11)设置它们的颜色为"绿色"，此时绘制的五角星图形效果如图 5-82 所示。

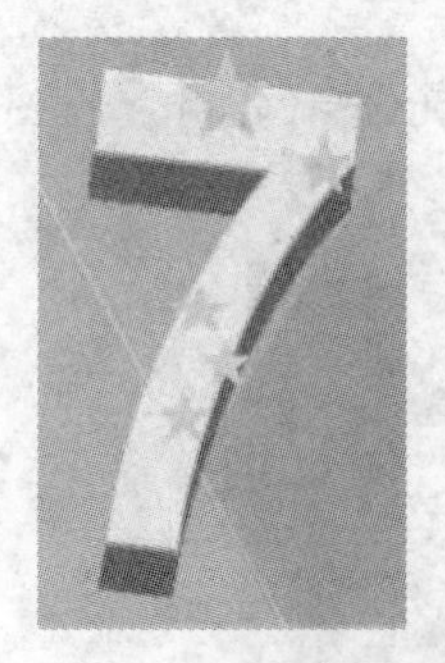

图 5-81 绘制五角星图形

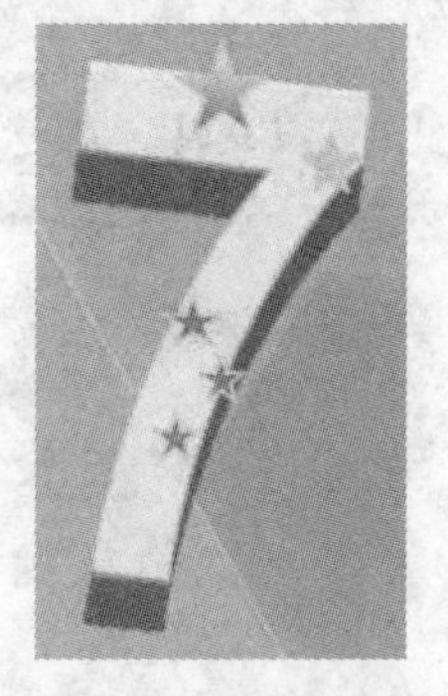

图 5-82 设置五角星图形的渐变色

(14) 在"形状"菜单的"基本形状"选项区域中单击"新月形"选项☾，在幻灯片中绘制一个新月形图形，如图 5-83 所示。

(15) 逆时针旋转图形上方的绿色旋转控制点，使得该图形大约旋转100°左右，然后向内拖动黄色控制点，减小新月形图形的内部面积。

(16) 向外拖动白色控制点，并调整图形在幻灯片中的位置，使图形效果如图5-84所示。

图5-83 绘制新月形图形

图5-84 设置新月形图形的格式

(17) 将新月形图形的颜色填充为"浅绿"，然后选中该图形，单击"形状效果"按钮，选择"阴影"|"透视"|"右上对角透视"命令。

(18) 单击"形状效果"按钮，设置"发光"效果为"强调文字颜色1,8pt发光"，此时幻灯片效果如图5-85所示。

(19) 同时选中插入的艺术字、五角星图形和新月形图形，在"排列"选项区域中单击"组合"按钮，选择"组合"命令，将选中的多个图形组合为一个图形对象。

(20) 在幻灯片预览窗口中选择第2张幻灯片缩略图，将其显示在幻灯片编辑窗口中。

(21) 在"单击此处添加标题"文本占位符中输入文字"家居掠影(一)"，设置文字字体为"华文琥珀"，字号为48，并删除"单击此处添加文本"文本占位符。

(22) 切换到"插入"选项卡，单击"插图"选项区域的"图片"按钮，在打开的"插入图片"对话框中选择要插入的图片，单击"插入"按钮，此时幻灯片效果如图5-86所示。

图5-85 设置新月形图形的阴影和发光效果

图5-86 在幻灯片中插入图片

(23) 切换到"格式"选项卡，单击"图片样式"选项区域的"其他"按钮，在打开的图片样式菜单中选择"复杂框架，黑色"选项，如图5-87所示。

(24) 单击"图片边框"按钮，在打开菜单的"主题颜色"选项区域中选择"黑色，文字1"选项，此时幻灯片效果如图 5－88 所示。

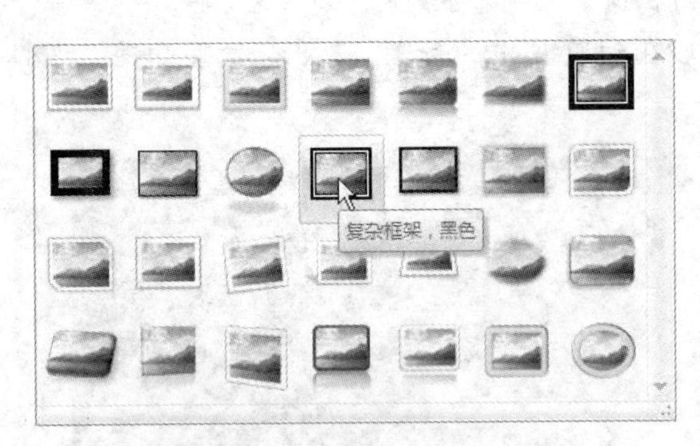

图 5－87　选择图片样式

图 5－88　更改图片样式

(25) 在幻灯片预览窗口中选择第 3 张幻灯片缩略图，将其显示在幻灯片编辑窗口中。

(26) 在“单击此处添加标题”文本占位符中输入文字“家居掠影(二)”，设置文字字体为“华文琥珀”，字号为 48，并删除“单击此处添加文本”文本占位符。

(27) 参照步骤(22)，在幻灯片中插入图片，并调整其大小，如图 5－89 所示。

(28) 在“图片样式”列表中选择“旋转，白色”选项。

(29) 单击“图片效果”按钮，在弹出的菜单中选择“三维旋转”命令，在“透视”选项区域中选择“右透视”选项，此时幻灯片效果如图 5－90 所示。

图 5－89　在幻灯片中插入图片

图 5－90　设置图片样式和三维效果

(30) 在幻灯片预览窗口中选择第 4 张幻灯片缩略图，将其显示在幻灯片编辑窗口中。

(31) 在“单击此处添加标题”文本占位符中输入文字“家居掠影(三)”，设置文字字体为“华文琥珀”，字号为 48，并删除“单击此处添加文本”文本占位符。

(32) 参照步骤(22)，在幻灯片中插入 3 张图片，并调整它们的大小和位置。

(33) 将 3 张图片的样式都应用“透视阴影，白色”，拖动绿色的旋转控制点，使它们分别显示不同的角度。

(34) 选中最下方的图片，在“排列”选项区域中单击“置于底层”按钮，将该图片置于其他图片的下方，此时第 4 张幻灯片的效果如图 5－91 所示。

(35) 单击 Office 按钮，在弹出的菜单中选择“另存为”命令，将该演示文稿以文件名“家居展览”进行保存。

图5-91 第4张幻灯片效果

5.9 思考与练习

1. 在幻灯片中插入如图5-92所示的2幅剪贴画,要求进行如下设置,使得剪贴画效果如图5-93所示。

(1) 将左侧的剪贴画水平翻转。

(2) 设置左侧剪贴画的图片样式为"图片样式2";设置右侧剪贴画的图片样式为"图片样式11",并设置其边框线条颜色为"黑色"。

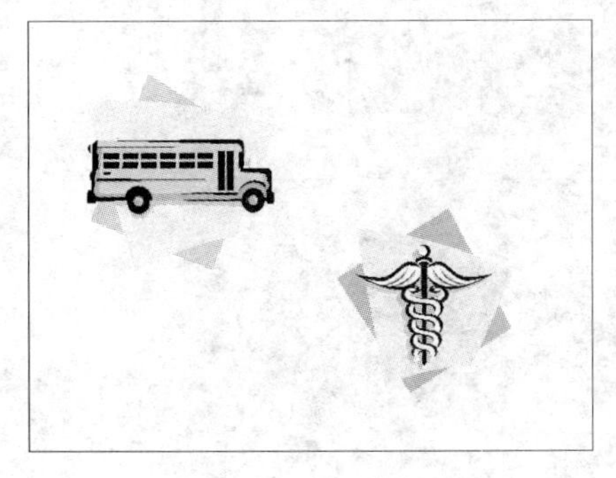

图5-92 习题1(1)

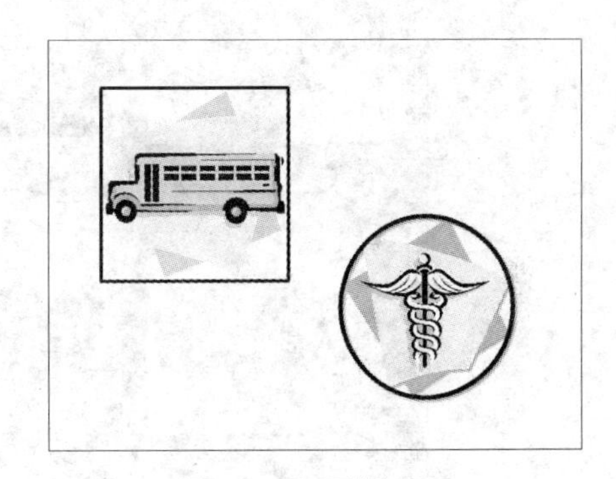

图5-93 习题1(2)

2. 在幻灯片中绘制图形和添加艺术字,使得幻灯片效果如图5-94所示。

图5-94 习题2

(1) 用"同心圆"工具◎和"燕尾形"工具▷绘制图形。

(2) 在功能区单击"艺术字"按钮，在打开的艺术字列表中使用最后一行第二列的艺术字样式，输入艺术字"共同努力，携手发展"。

3. 将3个同心圆图形更改为"饼形"，并旋转它们的位置，使得幻灯片效果如图5-95所示。

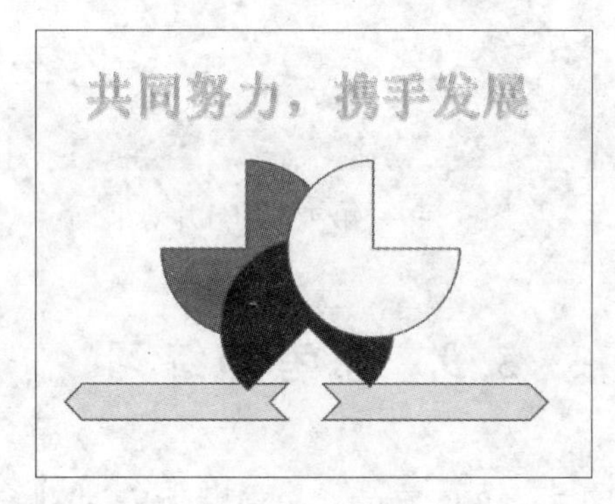

图5-95　习题3

4. 在幻灯片中插入相册，制作如图5-96所示的家装设计展示相册。

图5-96　习题4

第6章 美化幻灯片

PowerPoint 提供了大量的模板预设格式，应用这些格式，可以轻松地制作出具有专业效果的幻灯片演示文稿，以及备注和讲义演示文稿。这些预设格式包括设计模板、主题颜色、幻灯片版式等内容。本章首先介绍 PowerPoint 三种母版的视图模式以及更改和编辑幻灯片母版的方法，然后介绍设置主题颜色和背景样式的基本步骤以及使用页眉页脚、网格线、标尺等版面元素的方法。

通过本章的理论学习和上机实训，读者应了解和掌握以下内容：

- 设置与管理幻灯片母版
- 改变幻灯片的背景样式
- 改变幻灯片的主题
- 调整幻灯片的版面布局

6.1 查看幻灯片母版

PowerPoint 2007 包含三个母版，它们是幻灯片母版、讲义母版和备注母版。当需要设置幻灯片风格时，可以在幻灯片母版视图中进行设置；当需要将演示文稿以讲义形式打印输出时，可以在讲义母版中进行设置；当需要在演示文稿中插入备注内容时，则可以在备注母版中进行设置。

6.1.1 幻灯片母版

幻灯片母版是存储模板信息的设计模板的一个元素。幻灯片母版中的信息包括字形、占位符大小和位置、背景设计和配色方案。用户通过更改这些信息，就可以更改整个演示文稿中幻灯片的外观。

在功能区切换到“视图”选项卡，在“演示文稿视图”选项区域中单击“幻灯片母版”按钮，打开幻灯片母版视图，如图 6-1 所示。

提示：

在幻灯片母版视图下，用户可以看到所有可以输入内容的区域，如标题占位符、副标题占位符以及母版下方的页脚占位符。这些占位符的位置及属性，决定了应用该母版的幻灯片的外观属性，当改变了这些占位符的位置、大小以及其中文字的外观属性后，所有应用该母版的幻灯片的属性也将随之改变。

当用户将幻灯片切换到幻灯片母版视图时，功能区将自动打开如图 6-2 所示的“幻灯片母版”选项卡。

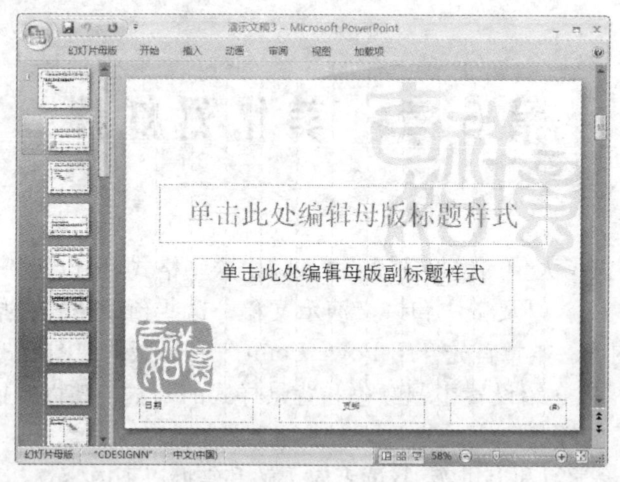

图 6-1 幻灯片母版视图

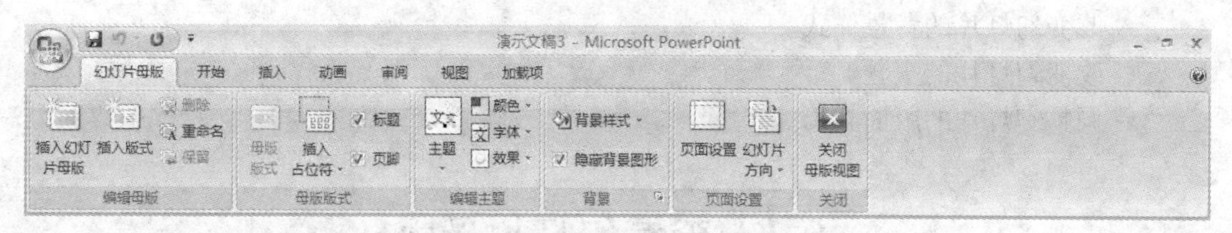

图 6-2 "幻灯片母版"选项卡

"编辑母版"选项区域中 5 个按钮的意义如下：

- "插入幻灯片母版"按钮 单击该按钮，可以在幻灯片母版视图中插入一个新的幻灯片母版。一般情况下，幻灯片母版中包含有幻灯片内容母版和幻灯片标题母版。
- "插入版式"按钮 单击该按钮，可以在幻灯片母版中添加自定义版式。
- "删除"按钮 删除 单击该按钮，可删除当前母版。
- "重命名"按钮 重命名 单击该按钮，打开"重命名版式"对话框，允许用户更改当前模板的名称。
- "保留"按钮 保留 单击该按钮，可以使当前选中的幻灯片在未被使用的情况下保留在演示文稿中。

6.1.2 讲义母版

讲义母版是为制作讲义而准备的，通常需要打印输出，因此讲义母版的设置大多和打印页面有关。它允许设置一页讲义中包含几张幻灯片，设置页眉、页脚、页码等基本信息。在讲义母版中插入新的对象或者更改版式时，新的页面效果不会反映在其他母版视图中。

在 PowerPoint 中可以打印的讲义版式有每页 1 张、2 张、3 张、4 张、6 张、9 张以及大纲版式等 7 种。

切换到"视图"选项卡，在"演示文稿视图"选项区域中单击"讲义母版"按钮，打开讲义母版视图。此时功能区自动切换到“讲义母版”选项卡，单击“页面设置”选项区域的“每页幻灯片数量”按钮，在弹出的菜单中选择“3 张幻灯片”选项，如图 6-3 所示。

在图 6-3 所示的界面中，用户看不到幻灯片在讲义中的显示效果，此时可以通过打印预览功能查看效果。单击 Office 按钮，在弹出的菜单中选择“打印”|“打印预览”命令，此时即可在打印预览区域中看到讲义的效果，如图 6-4 所示。

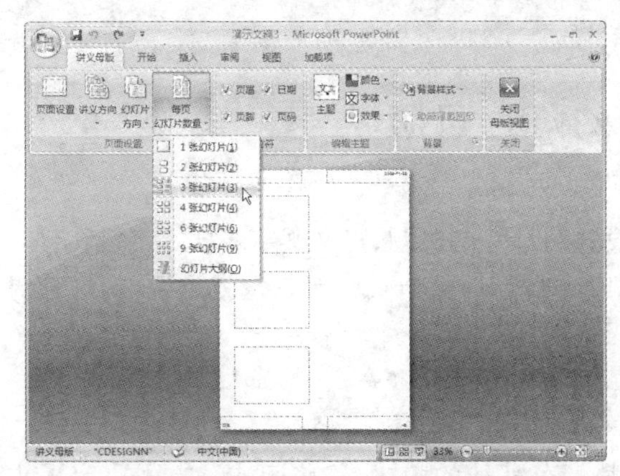

图 6-3　在每页讲义中显示 3 张幻灯片

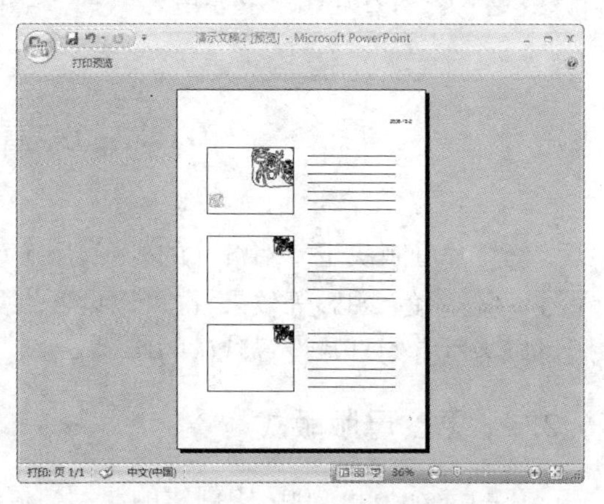

图 6-4　使用打印预览功能查看讲义效果

6.1.3　备注母版

备注母版主要用来设置幻灯片的备注格式，一般也是用来打印输出的，所以备注母版的设置大多也和打印页面有关。切换到“视图”选项卡，在“演示文稿视图”选项区域中单击“备注母版”按钮，打开备注母版视图，如图 6-5 所示。

在备注母版视图中，用户可以设置或修改幻灯片内容、备注内容及页眉页脚内容在页面中的位置、比例及外观等属性。

单击备注母版上方的幻灯片内容区，其周围将出现 8 个白色的控制点，如图 6-5 所示。此时可以使用鼠标拖动幻灯片内容区域设置它在备注页中的位置。

单击备注文本框边框，此时该文本框周围也将出现 8 个白色的控制点，如图 6-6 所示。用户可以拖动该占位符调整备注文本在页面中的位置。

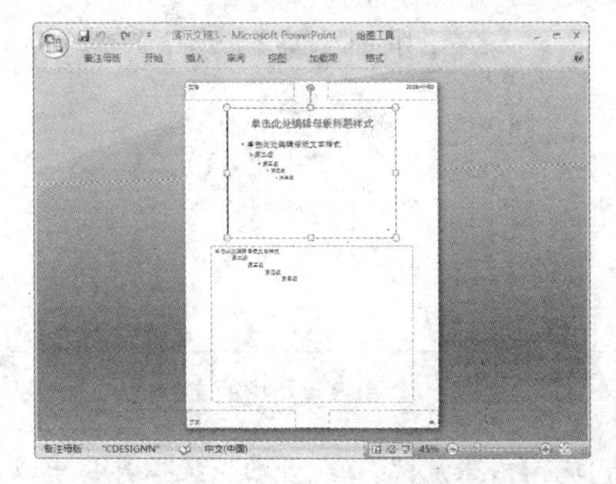

图 6-5　备注母版视图

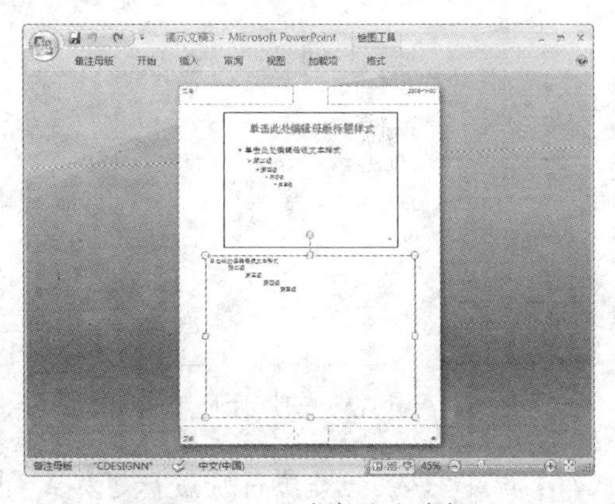

图 6-6　选中备注文本框

当用户退出备注母版视图时，对备注母版的修改将应用到演示文稿中的所有备注页上。只有在备注视图下，对备注母版所进行的修改才能表现出来。

提示：

无论在幻灯片母版视图、讲义母版视图还是备注母版视图中，如果要返回到普通模式时，只需要在默认打开的功能区中单击“关闭母版视图”按钮即可。

6.2 设置幻灯片母版

幻灯片母版决定着幻灯片的外观，用于设置幻灯片的标题、正文文字等样式，包括字体、字号、字体颜色、阴影等效果；也可以设置幻灯片的背景、页眉页脚等。也就是说，幻灯片母版可以为所有幻灯片设置默认的版式。

6.2.1 更改母版版式

在 PowerPoint 2007 中创建的演示文稿都带有默认的版式，这些版式一方面决定了占位符、文本框、图片、图表等内容在幻灯片中的位置，另一方面决定了幻灯片中文本的样式。在幻灯片母版视图中，用户就可以按照需要设置母版版式。

【实训 6－1】在幻灯片母版视图中设置版式和文本格式。

(1) 启动 PowerPoint 2007 应用程序，单击 Office 按钮，在弹出的菜单中选择“新建”命令，打开“新建演示文稿”对话框。

(2) 在对话框的“模板”列表中选择“我的模板”命令，打开“新建演示文稿”对话框。

(3) 在“我的模板”列表框中选择“吉祥如意”模板，单击“创建”按钮，将该模板应用到当前演示文稿中。

(4) 在功能区单击“视图”选项卡，单击“演示文稿视图”选项区域中的“幻灯片母版”按钮，切换到幻灯片母版视图，如图 6－7 所示。

图 6－7 切换到幻灯片母版视图

图 6－8 更改母版中的文字格式

(5) 选中“单击此处编辑母版标题样式”占位符，右击鼠标，在打开的快捷工具栏中设置文字标题样式的字体为“华文隶书”、字号为 60、字体颜色为“深蓝”、字型为“加粗”。

(6) 选中“单击此处编辑副标题样式”占位符,右击鼠标,在打开的快捷工具栏中设置文字标题样式的字号为28、字体颜色为“强调文字颜色6,底纹25%”、字型为“加粗”,此时幻灯片母版视图效果如图6-8所示。

(7) 在功能区单击“关闭母版视图”按钮,返回到普通视图模式下,此时在幻灯片文本占位符中输入如图6-9所示的文字。

图6-9 在占位符中输入文字

(8) 单击Office按钮,在弹出的菜单中选择“另存为”命令,将该演示文稿以文件名“新年大礼”进行保存。

6.2.2 编辑背景图片

一个精美的设计模板少不了背景图片的修饰,用户可以根据实际需要在幻灯片母版视图中添加、删除或移动背景图片。例如希望让某个艺术图形(公司名称或徽标等)出现在每张幻灯片中,只需将该图形置于幻灯片母版上,此时该对象将出现在每张幻灯片的相同位置上,而不必在每张幻灯片中重复添加。

【实训6-2】 在幻灯片母版视图添加图片,并调整原有背景图片的大小和位置。

(1) 启动PowerPoint 2007应用程序,打开【实训6-1】创建的“新年大礼”演示文稿。

(2) 在“开始”选项卡中单击“新建幻灯片”按钮,添加一张空白幻灯片,并切换到幻灯片母版视图中,如图6-10所示。

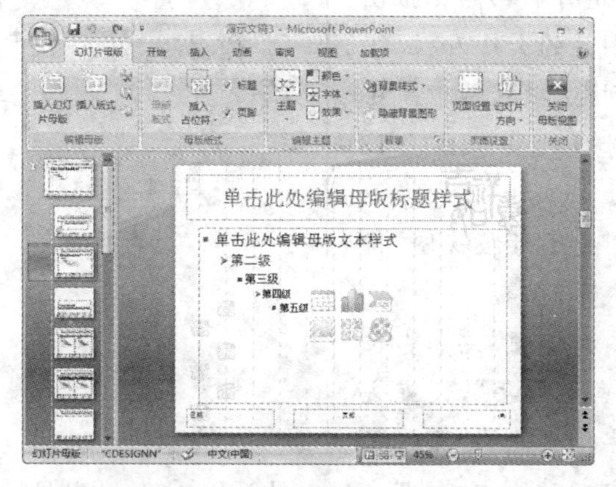

图6-10 切换到幻灯片母版视图

(3) 在图 6－10 所示的母版视图中，单击窗口左侧幻灯片缩略图窗口中的第 1 张幻灯片，将其显示在母版编辑区，如图 6－11 所示。

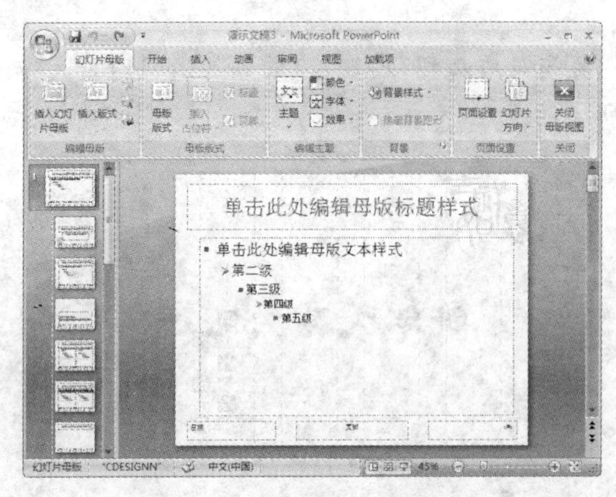

图 6－11　显示第 1 张缩略图

(4) 选中图 6－11 所示幻灯片母版右上角的“吉祥如意”图形，向外拖动该图形左下角的白色控制点，将该图形放大，如图 6－12 所示。

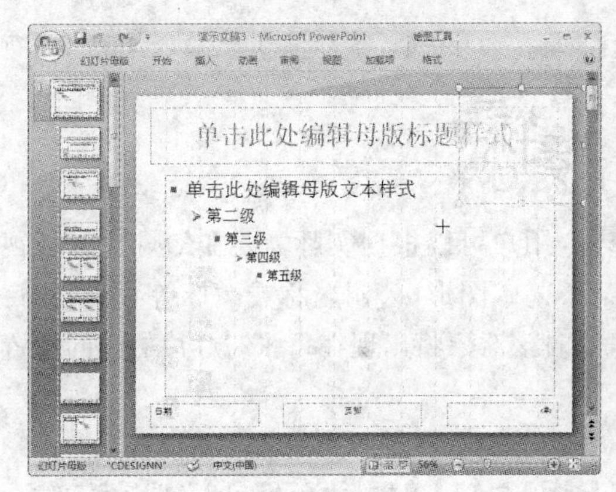

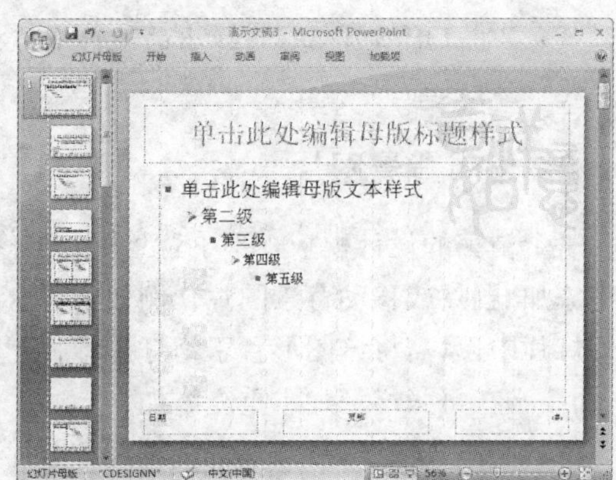

图 6－12　选中并放大母版中背景图片

(5) 在幻灯片母版视图中粘贴一张图片“恭贺新禧”，调整该图片的大小和位置。在“格式”选项卡的“排列”选项区域中单击“置于底层”按钮，此时母版效果如图6－13 所示。

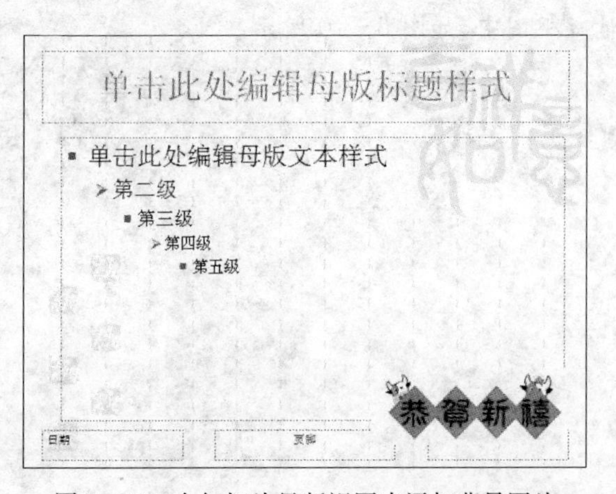

图 6－13　在幻灯片母版视图中添加背景图片

(6) 在功能区单击“关闭母版视图”按钮，返回到普通视图模式下。

(7) 在“单击此处添加标题”文本占位符中输入文字“2007 酬宾大拜年”，设置文字字体为“华文琥珀”、字体颜色为“深红”、字型为“加粗”，并设置文本对齐方式为“左对齐”。

(8) 在“单击此处添加文本”文本占位符中输入如图 6-14 所示的文字。

图 6-14　在幻灯片中输入文本

(9) 在快速访问工具栏中单击“保存”按钮，将修改后的演示文稿保存。

6.3　设置主题颜色和背景样式

PowerPoint 2007 为每种设计模板提供了几十种内置的主题颜色，用户可以根据需要选择不同的颜色来设计演示文稿。这些颜色是预先设置好的协调色，自动应用于幻灯片的背景、文本线条、阴影、标题文本、填充、强调和超链接。PowerPoint 2007 的背景样式功能可以控制母版中的背景图片是否显示，以及控制幻灯片背景颜色的显示样式。

6.3.1　改变幻灯片的主题颜色

应用设计模板后，在功能区显示“设计”选项卡，单击“主题”选项区域中的“颜色”按钮 颜色，将打开主题颜色菜单，如图 6-15 所示。

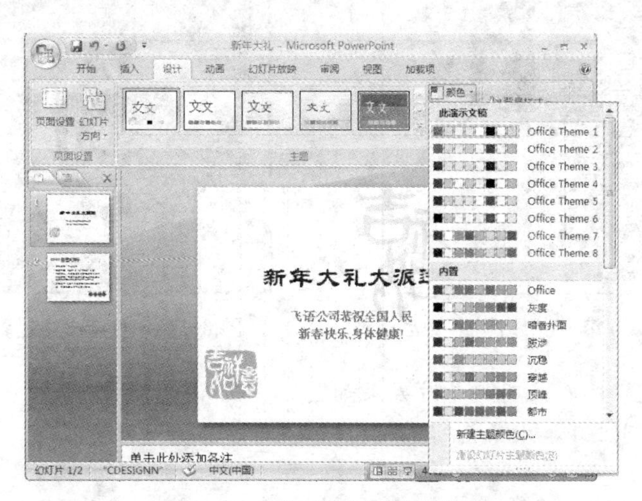

图 6-15　打开的主题颜色菜单

【实训 6－3】更改演示文稿的主题颜色。

(1) 启动 PowerPoint 2007 应用程序，打开【实训 6－2】创建的"新年大礼"演示文稿。

(2) 单击"颜色"按钮，在打开菜单的"内置"选项区域中单击"凤舞九天"选项，将该颜色方案应用到所有幻灯片中，如图 6－16 所示。

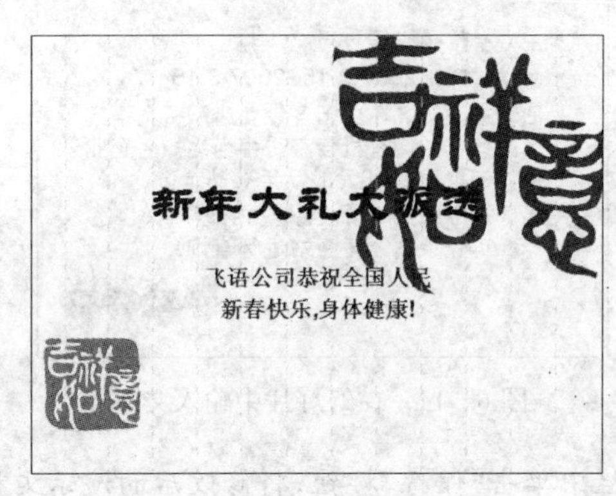

图 6－16　改变主题颜色

提示：

如果仅需要将选中的主题颜色应用于当前幻灯片，那么右击该颜色选项，在弹出的快捷菜单中选择"应用于所选幻灯片"命令即可。

(3) 单击"颜色"按钮，在打开的主题颜色面板中选择"新建主题颜色"命令，打开"新建主题颜色"对话框，如图 6－17 所示。

(4) 在"主题颜色"选项区域中单击"已访问的超链接"按钮右侧的下拉箭头，在打开的颜色面板中选择"其他颜色"命令，打开"颜色"对话框，此时在该对话框中设置如图 6－18 所示的颜色。

图 6－17　"新建主题颜色"对话框

图 6－18　自定义主题颜色

(5) 单击"确定"按钮，此时幻灯片效果如图 6－19 所示。

(6) 在快速访问工具栏中单击"保存"按钮，将修改后的演示文稿保存。

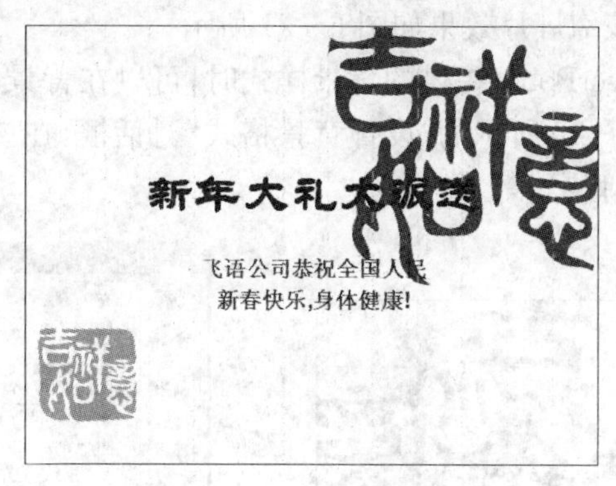

图6-19 自定义主题颜色

6.3.2 改变幻灯片的背景样式

在设计演示文稿时,用户除了在应用模板或改变主题颜色时更改幻灯片的背景外,还可以根据需要任意更改幻灯片的背景颜色和背景设计,如删除幻灯片中的设计元素、添加底纹、图案、纹理或图片等。

1. 忽略背景图形

以图6-14所示的幻灯片为例,如果要忽略其中的背景图形,可以在"设计"选项卡的"背景"选项区域中单击"隐藏背景图形"复选框,更改后幻灯片效果如图6-20所示。

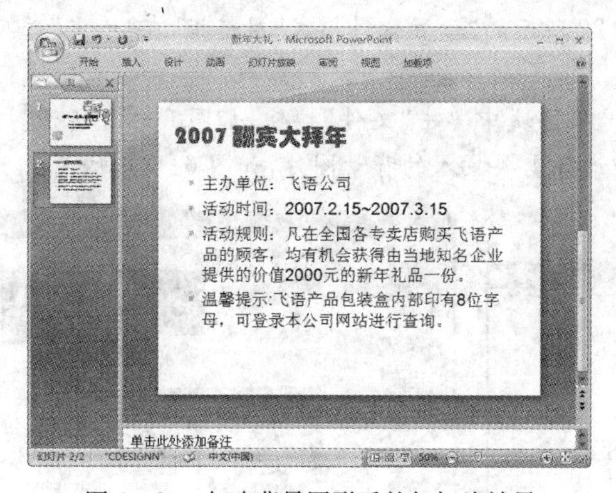

图6-20 忽略背景图形后的幻灯片效果

提示:

"隐藏背景图形"复选框只适用于当前幻灯片,当添加新幻灯片时,将仍然显示背景图片。如果需要背景图片在当前演示文稿中不显示,可以在幻灯片母版视图中将图片删除。

2. 更改背景样式

以图6-19所示的幻灯片为例,要应用PowerPoint自带的背景样式,可以单击"背景"选项区域中的"背景样式"按钮 背景样式 ,在弹出的菜单中选择需要的背景样式即可,如选择“样式 5”命令，则该幻灯片效果如图 6－21 所示。

当用户不满足于 PowerPoint 提供的背景样式时，可以在背景样式列表中选择“设置背景格式”命令，打开如图 6－22 所示的“设置背景格式”对话框，在该对话框中可以设置背景的填充样式、渐变以及纹理格式等。

图 6－21　应用默认的背景样式

图 6－22　“设置背景格式”对话框

【实训 6－4】在幻灯片中插入自定义图片。

(1) 启动 PowerPoint 2007 应用程序，打开【实训 6－3】创建的“新年大礼”演示文稿。

(2) 在“设计”选项卡的“背景”选项区域中单击“隐藏背景图形”复选框，取消幻灯片的背景显示。

(3) 打开如图 6－22 所示的“设置背景格式”对话框，在“填充”选项区域中选中“图片或纹理填充”单选按钮。

(4) 在“插入自”选项区域中单击“文件”按钮，如图 6－23 所示。打开“插入图片”对话框，在打开的对话框中选择需要插入的背景图片，如图 6－24 所示。

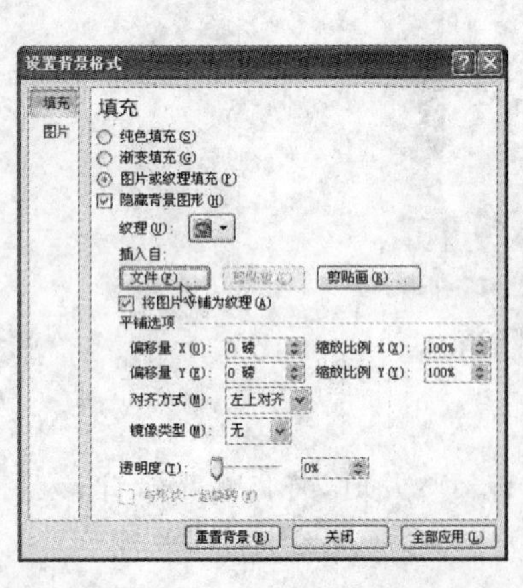

图 6－23　单击“文件”按钮

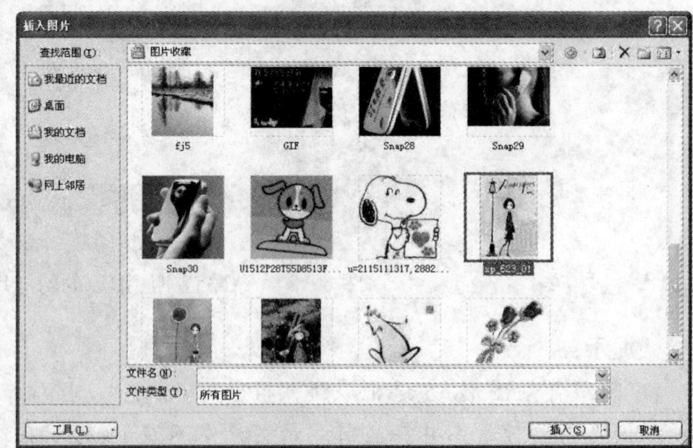

图 6－24　选择要插入的图片

(5) 单击“插入”按钮，返回到“设置背景格式”对话框，单击“关闭”按钮。此时幻灯片背景显示插入的图片，如图 6－25 所示。

图 6-25　自定义背景图片

提示：

如果要将选中的图片应用于演示文稿的所有幻灯片中，可以在“设置背景格式”对话框中单击“全部应用”按钮。

6.4　使用其他版面元素

在 PowerPoint 2007 中可以借助幻灯片的版面元素更好的设计演示文稿，如使用页眉和页脚在幻灯片中显示必要的信息，使用网格线和标尺定位对象等。

6.4.1　改变幻灯片的主题颜色

在制作幻灯片时，用户可以利用 PowerPoint 提供的页眉页脚功能，为每张幻灯片添加相对固定的信息，如在幻灯片的页脚处添加页码、时间、公司名称等内容。

在功能区显示“插入”选项卡，单击“文本”选项区域中的“页眉和页脚”按钮，打开如图 6-26 所示的“页眉和页脚”对话框。

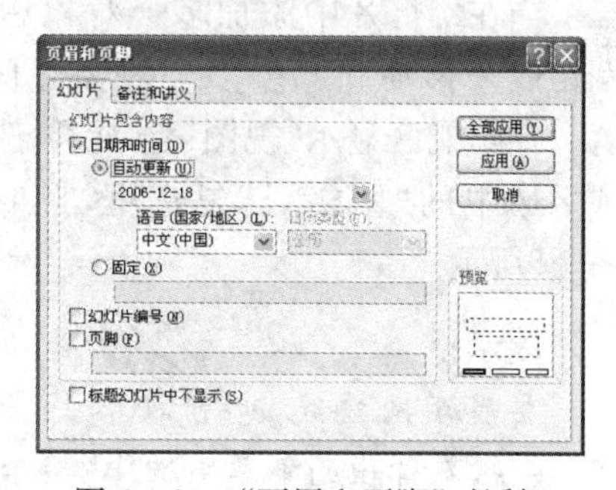

图 6-26　“页眉和页脚”对话框

该对话框中各个选项的含义如下：

- “日期和时间”复选框　选择该复选框，表示在幻灯片中显示日期和时间，此时该复选框下方的单选按钮变为可用状态。
- “自动更新”单选按钮　选中该单选按钮，可以在其下方的下拉列表框中选择日期和时间的显示格式。
- “固定”单选按钮　选中该单选按钮，可以在下方的文本框中输入自定义时间或其他需要显示的内容。
- “幻灯片编号”复选框　选中该复选框，将在幻灯片中显示当前幻灯片的页码编号。
- “页脚”复选框　选中该复选框，可以在下方的文本框中输入公司名称或其他需要的显示内容。
- “标题幻灯片中不显示”复选框　选中该复选框，演示文稿中的第 1 张幻灯片将不显示页眉和页脚。

- “全部应用”按钮　单击该按钮，将设置的页眉和页脚应用于演示文稿的所有幻灯片。
- “应用”按钮　单击该按钮，将设置的页眉和页脚应用于当前幻灯片。

提示：

除了可以给幻灯片添加页眉和页脚外，还可以给幻灯片备注页添加页眉和页脚，在“页眉和页脚”对话框中切换到“备注和讲义”选项卡进行设置即可。

【实训 6-5】 在幻灯片中添加页脚。

(1) 启动 PowerPoint 2007 应用程序，打开【实训 6-3】创建的“新年大礼”演示文稿。

(2) 打开第 1 张幻灯片，在功能区显示“插入”选项卡，在“文本”选项区域中单击“页眉和页脚”按钮，打开“页眉和页脚”对话框。

(3) 选中“日期和时间”复选框，在该选项区域中选中“固定”单选按钮，并在其下方的文本框中输入文字“2006 年 10 月 12 日制作”。

(4) 选中“页脚”复选框，并在其下方的文本框中输入文字“飞语飞来，生活更加多姿多彩!”。

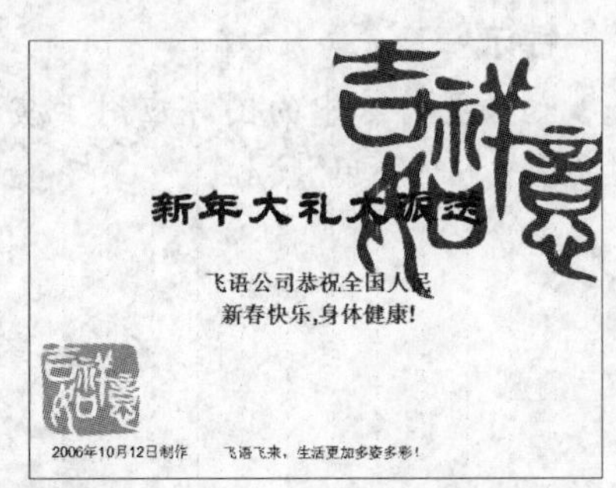

图 6-27　在幻灯片中添加页脚

(5) 单击“应用”按钮，此时幻灯片效果如图 6-27 所示。

(6) 在快速访问工具栏中单击“保存”按钮，将修改后的演示文稿保存。

6.4.2　使用网格线和参考线

当在幻灯片中添加多个对象后，可以通过显示的网格线来移动和调整多个对象之间的相对大小和位置。在功能区显示“视图”选项卡，选中“显示/隐藏”选项区域中的“网格线”复选框，此时幻灯片效果如图 6-28所示。

图 6-28　在幻灯片中显示网格线

提示：

要显示网格线，也可以单击“设计”选项卡的“对齐”按钮，在弹出的菜单中选中“显示网格线”复选框。

默认的网格线是每厘米 5 个网格，可以根据需要设定网格的显示方式。在“格式”选项卡中单击“对齐”按钮，在弹出的菜单中选择“网格设置”命令，打开“网格线和参考线”对话框，如图 6-29 所示。

在该对话框中选中“屏幕上显示绘图参考线”复选框中，并在“间距”下拉列表中选择“每厘米 8 个网格”选项，单击“确定”按钮，此时幻灯片中的网格线和参考线如图 6-30 所示。

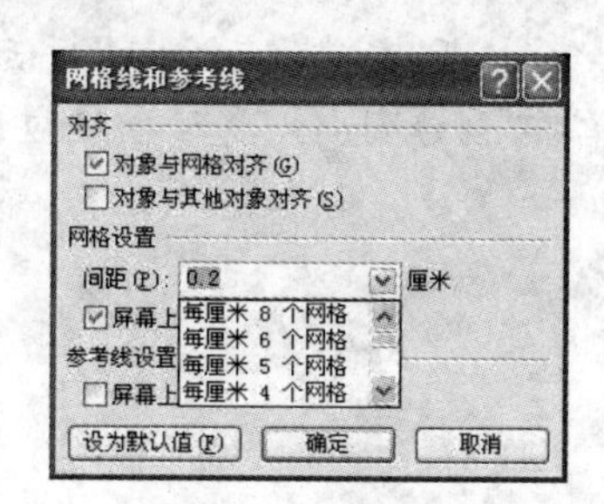

图 6-29 “网格线和参考线”对话框

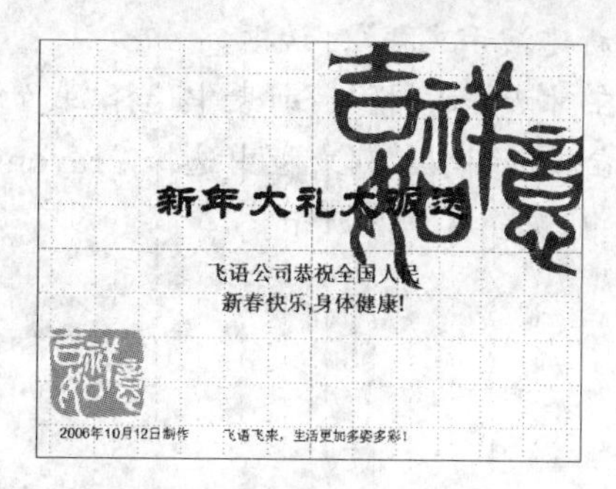

图 6-30 设置网格线和参考线的显示方式

6.4.3 使用标尺

当用户在“视图”选项卡的“显示/隐藏”选项区域中选中的“标尺”复选框后，幻灯片中将出现如图 6-31 所示的标尺。从图中可以看出，幻灯片中的标尺分为水平标尺和垂直标尺两种。标尺可以让用户方便、准确地在幻灯片中放置文本或图片对象，利用标尺还可以移动和对齐这些对象，以及调整文本中的缩进和制表符。

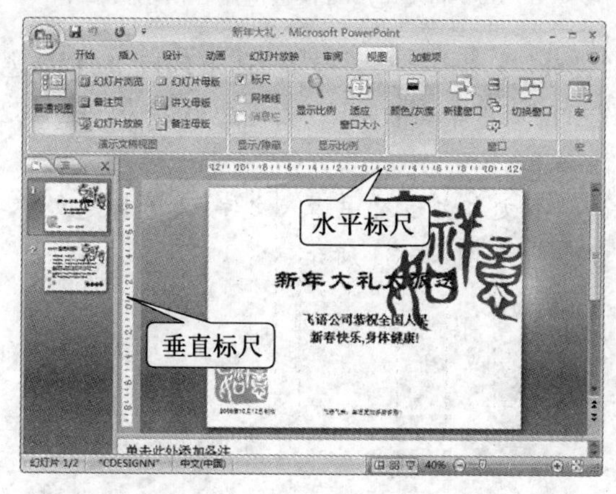

图 6-31 在幻灯片中显示标尺

提示：

如果想要隐藏标尺，那么取消选中的“标尺”复选框即可，需要注意的是“标尺”在“幻灯片浏览”视图中不能使用。

6.5 实例制作——员工培训

综合应用美化幻灯片所需的知识点，包括设置幻灯片母版版式、编辑背景图片、设置主题颜色和使用版面元素等，设计一个商务演示文稿。

【实训 6-6】设置幻灯片母版，制作演示文稿“员工培训”。

(1) 启动 PowerPoint 2007 应用程序，单击 Office 按钮，在弹出的菜单中选择“新建”命令，打开“新建演示文稿”对话框。

(2) 在对话框的“模板”列表中选择“我的模板”命令，打开“新建演示文稿”对话框。

(3) 在“我的模板”列表框中选择 Crayons 模板，单击“创建”按钮，将该模板应用到当前演示文稿中，如图 6－32 所示。

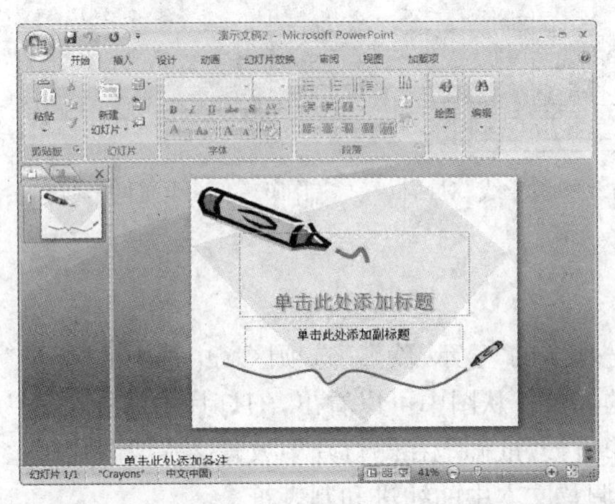

图 6－32　将 Crayons 模板应用在演示文稿中

(4) 在功能区显示“设计”选项卡，单击“主题”选项区域中的“颜色”按钮，打开主题颜色面板，在“此演示文稿”选项区域中单击“Office 主题 2”选项，如图 6－33 所示，将其应用在当前幻灯片中。

(5) 在打开幻灯片的两个文本占位符中输入文字，设置标题文字字号为 54，字体颜色为“强调文字颜色 2，底纹 50%”，如图 6－34 所示。

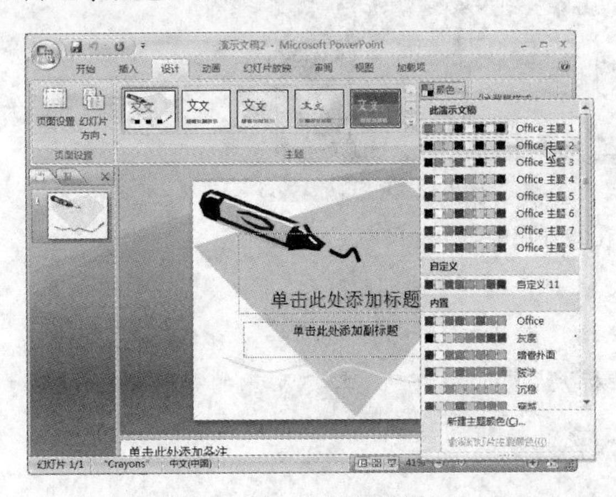

图 6－33　选择主题颜色

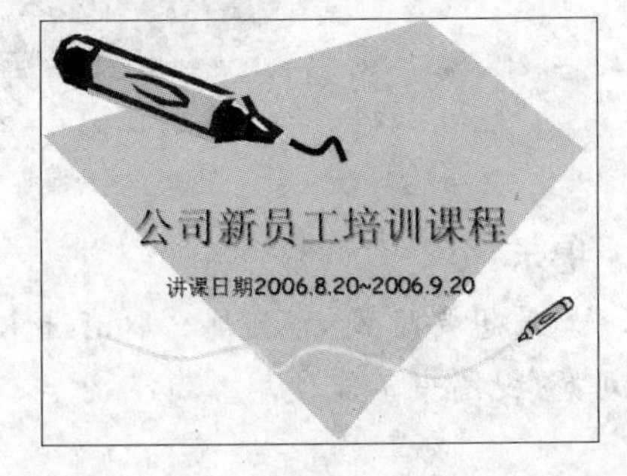

图 6－34　在幻灯片中输入文字

(6) 在功能区单击“新建幻灯片”按钮，添加一张空白幻灯片。

(7) 在功能区显示“视图”选项卡，在“母版版式”选项区域中单击“幻灯片母版”按钮，显示幻灯片母版视图。

(8) 在打开的幻灯片母版视图中显示如图 6－35 所示的幻灯片母版。

(9) 在该幻灯片母版左下角选中“小铅笔”图形，放大该图形的尺寸。右击该图形，在弹出的快捷菜单中选择“置于底层”命令，此时该母版效果如图 6－36 所示。

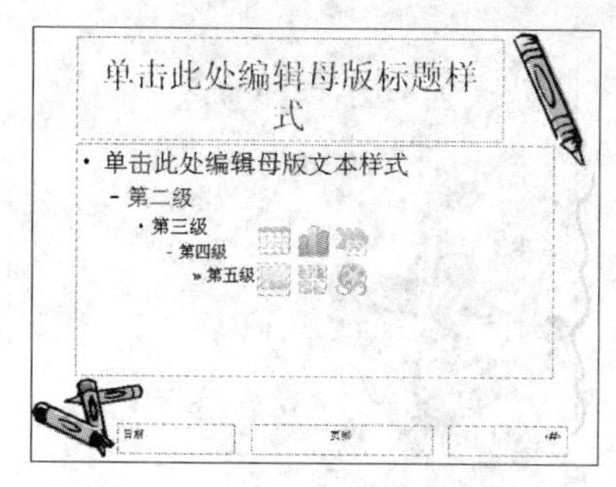

图 6－35　显示幻灯片母版视图

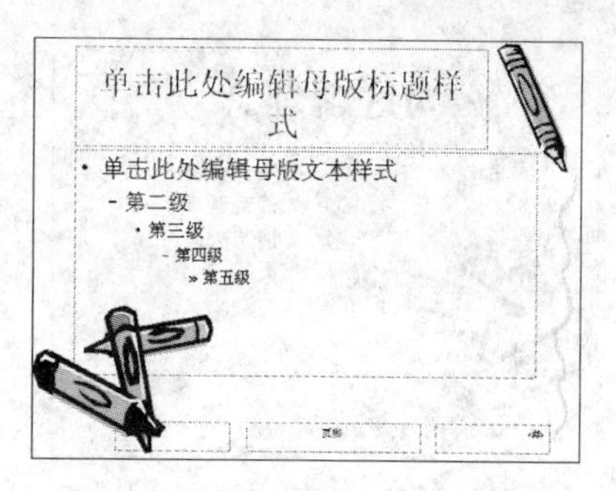

图 6－36　改变母版中图片大小

(10) 在功能区单击“关闭母版视图”按钮，返回到普通视图模式。

(11) 在功能区显示“设计”选项卡，单击“背景”选项区域的“背景样式”按钮，在弹出的菜单中右击“样式 10”选项，在弹出的快捷菜单中选择“应用于所选幻灯片”命令。

(12) 在该幻灯片的文本占位符中输入如图 6－37 所示的文字。设置标题文字字号为 60，字型为“加粗”和“阴影”。

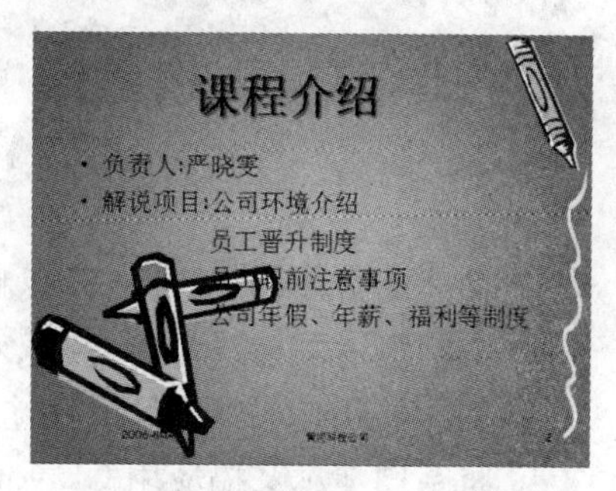

图 6－37　在幻灯片中输入文字

(13) 在功能区单击“新建幻灯片”按钮，添加一张空白幻灯片，在文本占位符中输入文字，设置标题文字字号为 60，字型为“加粗”和“阴影”。

(14) 在功能区显示“插入”选项卡，单击“文本”选项区域中的“页眉和页脚”按钮，在打开的“页眉和页脚”对话框中进行如图 6－38 所示的设置，单击“全部应用”按钮，此时第 3 张幻灯片效果如图 6－39 所示。

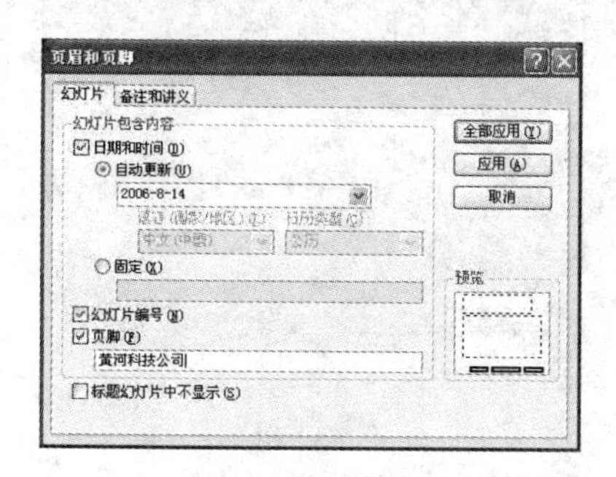

图 6－38　在“页眉和页脚”对话框中作出设置

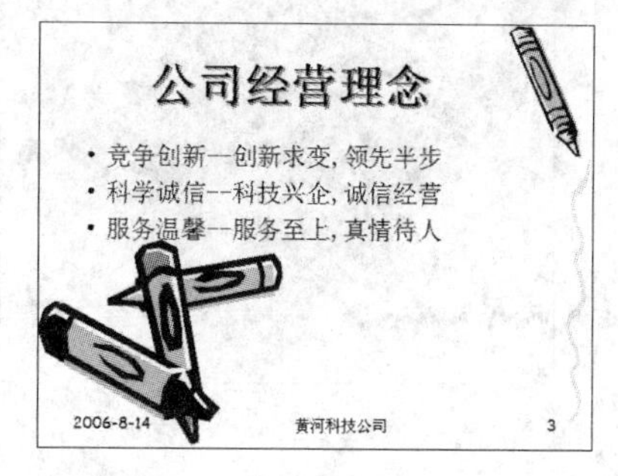

图 6－39　第 3 张幻灯片的效果

(15) 在“插入”选项卡的“插图”选项区域中单击“剪贴画”按钮，插入如图 6－40 所示的剪贴画，并缩小该剪贴画的尺寸。

(16) 在幻灯片中复制粘贴两个相同大小的剪贴画。切换到“视图”选项卡，在“显示/隐藏”选项区域中选中“网格线”复选框，在幻灯片中调整 3 个剪贴画的位置，使其如图 6－41 所示。

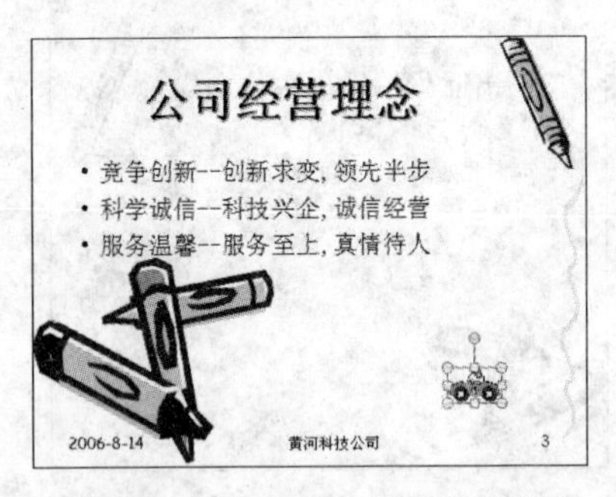

图 6-40　在幻灯片中插入剪贴画

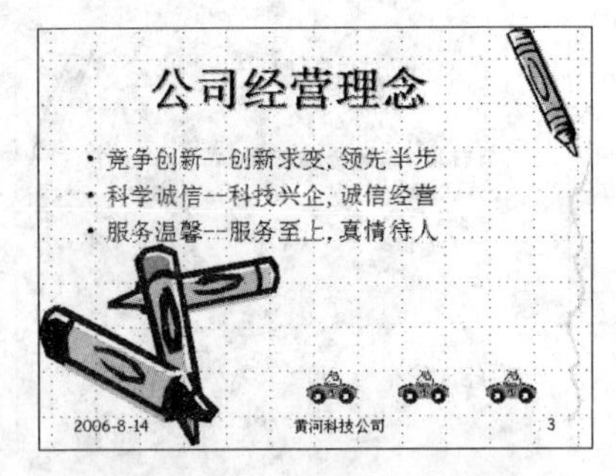

图 6-41　使用网格线对齐剪贴画

(17) 在"显示/隐藏"选项区域中取消选择"网格线"复选框，隐藏网格线。

(18) 单击 Office 按钮，在弹出的菜单中选择"另存为"命令，将该演示文稿以文件名"员工培训"进行保存。

6.6　思考与练习

1. 简述幻灯片母版、讲义母版和备注母版的概念和用途。

2. 如何显示网格线和参考线？

3. 如何使用标尺？标尺的用途是什么？

4. 将空白演示文稿应用 Crayons 模板，设置其主题颜色为"沉稳"样式，并调整幻灯片的母版版式，使幻灯片效果如图 6-42 所示。

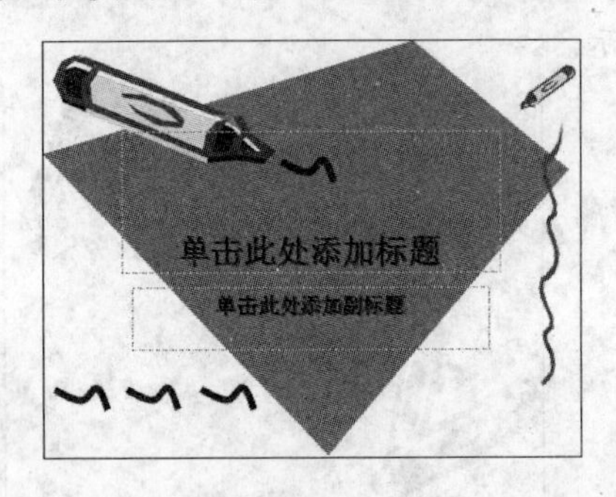

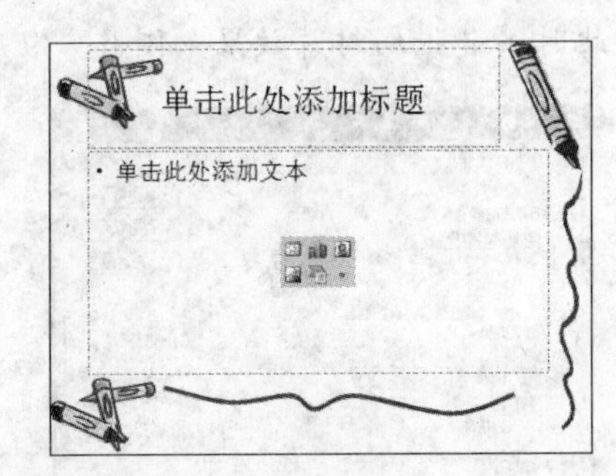

图 6-42　习题 4

5. 将演示文稿的幻灯片背景应用如图 6-43 所示的纹理样式。

6. 为幻灯片添加页眉和页脚，使幻灯片自动编号，并自动显示当前日期，效果如图 6-44所示。

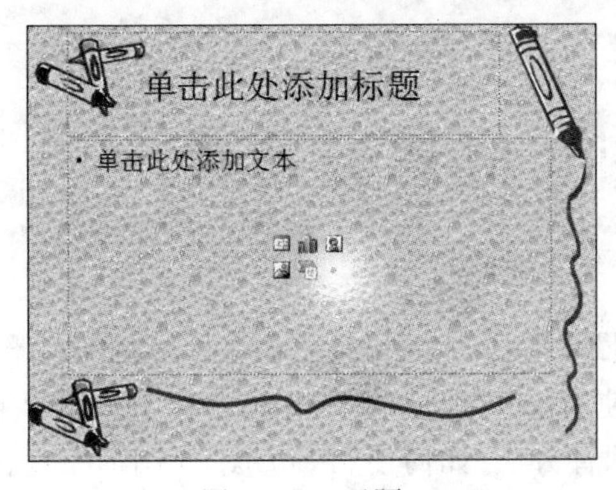

图 6-43 习题 5

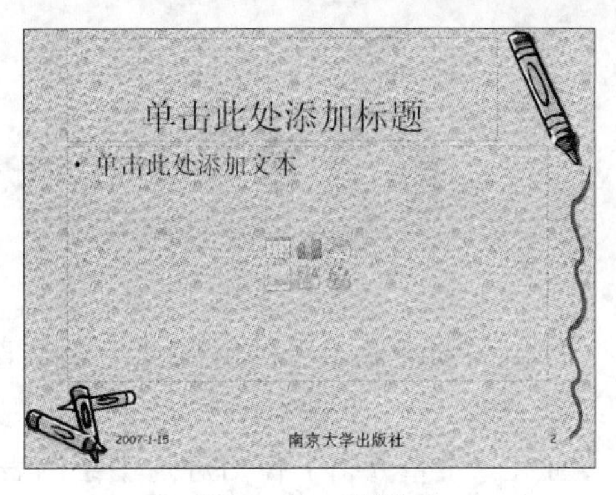

图 6-44 习题 6

7. 在演示文稿中,为幻灯片自定义如图 6-45 所示的背景图片(说明:该图片为本地电脑中的某张图片)。

图 6-45 习题 7

8. 为幻灯设置更改主题颜色,要求应用“穿越”内置主题,前后效果如图 6-46 所示。

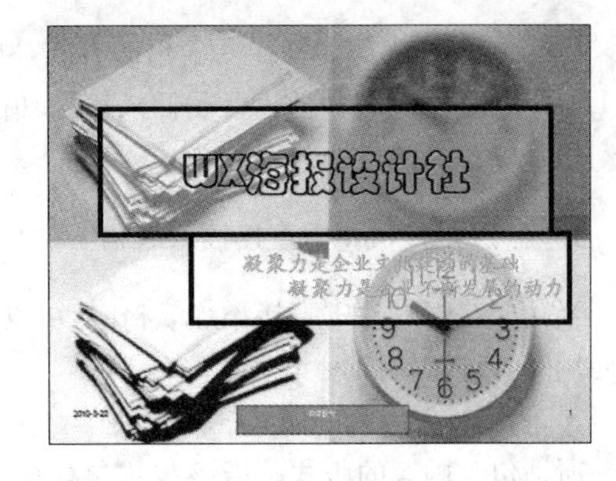

图 6-46 习题 8

第 7 章　PowerPoint 的辅助功能

PowerPoint 除了提供绘制图形、插入图像等最基本的功能外，还提供了多种辅助功能，如绘制表格、插入 SmartArt 图形、插入图表等。使用这些辅助功能可以使一些主题表达更为专业化。本章介绍了在幻灯片中绘制表格的两种方法，如何使用 SmartArt 图形表现各种数据、人物关系，以及在幻灯片中插入与编辑 Excel 图表等内容。

通过本章的理论学习和上机实训，读者应了解和掌握以下内容：

- 在 PowerPoint 中自动插入表格
- 在 PowerPoint 中绘制表格
- 插入和编辑 SmartArt 图形
- 插入和编辑图表

7.1　在 PowerPoint 中绘制表格

使用 PowerPoint 制作一些专业型演示文稿时，通常需要使用表格。例如，销售统计表、个人简历表、财务报表等。表格采用行列化的形式，它与幻灯片页面文字相比，更能体现内容的对应性及内在的联系。表格适合用来表达具有比较性、逻辑性的主题内容。

7.1.1　自动插入表格

PowerPoint 支持多种插入表格的方式，例如可以在幻灯片中直接插入，也可以从 Word 和 Excel 应用程序中调入。自动插入表格功能能够方便地辅助用户完成表格的输入，提高在幻灯片中添加表格的效率。

1. 在 PowerPoint 中直接插入表格

当需要在幻灯片中直接添加表格时，可以为该幻灯片选择含有内容的版式或者在功能区使用“插入”按钮插入。

- 使用包含内容的版式插入表格

所谓包含内容的版式是指该版式包含插入表格、图表、剪贴画、图片、SmartArt 图形和影片的按钮，而不需要在功能区选择相应命令来执行。

启动 PowerPoint 2007 应用程序，打开一个空白演示文稿。当在幻灯片中添加一张幻灯片之后，该幻灯片将自动带有包含内容的版式，如图 7－1 所示。在“单击此处添加文本”文本占位符中单击 按钮，打开“插入表格”对话框，在对话框中设置“列数”和“行数”，单击“确定”按钮插入表格，如图 7－2 所示。

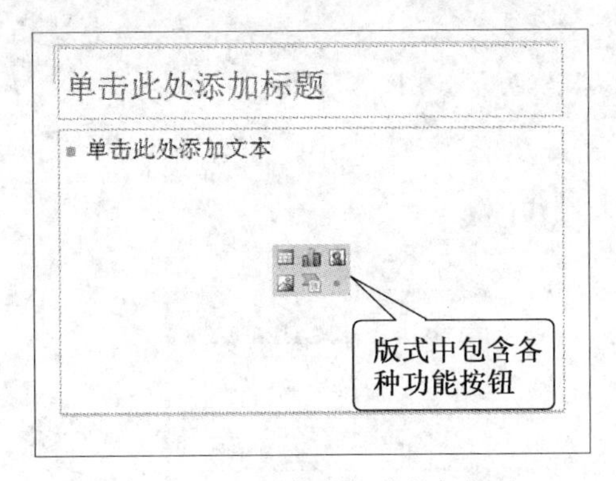

图 7-1 包含内容版式的幻灯片

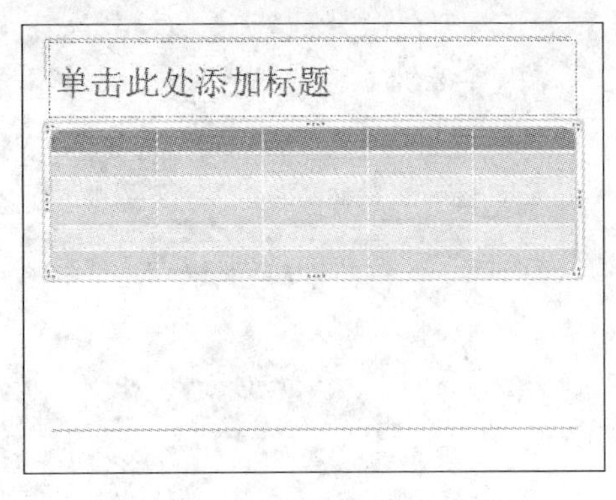

图 7-2 幻灯片显示插入的表格

• 使用“表格”按钮插入表格

当要插入表格的幻灯片没有应用包含内容的版式，那么可以首先在功能区显示“插入”选项卡，在“表格”选项区域中单击“表格”按钮，打开如图 7-3 所示的菜单。

菜单最上方显示了插入表格的网格框，在该网格框中拖动鼠标左键可以确定要创建表格的行数和列数，再次单击鼠标即可完成一个规则表格的创建，图 7-3 所示的红色区域表示将在幻灯片中插入一个 6×5 表格。

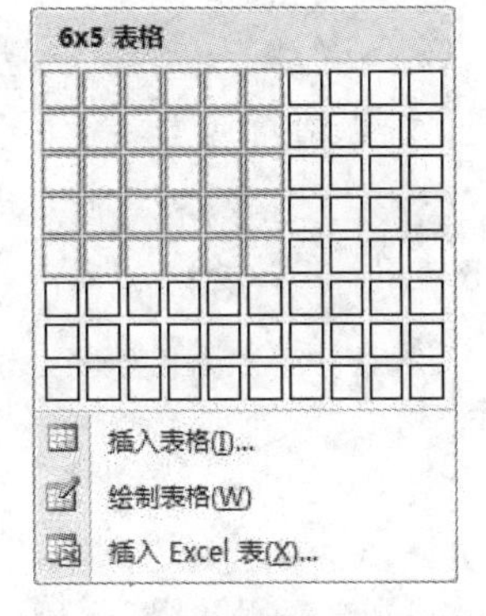

图 7-3 “表格”按钮下的菜单

提示：

用户还可以在该菜单中选择“插入表格”命令来创建表格，单击该命令后将打开“插入表格”对话框，然后在对话框中设置列数和行数，单击“确定”按钮即可。

【实训 7-1】在幻灯片中插入剪辑管理器中的影片。

(1) 启动 PowerPoint 2007 应用程序，单击 Office 按钮，在弹出的菜单中选择“新建”命令，打开“新建演示文稿”对话框。

(2) 在对话框的“模板”列表中选择“我的模板”命令，打开“新建演示文稿”对话框。

(3) 在“我的模板”列表框中选择“设计模板 9”选项，如图 7-4 所示，然后单击“确定”按钮，将该模板应用到当前演示文稿中。

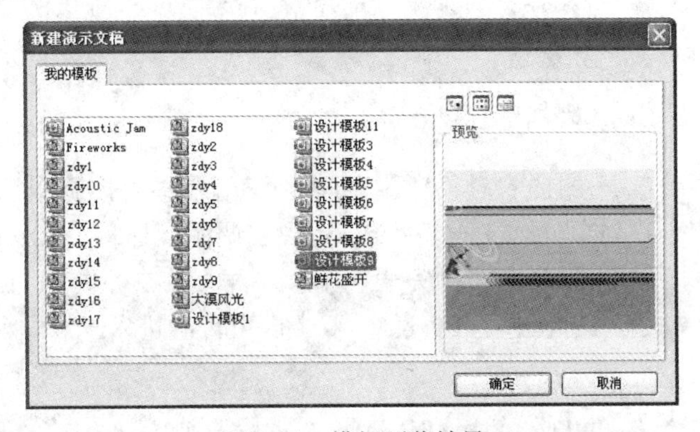

图 7-4 模板预览效果

(4) 在打开幻灯片的两个文本占位符中输入文字。设置标题文字字体为“华文琥珀”，设置副标题字号为 32、字型为“加粗”、字体颜色为“黑色”，如图 7-5 所示。

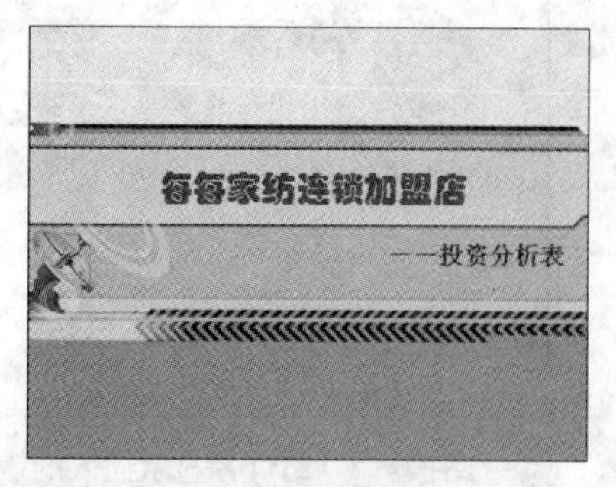

图 7-5 在幻灯片中输入文字

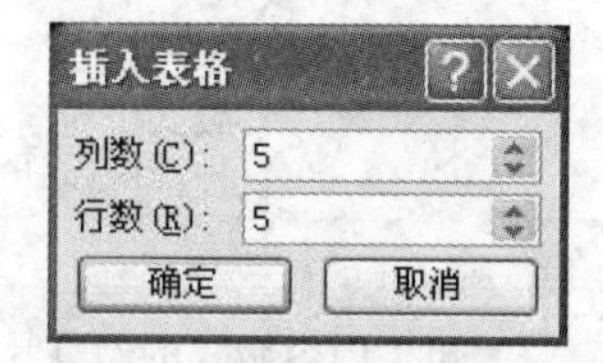

图 7-6 “插入表格”对话框

(5) 在幻灯片预览窗口中选择第 2 张幻灯片缩略图，将其显示在幻灯片编辑窗口中。

(6) 在幻灯片中输入标题文字，设置文字字型为“加粗”和“阴影”。

(7) 在幻灯片中单击按钮▦，打开“插入表格”对话框，如图 7-6 所示。

(8) 在“列数”和“行数”文本框中均输入数字 5，单击“确定”按钮，在幻灯片中插入一个 5×5 表格，并将其拖动到幻灯片的适当位置，如图 7-7 所示。

(9) 在表格中单击鼠标，输入需要说明的文字，输入文字后的幻灯片效果如图 7-8 所示。

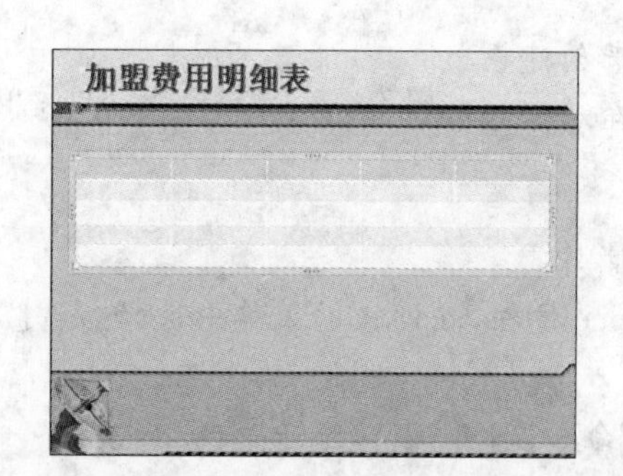

图 7-7 在幻灯片中插入表格

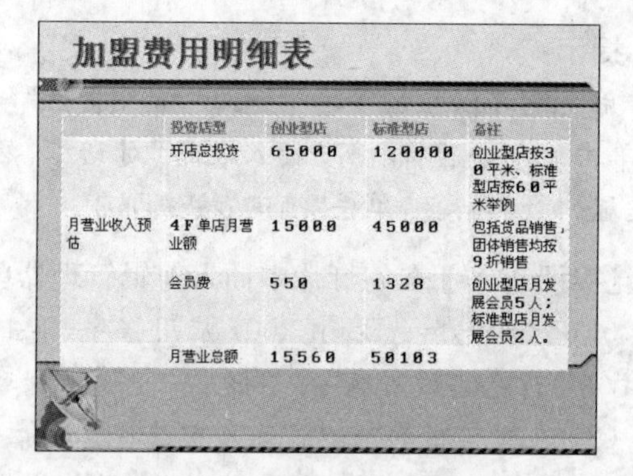

图 7-8 在表格中输入说明文字

(10) 单击 Office 按钮，在弹出的菜单中选择“另存为”命令，将该演示文稿以文件名“加盟明细表”进行保存。

2. 插入 Word 及 Excel 表格

使用 PowerPoint 2007 的插入对象功能，可以在幻灯片中直接调用 Word 和 Excel 应用程序，从而将表格以外部对象插入到 PowerPoint 中。调用程序后，表格的编辑方法与直接使用 Word 和 Excel 程序一样，当编辑完表格后，在插入对象外的任意处单击，即可返回 PowerPoint 界面。如果需要再次编辑该表格，双击即可再次进入 Word 和 Excel 编辑状态。

提示：

要调用 Excel 程序，还可以单击“表格”按钮，在弹出的菜单中选择“Excel 电子表格”命令。

【实训 7-2】使用插入对象功能,在 PowerPoint 中插入 Excel 表格。

(1) 启动 PowerPoint 2007 应用程序,打开【实训 7-1】创建的"加盟明细表"演示文稿。

(2) 在幻灯片预览窗口中选择第 3 张幻灯片缩略图,将其显示在幻灯片编辑窗口中。

(3) 在"单击此处添加标题"文本占位符中输入文字"月成本预算表",设置文字字型为"加粗"和"阴影"。

(4) 选中"单击此处添加文本"文本占位符,按下 Delete 键将其删除。

(5) 在功能区切换到"插入"选项卡,在"文本"选项区域中单击"对象"按钮 对象 ,打开如图 7-9 所示的"插入对象"对话框。

(6) 在"对象类型"列表框中选择"Microsoft Office Excel 工作表"选项,单击"确定"按钮。

(7) 此时 PowerPoint 显示调用了的 Excel 程序,如图 7-10 所示。

图 7-9 "插入对象"对话框

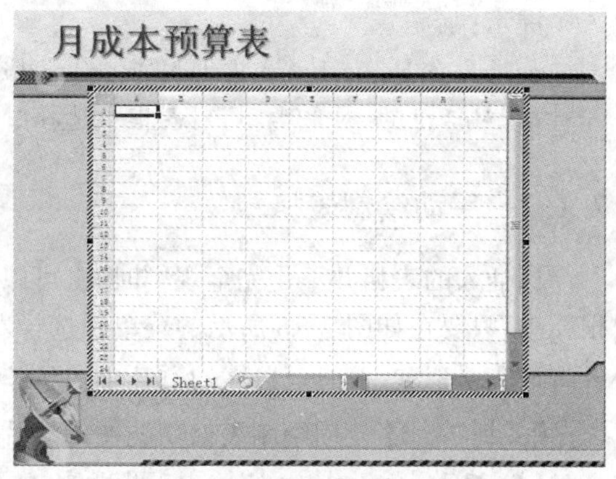

图 7-10 调用 Excel 程序

(8) 在 Excel 表格中输入需要的说明文字,并使用 Excel 的相关功能为表格设置合适的格式和字体样式。

(9) 拖动 Excel 表格边框,使其大小和使用表格的面积大小相同,如图 7-11 所示。

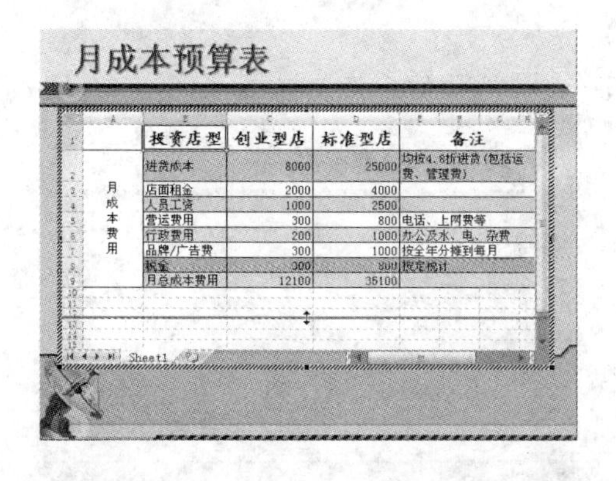

	投资店型	创业型店	标准型店	备注
月成本费用	进货成本	8000	25000	均按4.8折进货(包括运费、管理费)
	店面租金	2000	4000	
	人员工资	1000	2500	
	营运费用	300	800	电话、上网费等
	行政费用	200	1000	办公及水、电、杂费
	品牌/广告费	300	1000	按全年分摊到每月
	税金	300	800	按定税计
	月总成本费用	12100	35100	

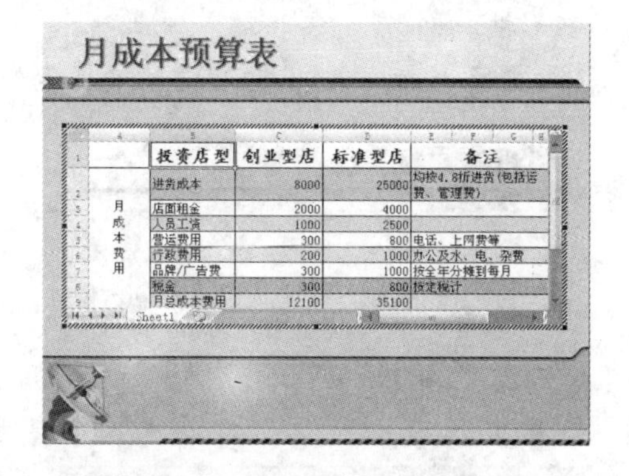

	投资店型	创业型店	标准型店	备注
月成本费用	进货成本	8000	25000	均按4.8折进货(包括运费、管理费)
	店面租金	2000	4000	
	人员工资	1000	2500	
	营运费用	300	800	电话、上网费等
	行政费用	200	1000	办公及水、电、杂费
	品牌/广告费	300	1000	按全年分摊到每月
	税金	300	800	按定税计
	月总成本费用	12100	35100	

图 7-11 调整显示的 Excel 表格大小

(10) 在表格外的任意空白处单击鼠标,退出表格编辑状态,返回到 PowerPoint 工作界面,如图 7-12 所示。

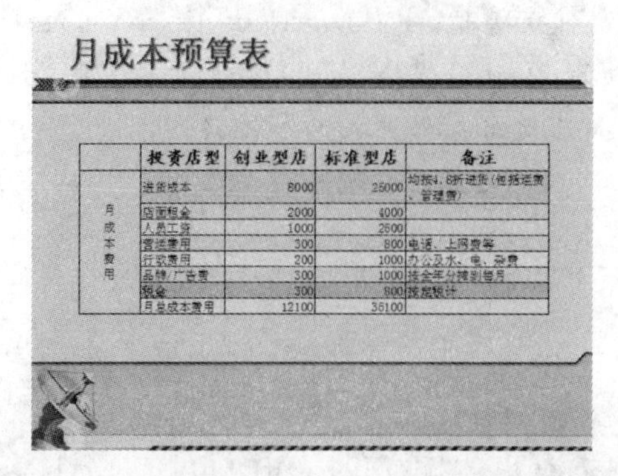

	投资店型	创业型店	标准型店	备注
月成本费用	进货成本	8000	25000	均按4.8折进货(包括运费、管理费)
	店面租金	2000	4000	
	人员工资	1000	2500	
	营运费用	300	800	电话、上网费等
	行政费用	200	1000	办公及水、电、杂费
	品牌/广告费	300	1000	按全年分摊到每月
	税金	300	800	按规预计
	月总成本费用	12100	36100	

图 7-12　在幻灯片中插入 Excel 表格后的效果

(11) 在快速访问工具栏中单击“保存”按钮，将修改后的演示文稿保存。

提示：

如果要在 PowerPoint 中调用 Word 文档，并插入 Word 文档中创建的表格，只需在“插入对象”对话框的“对象类型”列表框中选择“Microsoft Office Word 文档”选项即可。

7.1.2　手动绘制表格

当插入的表格并不是完全规则时，也可以直接在幻灯片中绘制表格。绘制表格的方法很简单，只要在如图 7-3 所示的菜单中选择“绘制表格”命令即可。选择该命令后，鼠标指针将变为 形状，此时可以在幻灯片中进行绘制。

【实训 7-3】使用绘制表格功能在幻灯片中绘制表格。

(1) 启动 PowerPoint 2007 应用程序，打开【实训 7-2】创建的“加盟明细表”演示文稿。

(2) 在功能区单击“新建幻灯片”按钮，添加一张空白幻灯片。

(3) 切换到“插入”选项卡，在“表格”选项区域中单击“表格”按钮，在弹出的菜单中选择“绘制表格”命令。

(4) 此时鼠标指针变为 形状，按住鼠标左键在幻灯片中拖动鼠标绘制如图 7-13 所示的矩形框。

(5) 释放鼠标左键，此时幻灯片中显示如图 7-14 所示的表格外边框。

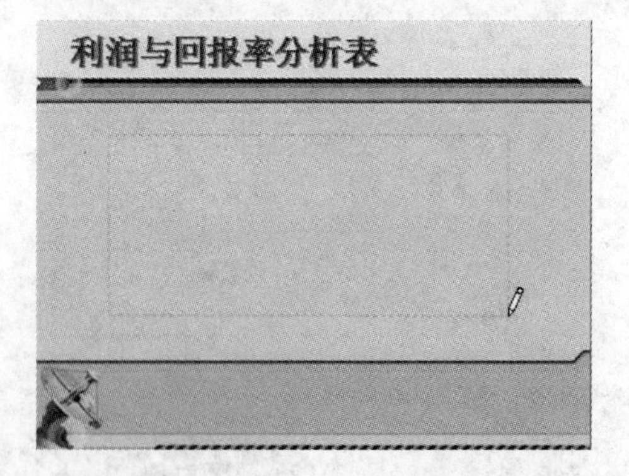

图 7-13　拖动鼠标绘制表格外边框

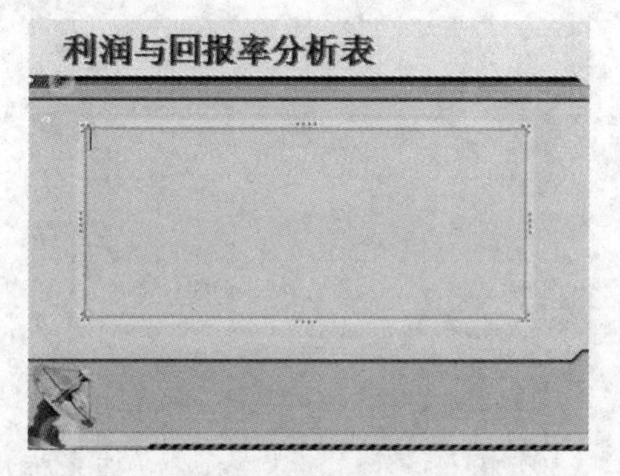

图 7-14　幻灯片中显示绘制的表格

(6) 在绘制的外边框内按住鼠标左键从上往下拖动，绘制表格的列，如图7－15所示。

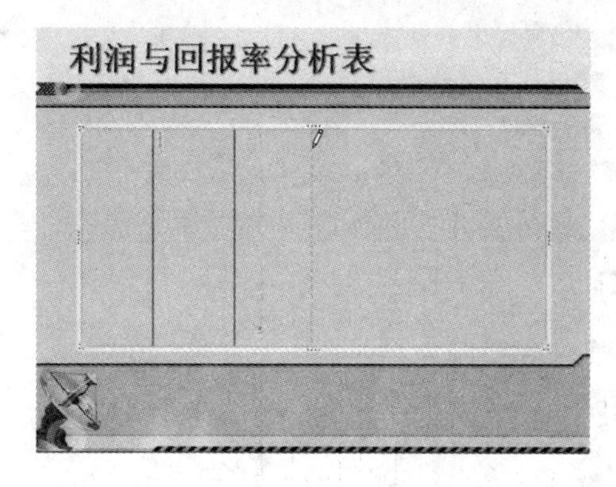

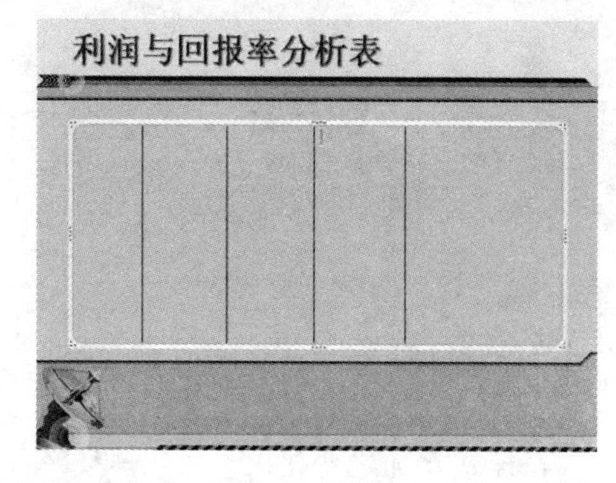

图7－15 为表格绘制列

(7) 参照步骤(6)，从左往右绘制表格的行，使表格效果如图7－16所示。

(8) 将鼠标在需要添加文字的单元格内单击，然后输入说明文字，添加文字后的表格效果如图7－17所示。

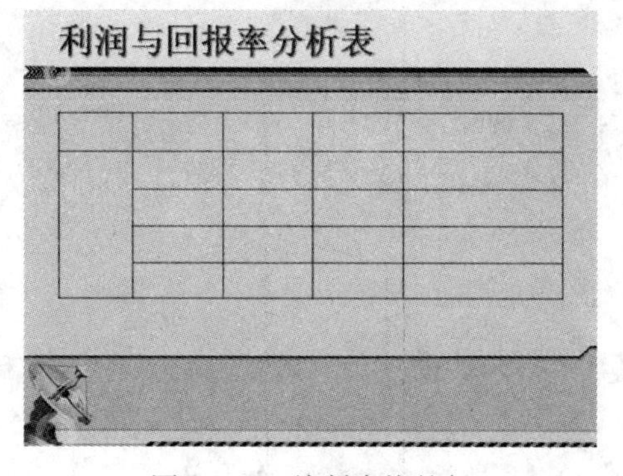

图7－16 绘制表格的行

	投资店型	创业型店	标准型店	备注
利润与回报率	月毛利	7550	21325	月营业总额-进货成本
	月纯利	3450	11225	月营业总额-月总成本费用
	年纯利润总和	41400	134700	纯利*12个月
	年投资回报率	63.7%	112%	年纯利润总额/开店总投资

图7－17 在表格中添加文字

提示：

设置文字“利润与回报率”时，在“开始”选项卡的“段落”选项区域中单击“文字方向”按钮，在弹出的菜单中选择“竖排”命令，然后单击“对齐文本”按钮，在弹出的菜单中选择“中部对齐”命令即可。

(9) 在快速访问工具栏中单击“保存”按钮，将修改后的演示文稿保存。

7.1.3 设置表格样式和版式

插入到幻灯片中的表格不仅可以像文本框和占位符一样被选中、移动、调整大小及删除，还可以为其添加底纹、设置边框样式、应用阴影效果等。除此之外，用户还可以对单元格进行编辑，如拆分、合并、添加行、添加列、设置行高和列宽等。

1. 设置表格样式

在幻灯片中选中插入的表格，功能区将显示“设计”选项卡。该选项卡可以帮助用户快速设置表格外观和边框样式，如图 7－18 所示。

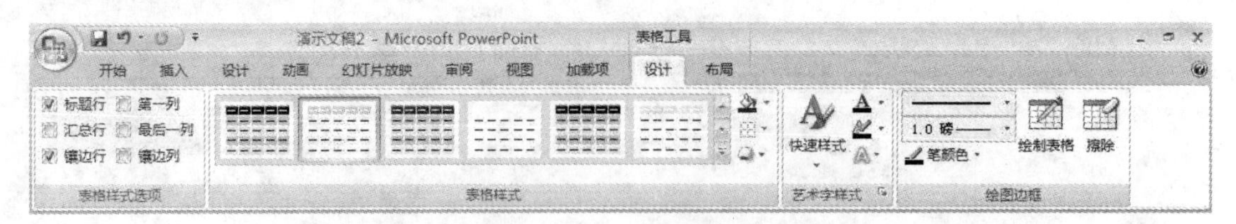

图 7－18 “设计”选项卡

该选项卡中部分选项的含义如下：

- “表格样式选项”选项区域　该选项区域中包含 6 个复选框，选中不同的复选框，表格样式将随之变化。
- “表格样式”选项区域　单击该选项区域中的按钮，将打开表格颜色菜单，该菜单提供了几十种表格颜色供用户选择。当用户不满足于当前提供的颜色样式，可以在该选项区域中单击“底纹”、“边框”和“表格效果”按钮进行自定义设置。
- “绘图边框”选项区域　手动绘制表格时，可以在该选项区域中进行相关设置，如设置画笔的颜色、粗细、线型等。

提示：

当用户将鼠标移至表格中的竖线上时，鼠标指针形状会变成形状，按下鼠标左键拖动表格中的竖线，可以更改表格中该列的宽度。同样，将鼠标移至表格中的横线上时，鼠标会变成，拖动该横线，可以调整该行的高度。

【实训 7－4】使用“设计”选项卡为插入的表格设置样式。

(1) 启动 PowerPoint 2007 应用程序，打开【实训 7－3】创建的“加盟明细表”演示文稿。

(2) 在演示文稿中显示第 1 张幻灯片，选中幻灯片中的表格，在功能区显示“设计”选项卡，在“表格样式”选项区域中单击按钮，打开如图 7－19 所示的表格颜色菜单。

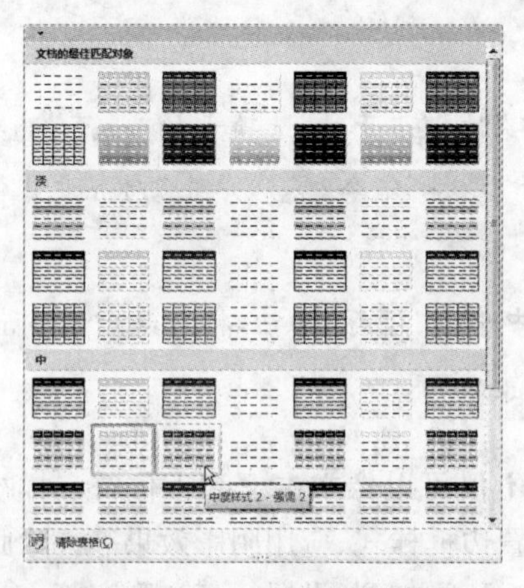

图 7－19 表格颜色菜单

(3) 在该列表的“中”选项区域中单击第 2 行第 3 列的样式，将其应用到当前表格中，此时幻灯片效果如图 7－20 所示。

(4) 在“表格样式选项”选项区域中选中“第一列”复选框，此时幻灯片效果如图7-21所示。

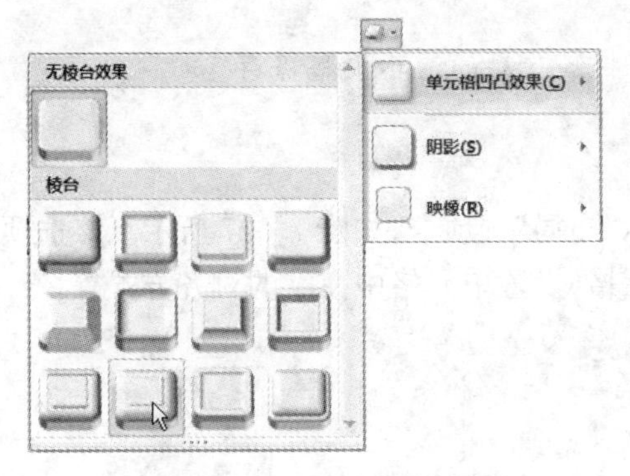

图7-20 应用表格颜色后的幻灯片效果

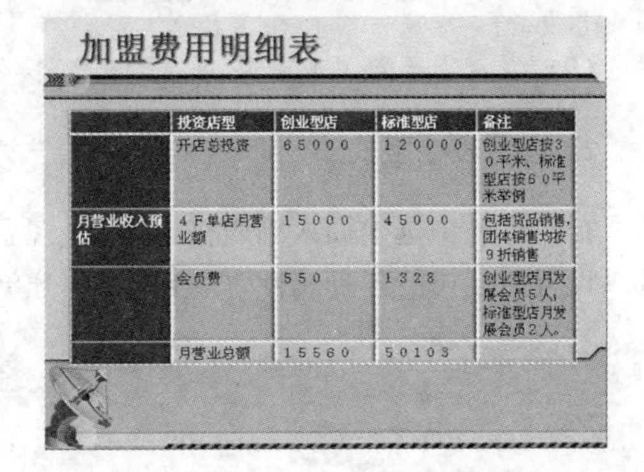

图7-21 将表格第1列应用快速样式

(5) 在“表格样式”选项区域中单击“效果”按钮，在弹出的菜单中选择“单元格凹凸效果”|“绫纹”命令，如图7-22所示，此时幻灯片效果如图7-23所示。

图7-22 选择单元格效果

图7-23 为表格设置凹凸效果

(6) 选中表格最后一行的2～4列，在“表格样式”选项区域中单击“底纹”按钮，在打开菜单的“标准色”选项区域中选择“橙色”命令，自定义这3个单元格的底纹，此时幻灯片效果如图7-24所示。

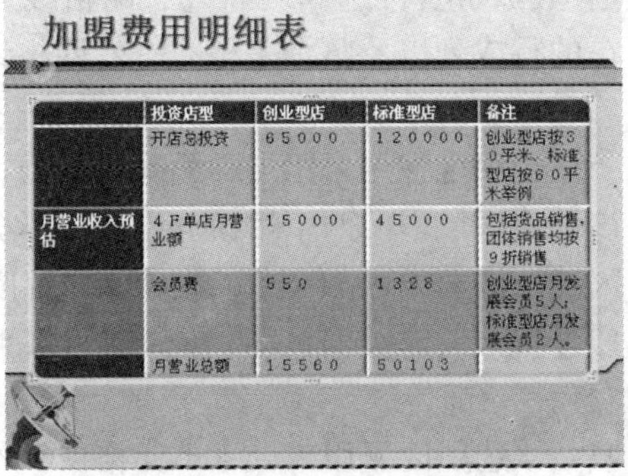

图7-24 自定义单元格底纹

(7) 在“绘图边框”选项区域中单击“擦除”按钮，此时鼠标指针将变为 形状，将鼠标移动到表格第 1 列内部的单元格边框线上，单击以擦除边框线，此时幻灯片效果如图 7 - 25 所示。

(8) 选中文字“月营业收入预估”，设置文字方向为“竖排”、文本对齐方式为“中部对齐”，此时幻灯片效果如图 7 - 26 所示。

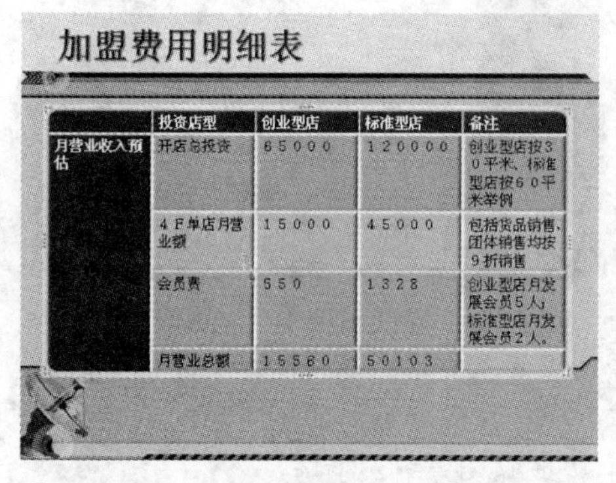

图 7 - 25　擦除表格中多余的边框线

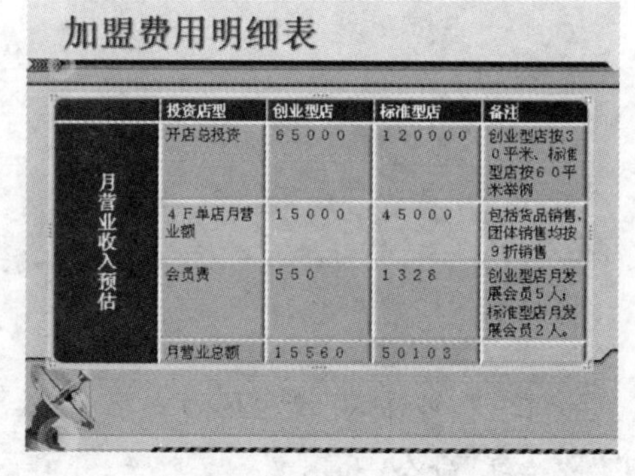

图 7 - 26　设置文字格式

(9) 在快速访问工具栏中单击“保存”按钮，将修改后的演示文稿保存。

2. 设置表格版式

在幻灯片中选中插入的表格，功能区将显示“布局”选项卡，如图 7 - 27 所示。该选项卡可以设置单元格的各种属性，如合并和拆分单元格、设置单元格中文字的对齐方式等。

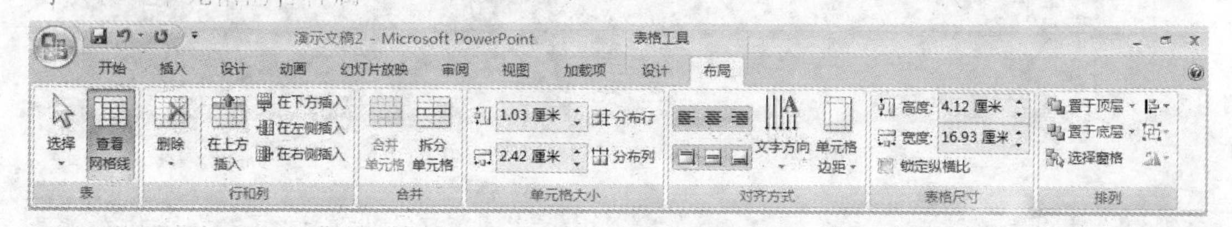

图 7 - 27　“布局”选项卡

该选项卡中部分选项的含义如下：

- “表”选项区域　该选项区域包含“选择”和“查看网格线”两个按钮。其中“选择”按钮用来选择光标所在的行或列以及整个表格；“查看网格线”按钮用来显示或隐藏表格内的虚框。
- “行和列”选项区域　该选项区域用来添加和删除行或列。
- “合并”选项区域　该选项区域中的两个按钮分别用来拆分单元格和合并单元格。
- “单元格大小”选项区域　该选项区域中的“高度”和“宽度”文本框分别用来设置单元格的行高和列宽；“分布行”和“分布列”按钮分别用来平均分布所选行、所选列间的行高和列宽。
- “对齐方式”选项区域　该选项区域用来设置单元格中文本的对齐方式。

【实训 7 - 5】使用“版式”选项卡为插入的表格设置版式。

(1) 启动 PowerPoint 2007 应用程序，打开【实训 7 - 4】创建的“加盟明细表”演示文稿。

(2) 在幻灯片预览窗口中选择第 4 张幻灯片缩略图，将其显示在幻灯片编辑窗口中。

(3) 同时选中表格的 2～4 列，在“单元格大小”选项区域的“表格列宽度”文本框中输入“4 厘米”，如图 7－28 所示。

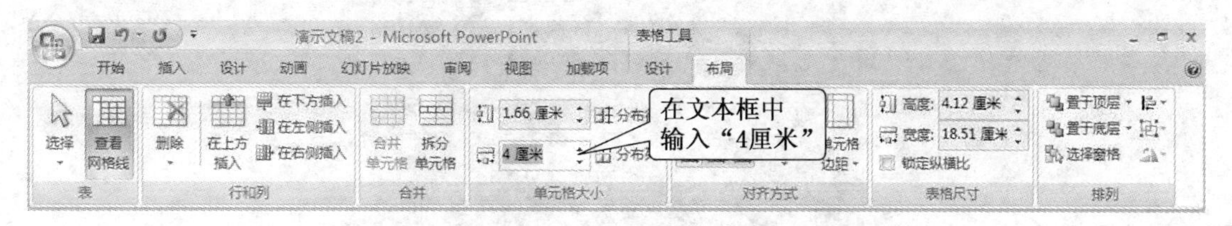

图 7－28　设置表格列宽

(4) 选中表格最后一行，在“行和列”选项区域中单击“在下方插入”按钮，在表格下方插入一行，此时幻灯片效果如图 7－29 所示。

利润与回报率分析表

	投资店型	创业型店	标准型店	备注
利润与回报率	月毛利	7550	21325	月营业总额-进货成本
	月纯利	3450	11225	月营业总额-月总成本费用
	年纯利润总和	41400	134700	纯利*12个月
	年投资回报率	63.7%	112%	年纯利润总额/开店总投资

图 7－29　在表格下方添加一行

(5) 同时选中表格第一列下方的两个单元格，在“合并”选项区域中单击“合并单元格”按钮，此时幻灯片效果如图 7－30 所示。

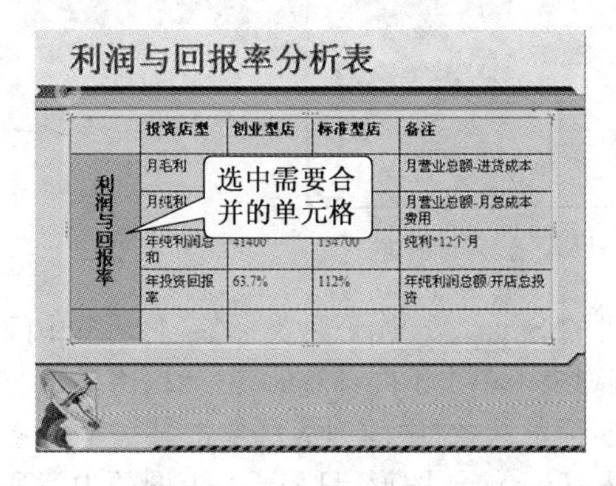

图 7－30　合并单元格

(6) 为表格最后一行添加文字，使其效果如图 7－31 所示。

(7) 在快速访问工具栏中单击“保存”按钮，将修改后的演示文稿保存。

利润与回报率分析表

	投资店型	创业型店	标准型店	备注
利润与回报率	月毛利	7550	21325	月营业总额-进货成本
	月纯利	3450	11225	月营业总额-月总成本费用
	年纯利润总和	41400	134700	纯利*12个月
	年投资回报率	63.7%	112%	年纯利润总额/开店总投资
	资金回收期	16.1个月	12.3个月	(总投资额-首期进货资金)/月纯利+6个月场导入期

图 7-31　在单元格中添加文字

7.2　使用 SmartArt 图形

使用 SmartArt 图形可以非常直观地说明层级关系、附属关系、并列关系、循环关系等各种常见关系，而且制作出来的图形漂亮精美，具有很强的立体感和画面感。

7.2.1　选择插入 SmartArt 图形

在功能区显示“插入”选项卡，在“插图”选项区域中单击 SmartArt 按钮，打开“选择 SmartArt 图形”对话框，如图 7-32 所示。

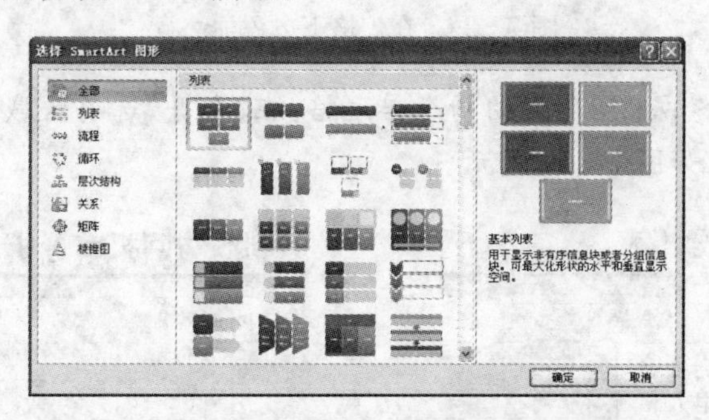

图 7-32　“选择 SmartArt 图形”对话框

该对话框左侧列表显示了 PowerPoint 提供的 SmartArt 图形种类标签；对话框中间的列表区分类列出 SmartArt 图形示意图，在左侧列表中单击不同标签时，对话框将显示与之对应的 SmartArt 图形；对话框的最右侧为图形预览区，在中间列表区单击某一个示意图时，该预览区将显示此图形的详细信息。要插入 SmartArt 图形，只需要在上图的中间列表区选择需要的图形，单击“确定”按钮即可。

【实训 7-6】在幻灯片中插入 SmartArt 图形。

(1) 启动 PowerPoint 2007 应用程序，单击 Office 按钮，在弹出的菜单中选择“新建”命令，打开“新建演示文稿”对话框。

(2) 在对话框的“模板”列表中选择“我的模板”命令，打开“新建演示文稿”对话框。

(3) 在“我的模板”列表框中选择“设计模板 10”选项，如图 7－33 所示，然后单击“确定”按钮，将该模板应用到当前演示文稿中。

(4) 在打开幻灯片的两个文本占位符中输入文字。设置标题文字字体为“华文琥珀”，副标题的文本对齐方式为“右对齐”，如图 7－34 所示。

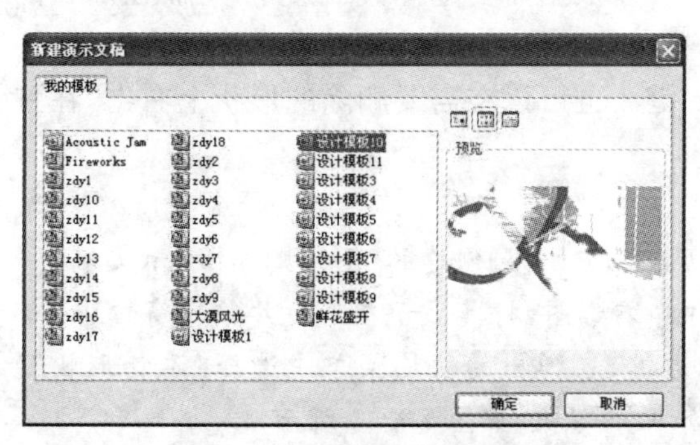

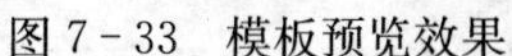
图 7－33 模板预览效果

图 7－34 在幻灯片中输入文字

(5) 在幻灯片预览窗口中选择第 2 张幻灯片缩略图，将其显示在幻灯片编辑窗口中。

(6) 在幻灯片中输入标题文字“流程示意图”，设置文字字型为“加粗”和“阴影”，并将其移动到幻灯片的右上角。

(7) 选中“单击此处添加文本”文本占位符，按下 Delete 键将其删除。

(8) 在功能区显示“插入”选项卡，在“插图”选项区域中单击 SmartArt 按钮，打开“选择 SmartArt 图形”对话框。

(9) 在对话框的左侧列表中单击“层次结构”标签，在中间列表区选择“组织结构图”选项，单击“确定”按钮，此时 SmartArt 图形插入到幻灯片中，如图 7－35 所示。

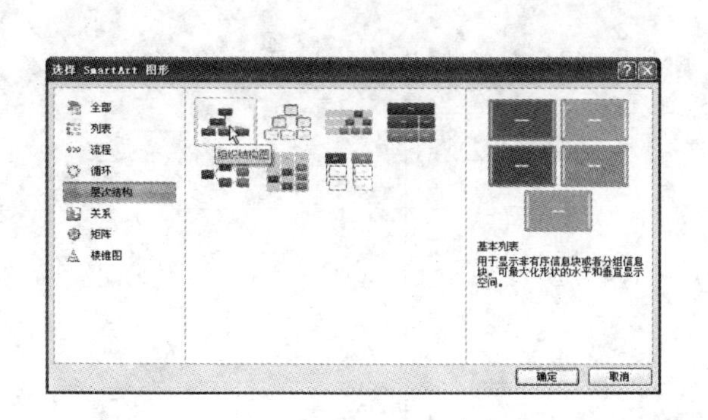

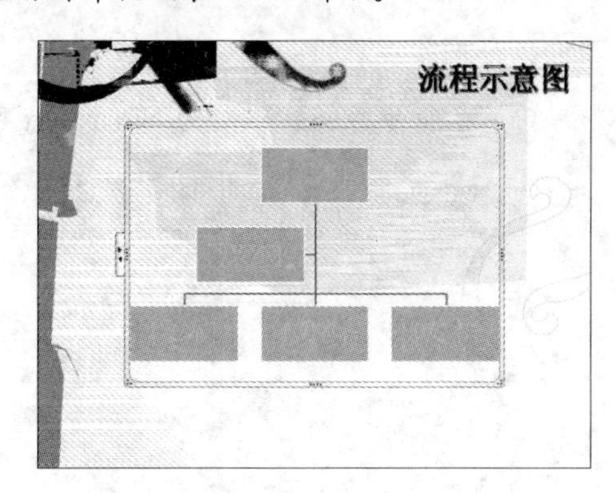

图 7－35 在幻灯片中插入 SmartArt 图形

(10) 单击 Office 按钮，在弹出的菜单中选择“另存为”命令，将该演示文稿以文件名“网络购物”进行保存。

7.2.2 编辑 SmartArt 图形

用户可以根据需要对插入的 SmartArt 图形进行编辑，如添加、删除形状，设置形状的填充色、效果等。选中插入的 SmartArt 图形，功能区将显示“设计”和“格式”选项卡，通过选项卡中各个功能按钮的使用,可以设计出各种美观大方的 SmartArt 图形。

1. 添加与删除形状

在幻灯片中选中 SmartArt 图形,此时形状周围将出现 8 个白色控制点。右击鼠标,在弹出的快捷菜单中选择"添加形状"命令,这时可以根据需要选择其子命令,从而在形状的上、下、左、右侧添加其他形状。

要删除形状,只需选中形状后单击 Delete 键。也可以在需要删除的形状上右击,在弹出的快捷菜单中选择"剪切"命令。

【实训 7 - 7】为 SmartArt 图形添加形状。

(1) 启动 PowerPoint 2007 应用程序,打开【实训 7 - 6】创建的"网络购物"演示文稿。

(2) 在幻灯片预览窗口中选择第 2 张幻灯片缩略图,将其显示在幻灯片编辑窗口中。

(3) 选中最后一行中间的形状,单击鼠标右键,在弹出的快捷菜单中选择"添加形状"|"在下方添加形状"命令,为 SmartArt 图形添加 1 个形状,如图 7 - 36 所示。

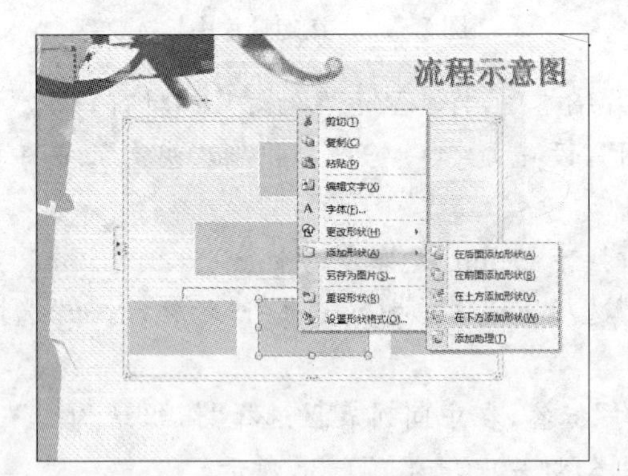

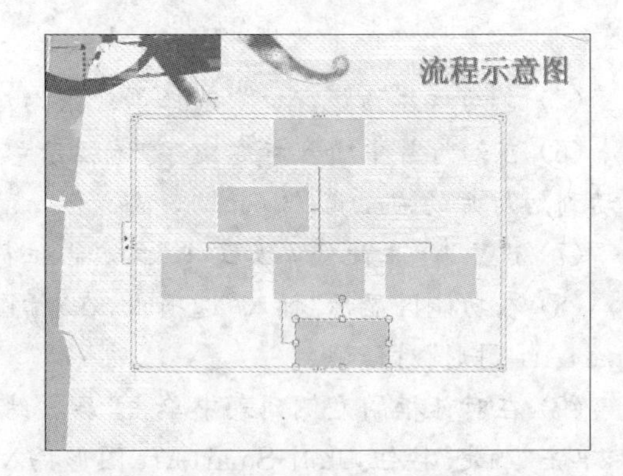

图 7 - 36　为 SmartArt 图形添加形状

(4) 参照步骤(3),继续为 SmartArt 图形添加形状,使幻灯片效果如图 7 - 37 所示。

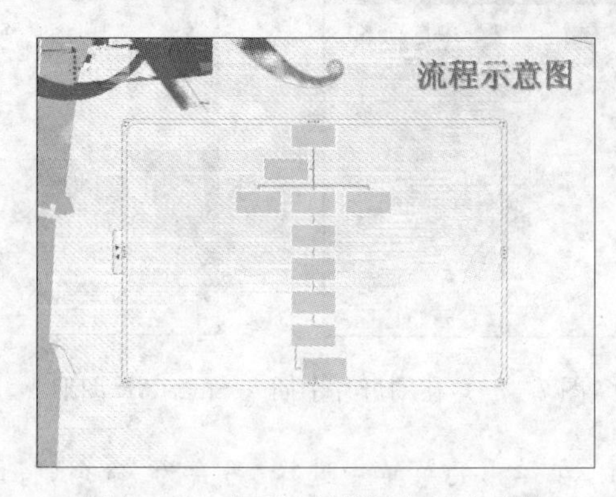

图 7 - 37　在下方另外添加 4 个形状

(5) 右击第 1 个添加的形状,在弹出的快捷菜单中选择"添加形状"|"添加助理"命令,为该形状添加 1 个附属形状。

(6) 使用相同方法,为其他形状添加助理。拖动 SmartArt 图形的外边框,放大图形,此时幻灯片效果如图 7-38 所示。

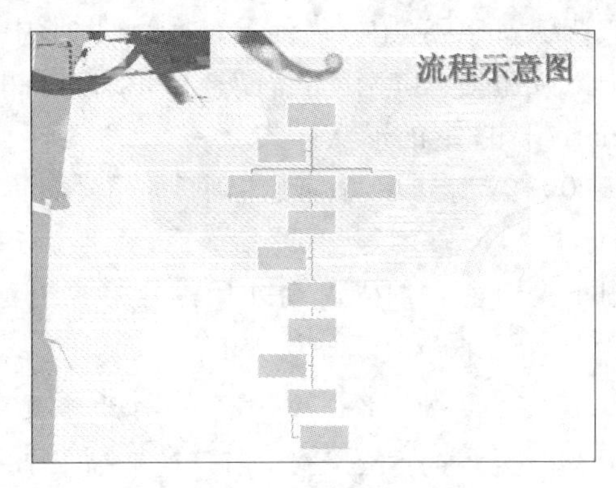

图 7-38　为形状添加助理

提示：

当需要放大或缩小 SmartArt 图形时，可以首先选中图形，在功能区切换到“格式”选项卡，然后单击“大小”按钮，在打开的“宽度”和“高度”文本框中精确设置图形大小。

(7) 在快速访问工具栏中单击“保存”按钮，将修改后的演示文稿保存。

2. 设置形状的外观

SmartArt 图形中的每一个形状都是一个独立的图形对象，选中它们后，形状四周将出现 8 个白色控制点和一个绿色的旋转控制点，用户通过拖动鼠标就可以调整形状的位置和大小。

在功能区显示“设计”选项卡，如图 7-39 所示，该选项卡中的功能按钮可以用来设置形状的外观格式。

该选项卡中部分选项的含义如下：

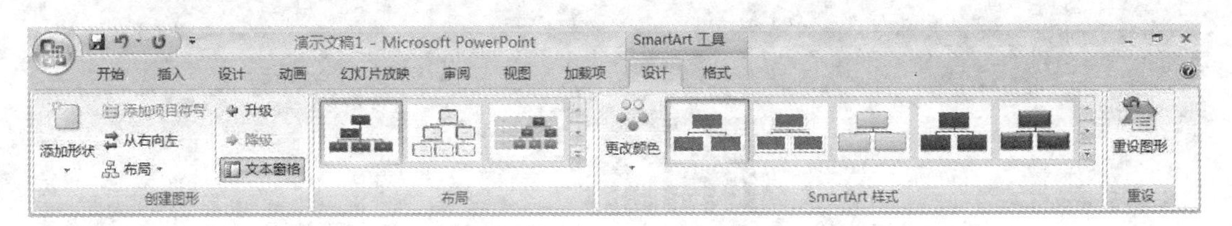

图 7-39　“设计”选项卡

- “添加形状”按钮　单击该按钮可以为 SmartArt 图形添加形状，其功能和在快捷菜单中选择“添加形状”命令相同。
- “升级”和“降级”按钮　单击该按钮，可以增加或降低所选形状或带项目符号文本的级别。
- “布局”选项区域　该选项区域提供了所有 SmartArt 图形的类型，当需要在幻灯片中更改或添加 SmartArt 图形时，可以直接在该选项区域中选择需要的图形类型。
- “更改颜色”按钮　单击该按钮，将打开 PowerPoint 预先定义好的颜色面板，在该面板中选择需要的颜色，单击所选颜色将其应用到当前 SmartArt 图形中。

- “SmartArt 样式”选项区域　该选项区域提供了多种图形样式，包括三维图形样式等。直接单击样式选项，将其应用到当前 SmartArt 图形中。
- “重设”按钮　单击该按钮则删除对 SmartArt 图形所进行的所有格式修改。

【实训 7-8】修改 SmartArt 图形的形状样式。

(1) 启动 PowerPoint 2007 应用程序，打开【实训 7-7】创建的“网络购物”演示文稿。

(2) 在幻灯片预览窗口中选择第 2 张幻灯片缩略图，将其显示在幻灯片编辑窗口中。

(3) 选中形状，当周围出现白色控制点时向外侧拖动形状边框，增大其尺寸，并移动两个附属形状的位置，使得幻灯片效果如图 7-40 所示。

(4) 在“SmartArt 样式”选项区域中单击按钮，在打开选项列表的“三维样式”选项区域中选择“优雅”选项，此时幻灯片中的 SmartArt 图形效果如图 7-41 所示。

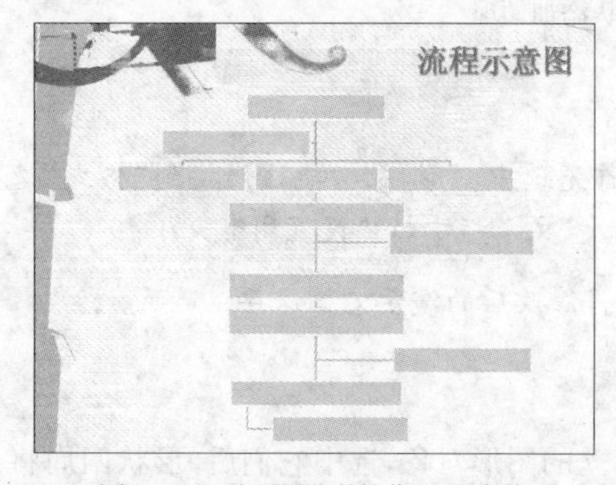

图 7-40　调整图形的位置和大小

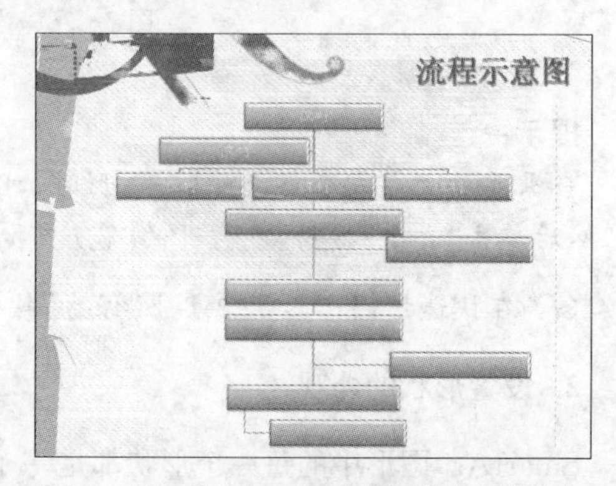

图 7-41　将 SmartArt 图形应用快速样式

(5) 选中最上方的形状，在功能区显示“格式”选项卡，在“形状样式”选项区域中单击“形状填充”按钮，在打开菜单的“标准色”选项区域中单击“深蓝”选项，将该形状填充为深蓝色，如图 7-42 所示。

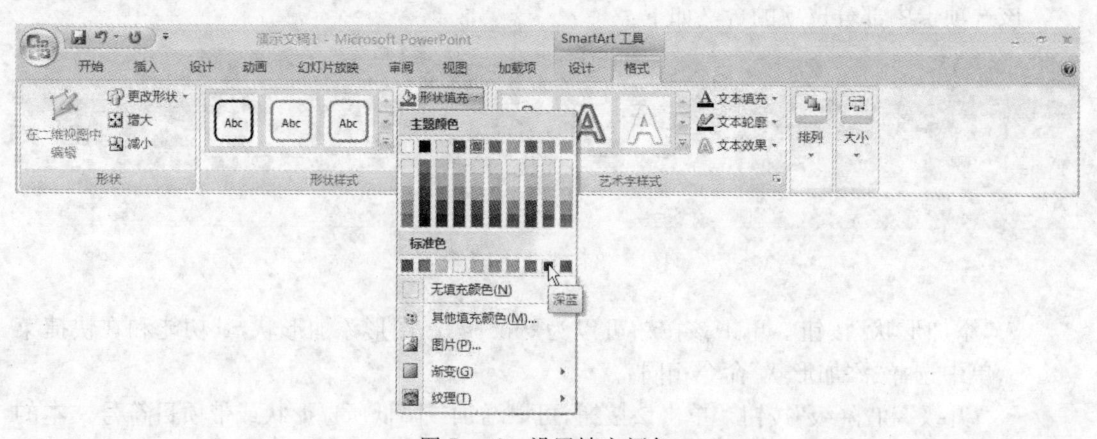

图 7-42　设置填充颜色

(6) 参照步骤(5)，选中两个附属形状，将它们填充为“橙色”，此时幻灯片效果如图 7-43 所示。

(7) 在快速访问工具栏中单击“保存”按钮，将修改后的演示文稿保存。

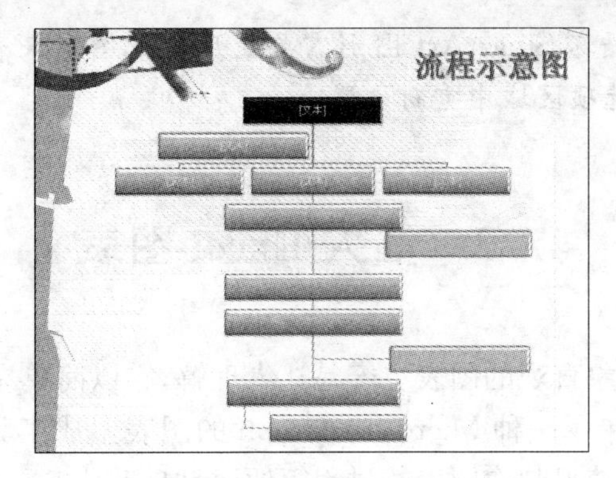

图 7 - 43　在形状填充颜色

3. 在形状中添加文字

在幻灯片中选中 SmartArt 图形，单击图形边框上的按钮，将打开如图 7 - 44 所示的“在此处键入文字”文本框，在该文本框中单击“[文本]”字样，当出现闪烁的光标时即可为图形中的形状添加文字。

提示：

在形状内部的“[文本]”字样中单击，当出现闪烁的光标时输入文字。

图 7 - 44　“在此处键入文字”文本框

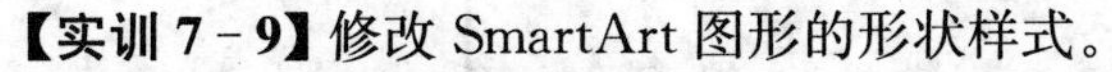

【实训 7 - 9】 修改 SmartArt 图形的形状样式。

(1) 启动 PowerPoint 2007 应用程序，打开【实训 7 - 8】创建的“网络购物”演示文稿。

(2) 在幻灯片预览窗口中选择第 2 张幻灯片缩略图，将其显示在幻灯片编辑窗口中。

(3) 选中 SmartArt 图形，单击按钮，在打开的“在此处键入文字”文本框中输入如图 7 - 45 所示的文字，此时幻灯片效果如图 7 - 46 所示。

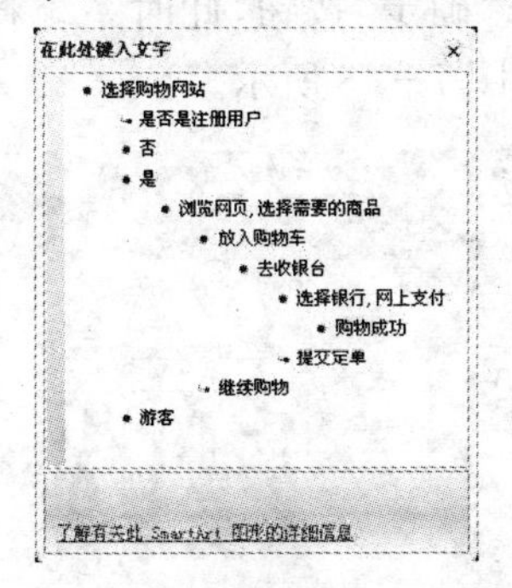

图 7 - 45　在文本框中输入文字

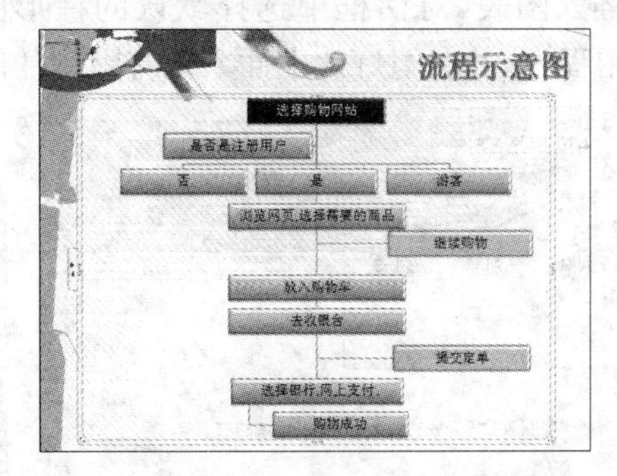

图 7 - 46　输入文字后的 SmartArt 图形效果

(4) 在快速访问工具栏中单击“保存”按钮，将修改后的演示文稿保存。

提示：

SmartArt 图形之间可以进行互换。需要注意的是，插入的循环 SmartArt 图形将无法转换成组织结构图。当循环 SmartArt 图形需要使用其他图形来表达当前信息时，可以在“设计”选项卡的“布局”选项区域中重新设置。

7.3 插入 Excel 图表

与文字数据相比，形象直观的图表更容易让人理解，它以简单易懂的方式反映了各种数据关系。PowerPoint 附带了一种 Microsoft Graph 的图表生成工具，它能提供各种不同的图表来满足用户的需要，使得制作图表的过程简便而且自动化。

7.3.1 在幻灯片中插入图表

插入图表的方法与插入图片、影片、声音等对象的方法类似，在功能区显示“插入”选项卡，在“插图”选项区域中单击“图表”按钮即可。单击该按钮，将打开“插入图表”对话框(如图 7-47 所示)，该对话框提供了 11 种图表类型，每种类型可以分别用来表示不同的数据关系。

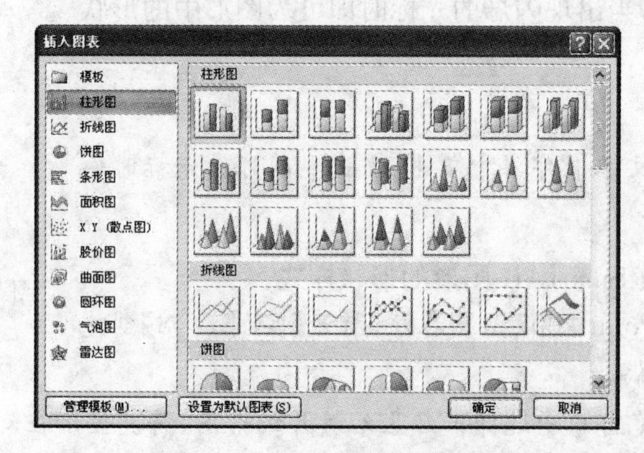

图 7-47 “插入图表”对话框

在“插入图表”对话框中选择默认的柱形图，单击“确定”按钮，此时系统将自动打开 Excel应用程序，并在幻灯片中插入现有默认的图表，如图 7-48 所示。

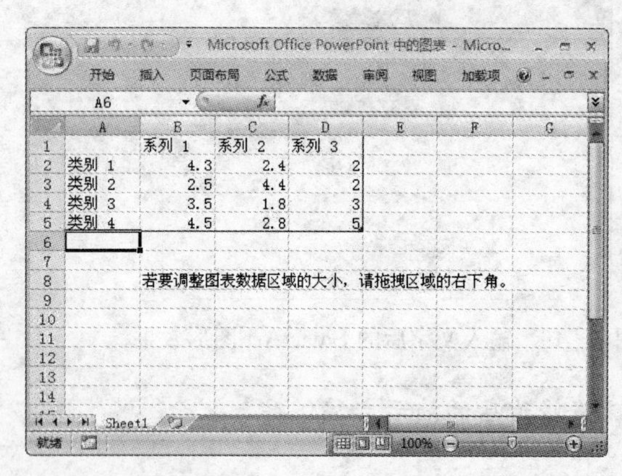

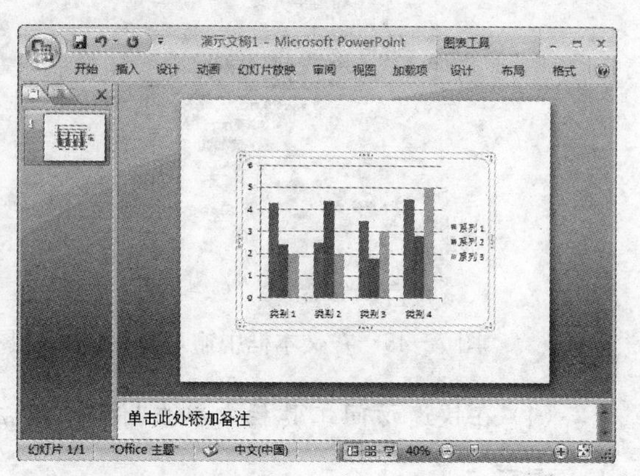

图 7-48 系统自动打开 Excel 程序和创建图表

图 7－48 所示图表中的柱形图是根据 Excel 表格中的数据计算出来的，所以在插入图表后，用户可以直接在 Excel 表格中修改数据，如修改行和列的名称、在行和列中输入数据等。在 Excel 表格中修改数据，使其如图 7－49 所示。

关闭 Excel 应用程序，此时 PowerPoint 将自动修改显示的图表，如图 7－50 所示。

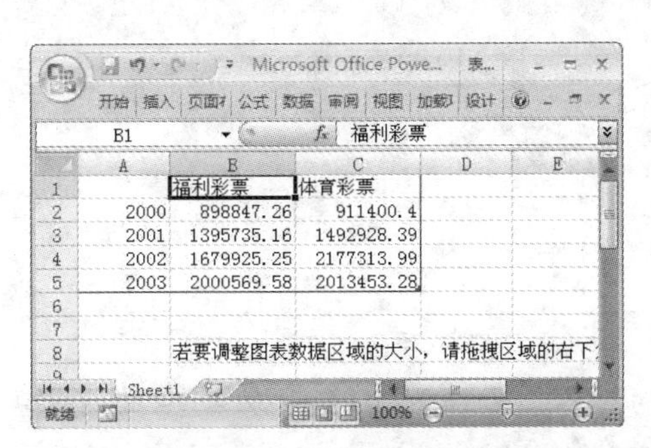

图 7－49 在 Excel 表格中修改数据

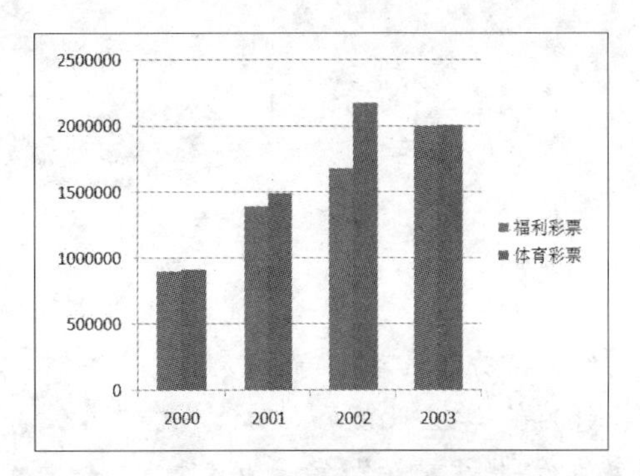

图 7－50 修改数据后幻灯片显示的图表效果

提示：

从图 7－50 中可以看出，当输入了与原数据不同的数据后，图表的形状发生了明显的变化，这也说明了图表的形状是由 Excel 表中的数据控制的。在幻灯片窗口的任意空白处单击鼠标，将退出图表编辑状态，回到幻灯片编辑状态，完成图表的创建。

当需要修改图表中的数据时，可以首先选中图表，在“设计”选项卡的“数据”选项区域中单击“编辑数据”按钮；也可以右击图表，在弹出的快捷菜单中选择“编辑数据”命令，然后在打开的 Excel 表格中修改数据。

【实训 7－10】使用插入图表功能，在幻灯片中插入饼图。

(1) 启动 PowerPoint 2007 应用程序，单击 Office 按钮，在弹出的菜单中选择“新建”命令，打开“新建演示文稿”对话框。

(2) 在对话框的“模板”列表中选择“我的模板”命令，打开“新建演示文稿”对话框。

(3) 在“我的模板”列表框中选择 Profile 模板，如图 7－51 所示，然后单击“确定”按钮，将该模板应用到当前演示文稿中。

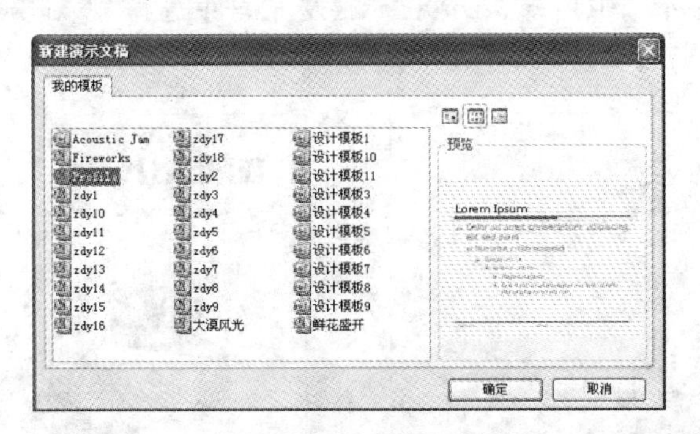

图 7－51 模板预览效果

(4) 在打开幻灯片的两个文本占位符中输入文字。设置标题文字字体为“华文琥珀”，设置副标题字号为 32、字型为“加粗”，并在幻灯片中插入如图 7－52 所示的剪贴画。

图 7-52　第 1 张幻灯片效果

(5) 在功能区单击“新建幻灯片”按钮，添加一张空白幻灯片。

(6) 在“单击此处添加标题”文本占位符中输入文字标题文字“面积所占比例”，设置文字字体为“华文琥珀”，字号为 44。

(7) 在“单击此处添加文本”文本占位符中单击按钮，打开“插入图表”对话框。

(8) 在对话框的“饼图”选项列表中选择“分离型三维饼图”选项，单击“确定”按钮。

(9) 此时系统将自动打开 Excel 应用程序，在 Excel 表格中输入如图 7-53 所示的数据。

(10) 关闭 Excel 应用程序，此时幻灯片中出现如图 7-54 所示的三维饼图。

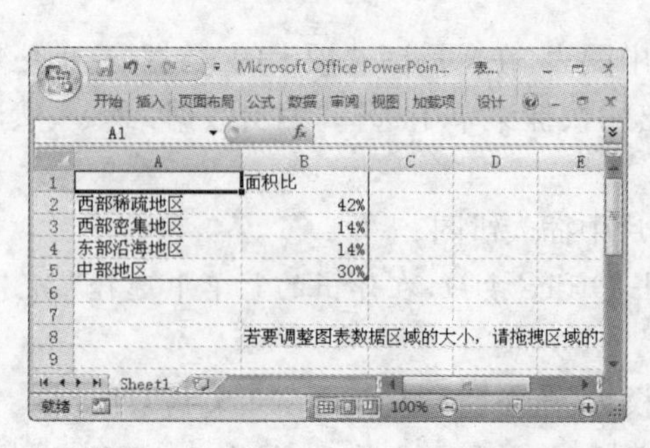

图 7-53　在 Excel 表格中输入数据

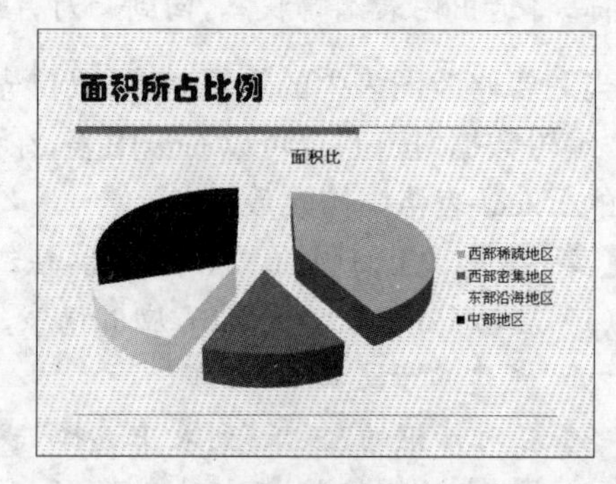

图 7-54　输入数据后显示的饼图

(11) 分别右击 4 个扇形图形，在弹出的快捷菜单中选择“添加数据标签”命令，此时扇形图形上方显示各自的面积比，如图 7-55 所示。

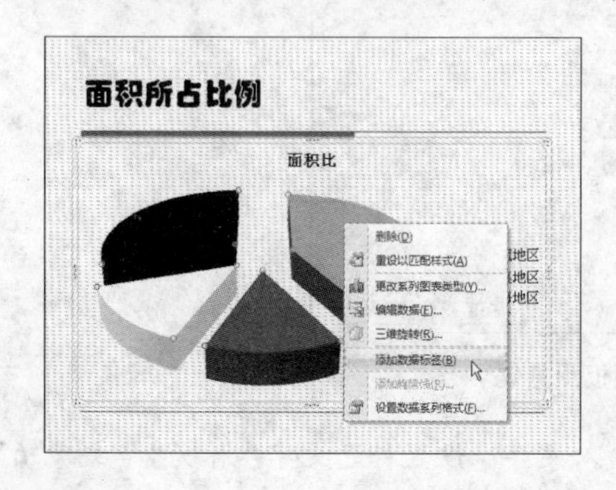

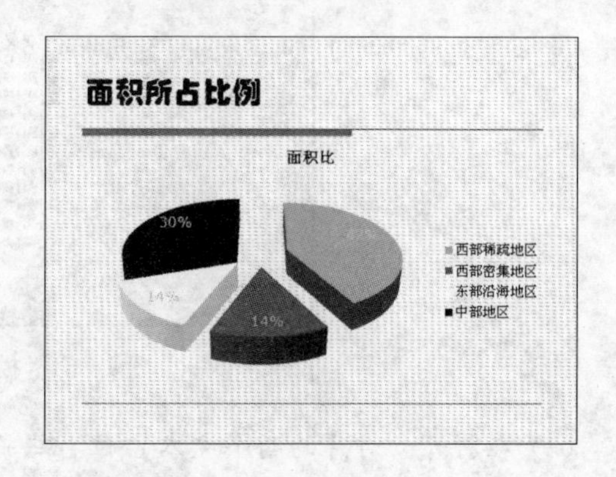

图 7-55　在饼图上显示数据

(12) 在功能区单击“新建幻灯片”按钮，添加一张空白幻灯片。

(13) 在“单击此处添加标题”文本占位符中输入标题文字，参照步骤(6)设置标题文字属性。

(14) 参照步骤(7)～(9)，打开 Excel 应用程序，在表格中输入如图 7－56 所示的数据。

(15) 关闭 Excel 应用程序，此时幻灯片中出现插入的三维饼图，并为饼图添加数据标签，如图 7－57 所示。

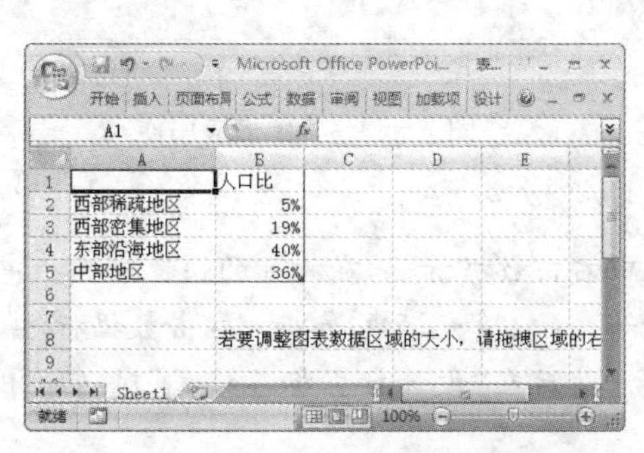

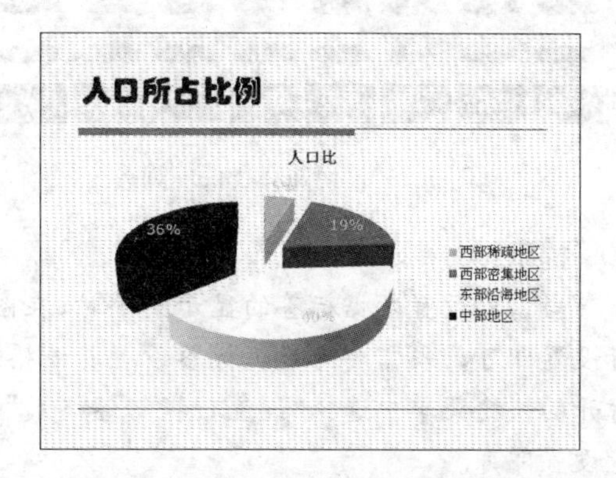

图 7－56 在 Excel 表格中输入数据

图 7－57 幻灯片中显示人口比例饼图

(16) 单击 Office 按钮，在弹出的菜单中选择“另存为”命令，将该演示文稿以文件名“东西部面积人口比”进行保存。

7.3.2 编辑与修饰图表

在 PowerPoint 中创建的图表，不仅可以像其他图形对象一样进行移动、调整大小，还可以设置图表的颜色、图表中某个元素的属性等。

1. 设置快速样式

和表格一样，PowerPoint 同样为图表提供了图表样式，图表样式可以使一个图表应用不同的颜色方案、阴影样式、边框格式等。在幻灯片中选中插入的图表，功能区将显示“设计”选项卡，如图 7－58 所示。

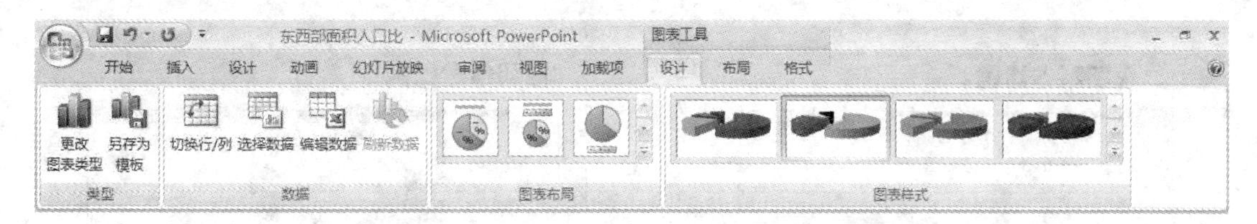

图 7－58 “设计”选项卡

在该选项卡的“图表样式”选项区域中单击按钮，打开如图 7－59 所示的快速样式选项列表，用户可以在该列表中选择需要的样式。将图 7－55 所示幻灯片中的图表应用“样式 8”，此时幻灯片效果如图 7－60 所示。

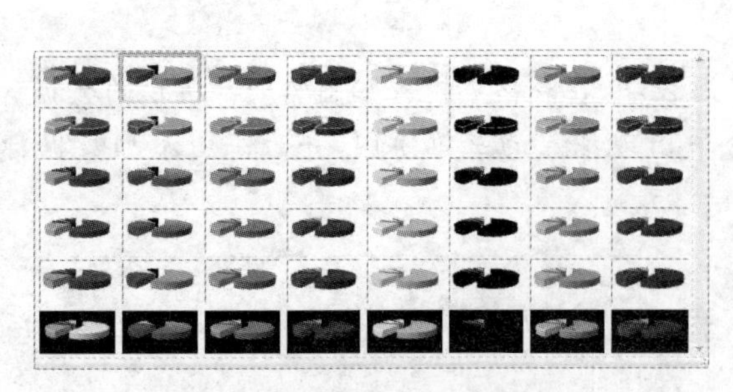
图 7-59　快速样式选项列表

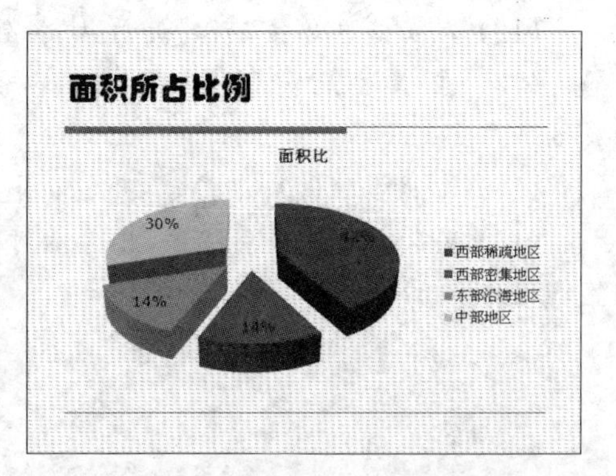

图 7-60　将图表应用样式

提示:

当需要设置数据标签的显示大小时,在图表中右击数据标签,在打开的快捷工具栏中进行设置即可。当需要为数据标签设置其他格式(如底纹、填充颜色等)时,右击数据标签,在打开的快捷菜单中选择"设置数据标签格式"命令,然后在"设计数据标签格式"对话框中进行设置即可。

2. 更改图表类型

在幻灯片中选中图表,在"设计"选项卡的"类型"选项区域中单击"更改图表类型"按钮,打开"更改图表类型"对话框,在该对话框中选择需要的类型后重新设置即可。

【实训 7-11】 在幻灯片中更改图表类型,将饼图更改为簇状圆柱图。

(1) 启动 PowerPoint 2007 应用程序,打开【实训 7-10】创建的"东西部面积人口比"演示文稿。

(2) 在演示文稿中显示第 2 张幻灯片,选中该幻灯片中的图表,在功能区显示"设计"选项卡,在"类型"选项区域中单击"更改图表类型"按钮,打开"更改图表类型"对话框。

(3) 在对话框的"柱形图"选项区域中选择"簇状圆柱图"选项,单击"确定"按钮。

(4) 此时幻灯片中的饼图转换为如图 7-61 所示的圆柱图,然后在"设计"选项卡的"图表样式"选项区域中选择"样式 36"选项,此时图表效果如图 7-62 所示。

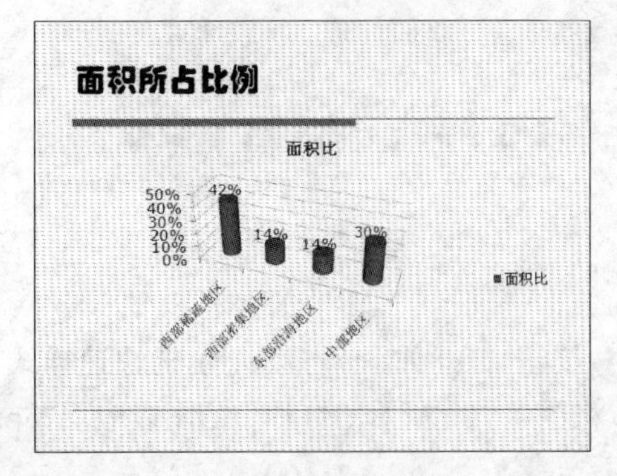

图 7-61　更改图表类型

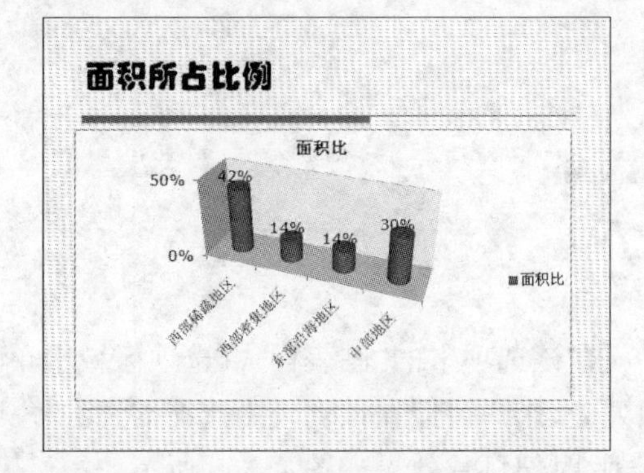

图 7-62　为图表应用快速样式

(5) 在快速访问工具栏中单击"保存"按钮,将修改后的演示文稿保存。

3. 改变图表布局

改变图表布局是指改变图表标题、图例、数据标签、数据表等元素的显示方式，用户可以在“布局”选项卡中进行设置，如图7-63所示。

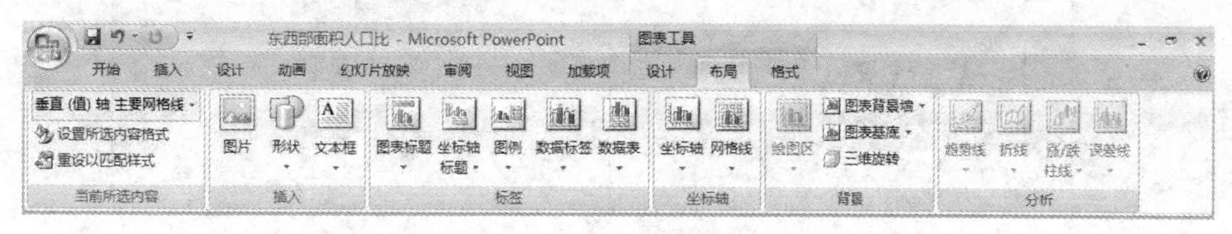

图7-63 “布局”选项卡

【实训7-12】更改图表部分元素在幻灯片中的布局。

(1) 启动PowerPoint 2007应用程序，打开【实训7-11】创建的“东西部面积人口比”演示文稿。

(2) 在演示文稿中显示第2张幻灯片，选中该幻灯片中的图表，在“设计”选项卡的“标签”选项区域中单击“图表标题”按钮，在弹出的菜单中选择“其他标题选项”命令，打开“设置图表标题格式”对话框。

(3) 在对话框中单击“填充”选项卡，在“填充”选项区域中选中“纯色填充”单选按钮，然后单击“颜色”按钮，在弹出的菜单中选择如图7-64所示的“深红，强调文字颜色6，淡色60%”选项，单击“关闭”按钮。

(4) 右击标题文字“面积比”，在弹出的快捷工具栏中设置文字字号为28。

(5) 在功能区的“标签”选项区域中单击“图例”按钮，在弹出的菜单中选择“在底部显示图例”命令。

(6) 参照步骤(4)，设置图例文字字号为18，此时幻灯片效果如图7-65所示。

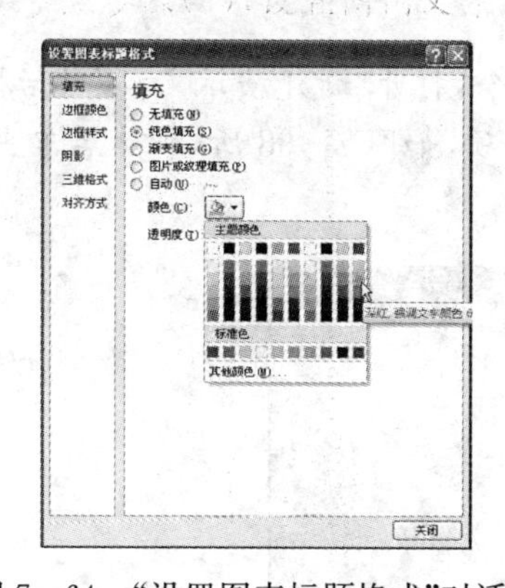

图7-64 “设置图表标题格式”对话框

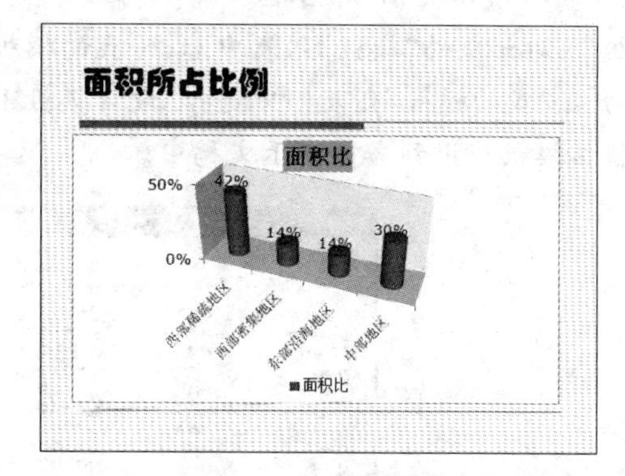

图7-65 设置标题和图例后的幻灯片效果

(7) 在功能区的“标签”选项区域中单击“数据表”按钮，在弹出的菜单中选择“显示数据表”命令，如图7-66所示。

(8) 调整数据表和图例的位置，效果如图7-67所示。

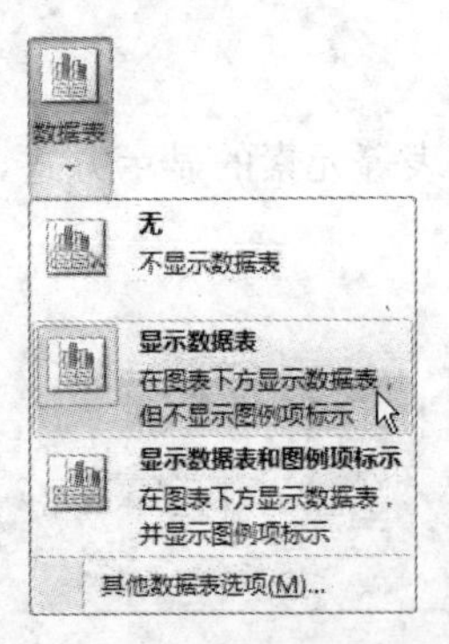

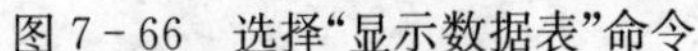

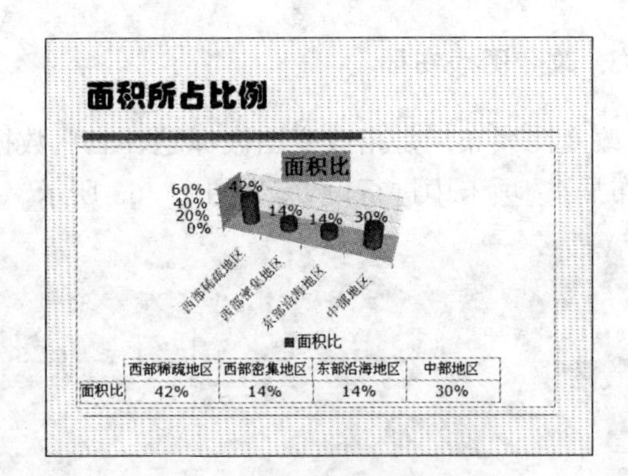

图 7-66 选择"显示数据表"命令　　　　图 7-67 显示数据表

(9) 在快速访问工具栏中单击"保存"按钮，将修改后的演示文稿保存。

提示：

当需要设置坐标轴格式时，可以在图表中选中"坐标轴"区域，右击该区域，在弹出的快捷菜单中选择"设置坐标轴格式"命令，然后在打开的"设置坐标轴格式"对话框中进行设置。

7.4 实例制作——股份公司简介

综合应用 PowerPoint 2007 提供的辅助功能，包括表格的绘制、SmartArt 图形的添加以及图表的设置等，设计一个商务演示文稿。

【实训 7-13】使用 PowerPoint 的辅助功能制作演示文稿"股份公司简介"。

(1) 启动 PowerPoint 2007 应用程序，单击 Office 按钮，在弹出的菜单中选择"新建"命令，打开"新建演示文稿"对话框。

(2) 在对话框的"模板"列表中选择"我的模板"命令，打开"新建演示文稿"对话框。

(3) 在"我的模板"列表框中选择"设计模板 11"选项，如图 7-68 所示，然后单击"确定"按钮，将该模板应用到当前演示文稿中。

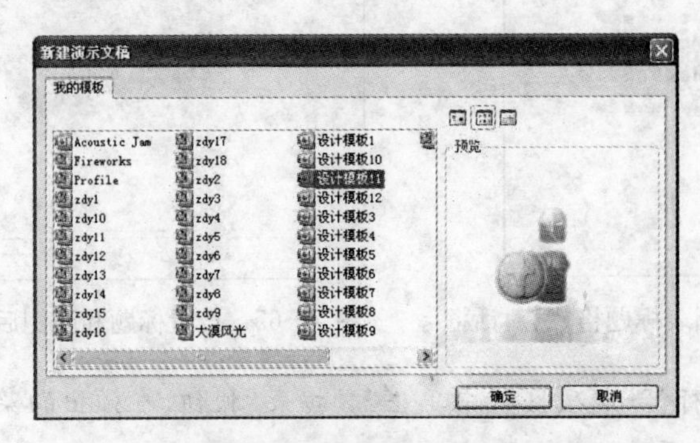

图 7-68 模板预览效果

(4) 在"单击此处添加标题"文本占位符中输入文字"名月股份有限公司"，设置文字字体为"华文琥珀"、字体颜色为"黑色"、字型为"加粗"；在"单击此处添加副标题"文本占位符中输入文字“——数据分析表”，此时该幻灯片效果如图 7－69 所示。

(5) 在幻灯片预览窗口中选择第 2 张幻灯片缩略图，将其显示在幻灯片编辑窗口中。

(6) 在“单击此处添加标题”文本占位符中输入标题文字，设置文字字体为“华文隶书”、字型为“加粗”。

(7) 选中“单击此处添加文本”文本占位符，按下 Delete 键将其删除。

(8) 在功能区显示“插入”选项卡，单击“表格”按钮，在打开菜单的网格框内拖动鼠标左键，创建一个 7×3 的表格，并将其拖动到幻灯片的适当位置，如图 7－70 所示。

图 7－69　第 1 张幻灯片效果

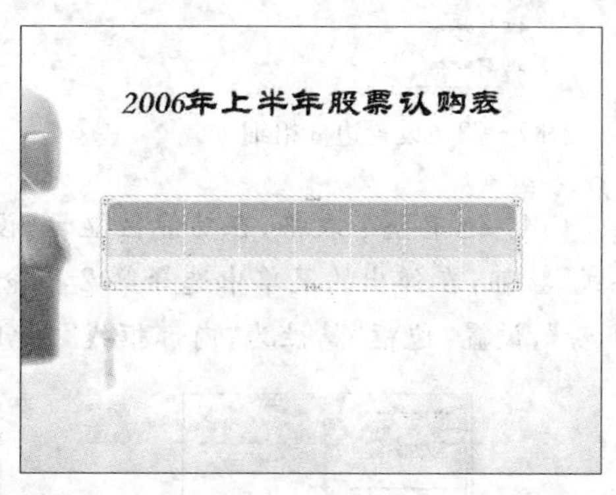

图 7－70　在幻灯片中插入空白表格

(9) 在单元格内单击鼠标，当出现闪烁的光标时输入文字。

(10) 选中表格第 1 行，设置该行中文字的颜色为“黑色”、字号为 24；选中表格第 2～3 行，设置文字字号为 20。

(11) 选中表格第 1 列，在功能区中显示“布局”选项卡，在“单元格大小”选项区域的“表格列宽度”文本框中输入“3.3 厘米”，此时幻灯片效果如图 7－71 所示。

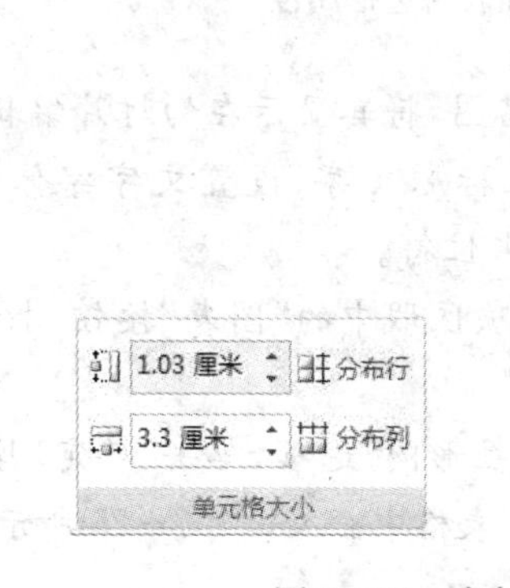

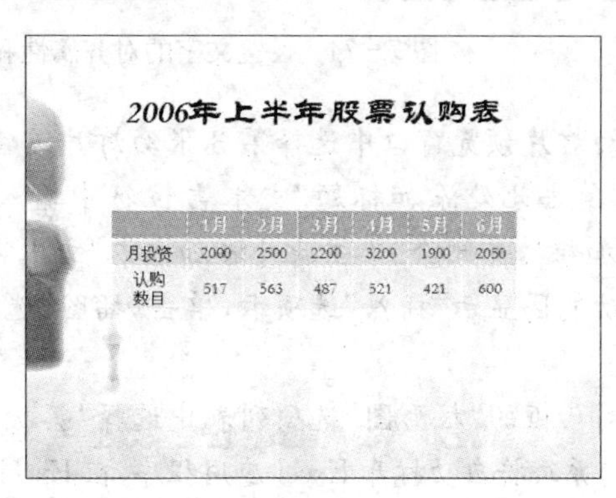

图 7－71　在幻灯片中输入文字并设置文字格式

(12) 在幻灯片中选中整个表格，在功能区显示“布局”选项卡，单击“对齐方式”选项区域中的“居中”按钮和“垂直居中”按钮，设置表格中文字的对齐方式。

(13) 选中整个表格，在功能区显示“设计”选项卡，单击“绘图边框”选项区域中的“笔画粗细”按钮，在弹出的菜单中选择“3.0 磅”命令，如图 7－72 所示。在“表格样式”选项区域中单击“边框”按钮，在弹出的菜单中选择“外侧框线”命令，如图 7－73 所示。

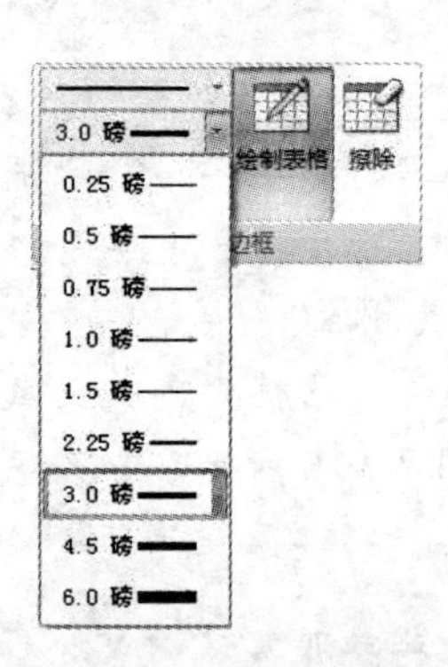

图 7-72　设置边框粗细

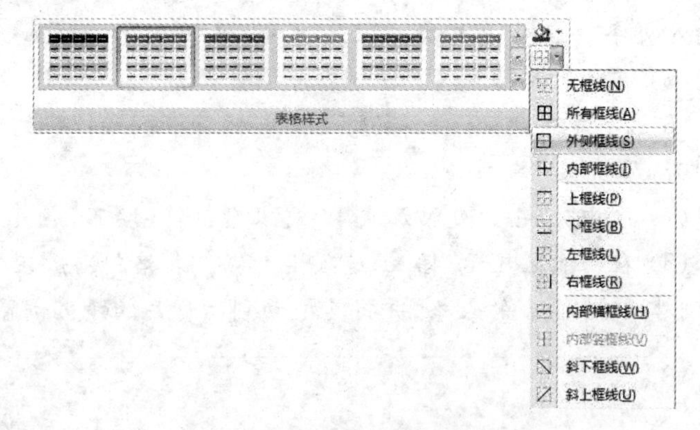

图 7-73　设置边框样式

(14) 选中整个表格,在功能区显示“设计”选项卡,单击“绘图边框”选项区域中的“笔画样式”按钮,在弹出的菜单中选择第 2 个命令。然后参照步骤(13),设置“笔画粗细”属性为“1 磅”,设置“边框”属性为“内部框线”,此时幻灯片效果如图 7-74 所示。

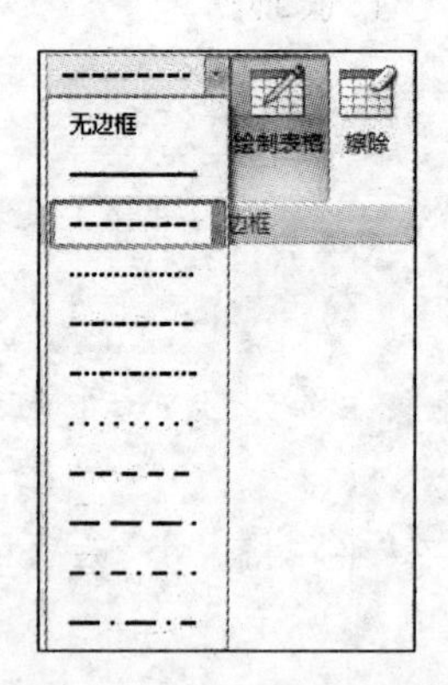

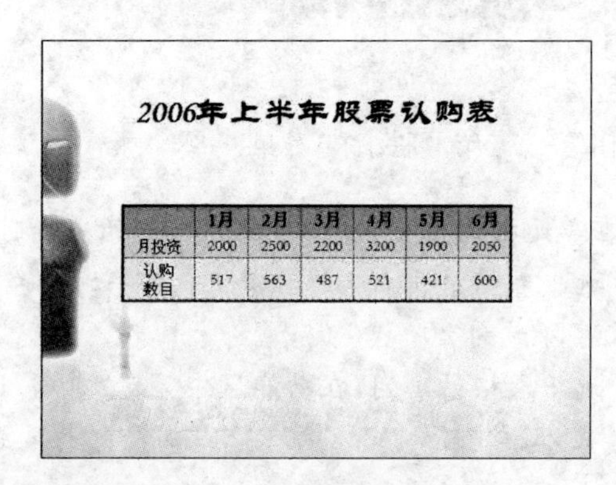

	1月	2月	3月	4月	5月	6月
月投资	2000	2500	2200	3200	1900	2050
认购数目	517	563	487	521	421	600

图 7-74　设置文字的对齐属性和表格边框属性

(15) 在幻灯片预览窗口中选择第 3 张幻灯片缩略图,将其显示在幻灯片编辑窗口中。

(16) 在“单击此处添加标题”文本占位符中输入标题文字,设置文字字体为“华文隶书”、字型为“加粗”,并删除“单击此处添加文本”文本占位符。

(17) 在功能区显示“插入”选项卡,单击“插图”选项区域中的“图表”按钮,打开“插入图表”对话框。

(18) 在对话框的“柱形图”选项列表中选择“簇状柱形图”选项,单击“确定”按钮。

(19) 此时系统将自动打开 Excel 应用程序,在 Excel 表格中输入如图 7-75 所示的数据。

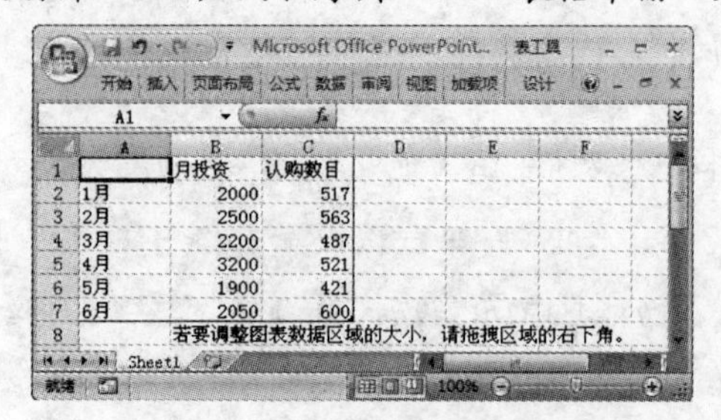

	A	B	C
1		月投资	认购数目
2	1月	2000	517
3	2月	2500	563
4	3月	2200	487
5	4月	3200	521
6	5月	1900	421
7	6月	2050	600

图 7-75　在 Excel 表中输入数据

(20) 关闭 Excel 应用程序，此时幻灯片中出现插入的柱形图，如图 7－76 所示。

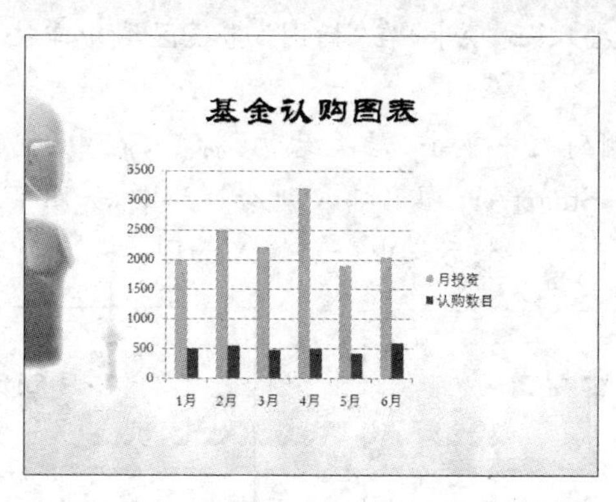

图 7－76　幻灯片中显示插入的柱形图

(21) 选中整个图表并右击鼠标，在弹出的快捷菜单中选择“设置图表区域格式”命令，打开“设置图表区格式”对话框。

(22) 在“填充”选项区域中选择“渐变填充”单选按钮，单击“预设颜色”按钮，在弹出的菜单中选择“茵茵绿原”命令。

(23) 在“渐变光圈”下拉列表框中选择“光圈 3”选项，单击其下方的“颜色”按钮，选择如图 7－77 所示的颜色。

(24) 设置完毕后，单击“关闭”按钮，此时幻灯片效果如图 7－78 所示。

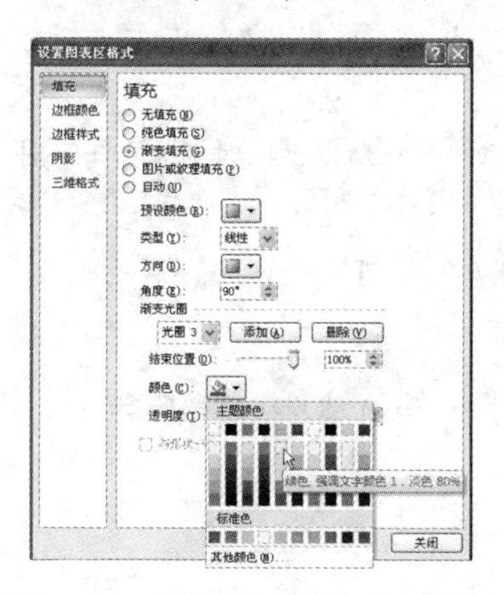

图 7－77　“设置图表区格式”对话框

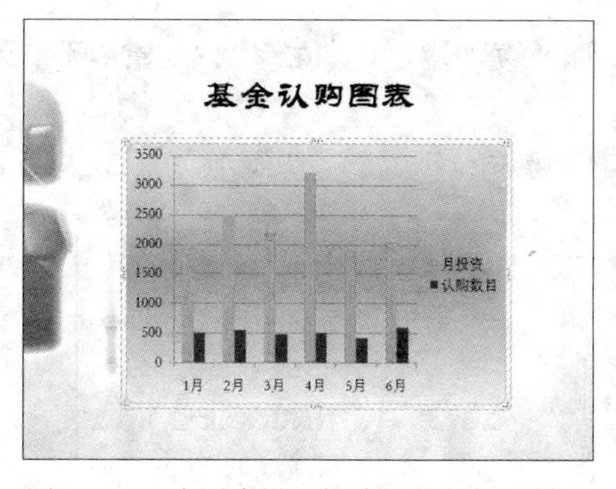

图 7－78　为图表设置格式后的幻灯片效果

(25) 在幻灯片中选中横坐标轴区域，右击该区域，在弹出的快捷工具栏中设置文字字体为“黑体”。

提示：

一般来说，图表中的坐标轴分为横坐标轴与纵坐标轴两种，当为横坐标轴中任何一个坐标项目设定格式后，则整个横坐标轴将显示相同的格式外观。同样，纵坐标轴的设定也遵循该规律。

(26) 在幻灯片预览窗口中选择第 4 张幻灯片缩略图，将其显示在幻灯片编辑窗口中。

(27) 在“单击此处添加标题”文本占位符中输入标题文字，设置文字字体为“华文隶书”、字型为“加粗”，并删除“单击此处添加文本”文本占位符。

(28) 在功能区显示“插入”选项卡，在“插图”选项区域中单击 SmartArt 按钮，打开“选择 SmartArt 图形”对话框。

(29) 在对话框的左侧列表中单击“层次结构”标签，在中间列表区选择“层次结构”选项，单击“确定”按钮，此时 SmartArt 图形插入到幻灯片中，如图 7－79 所示。

(30) 在 SmartArt 图形的 6 个形状中分别输入如图 7－80 所示的文字。

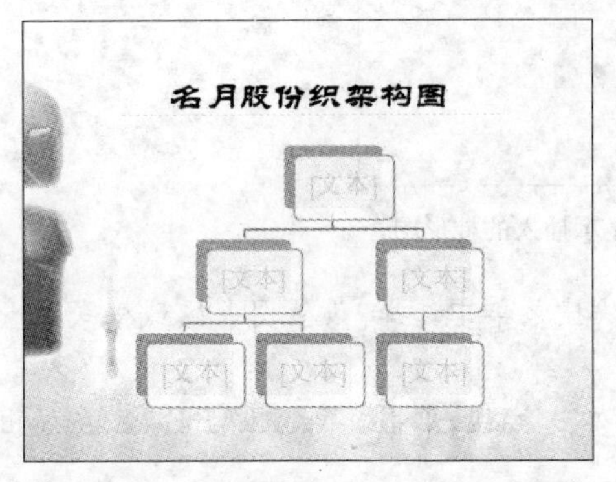

图 7－79 在幻灯片中插入 SmartArt 图形

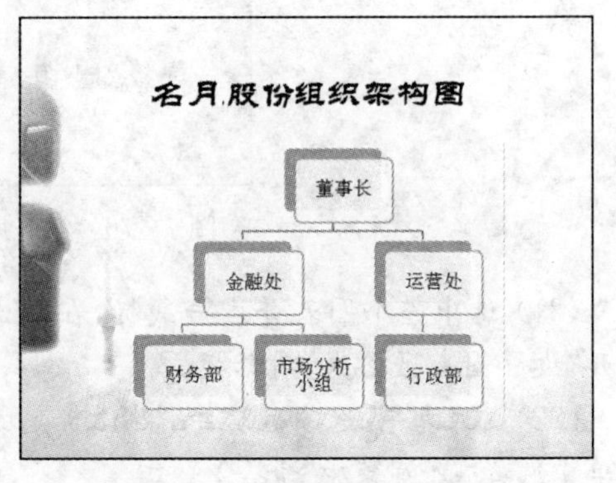

图 7－80 在形状中输入文字

(31) 右击形状“运营处”，在弹出的快捷菜单中选择“添加形状”|“在后面添加形状”命令。

(32) 右击形状“运营处”，在弹出的快捷菜单中选择“添加形状”|“在下方添加形状”命令。

(33) 重复步骤(32)，在形状“运营处”下方再添加一个形状，此时幻灯片如图 7－81 所示。

(34) 为添加的 3 个形状添加文字，使得效果如图 7－82 所示。

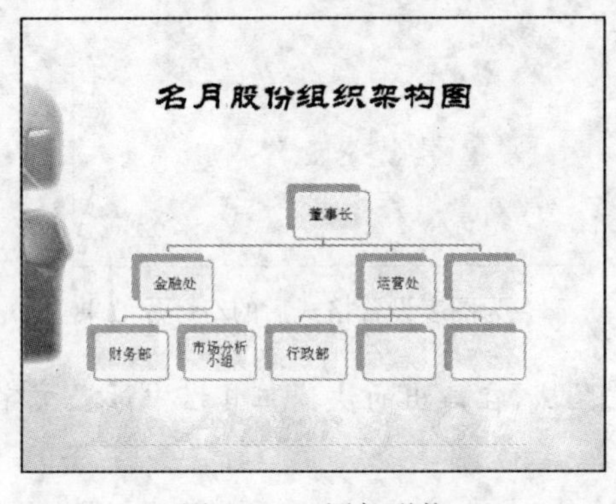

图 7－81 添加形状

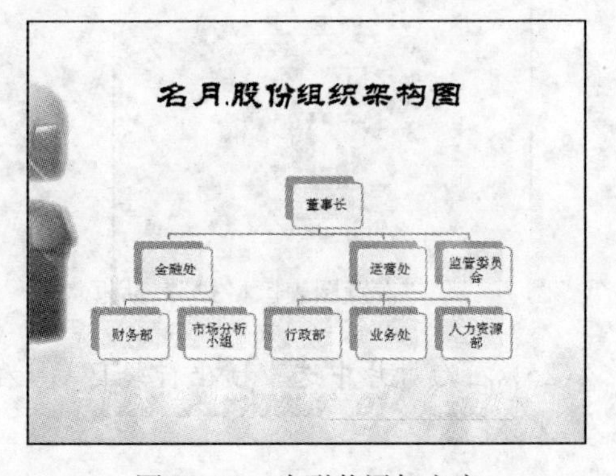

图 7－82 为形状添加文字

(35) 在幻灯片中选中 SmartArt 图形，在功能区显示“设计”选项卡，单击“SmartArt 样式”选项区域中的按钮，打开样式菜单。在该菜单的“三维”选项区域中选择“卡通”命令，此时幻灯片效果如图 7－83 所示。

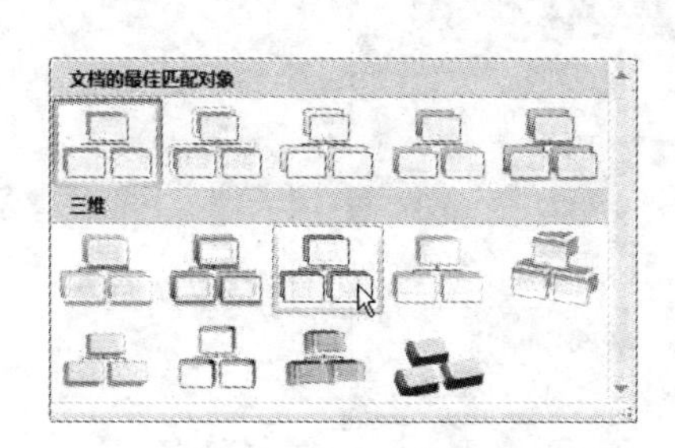

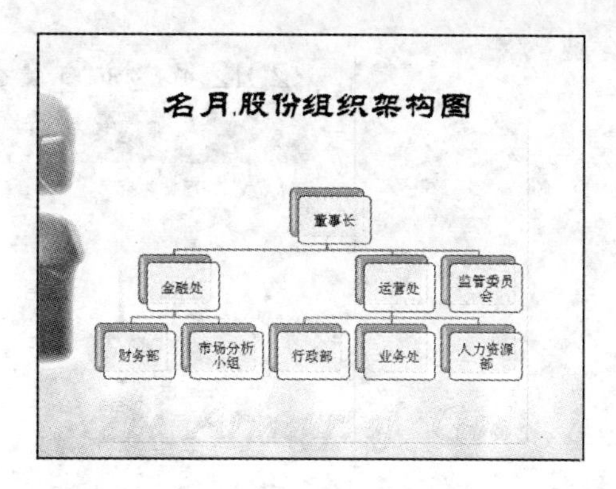

图 7-83 应用三维样式

(36) 选中形状"董事长",在功能区切换到"格式"选项卡,在"形状样式"选项区域中单击"形状轮廓"按钮,在弹出的菜单中选择"粗细"|"4.5 磅"命令,然后在该菜单的"标准色"选项区域中选择"橙色"。

(37) 参照步骤(36),设置所有形状的边框粗细均为"4.5 磅",设置"金融处"及其下方的形状边框颜色为"红色",设置"运营处"及其下方的形状边框颜色为"蓝色",设置"监管委员会"形状边框颜色为"紫色",此时幻灯片效果如图 7-84 所示。

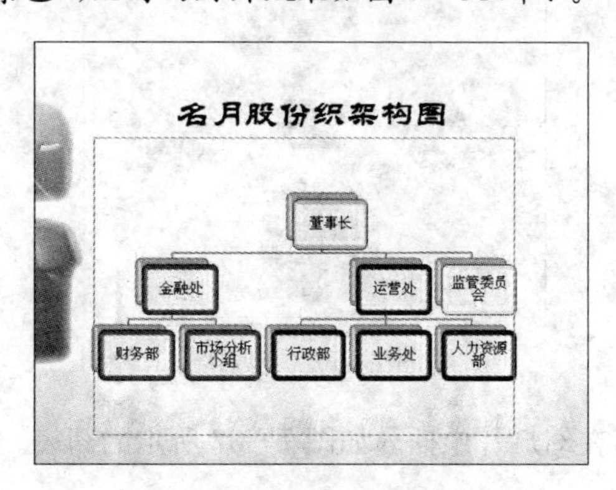

图 7-84 设置形状边框样式

(38) 单击 Office 按钮,在弹出的菜单中选择"另存为"命令,将该演示文稿以文件名"名月股份"进行保存。

7.5 思考与练习

1. 简述在 PowerPoint 中插入表格的几种方法。
2. 简述手动绘制表格和表头的方法。
3. 在幻灯片中插入如图 7-85 所示的表格,设置自动套用"浅色样式 2-强调 6"表格样式,文字居中对齐,并在幻灯片中添加表格标题,设置字体为"华文新魏",字体颜色为"深蓝"。

2012年超市商品销售额统计表

商品分类	销售额（元）
服饰类	1,850,560
食品类	5,894,698
出版品类	693,125
化妆品类	1,235,653
生活用品类	2,679,324
其他类	35,567

图 7－85　习题 3

4. 在幻灯片中插入如图 7－86 所示的 SmartArt 图形，设置 SmartArt 图形的三维样式，并在图形中间添加剪贴画。

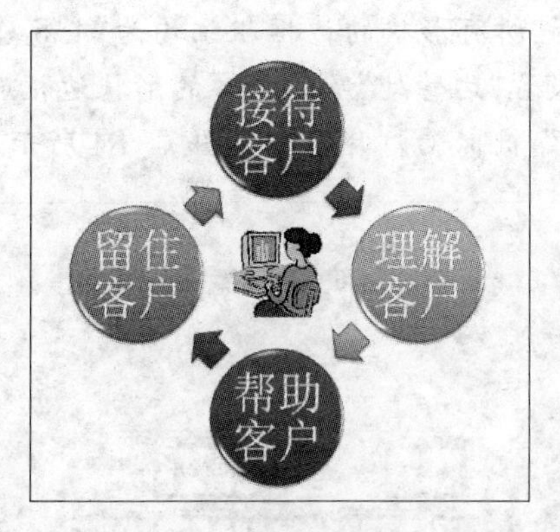

图 7－86　习题 4

5. 选择簇状柱形图，在幻灯片中插入如图 7－87 所示的图表。

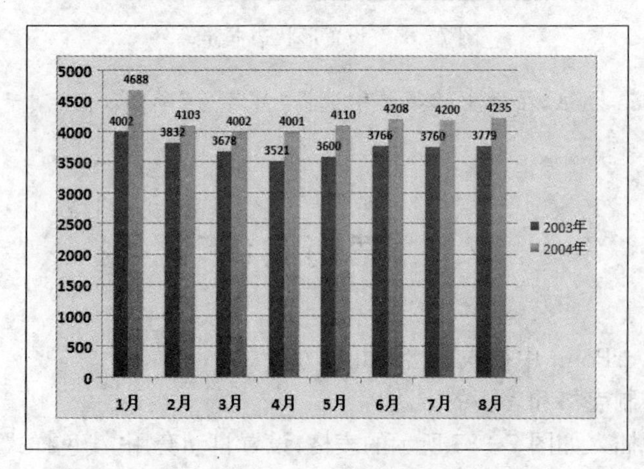

图 7－87　习题 5

6. 在幻灯片中插入如图7-88所示的分段流程图，设置SmartArt样式为"浅色样式2-强调6"的"卡通"，并在幻灯片中添加表格标题。

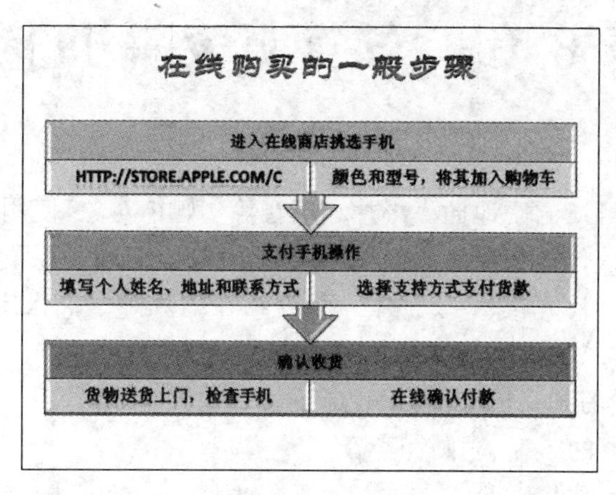

图7-88 习题6

第 8 章　多媒体支持功能

在 PowerPoint 中可以方便地插入影片和声音等多媒体对象，使用户的演示文稿从画面到声音，多方位地向观众传递信息。在使用多媒体素材时，必须注意所使用的对象均切合主题，否则反而会使演示文稿冗长、累赘。本章将介绍在幻灯片中插入影片及声音的方法，以及对插入的这些多媒体对象设置控制参数的方法。

通过本章的理论学习和上机实训，读者应了解和掌握以下内容：

- 插入剪辑管理器的影片、动画和声音
- 插入文件中的影片和声音
- 插入 CD 乐曲
- 插入自录声音

8.1　在幻灯片中插入影片

PowerPoint 中的影片包括视频和动画，用户可以在幻灯片中插入的视频格式有十几种，而可以插入的动画则主要是 GIF 动画。PowerPoint 支持的影片格式会随着媒体播放器的不同而有所不同。在 PowerPoint 中插入视频及动画的方式主要有从剪辑管理器插入和从文件插入两种。

8.1.1　插入剪辑管理器中的影片

在功能区显示“插入”选项卡，在“媒体剪辑”选项区域中单击“影片”按钮下方的下拉箭头，在弹出的菜单中选择“剪辑管理器中的影片”命令，此时 PowerPoint 将自动打开“剪贴画”任务窗格，该任务窗格显示了剪辑中所有的影片，如图 8-1 所示。

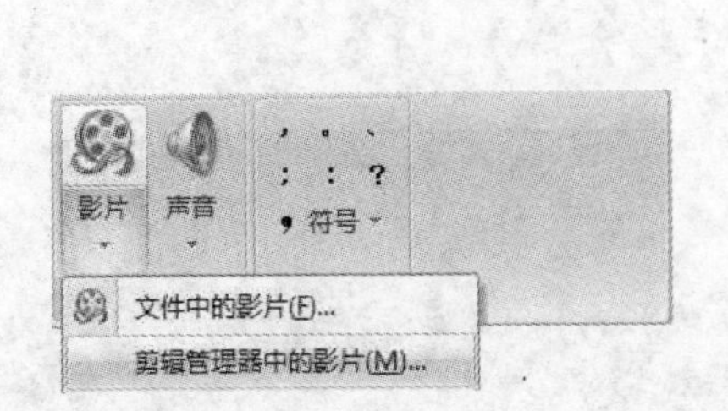

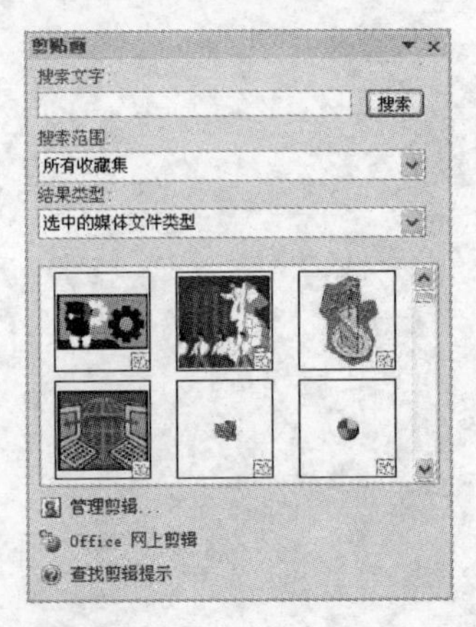

图 8-1　打开“剪辑画”任务窗格并显示所有影片

提示：

剪辑管理器将GIF动画归类为影片，单击“剪贴画”任务窗格中的“结果类型”下拉箭头，可以查看管理器中的影片具体包含的文件类型。

【实训8-1】在幻灯片中插入剪辑管理器中的影片。

(1) 启动PowerPoint 2007应用程序，单击Office按钮，在弹出的菜单中选择“新建”命令，打开“新建演示文稿”对话框。

(2) 在对话框的“模板”列表中选择“我的模板”命令，打开“新建演示文稿”对话框。

(3) 在“我的模板”列表框中选择“设计模板12”选项，如图8-2所示，然后单击“确定”按钮，将该模板应用到当前演示文稿中。

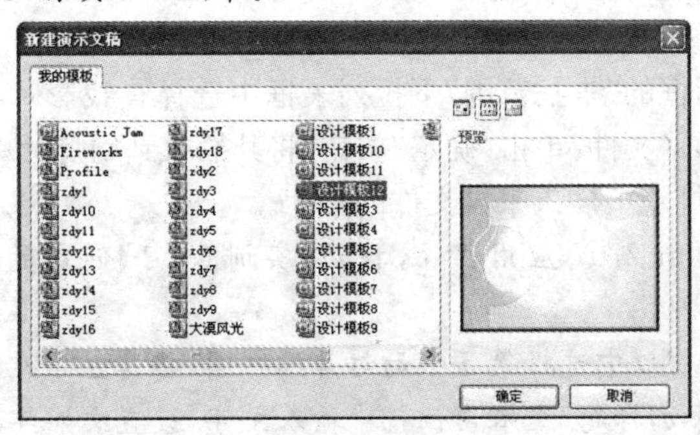

图8-2　模板预览效果

(4) 在“单击此处添加标题”文本占位符中输入文字“三滚筒清棉机”，设置文字字体为“华文琥珀”、字号为54、字型为“阴影”。

(5) 在“单击此处添加副标题”文本占位符中输入文字“——型号FA100”，设置文字字号为28、字型为“加粗”。

(6) 为第1张幻灯片添加自动更新的页脚日期和幻灯片编号，此时幻灯片效果如图8-3所示。

(7) 在“插入”选项卡中单击“影片”按钮下方的下拉箭头，在弹出的菜单中选择“剪辑管理器中的影片”命令，打开“剪贴画”任务窗格。

(8) 在打开的“剪贴画”任务窗格中单击第1个剪辑，将其添加到幻灯片中。

(9) 被添加的影片剪辑周围将出现8个白色控制点，使用鼠标拖动该剪辑到如图8-4所示的位置。

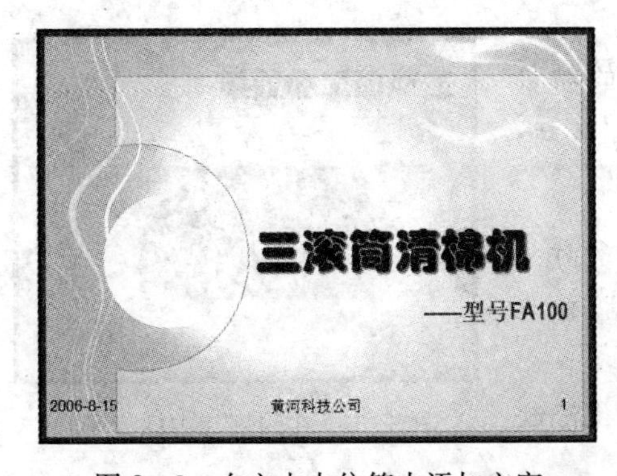

图8-3　在文本占位符中添加文字

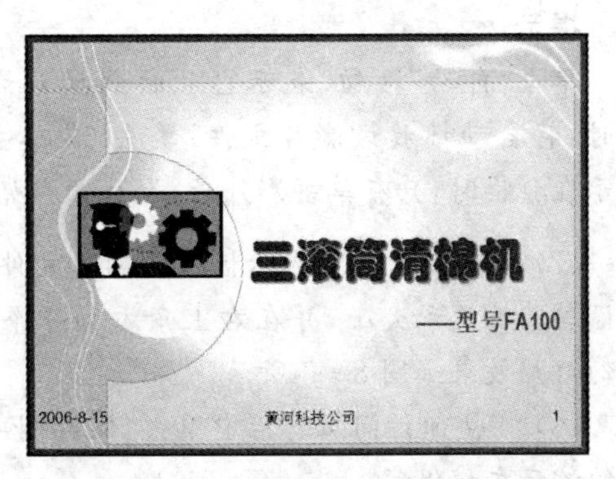

图8-4　在幻灯片中添加影片剪辑

提示:

虽然 PowerPoint 剪辑管理器将 GIF 动画归类为影片，但是用户插入外部 GIF 动画时，需要单击“来自文件的图片”按钮来插入，而不是选择“剪辑管理器中的影片”命令。

(10) 单击 Office 按钮，在弹出的菜单中选择“另存为”命令，将该演示文稿以文件名“三滚筒清棉机”进行保存。

8.1.2 插入文件中的影片

很多情况下，PowerPoint 剪辑库中提供的影片并不能满足用户的需要，这时可以选择插入来自文件中的影片。单击“影片”按钮下方的下拉箭头，在弹出的菜单中选择“文件中的影片”命令，打开“插入影片”对话框。

用户可以在该对话框的“查找范围”下拉列表框中选择查找影片文件的目录，然后在文件列表中选择需要的影片文件，单击“确定”按钮，将其插入到幻灯片中。

【实训 8-2】在幻灯片中插入来自文件的影片。

(1) 启动 PowerPoint 2007 应用程序，打开【实训 8-1】创建的“三滚筒清棉机”演示文稿。

(2) 在幻灯片预览窗口中选择第 2 张幻灯片缩略图，将其显示在幻灯片编辑窗口中。

(3) 在“单击此处添加标题”文本占位符中输入文字，设置文字字体为“华文琥珀”、字号为 48、字型为“加粗”。

(4) 选中“单击此处添加文本”文本占位符，按下 Delete 键将其删除。

(5) 单击“影片”按钮下方的下拉箭头，在弹出的菜单中选择“文件中的影片”命令，打开“插入影片”对话框。

(6) 在对话框中选择需要插入的文件，单击“确定”按钮，此时将打开一个消息对话框，单击“自动”按钮，如图 8-5 所示。

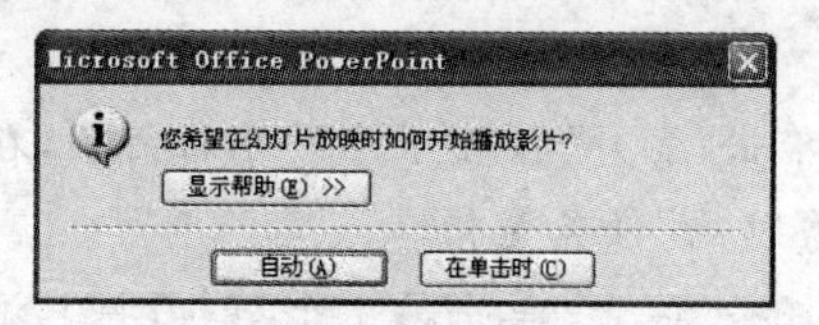

图 8-5 设置影片的播放方式

提示:

单击“自动”按钮，表示当放映到插入影片的幻灯片时，将自动播放该影片文件；单击“在单击时”按钮，表示在放映时，只有单击影片后，影片才开始播放。

(7) 此时幻灯片中显示插入的影片文件，在幻灯片中调整其位置和大小，并在右上角添加一个剪贴画，此时幻灯片效果如图 8-6 所示。

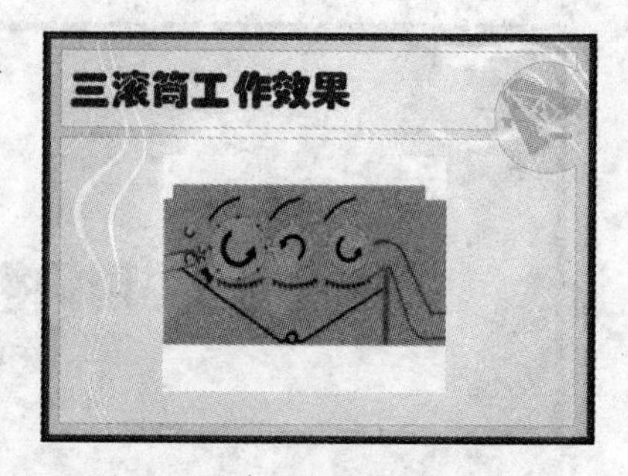

图 8-6 在幻灯片中插入影片

(8) 在快速访问工具栏中单击“保存”按钮，将修改后的演示文稿保存。

8.1.3 设置影片属性

对于插入到幻灯片中的视频，不仅可以调整它们的位置、大小、亮度、对比度、旋转角度等，还可以进行剪裁、设置透明色、重新着色及设置边框线条等操作，这些操作都与图片的操作相同。

对于插入到幻灯片中的 GIF 动画，用户不能对其进行剪裁。当 PowerPoint 放映到含有 GIF 动画的幻灯片时，该动画会自动循环播放。

在幻灯片中选中插入的影片，功能区将出现“影片工具”选项卡，如图 8－7 所示。该选项卡中部分选项的含义如下：

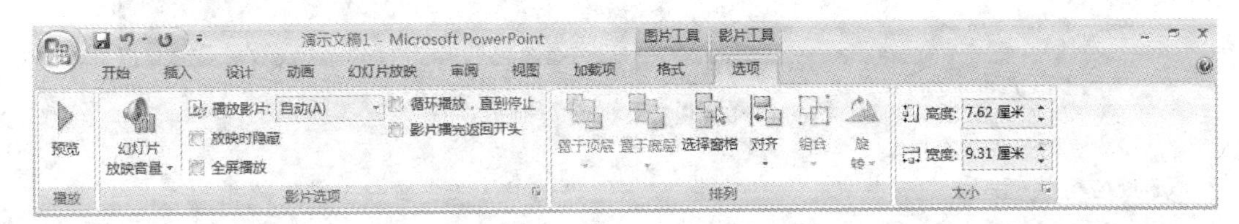

图 8－7 “影片工具”选项卡

- “幻灯片放映音量”按钮　单击该按钮，将打开一个选择菜单，用户可以根据需要选择“低”、“中”、“高”和“静音”命令。
- “循环播放，直到停止”复选框　选中该复选框，在放映幻灯片的过程中，影片会自动循环播放，直到放映下一张幻灯片或停止放映为止。
- “影片播完返回开头”复选框　选中该复选框，当播放完影片后，画面将停留在影片的第 1 帧；取消选中该复选框时，影片播放完毕后停留在最后一帧。
- “放映时隐藏”复选框　选中该复选框，在放映幻灯片的过程中将自动隐藏表示影片的图标。
- “全屏播放”复选框　选中该复选框，在播放时 PowerPoint 会自动将影片显示为全屏幕。

提示：

PowerPoint 中插入的影片都是以链接方式插入的，如果要在另一台计算机上播放该演示文稿，则必须在复制该演示文稿的同时复制它所链接的影片文件。

【实训 8－3】在幻灯片中设置影片格式。

(1) 启动 PowerPoint 2007 应用程序，打开【实训 8－2】在创建的“三滚筒清棉机”演示文稿。

(2) 在幻灯片预览窗口中选择第 2 张幻灯片缩略图，将其显示在幻灯片编辑窗口中。

(3) 选中插入的影片文件，在功能区显示“格式”选项卡，单击“大小”选项区域的“剪裁”按钮，将该影片周围的白色区域剪裁掉，使其效果如图 8－8 所示。

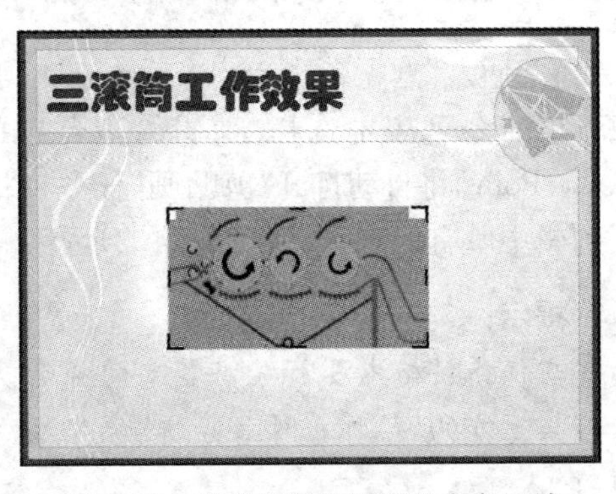

图 8－8 剪裁掉影片周围的白色区域

(4) 在“图片样式”列表中选择“圆形对角，白色”选项，并单击“形状轮廓”按钮，设置边框“粗细”为 4.5 磅，此时幻灯片效果如图 8－9 所示。

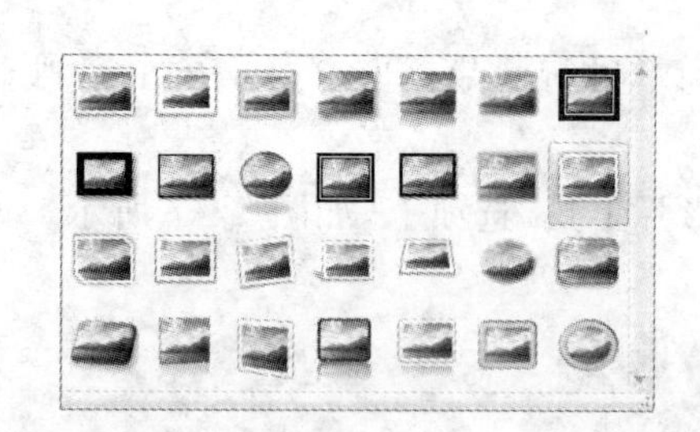

图 8－9　设置影片的外观样式

(5) 在功能区显示“影片工具”选项卡，选中“循环播放，直到停止”复选框。

(6) 在快速访问工具栏中单击“保存”按钮，将修改后的演示文稿保存。

提示：

对于插入的影片，用户虽然可以像调整图片那样进行调整颜色模式、亮度、对比度、裁剪等操作，但这只影响到影片的第 1 帧画面，并不能影响到影片在幻灯片放映时播放的效果。而对于影片的位置、画面大小、边框线条颜色、线型等属性的设置，在影片播放的过程中是有效的。

8.2　在幻灯片中插入声音

在制作幻灯片时，用户可以根据需要插入声音，以增加向观众传递信息的通道，增强演示文稿的感染力。插入声音文件时，需要考虑到在演讲时的实际需要，不能因为插入的声音影响演讲及观众的收听。

8.2.1　插入剪辑管理器中的声音

在“插入”选项卡中单击“声音”按钮下方的下拉箭头，在打开的命令列表中选择“剪辑管理器中的声音”命令，此时 PowerPoint 将自动打开“剪贴画”任务窗格，该任务窗格显示了剪辑中所有的声音，如图 8－10 所示。

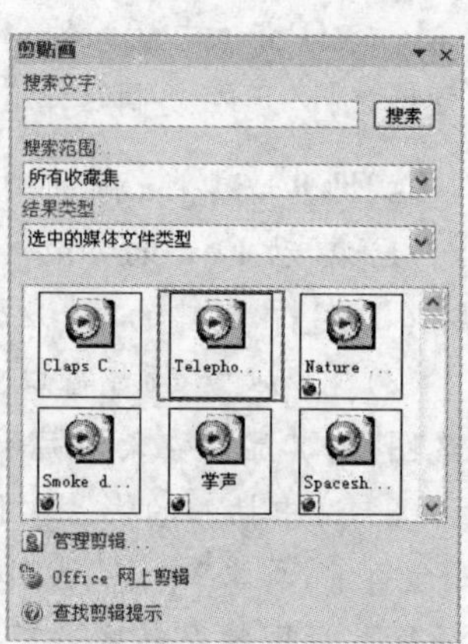

图 8－10　任务窗格显示可以插入的所有声音

提示：

当任务窗格中没有提供需要的声音剪辑时，用户可以单击窗格下方的“Office 网上剪辑”命令，在线查找更多的声音剪辑。

在插入声音时，PowerPoint 会弹出如图 8－11 所示的对话框，单击“自动”按钮，声音将会在放映当前幻灯片时自动播放；单击“在单击时”按钮，则在放映幻灯片时，只有用户单击声音图标后才播放插入的声音。插入声音后，PowerPoint 会自动在当前幻灯片中显示声音图标 。

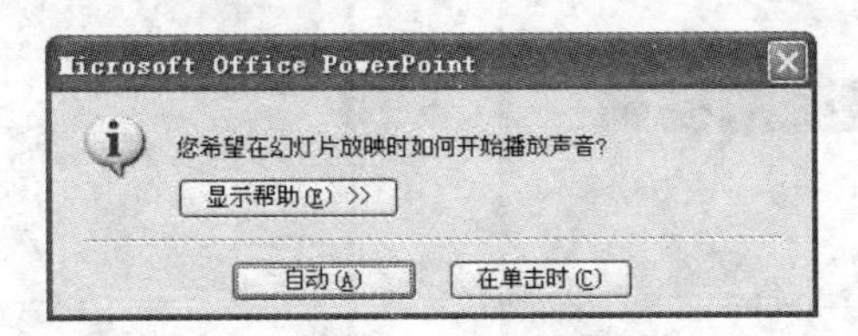

图 8-11　设置声音的播放方式

8.2.2　插入文件中的声音

从文件中插入声音时，需要在命令列表中选择“文件中的声音”命令，打开“插入声音”对话框，从该对话框中选择需要插入的声音文件。

【实训 8-4】在幻灯片中插入来自文件的声音。

(1) 启动 PowerPoint 2007 应用程序，打开【实训 8-3】创建的“三滚筒清棉机”演示文稿。

(2) 单击“声音”按钮，在打开的命令列表中选择“文件中的声音”命令，打开“插入声音”对话框，如图 8-12 所示。

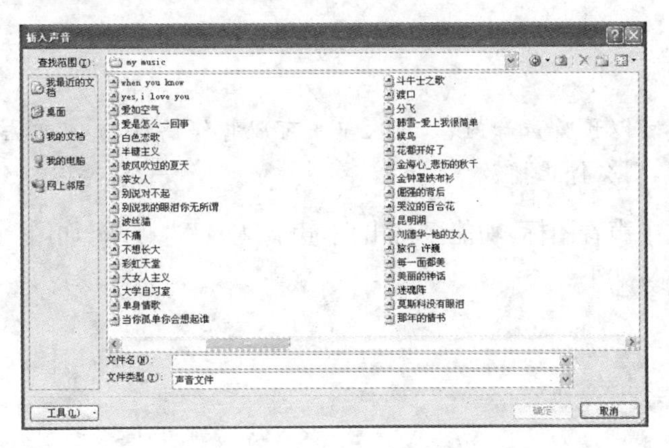

图 8-12　“插入声音”对话框

(3) 在对话框中选择需要插入的声音文件，单击“确定”按钮，此时将打开消息对话框，在该对话框中单击“自动”按钮。

(4) 此时幻灯片中将出现声音图标，使用鼠标将其拖动到幻灯片的右上角，如图 8-13 所示。

(5) 在幻灯片预览窗口中选择第 3 张幻灯片缩略图，将其显示在幻灯片编辑窗口中，设置该幻灯片效果如图 8-14 所示。

三滚筒清棉机
——型号FA100
2006-8-15
黄河科技公司
1

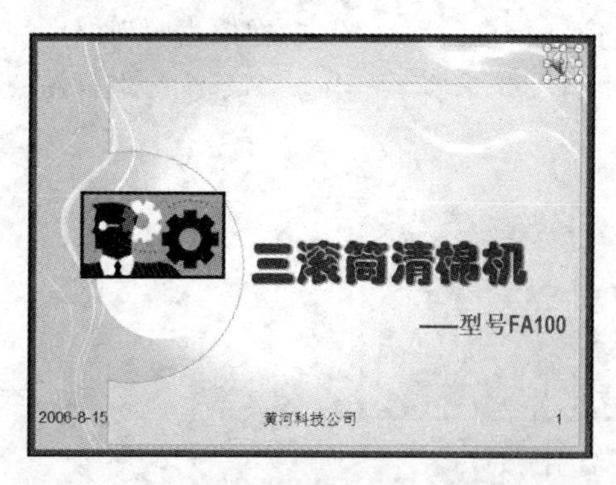

图 8－13　幻灯片中显示插入的声音图标

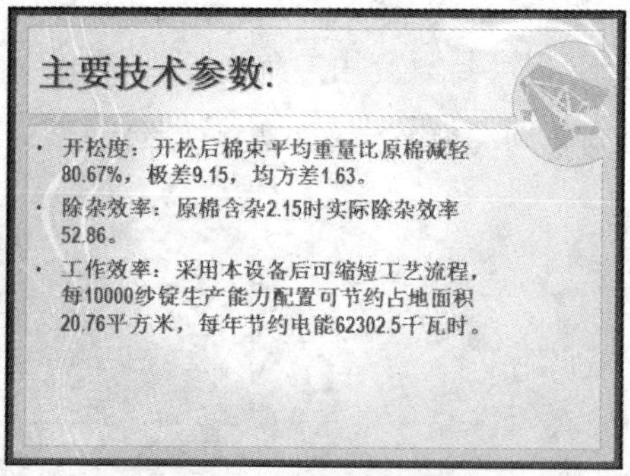

主要技术参数:
开松度：开松后棉束平均重量比原棉减轻80.67%，极差9.15，均方差1.63。
除杂效率：原棉含杂2.15时实际除杂效率52.86。
工作效率：采用本设备后可缩短工艺流程，每10000纱锭生产能力配置可节约占地面积20.76平方米，每年节约电能62302.5千瓦时。

图 8－14　设置第 3 张幻灯片

(6) 在快速访问工具栏中单击“保存”按钮，将修改后的演示文稿保存。

提示：

默认情况下，当声音文件小于 100kb 时，PowerPoint 会自动将声音嵌入到当前演示文稿中。

8.2.3　设置声音属性

每当用户插入一个声音后，系统都会自动创建一个声音图标，用以显示当前幻灯片中插入的声音。用户可以单击选中的声音图标，使用鼠标拖动来移动位置，或是拖动其周围的控制点来改变大小。

提示：

双击声音图标可以预听声音内容，再次单击可以暂停播放，如果单击声音图标以外的其他对象或空白区域，则会停止播放。

在幻灯片中选中声音图标，功能区将出现“声音工具”选项卡，如图 8－15 所示。该选项卡中部分选项的含义如下：

三滚筒清棉机 - Microsoft PowerPoint
图片工具
声音工具
开始
插入
设计
动画
幻灯片放映
审阅
视图
加载项
格式
选项
预览
幻灯片放映音量
放映时隐藏
循环播放，直到停止
播放声音:
自动(A)
声音文件最大大小(KB):
100
置于顶层
置于底层
选择窗格
对齐
组合
旋转
高度:
0.85 厘米
宽度:
0.85 厘米
播放
声音选项
排列
大小

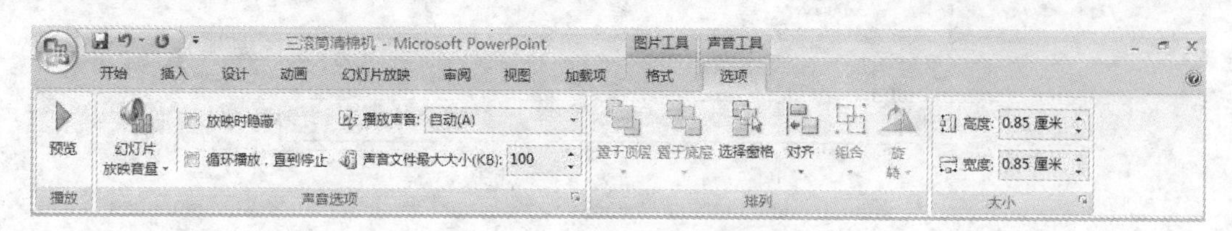

图 8－15　“声音工具”选项卡

- “放映时隐藏”复选框　选中该复选框，在放映幻灯片的过程中将自动隐藏表示声音的图标。
- “循环播放，直到停止”复选框　选中该复选框，在放映幻灯片的过程中，声音会自动循环播放，直到放映下一张幻灯片或停止放映为止。
- “声音文件最大大小”文本框　该文本框用来指定可在演示文稿中嵌入声音文件的大小。如果用户使用了大于设定值的声音文件，那么该文件将不包含在 PowerPoint 文件中，只有将该声音文件与演示文稿一起保存后，才能使演示文稿在其他计算机中播放该声音。

- “播放声音”下拉列表框　该列表框中包含“自动”、“在单击时”和“跨幻灯片播放”3个选项。当选择“跨幻灯片播放”选项时，则该声音文件不仅只在插入的幻灯片中有效，而是在演示文稿的所有幻灯片中均有效。

8.3　插入CD乐曲与录制声音

在PowerPoint中，可以在幻灯片中插入CD乐曲和自己录制的声音，从而增强幻灯片的艺术效果，也更好地体现了演示文稿的个性化特点。

8.3.1　播放CD乐曲

用户可以向演示文稿中添加CD光盘上的乐曲。这种情况下，乐曲文件不会被真正添加到幻灯片中，所以在放映幻灯片时应将CD光盘一直放置在光驱中，供演示文稿调用并添加到幻灯片中。

插入CD乐曲时，需要在命令列表中选择“播放CD乐曲”命令，打开“插入CD乐曲”对话框，如图8－16所示。

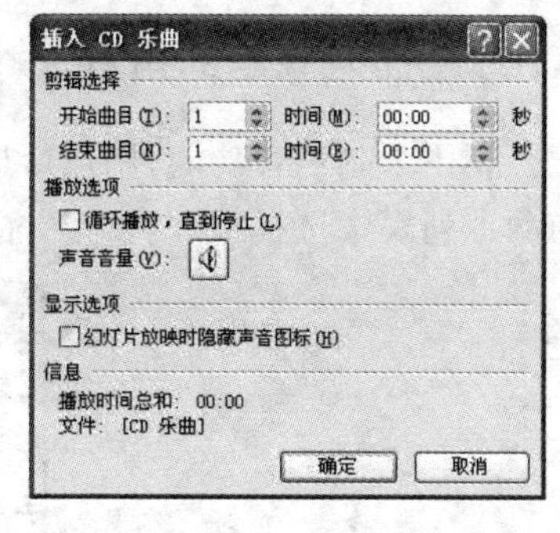

图8－16　“插入CD乐曲”对话框

提示：

在“插入CD乐曲”对话框中，用户可以在“开始曲目”文本框中设置从CD上的第几首乐曲开始播放，其右侧的“时间”文本框用来设置从当前乐曲的指定时间开始播放。“结束曲目”文本框用来设置播放至CD中指定的乐曲，其右侧“时间”文本框用来设置播放至指定乐曲的指定时间。

当插入CD乐曲后，系统在幻灯片中会自动创建一个CD乐曲图标，双击该图标可预听CD中的乐曲。当需要改变播放CD乐曲选项时，可以在“CD音频工具”选项卡中进行相关设置，如图8－17所示。

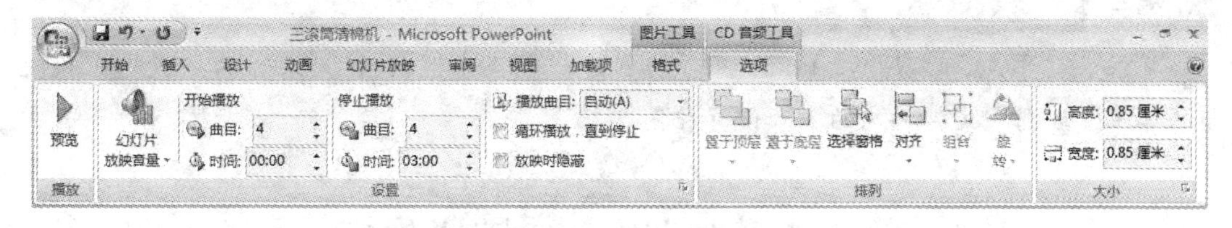

图8－17　“CD音频工具”选项卡

【实训8－5】在幻灯片中插入来自CD的音乐。

(1) 启动PowerPoint 2007应用程序，打开【实训8－4】创建的“三滚筒清棉机”演示文稿。

(2) 选中插入的声音图标，按下Delete键将其删除。单击“声音”按钮，在弹出的菜单中选择“播放CD乐曲”命令，打开“插入CD乐曲”对话框。

(3) 在“插入CD乐曲”对话框中设置如图8－18所示的属性，单击“确定”按钮，此时将打开消息对话框，单击“在单击时”按钮，此时幻灯片效果如图 8－19 所示。

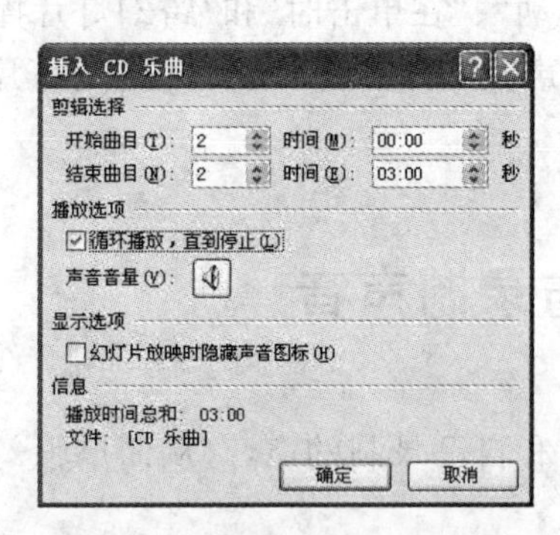

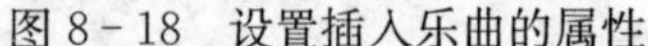

图 8－18　设置插入乐曲的属性　　　　图 8－19　幻灯片显示插入的声音图标

(4) 在快速访问工具栏中单击“保存”按钮，将修改后的演示文稿保存。

8.3.2　插入录制的声音

利用录制声音功能，用户可以将自己的声音插入到幻灯片中。单击“声音”按钮，在打开的命令列表中选择“录制声音”命令，打开“录音”对话框，如图 8－20 所示。

图 8－20　“录音”对话框

准备好麦克风后，在“名称”文本框中输入该段录音的名称，然后单击“录音”按钮●，即可开始录音。

单击“停止”按钮■，可以结束该次录音；单击“播放”按钮▶，可以回放录制完毕的声音；单击“确定”按钮，可以将录制完毕的声音插入到当前幻灯片中。

提示：

插入录制的声音后，PowerPoint 将自动创建一个声音图标，录音的播放选项设置与从剪辑管理器或文件插入的声音设置相同。

8.4　实例制作——模拟航行

综合应用多媒体支持功能，包括在幻灯片中插入影片和动画等，设计一个商务演示文稿。

【实训 8－6】使用多媒体支持功能制作演示文稿“模拟航行”。

(1) 启动 PowerPoint 2007 应用程序，单击 Office 按钮，在弹出的菜单中选择“新建”命令，打开“新建演示文稿”对话框。

(2) 在对话框的“模板”列表中选择“我的模板”命令，打开“新建演示文稿”对话框。

(3) 在“我的模板”列表框中选择“设计模板13”选项，如图8-21所示，然后单击“确定”按钮，将该模板应用到当前演示文稿中。

图8-21 模板预览效果

(4) 在“单击此处添加标题”文本占位符中输入文字“从虚拟到现实”，设置文字字体为“华文琥珀”、字体颜色为“黑色”；在“单击此处添加副标题”文本占位符中输入文字“计算机模拟航行”。

(5) 在“插入”选项卡中单击“影片”按钮下方的下拉箭头，在弹出的菜单中选择“剪辑管理器中的影片”命令，打开“剪贴画”任务窗格。

(6) 在打开的“剪贴画”任务窗格中单击第1个剪辑，将其添加到幻灯片中。

(7) 被添加的影片剪辑周围出现8个白色控制点，使用鼠标调整该影片的大小和位置，此时幻灯片效果如图8-22所示。

(8) 在幻灯片预览窗口中选择第2张幻灯片缩略图，将其显示在幻灯片编辑窗口中。

(9) 在“单击此处添加标题”文本占位符中输入文字，设置文字字体为“华文琥珀”、字号为44。

(10) 在“单击此处添加文本”文本占位符中输入文字，并将该占位符移动到幻灯片的适当位置，如图8-23所示。

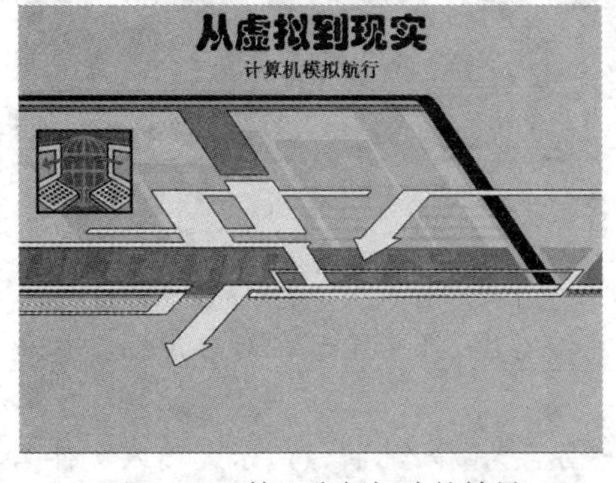

图8-22 第1张幻灯片的效果

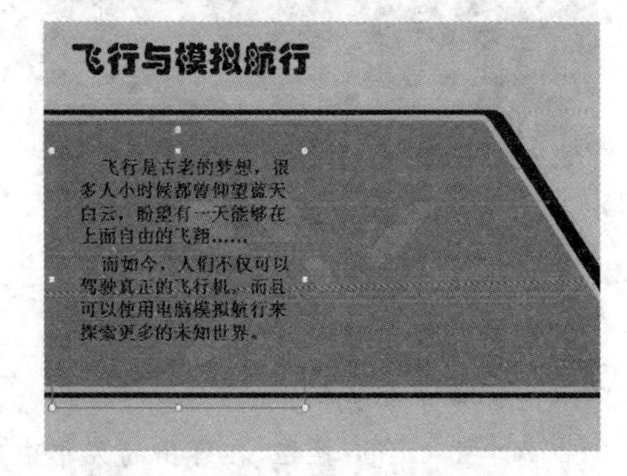

图8-23 在幻灯片中输入文字

(11) 单击“影片”按钮下方的下拉箭头，在打开的命令列表中选择“文件中的影片”命令，打开“插入影片”对话框。

(12) 在对话框中选择需要插入的文件，单击“确定”按钮，在打开的消息对话框中单击

“在单击时”按钮。

(13) 影片插入到幻灯片中,在幻灯片中调整影片的大小和位置,如图 8-24 所示。

(14) 在幻灯片中选中插入的影片,在“格式”选项卡中设置该影片的“图片样式”为“中等复杂框架,黑色”,如图 8-25 所示。

图 8-24 在幻灯片中插入来自文件的影片

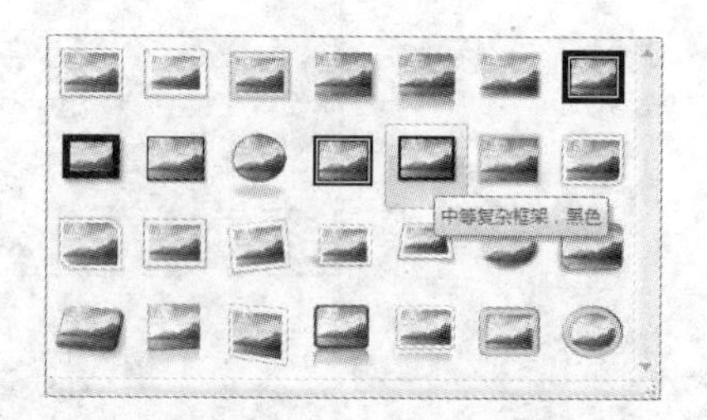

图 8-25 设置影片外观样式

(15) 在“格式”选项卡的“图片样式”选项区域单击“图片效果”按钮,在弹出的菜单中选择“发光”|“强调文字颜色 2,18pt 发光”命令,此时幻灯片效果如图 8-26 所示。

(16) 将 CD 光盘放置到光驱中,在功能区单击“声音”按钮,在打开的列表中选择“播放 CD 乐曲”命令,打开“插入 CD 乐曲”对话框。

(17) 在对话框的“开始曲目”和“结束曲目”文本框中都输入数字 2,单击“确定”按钮。

(18) 此时在打开的消息框中单击“自动”按钮,将该 CD 乐曲插入到幻灯片中,如图 8-27所示。

图 8-26 设置影片属性后幻灯片效果

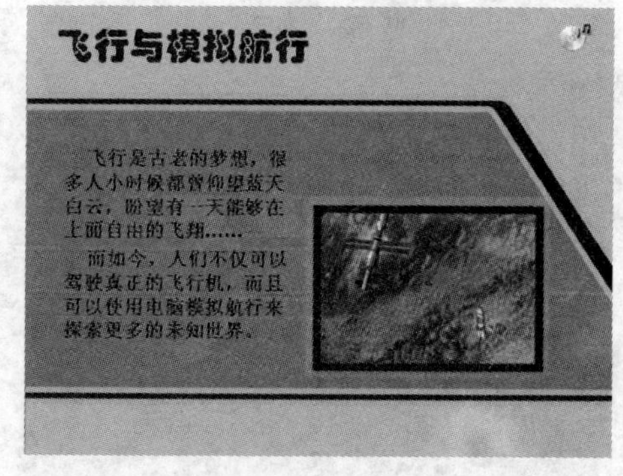

图 8-27 在幻灯片中插入 CD 乐曲

(19) 在幻灯片预览窗口中选择第 3 张幻灯片缩略图,将其显示在幻灯片编辑窗口中,按下 Delete 键将其删除。

(20) 单击 Office 按钮,在弹出的菜单中选择“另存为”命令,将该演示文稿以文件名“模拟航行”进行保存。

8.5 思考与练习

1. 简述 PowerPoint 多媒体支持功能。
2. 简述 PowerPoint 支持影片的类型和插入方式。
3. 如何在 PowerPoint 中插入和播放 CD 乐曲?
4. 如何在 PowerPoint 中插入录制的声音?
5. 使用 PowerPoint 自带的模板 Edge,制作如图 8-28 所示的幻灯片。其中插入的声音对象为剪辑管理器中的“掌声. wav”,插入的影片从左往右均为剪辑管理器中的 GIF 动画。
6. 设置影片的外观属性,并为中间的 GIF 动画对象重新着色,设置其颜色为“强调文字颜色 2,浅色”,如图 8-29 所示。

图 8-28 习题 5

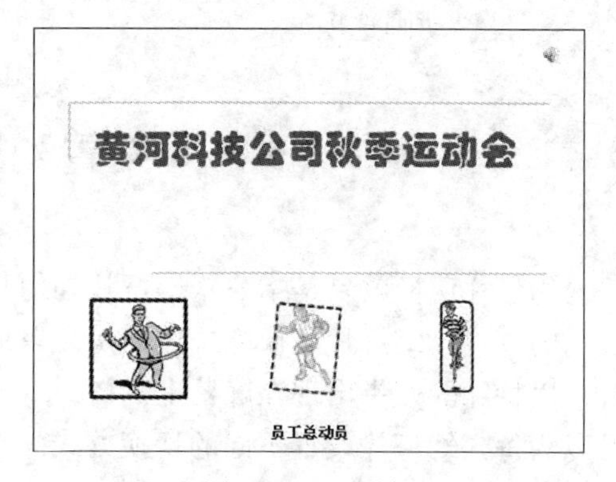

图 8-29 习题 6

7. 使用 Capsules 模板,创建如图 8-30 所示的幻灯片。要求在幻灯片中插入梅花节当天拍摄的梅花视频,并设置视频图片样式为“双框架,黑色”。

图 8-30 习题 7

第 9 章　PowerPoint 的动画功能

在 PowerPoint 中，用户可以为演示文稿中的文本或多媒体对象添加特殊的视觉效果或声音效果，例如使文字逐字飞入演示文稿，或在显示图片时自动播放声音等。PowerPoint 2007 提供了丰富的动画效果，用户可以设置幻灯片切换动画和对象的自定义动画。本章将介绍在幻灯片中为对象设置动画，以及为幻灯片设置切换动画的方法。

通过本章的理论学习和上机实训，读者应了解和掌握以下内容：

- 设置幻灯片切换动画
- 添加自定义动画
- 设置动画选项

9.1　设置幻灯片的切换效果

幻灯片切换效果是指一张幻灯片如何从屏幕上消失，以及另一张幻灯片如何在屏幕上显示的方式。幻灯片切换方式可以是简单地以一个幻灯片代替另一个幻灯片，也可以是幻灯片以特殊的效果出现在屏幕上。PowerPoint 可以为一组幻灯片设置同一种切换方式，也可以为每张幻灯片设置不同的切换方式。

提示：

在普通视图或幻灯片浏览视图中都可以为幻灯片设置切换动画，但在幻灯片浏览视图中设置动画效果时，更容易把握演示文稿的整体风格。

为幻灯片添加切换动画，可以在功能区显示“动画”选项卡，然后在“切换到此幻灯片”选项区域中进行设置，如图 9 - 1 所示。在该选项区域中单击按钮，将打开幻灯片动画效果列表框，当将鼠标指针移动到某个选项上方时，幻灯片将直接应用该效果，供用户预览。

图 9 - 1　“动画”选项卡

“切换到此幻灯片”选项区域中其他选项的含义如下：

- “切换声音”下拉列表框　该下拉列表框提供了多种声音效果，选择这些选项可以在两张幻灯片切换之间添加特殊的声音效果。
- “切换速度”下拉列表框　该下拉列表框包含 3 个选项，即慢速、中速和快速，用户应该根据放映节奏进行选择。对于一些复杂的动画效果类型，最好不要选择“快速”选项，因为可能会使动画在放映时运行不连续。

- “全部应用”按钮　单击该按钮，当前演示文稿中的所有幻灯片的切换方式将变为统一风格。
- “单击鼠标时”复选框　选中该复选框，则在幻灯片放映过程中单击鼠标，演示画面将切换到下一张幻灯片。
- “在此之后自动设置动画效果”复选框　选中该复选框，可以在其右侧的文本框中输入等待时间。当一张幻灯片在放映过程中已经显示了规定的时间后，演示画面将自动切换到下一张幻灯片。

【实训 9-1】 为演示文稿中的幻灯片设置切换效果。

(1) 启动 PowerPoint 2007 应用程序，打开【实训 5-8】创建的“建筑设计”演示文稿。

(2) 在功能区显示“动画”选项卡，在“切换到此幻灯片”选项区域中单击按钮，在弹出的菜单中选择“盒状收缩”选项，如图 9-2 所示。

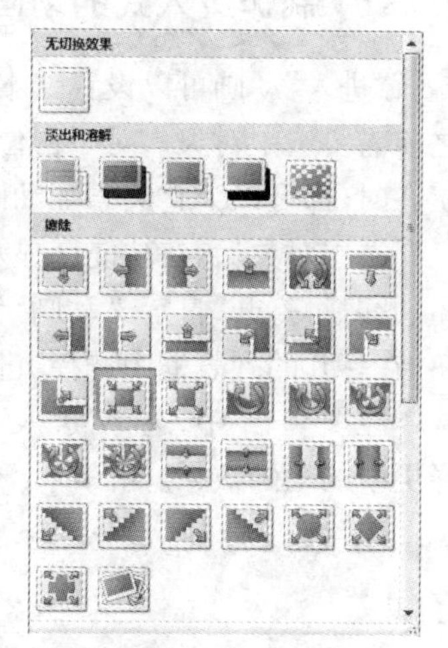

图 9-2　选择切换效果

(3) 在“切换声音”下拉列表框中选择“风铃”选项，在“切换速度”下拉列表框中选择“慢速”选项。

(4) 单击“全部应用”按钮，将演示文稿的所有幻灯片都应用该切换方式。此时幻灯片预览窗口显示的幻灯片缩略图左下角都将出现动画标志。

(5) 选中“在此之后自动设置动画效果”复选框，并在其右侧的文本框中输入“00:10”。

(6) 在功能区显示“幻灯片放映”选项卡，单击“开始放映幻灯片”选项区域中的“从头开始”按钮，从第 1 张幻灯片开始放映。单击鼠标，或者等待 10 秒钟后，幻灯片切换效果如图 9-3 所示。

图 9-3　幻灯片切换效果

(7) 单击 Office 按钮，在弹出的菜单中选择“另存为”命令，将该演示文稿以文件名“幻灯片切换效果”进行保存。

9.2 自定义动画

在 PowerPoint 中，除了幻灯片切换动画外，还包括自定义动画。所谓自定义动画，是指为幻灯片内部各个对象设置的动画，它又可以分为项目动画和对象动画。其中项目动画是指为文本中的段落设置的动画，对象动画是指为幻灯片中的图形、表格、SmartArt 图形等设置的动画。

在设置自定义动画时，用户可以对幻灯片中的文本、图形、表格等对象设置不同的动画效果，如进入动画、强调动画、退出动画等。

9.2.1 制作进入式的动画效果

“进入”动画可以设置文本或其他对象以多种动画效果进入放映屏幕，在添加动画效果之前需要选中对象。对于占位符或文本框来说，选中占位符、文本框，以及进入其文本编辑状态时，都可以为它们添加动画效果。

选中对象后，在功能区显示“动画”选项卡，单击“动画”选项区域的“自定义动画效果”按钮，此时将打开“自定义动画”任务窗格，如图 9-4 所示。在任务窗格中单击“添加效果”按钮，在打开的列表框中选择“进入”菜单下的命令，即可为对象添加进入式动画效果。

在图 9-4 中，选择“进入”|“其他效果”命令，可以在打开的“添加进入效果”对话框中选择更多的动画效果，如图 9-5 所示。

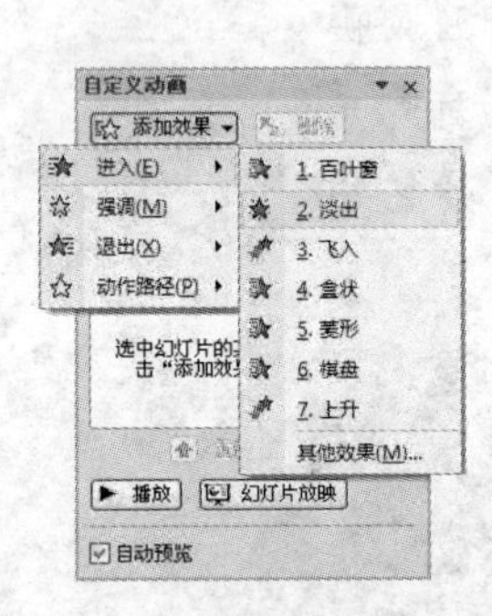

图 9-4 “自定义动画”任务窗格

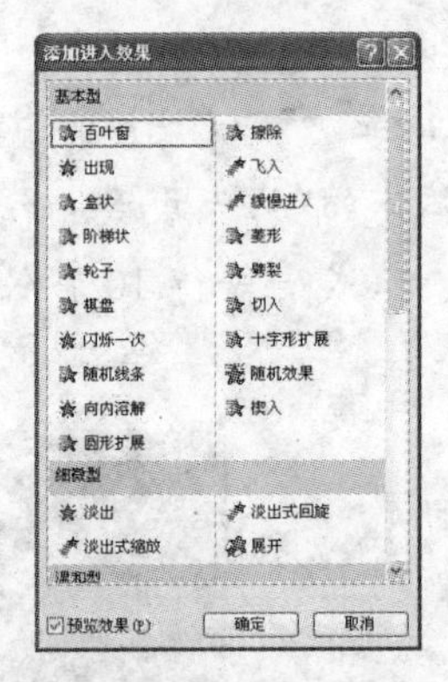

图 9-5 “添加进入效果”对话框

提示：

“添加进入效果”对话框的动画按风格分为“基本型”、“细微型”、“温和型”和“华丽型”，选中对话框最下方的“预览效果”复选框时，则在对话框中单击一种动画时，都能在幻灯片编辑窗口中看到该动画的预览效果。

【实训 9-2】为演示文稿中的对象设置自定义动画。

(1) 启动 PowerPoint 2007 应用程序，打开【实训 9-1】创建的“幻灯片切换效果”演示文稿。

(2) 在打开的幻灯片中选中标题文字“建筑设计说明会”，单击“动画”选项卡中的“自定义动画效果"按钮，打开"自定义动画"任务窗格。

(3) 在该任务窗格中单击"添加效果"按钮，在弹出的菜单中选择"进入"|"菱形"命令，将该标题文字应用"菱形"动画效果。

(4) 在幻灯片中选中副标题文字，在任务窗格中单击"添加效果"按钮，选择"进入"|"其他效果"命令，打开"添加进入效果"对话框。

(5) 在该对话框的"温和型"选项区域中选择"回旋"选项，单击"确定"按钮。

(6) 参照步骤(2)～(3)，为幻灯片中插入的图片设置进入效果为"飞入"。

提示：

当幻灯片中的对象被添加动画效果后，在每个对象的左侧都会显示一个带有数字的矩形标记，如图9-6所示。这个矩形表示已经对该对象添加了动画效果，中间的数字表示该动画在当前幻灯片中的播放次序。在添加动画效果时，添加的第1个动画次序为"1"，它在幻灯片放映时是出现最早的自定义动画。

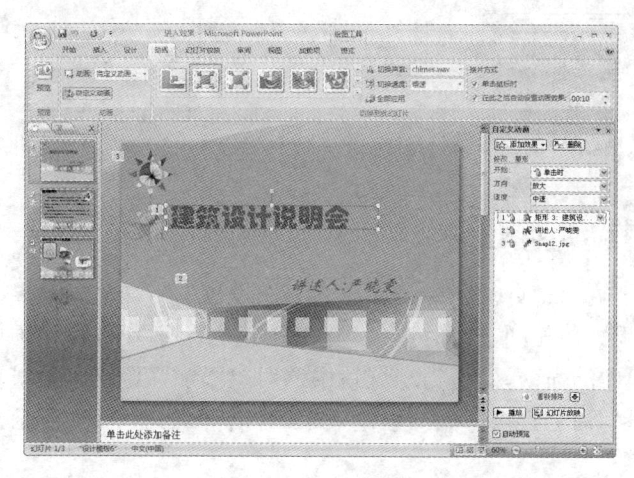

图9-6 幻灯片中显示带有数字的矩形标志

(7) 在功能区显示"幻灯片放映"选项卡，单击"开始放映幻灯片"选项区域中的"从头开始"按钮，从第1张幻灯片开始放映。此时幻灯片放映时效果如图9-7所示。

图9-7 放映幻灯片时标题文字和副标题文字的动画效果

(8) 单击Office按钮，在弹出的菜单中选择"另存为"命令，将该演示文稿以文件名"进入效果”进行保存。

提示：

为幻灯片的对象添加动画效果后，“自定义动画”任务窗格中会按照添加的顺序依次向下显示当前幻灯片添加的所有动画效果。当用户将鼠标移动到该动画上方时，系统将会提示该动画效果的主要属性，如动画的开始方式、动画效果名称及被添加对象的名称等信息，如图 9－8 所示。

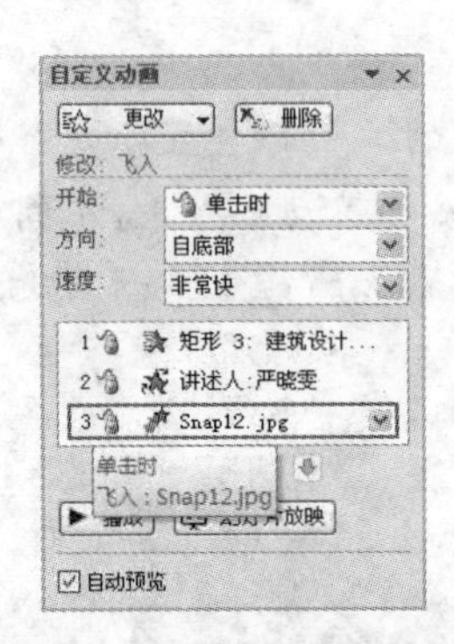

图 9－8　显示添加的动画信息

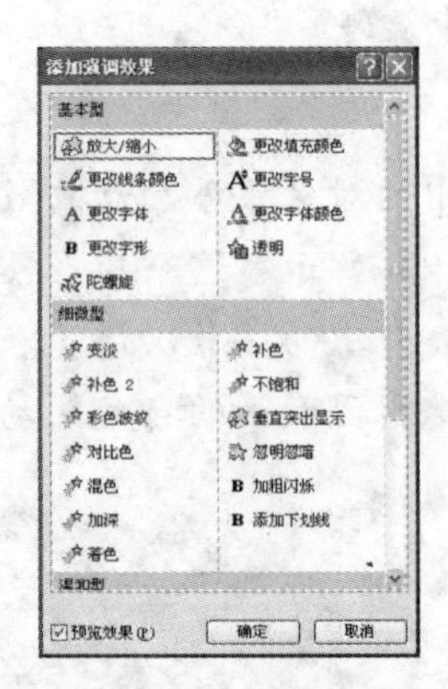

图 9－9　“添加强调效果”对话框

9.2.2　制作强调式的动画效果

强调动画是为了突出幻灯片中的某部分内容而设置的特殊动画效果。添加强调动画的过程和添加进入效果大体相同，选择对象后，在“自定义动画”任务窗格中单击“添加效果”按钮，选择“强调”菜单中的命令，即可为幻灯片中的对象添加强调动画效果。用户同样可以选择“强调”|“其他效果”命令，打开“添加强调效果”对话框(如图 9－9 所示)，添加更多强调动画效果。

9.2.3　制作退出式的动画效果

除了可以给幻灯片中的对象添加进入、强调动画效果外，还可以添加退出动画。退出动画可以设置幻灯片中的对象退出屏幕的效果，添加退出动画的过程和添加进入、强调动画效果大体相同。

在幻灯片中选中需要添加退出效果的对象，单击“添加效果”按钮，选择“退出”菜单中的命令，即可为幻灯片中的对象添加退出动画效果。当选择“退出”|“其他效果”命令时，将打开“添加退出效果”对话框(如图 9－10 所示)，然后在该对话框中为对象添加更多的动画效果。退出动画名称有很大一部分与进入动画名称相同，所不同的是，它们的运动方向存在差异。

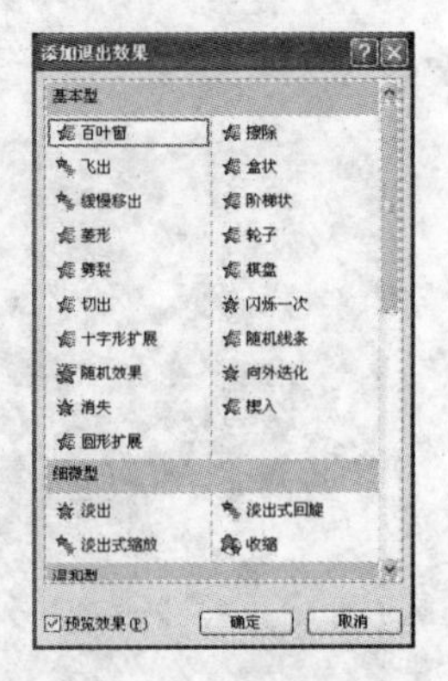

图 9－10　“添加退出效果”对话框

9.2.4　利用动作路径制作动画效果

动作路径动画又称为路径动画，可以指定文本等对象沿预定的路径运动。PowerPoint 中的动作路径动画不仅提供了大量预设路径效果,还可以由用户自定义路径动画。

添加动作路径效果的步骤与添加进入动画的步骤基本相同,单击“添加效果”按钮,选择“动作路径”菜单中的命令,即可为幻灯片中的对象添加动作路径动画效果,如图 9－11 所示。也可以选择“动作路径”|“其他动作路径”命令,打开“添加动作路径”对话框(如图 9－12 所示)选择更多的动作路径。

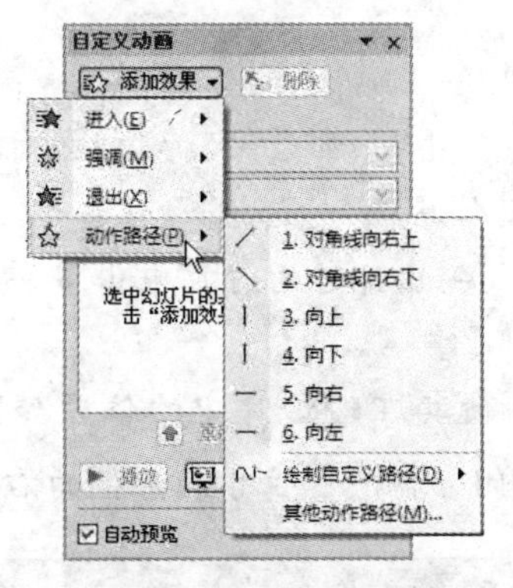

图 9－11 “动作路径”菜单

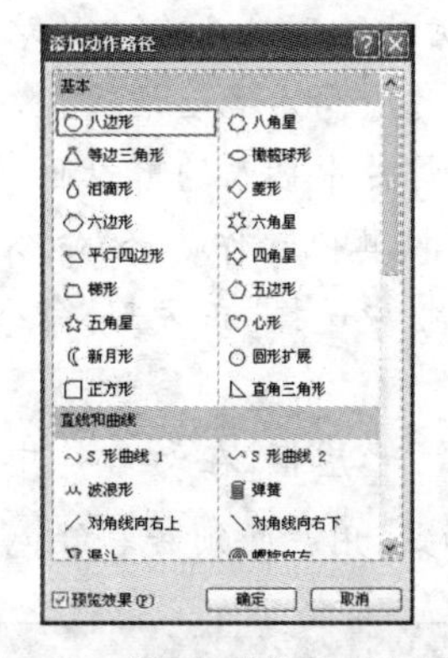

图 9－12 “添加动作路径”对话框

在如图 9－11 所示的“动作路径”菜单中选择“绘制自定义路径”命令,将出现下一级菜单,该级菜单包含“直线”、“曲线”、“任意多边形”和“自由曲线”4 个命令。在选择了绘制自定义路径的命令后,就可以在幻灯片中拖动鼠标绘制出需要的图形。当双击鼠标时,结束绘制,动作路径即出现在幻灯片中。

绘制完的动作路径起始端将显示一个绿色的标志,结束端将显示一个红色的标志,两个标志以一条虚线连接,如图 9－13 所示。当需要改变动作路径的位置时,只需要单击该路径进行拖动即可。拖动路径周围的控制点,可以改变路径的大小。

在绘制路径时,当路径的终点与起点重合时双击鼠标,此时的动作路径变为闭合状,路径上只有一个绿色的标志,如图 9－14 所示。

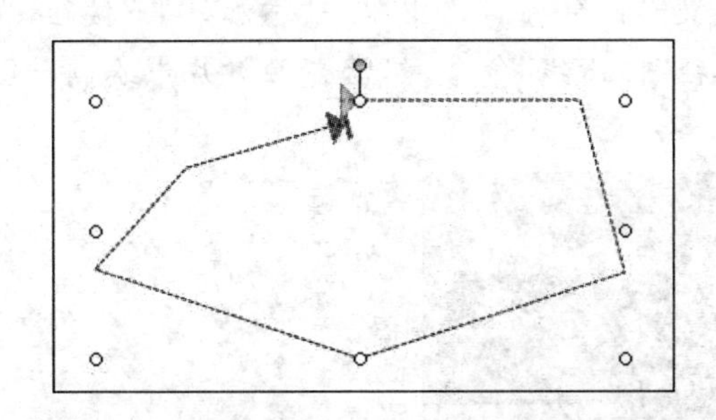

图 9－13 选择“任意多边形”命令绘制的路径

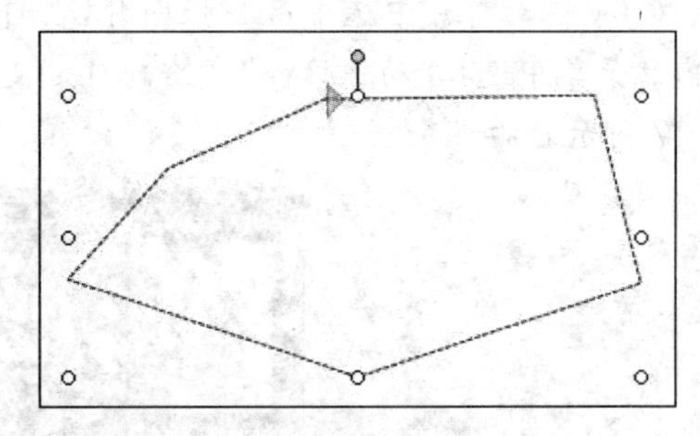

图 9－14 绘制的闭合路径

提示:

将一个开放路径转变为闭合路径时,可以右击该路径,在弹出的快捷菜单中选择“关闭路径”即可。反之,将一个闭合路径转变为开放路径时,则可以在右键菜单中选择“开放路径”。

【实训 9-3】为演示文稿中的对象设置动作路径。

(1) 启动 PowerPoint 2007 应用程序,打开【实训 9-2】创建的"进入效果"演示文稿。

(2) 在幻灯片预览窗口中选择第 2 张幻灯片缩略图,将其显示在幻灯片编辑窗口中。

(3) 在幻灯片中选中标题文字"设计院简介",在功能区显示"动画"选项卡,单击"自定义动画效果"按钮,打开"自定义动画"任务窗格。

(4) 在任务窗格中单击"添加效果"按钮,然后在弹出的菜单中选择"动作路径"|"向左"命令,此时幻灯片中出现自右向左的路径。

(5) 在幻灯片中向右拖动该路径,使其位于如图 9-15 所示的位置。

(6) 选中幻灯片中插入的剪贴画,在任务窗格中单击"添加效果"按钮,在弹出的菜单中选择"动作路径"|"其他动作路径"命令,打开"添加动作路径"对话框。

(7) 在对话框中选择"正方形"命令,单击"确定"按钮,此时幻灯片中出现一个表示路径的正方形虚框。

(8) 选中正方形虚框,在幻灯片中编辑该路径,使其在幻灯片中的位置如图 9-16 所示。需要注意的是,用户必须旋转绿色控制点,使得闭合标志▶位于矩形框的右上角。

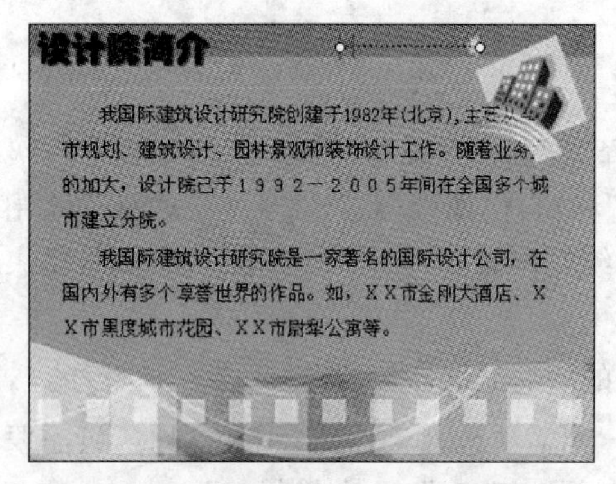

图 9-15 创建"向左"动作路径

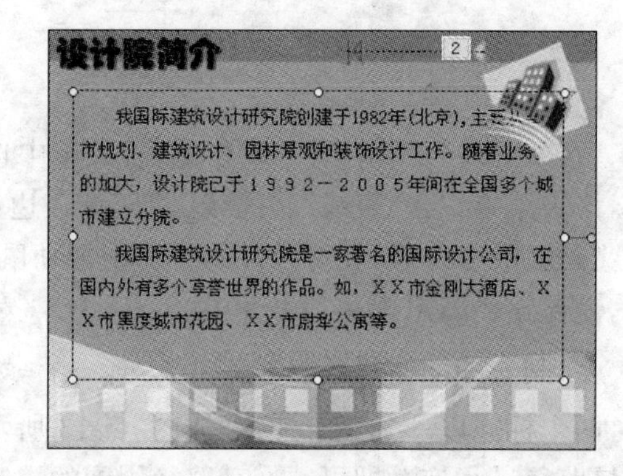

图 9-16 在幻灯片中调整正方形路径

(9) 在幻灯片预览窗口中选择第 3 张幻灯片缩略图,将其显示在幻灯片编辑窗口中。

(10) 在幻灯片中选中第 2 张图片,在自定义动画任务窗格中单击"添加效果"按钮,在弹出的菜单中选择"动作路径"|"绘制自定义路径"|"曲线"命令,然后在幻灯片中绘制如图 9-17 所示的曲线。

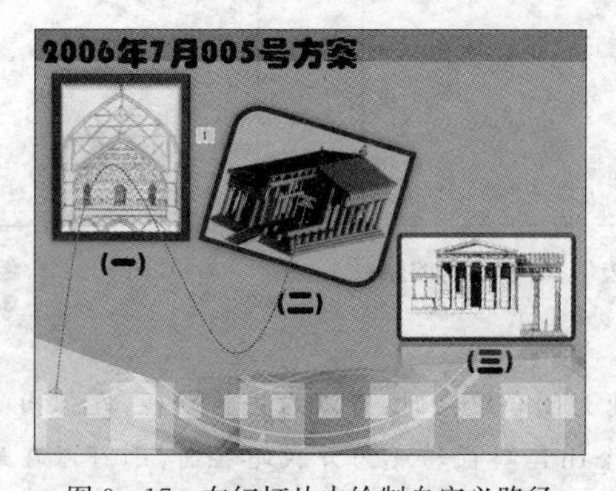

图 9-17 在幻灯片中绘制自定义路径

(11) 在幻灯片预览窗口中选择第 2 张幻灯片缩略图，将其显示在幻灯片编辑窗口中。在功能区显示“幻灯片放映”选项卡，单击“开始放映幻灯片”选项区域中的“从当前幻灯片开始”按钮，从当前幻灯片开始放映。此时幻灯片放映时部分效果如图 9－18 所示。

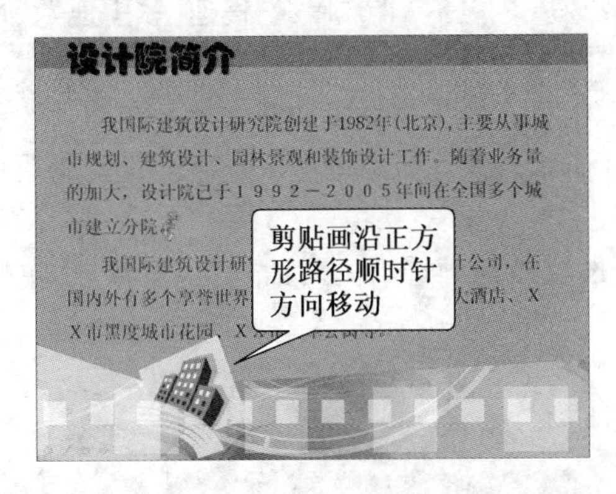

图 9－18　幻灯片放映时显示的自定义效果

(12) 单击 Office 按钮，在弹出的菜单中选择“另存为”命令，将该演示文稿以文件名“自定义路径效果”进行保存。

9.3　设置动画选项

当为对象添加了动画效果后，该对象就应用了默认的动画格式。这些动画格式主要包括动画开始运行的方式、变化方向、运行速度、延时方案、重复次数等。为对象重新设置动画选项可以在“自定义动画”任务窗格中完成。

9.3.1　更改动画格式

在“自定义动画”任务窗格中，单击动画效果列表中的动画效果，在该效果周围将出现一个边框，用来表示该动画效果被选中。此时，任务窗格中的“添加效果”按钮变为“更改”按钮，如图 9－19 所示。单击“更改”按钮 更改 ，可以重新选择动画效果；单击“删除”按钮 删除 ，可以将当前动画效果删除。

图 9－19　更改动画效果时的任务窗格

对于大多数动画来说，PowerPoint 可以设置动画开始的方式、变化方向和运行速度等参数。单击动画效果列表中的动画效果后，“自定义动画”任务窗格中的“开始”、“方向”和“速度”3 个下拉列表框将被激活，在这 3 个下拉列表框中可以选择需要的动画参数。

- “开始”下拉列表框　该下拉列表框用于设置动画开始的方式。选择“单击时”选项，表示在放映幻灯片时，只有单击鼠标后，该动画才会开始播放；选择“之前”选项，表示在上一个动画播放的同时播放该动画，利用该选项可以设置多个动画同时播放；选择“之后”选项，表示在上一个动画播放完毕之后才开始播放该动画，利用该选项可以设置多个动画自动依次播放。

- "方向"下拉列表框　用于设置动画运行的方向。不同种类的动画，其运动的方向是不相同的。
- "速度"下拉列表框　用于设置动画的播放速度。包括"非常慢"、"慢速"、"中速"、"快速"和"非常快"5 个选项。

在"自定义动画"任务窗格提供的下拉列表框中只能简单地设置动画效果。在动画效果列表中的右击，将打开一个快捷菜单(如图 9－20 所示)，使用该菜单可以快速设置其他动画选项。

在快捷菜单中选择"效果选项"命令，将打开设置该动画选项的对话框，这里打开"陀螺旋"对话框，如图 9－21 所示。

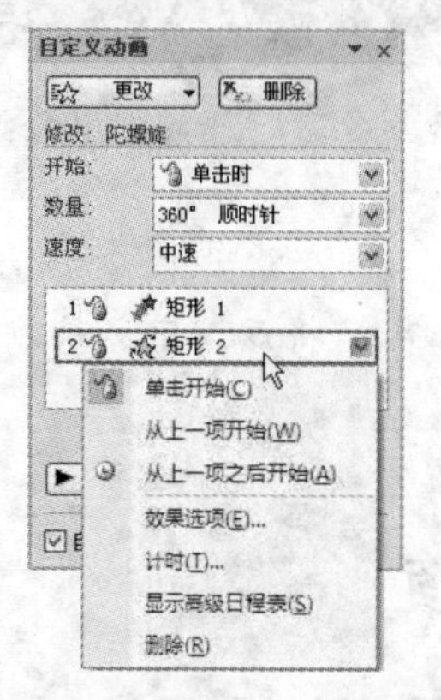

图 9－20　动画效果右键快捷菜单

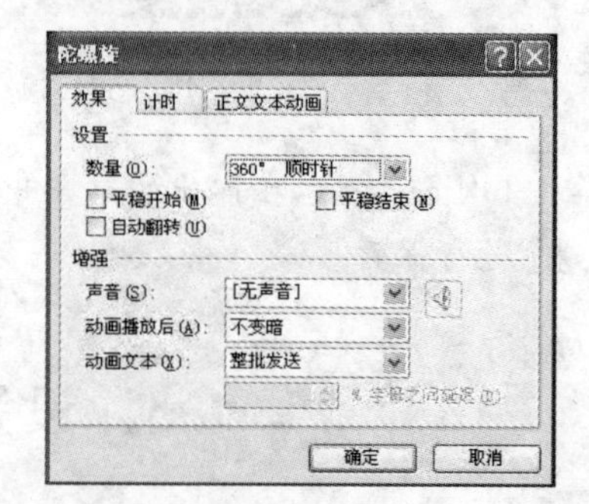

图 9－21　"陀螺旋"对话框的"效果"选项卡

提示：

该对话框中包含了"效果"、"计时"和"正文文本动画"3 个选项卡。需要注意的是，当该动画作用的对象是剪贴画、图片等时，"正文文本动画"选项卡将消失，同时"效果"效果选项卡中的"动画文本"下拉列表框将变为不可用状态。

"效果"选项卡包括"设置"和"增强"两个选项区域。"设置"选项区域中的选项与当前动画效果的运动形式相关；"增强"选项区域中的选项用于增强动画的播放效果，它包括以下几个选项：

- "声音"下拉列表框　用户可以从下拉列表中选择一种声音效果作为动画播放时的伴音。单击"声音"下拉列表框右侧的按钮，可以调整音量大小。
- "动画播放后"下拉列表框　在该下拉列表框中可以设置动画播放完后的文本颜色，也可以设置将播放完动画的文本隐藏。
- "动画文本"下拉列表框　在该列表框中可以设置应用动画效果的文本出现的方式。该下拉列表框包含"整批发送"、"按字/词"及"按字母"3 个选项，当选择后两个选项时，其下方的文本框将变为可输入状态，用户可以设置字/词出现的时间间隔。

对话框中的"计时"选项卡可以用来设置计时效果，如图 9－22 所示。该选项卡中各个选项的含义如下：

- "开始"下拉列表框　该下拉列表框用来设置动画开始的方式。

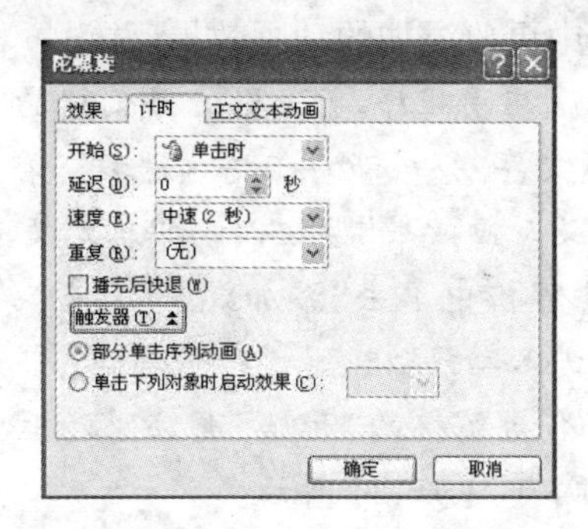

图 9-22 “计时”选项卡

- “延迟”文本框　用于设置动画被激活后延迟播放的时间，可以用来设置定时播放动画。
- “速度”下拉列表框　用于设置动画播放的速度。
- “重复”下拉列表框　用于设置动画重复播放的次数。
- “触发器”按钮　单击该按钮，其下方将显示两个单选按钮。默认情况下，触发动画的方式为“部分单击序列动画”，即在放映时通过在任意位置单击鼠标来触发播放下一个动画。如果选择“单击下列对象时启动效果”单选按钮，其右侧的下拉列表框将变为可用状态，用户从中可以选择作为触发动画播放的对象。

提示：

当选择了“单击下列对象时启动效果”右侧下拉列表框中的对象作为触发器后，在放映幻灯片时，只有当用户单击了该对象后，才能播放对象包含的动画。否则，就不能正常看到该动画的播放，而演示文稿也会自动播放下一张幻灯片中的内容。

在对话框的“正文文本动画”选项卡中，可以设置正文文本的组合方式、分割符、动画形状等，如图 9-23 所示。

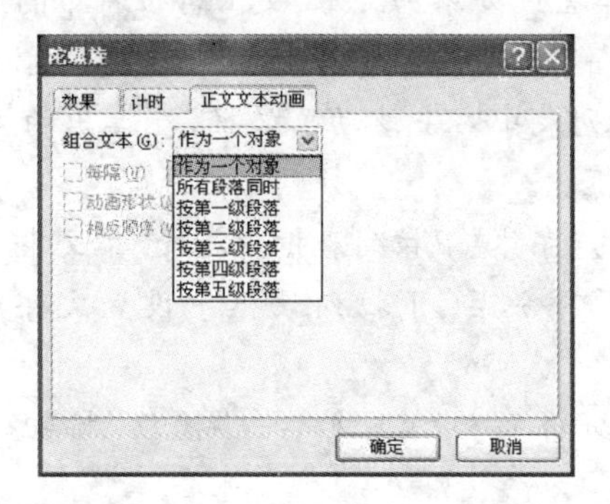

图 9-23 “正文文本动画”选项卡

其中“组合文本”下拉列表框用来设置文本中段落出现的方式。选择“作为一个对象”选项时，占位符中的所有文本将被看作同一对象应用该动画；选择“所有段落同时”选项时，占位符中的所有文本以段落为对象同时应用该动画；选择“按第一级段落”选项时，占位符中第一段文本将作为独立的对象应用该动画，低于第一级的段落跟随其同时出现。以下的选项依次类推。

【实训 9-4】在演示文稿中更改添加的动画效果,并设置相关动画选项。

(1) 启动 PowerPoint 2007 应用程序,打开第 6 章创建的“新员工培训”演示文稿。

(2) 在幻灯片中选中标题文字“公司新员工培训课程”,在功能区显示“动画”选项卡,在“动画”选项区域中单击“自定义动画效果”按钮,打开“自定义动画”任务窗格。

(3) 在“自定义动画”任务窗格中单击“添加效果”按钮,在弹出的菜单中选择“进入”|“棋盘”命令,将标题文字应用进入动画“棋盘”。

(4) 此时在“自定义动画”任务窗格的“开始”下拉列表框中选择“之前”选项,在“速度”下拉列表框中选择“中速”选项,如图 9-24 所示。

(5) 在“自定义动画”任务窗格的下方单击“播放”按钮 ▶ 播放,此时该动画预览效果如图 9-25 所示。

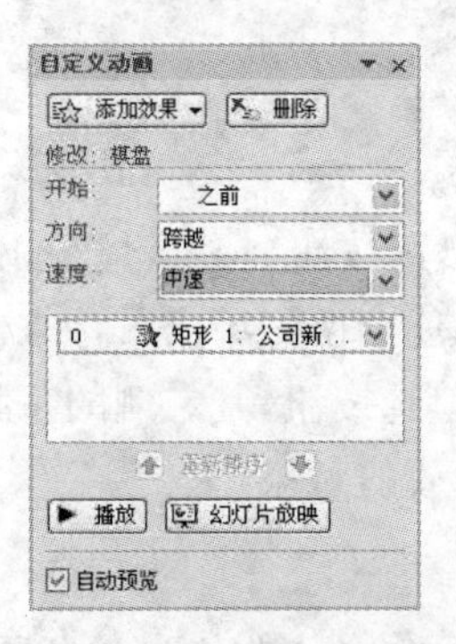

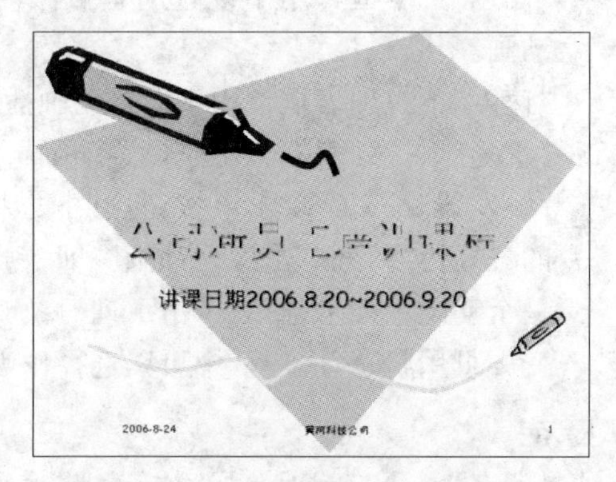

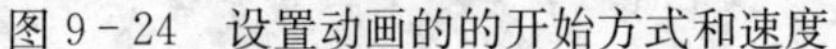
图 9-24 设置动画的的开始方式和速度

图 9-25 设置动画后的预览效果

(6) 在幻灯片中选中副标题文字,参照步骤(3)将该对象应用进入动画“飞入”,并保持该动画的默认选项。

(7) 在幻灯片预览窗口中选择第 2 张幻灯片缩略图,将其显示在幻灯片编辑窗口中。

(8) 在幻灯片中选中“单击此处添加文本”文本占位符中的文字,单击“添加效果”按钮,在弹出的菜单中选择“强调”|“更改字体”命令。

(9) 此时在窗格的动画列表中右击该动画效果,在弹出的快捷菜单中选择“效果选项”命令,打开“更改字体”对话框。

(10) 在“效果”选项卡的“字体”下拉列表框中选择“华文隶书”,在“声音”下拉列表框中选择“打字机”选项,在“动画播放后”下拉列表框中设置文字颜色为“蓝色”,如图 9-26 所示。

(11) 在“自定义动画”任务窗格的下方单击“播放”按钮,此时该动画预览效果如图 9-27所示。

(12) 在幻灯片预览窗口中选择第 3 张幻灯片缩略图,将其显示在幻灯片编辑窗口中。

(13) 在幻灯片下方同时选中 3 个剪贴画,单击“添加效果”按钮,在弹出的菜单中选择“动作路径”|“向左”命令,为它们设置动作路径。

(14) 在幻灯片中选中“单击此处添加文本”文本占位符中的文字,单击“添加效果”按钮,在弹出的菜单中选择“进入”|“其他效果”命令,打开“添加进入效果”对话框。

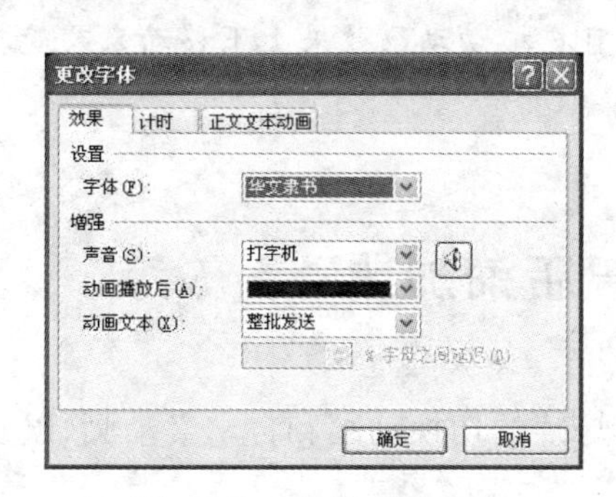

图9-26 设置动画选项

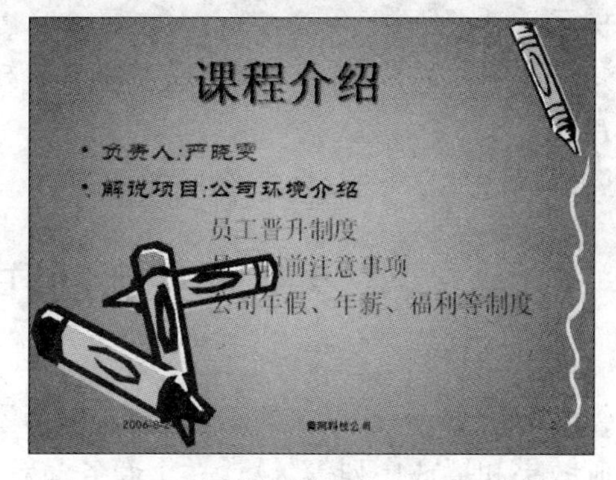

图9-27 应用"更改字体"动画后的效果

(15) 在该对话框的"细微型"选项区域中选择"淡出"选项,单击"确定"按钮。

(16) 在窗格的动画列表中右击该动画效果,在弹出的快捷菜单中选择"效果选项"命令,在打开的对话框中切换到"正文文本动画"选项卡,此时在"组合文本"下拉列表框中选择"作为一个对象"选项。

(17) 单击"确定"按钮,然后在"自定义动画"任务窗格的下方单击"播放"按钮,此时该动画预览效果如图9-28所示。

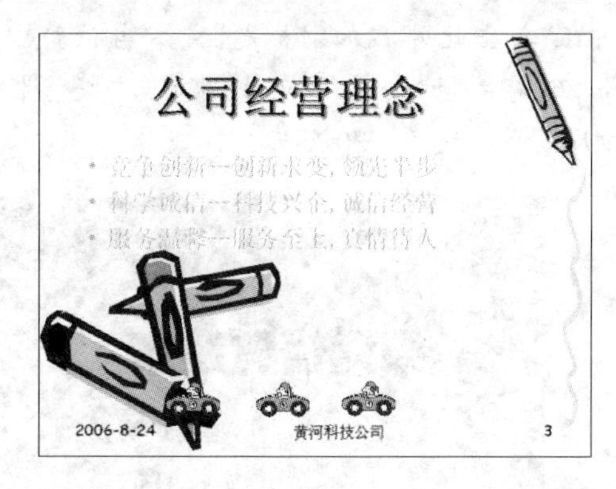

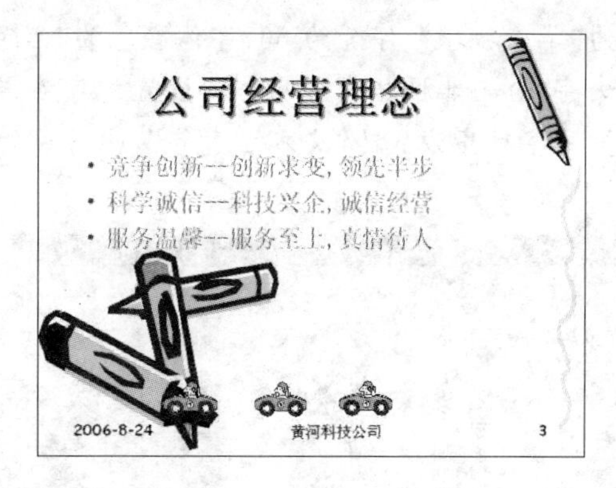

图9-28 设置动画后的幻灯片效果

(18) 单击Office按钮,在弹出的菜单中选择"另存为"命令,将该演示文稿以文件名"更改动画格式"进行保存。

9.3.2 调整动画播放序列

在给幻灯片中的多个对象添加动画效果时,添加效果的顺序就是幻灯片放映时的播放次序。当幻灯片中的对象较多时,难免在添加效果时使动画次序产生错误,这时可以在动画效果添加完成后,再对其进行重新调整。

在"自定义动画"任务窗格的列表中单击需要调整播放次序的动画效果,然后单击窗格底部的上移按钮或下移按钮来调整该动画的播放次序。其中,单击上移按钮表示可以将该动画的播放次序提前,单击下移按钮表示将该动画的播放次序向后移一位。

提示：

用户也可以在“自定义动画”任务窗格的列表中直接拖动动画效果上下移动来改变其播放次序。

9.4 实例制作——店铺加盟

综合应用 PowerPoint 的动画功能，包括添加幻灯片的切换动画和自定义动画，以及设置动画效果和播放序列等，设计一个商务演示文稿。

【实训 9-5】使用动画功能，制作演示文稿“店铺加盟”。

(1) 启动 PowerPoint 2007 应用程序，单击 Office 按钮，在弹出的菜单中选择“新建”命令，打开“新建演示文稿”对话框。

(2) 在对话框的“模板”列表中选择“我的模板”命令，打开“新建演示文稿”对话框。

(3) 在“我的模板”列表框中选择“设计模板 14”选项，如图 9-29 所示，然后单击“确定”按钮，将该模板应用到当前演示文稿中。

(4) 在“单击此处添加标题”文本占位符中输入标题文字“果通便利超市”，设置文字字体为“华文琥珀”、字号为 66、字体颜色为“黑色”；在“单击此处添加副标题”文本占位符中输入文字“——北区招商说明会”，设置文字字号为 36、字型为“加粗”、字体颜色为“深蓝”，并设置文字对齐方式为“文本右对齐”，此时该幻灯片效果如图 9-30 所示。

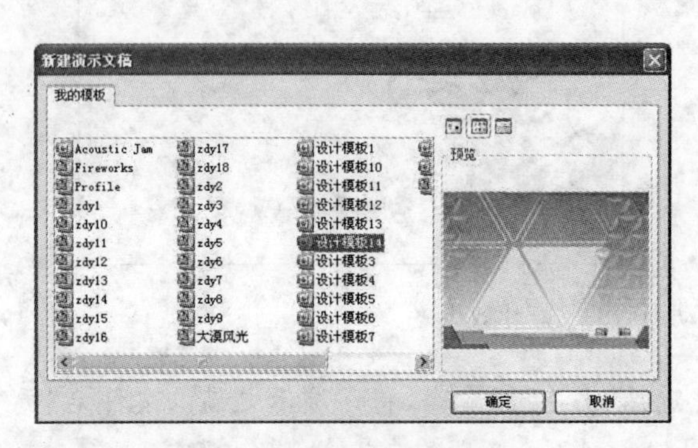

图 9-29 模板预览效果

图 9-30 第 1 张幻灯片效果

(5) 在幻灯片中选中标题文字，在功能区显示“动画”选项卡，在“动画”选项区域中单击“自定义动画效果”按钮，打开“自定义动画”任务窗格。

(6) 在“自定义动画”任务窗格中单击“添加效果”按钮，在弹出的菜单中选择“进入”|“飞入”命令，将标题文字应用进入动画“飞入”。

(7) 此时在“自定义动画”任务窗格的“方向”下拉列表框中选择“自左侧”选项，在“速度”下拉列表框中选择“快速”选项。

(8) 参照步骤(6)～(7)，设置幻灯片副标题文字的动画效果为“进入”动画下的“闪烁一次”效果，并将该效果的“速度”设置为“非常慢”。

(9) 在幻灯片预览窗口中选择第 2 张幻灯片缩略图，将其显示在幻灯片编辑窗口中。

在第 2 张幻灯片中输入文字，使得幻灯片效果如图 9-31 所示。

(10) 参照步骤(5)～(6)，为标题文字“公司简介”添加进入动画效果“菱形”，并保持该动画的默认设置。

(11) 为正文文字添加强调效果“陀螺旋”，在窗格的动画列表中右击该动画效果，在弹出的快捷菜单中选择“效果选项”命令，打开“陀螺旋”对话框。

(12) 在对话框中切换到“计时”选项卡，在“延迟”文本框中输入数字 2，使得在幻灯片放映时，单击鼠标后 2 秒自动播放该动画，此时该幻灯片动画预览效果如图 9-32 所示。

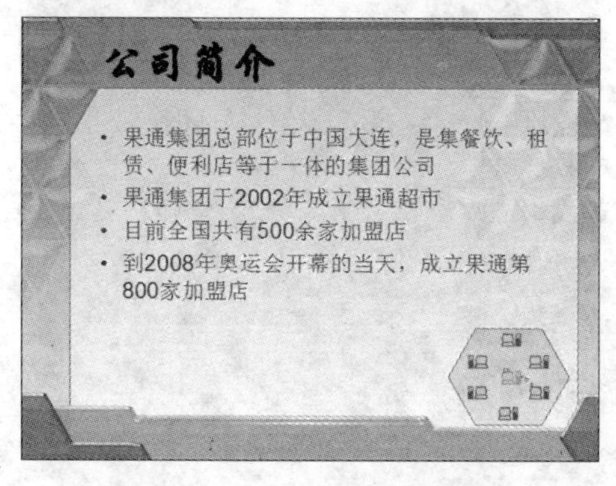

图 9-31　第 2 张幻灯片效果

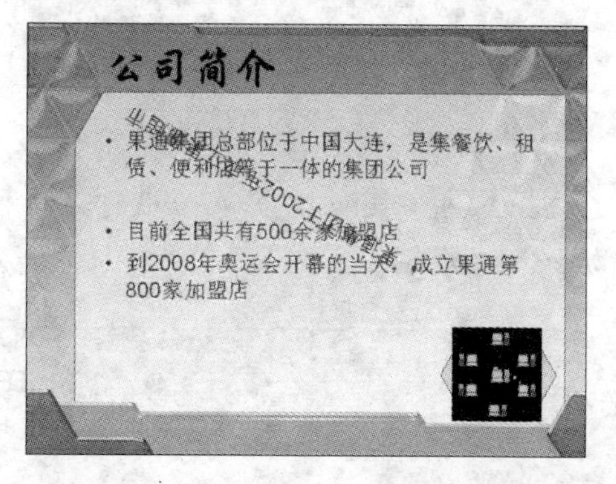

图 9-32　第 2 张幻灯片中对象的动画效果

(13) 在幻灯片预览窗口中选择第 3 张幻灯片缩略图，将其显示在幻灯片编辑窗口中，在第 3 张幻灯片的两个文本占位符中输入文字。

(14) 在该幻灯片的下方插入一个水平文本框，并输入文字。然后在该文本框左侧使用插入功能插入一个剪贴画，并调整其位置和大小，此时第 3 张幻灯片效果如图 9-33 所示。

(15) 参照步骤(5)～(6)，为标题占位符和文本占位符中的文字分别添加进入动画“菱形”效果和强调动画“陀螺旋”效果，并保持它们的默认设置。

(16) 在窗格的动画列表中右击“陀螺旋”动画效果，在弹出的快捷菜单中选择“效果选项”命令，打开“陀螺旋”对话框。

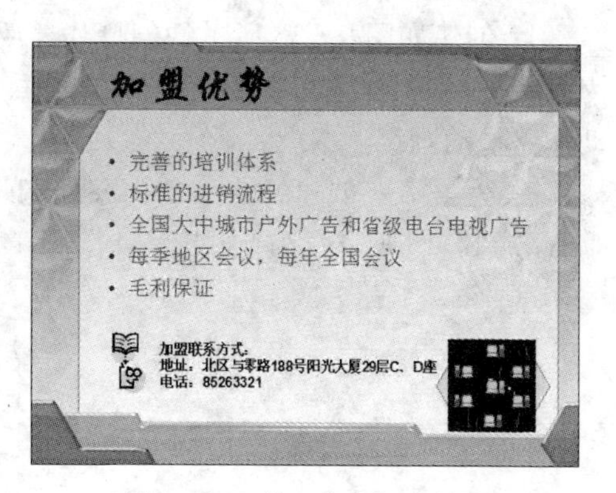

图 9-33　第 3 张幻灯片效果

(17) 在“效果”选项卡的“增强”选项区域中单击“声音”下拉列表框，在打开的列表中选择“风铃”选项，单击“确定”按钮。

(18) 为第 2 张幻灯片设置切换效果。在功能区显示“动画”选项卡，在“切换到此幻灯片”选项区域中单击按钮，在弹出的菜单中选择“淡出和溶解”|“溶解”命令。

(19) 单击“切换速度”下拉列表框，在打开的列表中选择“慢速”选项，此时幻灯片切换的预览效果如图 9-34 所示。

(20) 参照步骤(18)～(19)，设置第 3 章幻灯片的切换效果为“加号”，切换速度为“慢速”，此时幻灯片切换的预览效果如图 9-35 所示。

图 9－34　第 2 张幻灯片切换效果

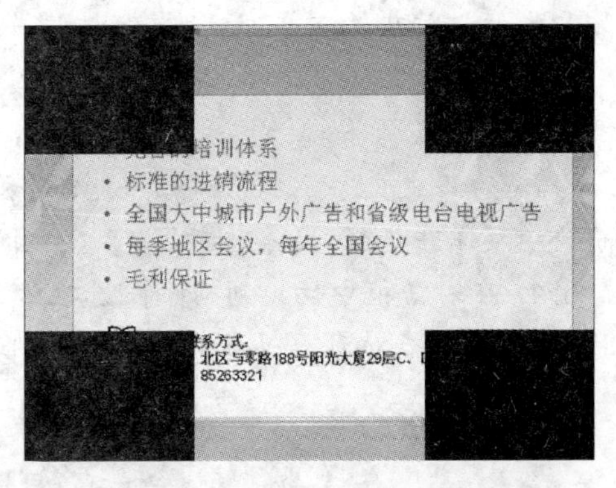

图 9－35　第 3 张幻灯片切换效果

(21) 单击 Office 按钮，在弹出的菜单中选择“另存为”命令，将该演示文稿以文件名“店铺加盟”进行保存。

9.5　思考与练习

1. 什么是幻灯片切换效果？幻灯片切换方式有哪些？

2. 什么是自定义动画、项目动画和对象动画？

3. 自定义动画包括哪几大类型的动画效果？各类动画效果的特点是什么？

4. 创建如图 9－36 所示的幻灯片。要求将标题文字设置为自顶部的“飞入”动画、速度为“快速”；将副标题文字设置为“彩光波纹”动画，速度为“慢速”；将剪贴画设置为“向左”的动作路径动画。

5. 为第 7 章创建的演示文稿添加幻灯片切换动画，要求幻灯片切换效果为“从内到外垂直分割”，切换声音为“风声”，且作用于所有幻灯片，同时要求每隔 15 秒自动切换，如图 9－37所示。

图 9－36　习题 4

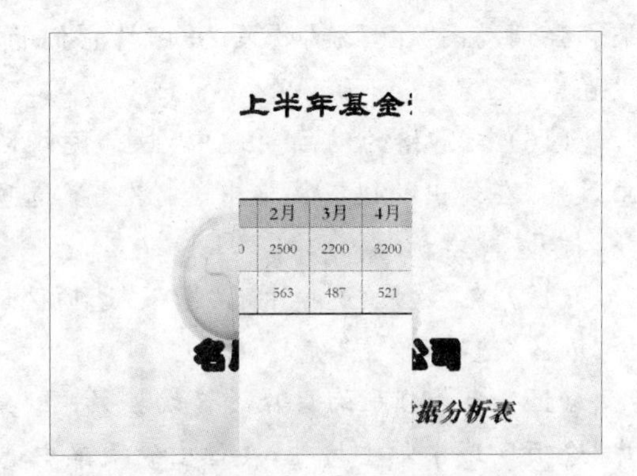

图 9－37　习题 5

第 10 章　幻灯片放映

PowerPoint 2007 提供了多种放映和控制幻灯片的方法，如正常放映、计时放映、录音放映、跳转放映等。用户可以选择最为理想的放映速度与放映方式，使幻灯片放映结构清晰、节奏明快、过程流畅。另外，在放映时还可以利用绘图笔在屏幕上随时进行标示或强调，使重点更为突出。本章将介绍交互式演示文稿的创建方法以及幻灯片放映方式的设置。

通过本章的理论学习和上机实训，读者应了解和掌握以下内容：

- 在幻灯片中使用超链接
- 添加动作按钮
- 设置幻灯片的放映时间
- 设置幻灯片的放映方式
- 控制幻灯片的放映
- 录制和删除旁白

10.1　创建交互式演示文稿

在 PowerPoint 中，用户可以为幻灯片中的文本、图形、图片等对象添加超链接或者动作。当放映幻灯片时，可以在添加了动作的按钮或者超链接的文本上单击，程序将自动跳转到指定的幻灯片页面，或者执行指定的程序。演示文稿不再是从头到尾播放的线形模式，而是具有了一定的交互性，能够按照预先设定的方式，在适当的时候放映需要的内容，或做出相应的反映。

10.1.1　添加超链接

超链接是指向特定位置或文件的一种连接方式，可以利用它指定程序的跳转的位置，超链接只有在幻灯片放映时才有效。在 PowerPoint 中，超链接可以跳转到当前演示文稿中的特定幻灯片、其他演示文稿中特定的幻灯片、自定义放映、电子邮件地址、文件或 Web 页上。

提示：

只有幻灯片中的对象才能添加超链接，备注、讲义等内容不能添加超链接。幻灯片中可以显示的对象几乎都可以作为超链接的载体。添加或修改超链接的操作一般在普通视图中的幻灯片编辑窗口中进行，在幻灯片预览窗口的大纲选项卡中，只能对文字添加或修改超链接。

【实训 10 - 1】为演示文稿中的对象设置超链接。

(1) 启动 PowerPoint 2007 应用程序，单击 Office 按钮，在弹出的菜单中选择“新建”命令，打开“新建演示文稿”对话框。

(2) 在对话框的“模板”列表中选择“我的模板”命令，打开“新建演示文稿”对话框。

(3) 在“我的模板”列表框中选择“设计模板 15”选项，如图 10－1 所示，然后单击“确定”按钮，将该模板应用到当前演示文稿中。

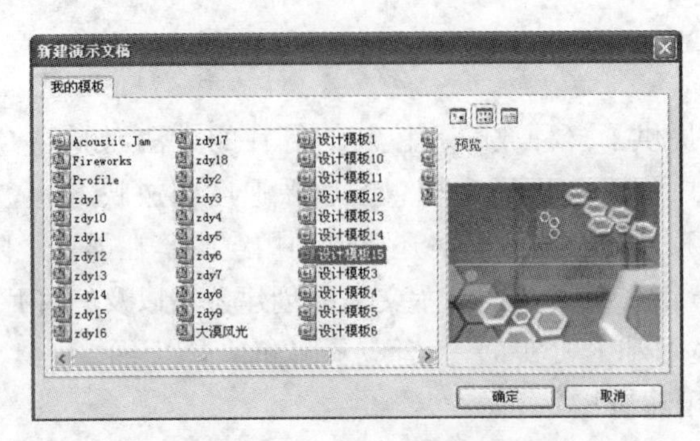

图 10－1　模板预览效果

(4) 在“单击此处添加标题”文本占位符中输入标题文字“加联购物中心购物指南”，设置文字颜色为“黑色”，并删除“单击此处添加文本”文本占位符。

(5) 在幻灯片中插入两个横排文本框，并分别输入电子邮件地址和购物中心简介。

(6) 在幻灯片中插入一个“爆炸形 2”图形，右击该图形，在打开的快捷菜单中选择“编辑文字”命令，在其中输入文字。

(7) 选中“爆炸形 2”图形，设置该图形的边框颜色为“红色”，填充颜色为“灰色”，此时第 1 张幻灯片效果如图 10－2 所示。

(8) 在功能区的“开始”选项卡中单击“新建幻灯片”按钮，在演示文稿中添加新幻灯片，在幻灯片的两个文本占位符中分别输入如图 10－3 所示的文字。

图 10－2　设置第 1 张幻灯片效果

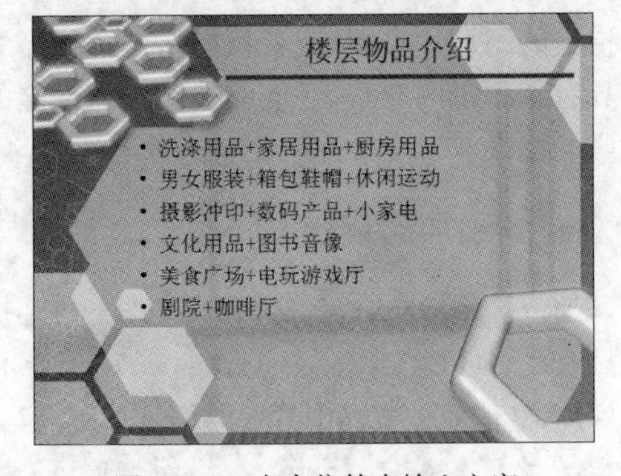

图 10－3　在占位符中输入文字

(9) 单击“新建幻灯片”按钮，在演示文稿中添加新幻灯片。在幻灯片中输入标题文字“商场一层”，设置文字字体为“华文琥珀”。

(10) 在幻灯片中插入 4 张图片，并在“格式”选项卡中设置图片样式为“映像棱台，黑色”。

(11) 在幻灯片中插入“横卷形”图形，将其内部颜色填充为“灰色”，并在其中输入说明文字，此时第 3 张幻灯片效果如图 10－4 所示。

(12) 参照步骤(10)～(12)，添加并设置 4～6 张幻灯片。其中第 4 张幻灯片效果如图

10-5所示。

图10-4　第3张幻灯片效果才　　图10-5　第4张幻灯片效果

(13) 在幻灯片预览窗口中选择第2张幻灯片缩略图,将其显示在幻灯片编辑窗口中。

(14) 选中第一行文本文字“洗涤用品+家居用品+厨房用品”,在功能区显示“插入”选项卡,单击“链接”选项区域的“超链接”按钮,打开“插入超链接”对话框。

(15) 在对话框的“链接到”列表中单击“本文档中的位置”按钮,在“请选择文档中的位置”列表框中单击“幻灯片标题”展开列表中的“商场一层”选项,如图10-6所示。

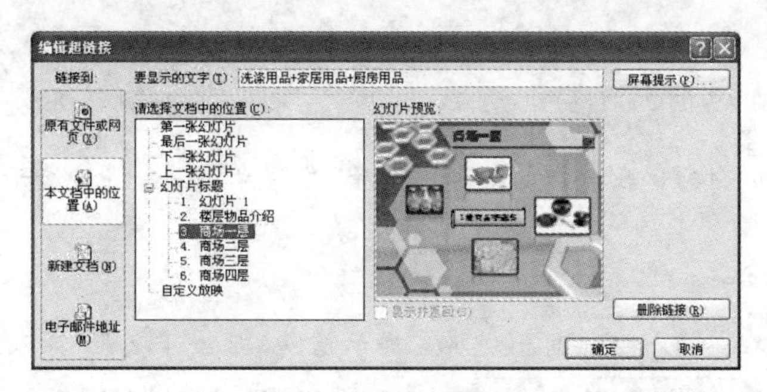

图10-6　设置超链接

(16) 单击“确定”按钮,此时该文字变为“灰色”且下方出现横线,如图10-7所示。幻灯片放映时,如果单击该超链接,演示文稿将自动跳转到第3张幻灯片。

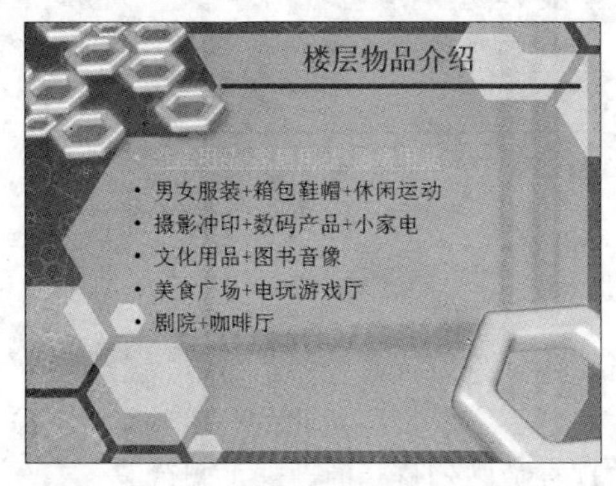

图10-7　第1行文本文字被添加上超链接

提示:

当用户在添加了超链接的文字、图片等对象上右击时,将弹出快捷菜单。在快捷菜单中选择“编辑超链接”命令,即可打开与“插入超链接”对话框十分相似的“编辑超链接”对话框,用户可以按照添加超链接的方法对已有超链接进行修改。

(17) 参照步骤(15)~(17),为第 2 张幻灯片中的第 2~4 行文字添加超链接,使它们分别链接到幻灯片“商场二层”、“商场三层”和“商场四层”。

(18) 在键盘上按下 F5 键放映幻灯片,当放映到第 2 张幻灯片时,将鼠标移动到第 3 行超链接,此时鼠标指针变为手形,如图 10-8 所示。

(19) 单击超链接,演示文稿将自动跳转到如图 10-9 所示的幻灯片。

图 10-8　超链接上方的鼠标自动变为手形

图 10-9　跳转到第 5 张幻灯片

(20) 单击 Office 按钮,在弹出的菜单中选择“另存为”命令,将该演示文稿以文件名“购物指南”进行保存。

提示:

如果用户需要在单击超链接时出现屏幕提示信息,那么可以在“插入超链接”对话框中单击“屏幕提示”按钮 屏幕提示(P)... ,此时将打开“设置超链接屏幕提示”对话框,在“屏幕提示文字”文本框中输入提示文字,单击“确定”按钮即可,如图 10-10 所示。

图 10-10　“设置超链接屏幕提示”对话框

10.1.2　添加动作按钮

动作按钮是 PowerPoint 中预先设置好的一组带有特定动作的图形按钮,这些按钮被预先设置有指向前一张、后一张、第一张、最后一张幻灯片、播放声音及播放电影等链接,应用这些预置好的按钮,可以实现在放映幻灯片时跳转的目的。

动作与超链接有很多相似之处,几乎包括了超链接可以指向的所有位置,动作还可以设置其他属性，比如设置当鼠标移过某一对象上方时的动作。设置动作与设置超链接是相互影响的，在“设置动作”对话框中的设置，可以在“编辑超链接”对话框中表现出来。

【实训10－2】在幻灯片中添加动作按钮，使用户在观看幻灯片的过程中，能够随时返回到第2张幻灯片。

(1) 启动PowerPoint 2007应用程序，打开【实训10－1】创建的“购物指南”演示文稿。

(2) 在幻灯片预览窗口中选择第3张幻灯片缩略图，将其显示在幻灯片编辑窗口中。

(3) 在功能区显示“插入”选项卡，在“插图”选项区域中单击“形状”按钮，在打开菜单的“动作按钮”选项区域中选择“后退或前一项”命令◁，在幻灯片的右上角拖动鼠标绘制该图形。

(4) 当释放鼠标时，系统将自动打开“动作设置”对话框，在“单击鼠标时的动作”选项区域中选中“超链接到”单选按钮，如图10－11所示。

(5) 此时在“超链接到”下拉列表框中选择“幻灯片”选项，打开“超链接到幻灯片”对话框，在对话框中选择幻灯片“楼层物品介绍”选项，如图10－12所示。

图10－11 “动作设置”对话框

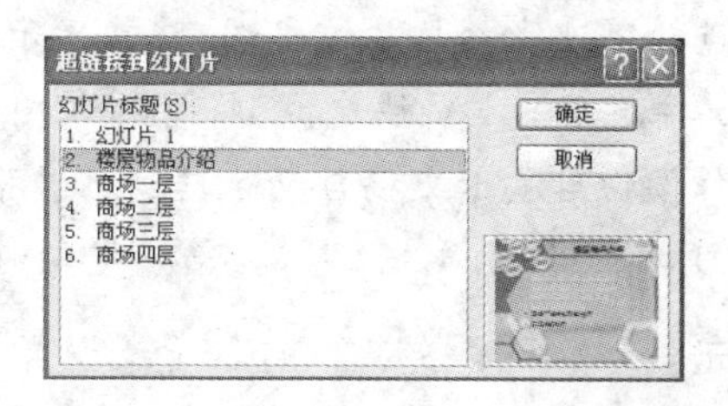

图10－12 “超链接到幻灯片”对话框

(6) 单击“确定”按钮，返回到“动作设置”对话框。在对话框中切换到“鼠标移过”选项卡，在选项卡中选中“播放声音”复选框，并在其下方的下拉列表框中选择“照相机”选项，如图10－13所示。单击“确定”按钮，完成该动作的设置。

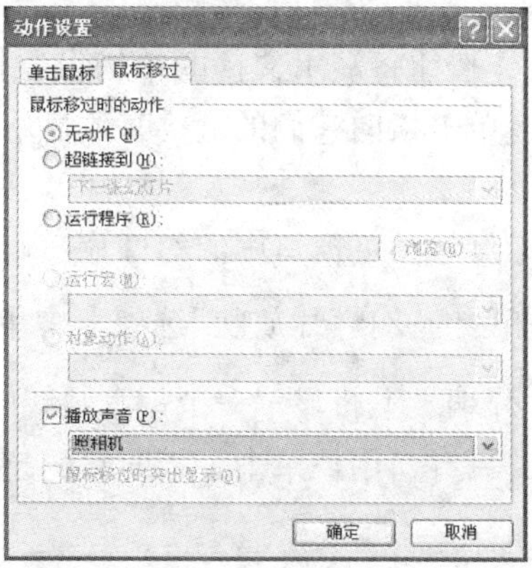

图10－13 “鼠标移过”选项卡

提示：

如果在“鼠标移过”选项卡中选中“超链接到”单选按钮，设置其下拉列表框中的选项为“楼层物品介绍”，那么放映演示文稿过程中，当鼠标移过该动作按钮（无需单击）时，演示文稿将直接跳转到幻灯片“楼层物品介绍”。

（7）在幻灯片中选中绘制的图形，在功能区显示“格式”选项卡，单击“形状填充”按钮，将图形颜色填充为“红色”，如图 10－14 所示。

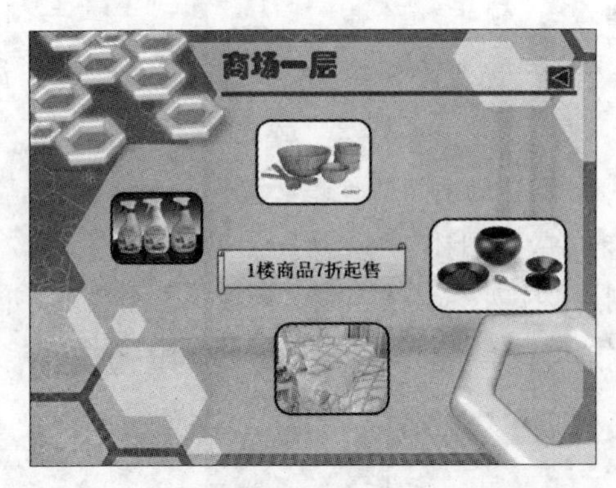

图 10－14　幻灯片中显示添加的动作按钮

（8）选中绘制的图形，按下 Ctrl＋C 快捷键，将该图形复制到剪切板上，在幻灯片预览窗口中选择第 4 张幻灯片缩略图，将其显示在幻灯片编辑窗口中。

（9）按下 Ctrl＋V 快捷键，将复制的图形粘贴到该幻灯片中，使得幻灯片放映时，当按下该动作按钮后演示文稿自动跳转到第 2 张幻灯片。

（10）参照步骤（8）～（9），为第 5 张幻灯片和第 6 张幻灯片添加相同的动作按钮。

提示：

如果不需要某个超链接或动作时，可以在超链接或动作按钮上右击，在弹出的快捷菜单中选择“删除超链接”命令即可。

（11）在快速访问工具栏中单击“保存”按钮，将修改后的演示文稿保存。

10.1.3　隐藏幻灯片

如果通过添加超链接或动作按钮将演示文稿的结构设置得较为复杂，并希望在正常的放映中不显示某些幻灯片，只有单击指向它们的链接时才显示。要达到这样的效果，就可以使用幻灯片的隐藏功能。

在普通视图模式下，右击幻灯片预览窗口中的幻灯片缩略图，在弹出的快捷菜单中选择“隐藏幻灯片”命令，或者在功能区的“幻灯片放映”选项卡中单击“隐藏幻灯片”按钮 即可隐藏幻灯片。被隐藏的幻灯片编号上将显示一个带有斜线的灰色小方框，如 ，则该张幻灯片在正常放映时不会被显示，只有当用户单击了指向它的超链接或动作按钮后才会显示。

提示：

如果要取消幻灯片的隐藏，只需再次单击该幻灯片，并在右键菜单中再次选择“隐藏幻灯片”命令，或在“幻灯片放映”选项卡中再次单击“隐藏幻灯片”按钮。

10.2 演示文稿排练计时

当完成演示文稿内容制作之后，可以运用 PowerPoint 的“排练计时”功能来排练整个演示文稿放映的时间。在“排练计时”的过程中，演讲者可以确切了解每一页幻灯片需要讲解的时间，以及整个演示文稿的总放映时间。

【实训 10-3】使用“排练计时”功能排练整个演示文稿的放映时间。

(1) 启动 PowerPoint 2007 应用程序，打开【实训 10-2】创建的“购物指南”演示文稿。

(2) 在功能区显示“幻灯片放映”选项卡，在“设置”选项区域中单击“排练计时”按钮 排练计时，演示文稿将自动切换到幻灯片放映状态，此时演示文稿左上角将显示“预演”对话框，如图 10-15 所示。

(3) 整个演示文稿放映完成后，将打开 Microsoft Office PowerPoint 对话框，该对话框显示幻灯片播放的总时间，并询问用户是否保留该排练时间，如图 10-16 所示。

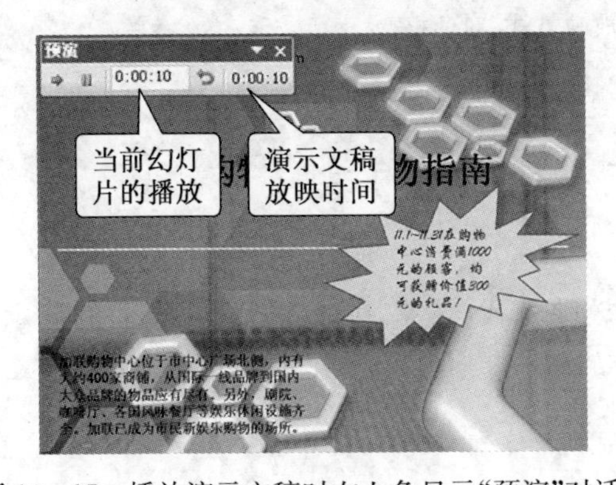

图 10-15 播放演示文稿时左上角显示“预演”对话框

图 10-16 Microsoft Office PowerPoint 对话框

(4) 单击“是”按钮，此时演示文稿将切换到幻灯片浏览视图，从幻灯片浏览视图中可以看到每张幻灯片下方均显示各自的排练时间，如图 10-17 所示。

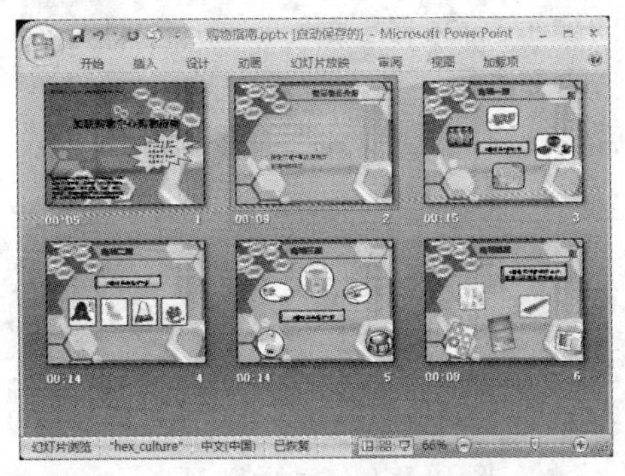

图 10-17 排练计时结果

提示：

用户在放映幻灯片时可以选择是否启用设置好的排练时间。在“幻灯片放映”选项卡的“设置”选项区域中单击“设置幻灯片放映”按钮，打开“设置放映方式”对话框，如图 10－18 所示。如果在对话框的“换片方式”选项区域中选中“手动”单选按钮，则存在的排练计时不起作用，在放映幻灯片时只有通过单击鼠标或按键盘上的 Enter 键、空格键才能切换幻灯片。

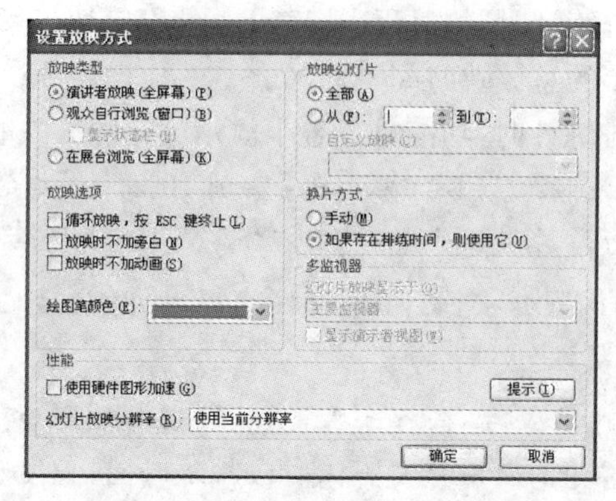

图 10－18 “设置放映方式”对话框

10.3 设置演示文稿放映方式

PowerPoint 2007 提供了多种演示文稿的放映方式，最常用的是幻灯片页面的演示控制，主要有幻灯片的定时放映、连续放映及循环放映。

10.3.1 定时放映幻灯片

用户在设置幻灯片切换效果时，可以设置每张幻灯片在放映时停留的时间，当等待到设定的时间后，幻灯片将自动向下放映。

在“动画”选项卡中(如图 10－19 所示)选中“单击鼠标时”复选框，则用户单击鼠标或下 Enter 键和空格键时，放映的演示文稿将切换到下一张幻灯片；选中“在此之后自动设置动画效果”复选框，并在其右侧的文本框中输入时间(时间为秒)后，则在演示文稿放映时，当幻灯片等待了设定的秒数之后，将会自动切换到下一张幻灯片。

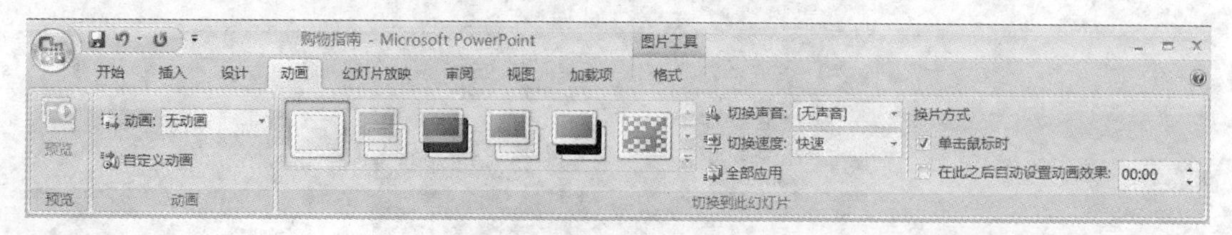

图 10－19 “动画”选项卡

10.3.2 连续放映幻灯片

在图 10-19 所示的选项卡中,为当前选定的幻灯片设置自动切换时间后,再单击“全部应用”按钮,为演示文稿中的每张幻灯片设定相同的切换时间,这样就实现了幻灯片的连续自动放映。

需要注意的是,由于每张幻灯片的内容不同,放映的时间可能不同,所以设置连续放映的最常用方法是通过“排练计时”功能完成。用户也可以根据每张幻灯片的内容,在“幻灯片切换”任务窗格中为每张幻灯片设定放映时间。

10.3.3 循环放映幻灯片

用户将制作好的演示文稿设置为循环放映,可以应用于如展览会场的展台等场合,让演示文稿自动运行并循环播放。

在图 10-18 所示的“设置放映方式”对话框的“放映选项”选项区域中选中“循环放映,按 Esc 键终止”复选框,则在播放完最后一张幻灯片后,会自动跳转到第 1 张幻灯片,而不是结束放映,直到用户按 Esc 键退出放映状态。

10.3.4 自定义放映幻灯片

自定义放映是指用户可以自定义演示文稿放映的张数,使一个演示文稿适用于多种观众,即可以将一个演示文稿中的多张幻灯片进行分组,以便给特定的观众放映演示文稿中的特定部分。用户可以用超链接分别指向演示文稿中的各个自定义放映,也可以在放映整个演示文稿时只放映其中的某个自定义放映。

【实训 10-4】为演示文稿创建自定义放映。

(1) 启动 PowerPoint 2007 应用程序,单击 Office 按钮,在弹出的菜单中选择“新建”命令,打开“新建演示文稿”对话框。

(2) 在对话框的“模板”列表中选择“我的模板”命令,打开“新建演示文稿”对话框。

(3) 在“我的模板”列表框中选择 CDESIGNM 选项,如图 10-20 所示,然后单击“确定”按钮,将该模板应用到当前演示文稿中。

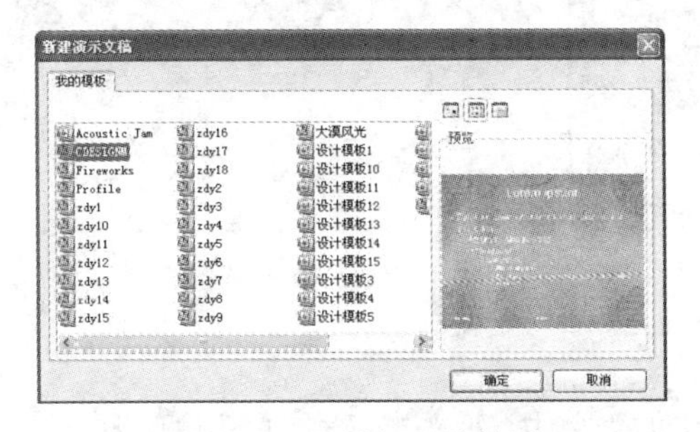

图 10-20 模板预览效果

(4) 使用 CDESIGNM 模板创建含有 6 张幻灯片的演示文稿,6 张幻灯片效果如图 10-21 所示。

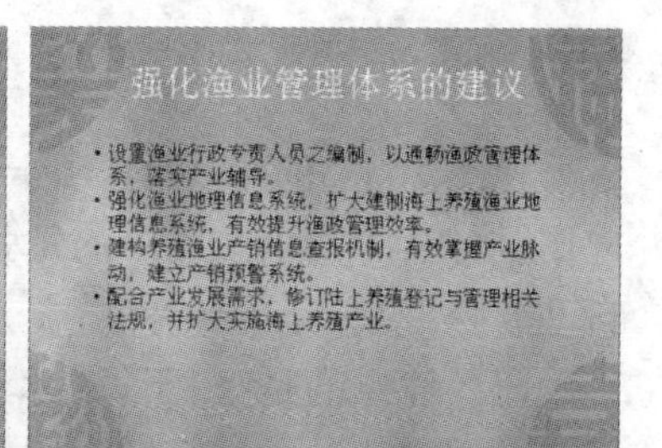

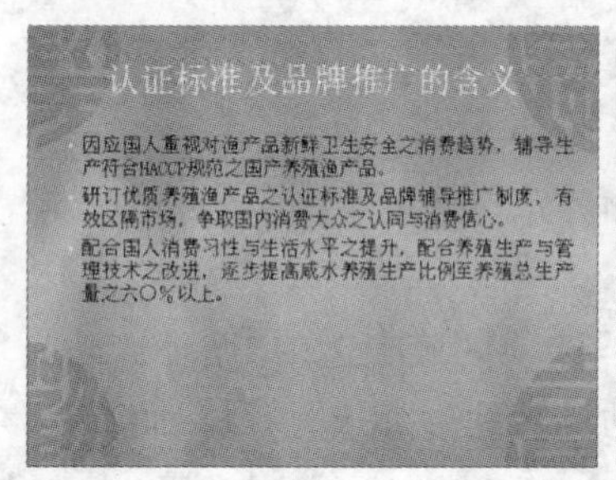

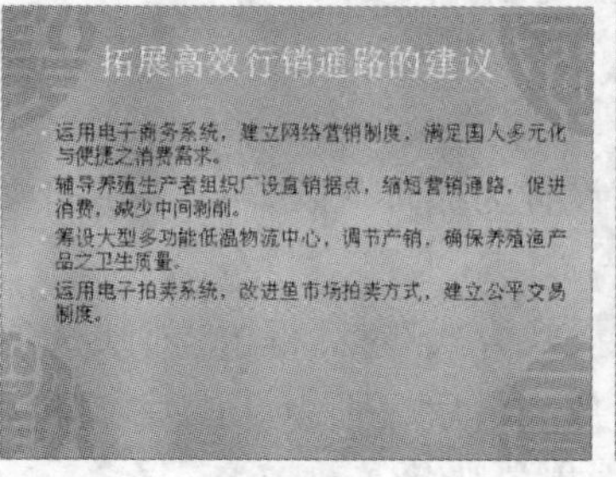

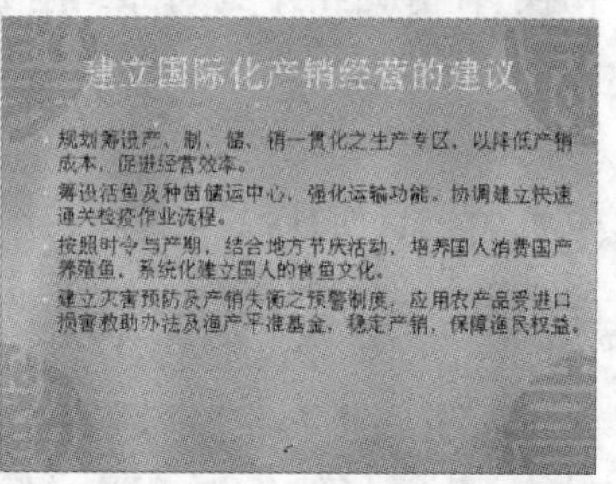

图 10-21　6 张幻灯片效果

(5) 在普通视图中显示"幻灯片放映"选项卡，单击"开始放映幻灯片"选项区域的"自定义幻灯片放映"按钮，在弹出的菜单中选择"自定义放映"命令，打开"自定义放映"对话框，如图 10-22 所示。

(6) 在"自定义放映"对话框中单击"新建"按钮，打开"定义自定义放映"对话框，如图 10-23所示。在"幻灯片放映名称"文本框中输入文字"主题介绍"，在"在演示文稿中的幻灯片"列表中选择第 1 张和第 2 张幻灯片，然后单击"添加"按钮，将两张幻灯片添加到"在自定义放映中的幻灯片"列表中。

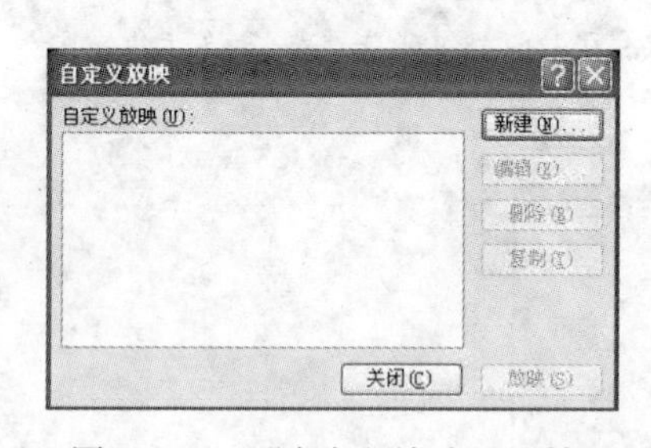

图 10-22　"自定义放映"对话框

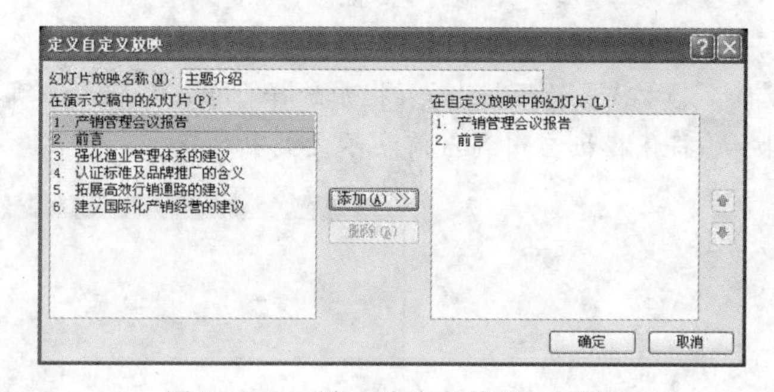

图 10-23　"定义自定义放映"对话框

提示：

在左侧"在演示文稿中的幻灯片"列表中双击幻灯片标题，可直接将其添加到右侧的"在自定义放映中的幻灯片"列表中。按住 Shift 键或者 Ctrl 键，可以在左侧列表中同时选中多张幻灯片。

(7) 单击"确定"按钮，关闭"定义自定义放映"对话框，则刚刚创建的自定义放映名称将会显示在"自定义放映"对话框的"自定义放映"列表中，如图 10-24 所示。

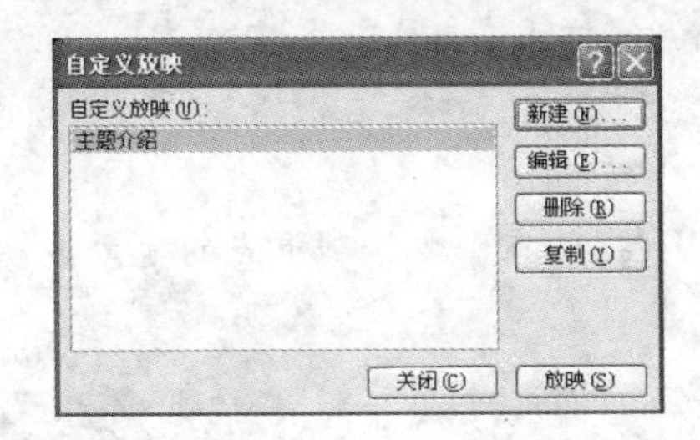

图 10-24　在对话框中显示自定义放映名称

(8) 单击“放映”按钮，此时 PowerPoint 将自动放映该自定义放映，供用户预览。

提示：

在“自定义放映”对话框中可以新建其他自定义放映，或是对已有的自定义放映进行编辑，还可以删除或复制已有的自定义放映。

(9) 单击“关闭”按钮，关闭“自定义放映”对话框。

(10) 在“幻灯片放映”选项卡的“设置”选项区域中单击“设置幻灯片放映”按钮，打开如图 10-18 所示的“设置放映方式”对话框，在“放映幻灯片”选项区域中选中“自定义放映”单选按钮，然后在其下方的列表框中选择需要放映的自定义放映。

(11) 单击“确定”按钮，关闭“设置放映方式”对话框。此时按下 F5 键时，将自动播放自定义放映幻灯片。

(12) 单击 Office 按钮，在弹出的菜单中选择“另存为”命令，将该演示文稿以文件名“自定义放映”进行保存。

提示：

用户可以在幻灯片的其他对象中添加指向自定义放映的超链接，当单击了该超链接后，就会播放自定义放映。

10.4　控制幻灯片放映

幻灯片放映时，用户除了能够展示幻灯片切换动画、自定义动画等效果，还可以使用绘图笔在幻灯片中绘制重点、书写文字等。此外，用户可以通过“设置放映方式”对话框设置幻灯片放映时的屏幕效果。

10.4.1　使用绘图笔

绘图笔的作用类似于板书笔，常用于强调或添加注释。在 PowerPoint 2007 中，用户可以选择绘图笔的形状和颜色，也可以随时擦除绘制的笔迹。

【实训 10-5】幻灯片放映时，使用绘图笔标注重点。

(1) 启动 PowerPoint 2007 应用程序，打开【实训 10-4】创建的“自定义放映”演示文稿，按下 F5 键，播放自定义放映。

(2) 当放映到第 2 张幻灯片时，右击鼠标，在弹出的快捷菜单中选择“指针选项”|“毡尖

笔”命令,将绘图笔设置为毡尖笔样式。

(3) 选择“指针选项”|“墨迹颜色”命令,在打开的“主题颜色”面板中选择“黄色”选项,如图 10 - 25 所示。

(4) 此时鼠标变为一个小圆点,在需要绘制重点的地方拖动鼠标绘制标注,如图 10 - 26 所示。

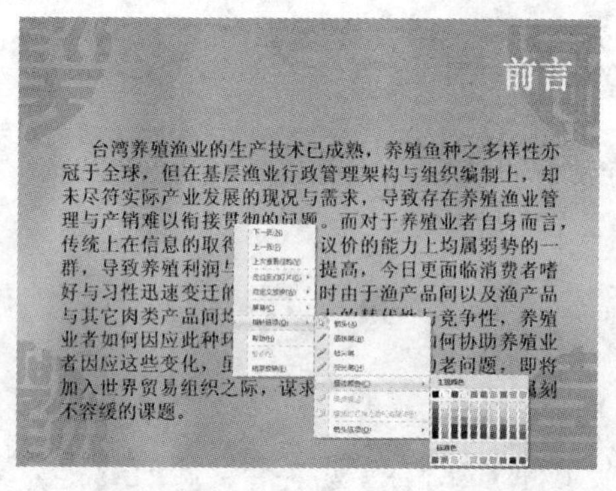

图 10 - 25 选择绘图笔形状和颜色

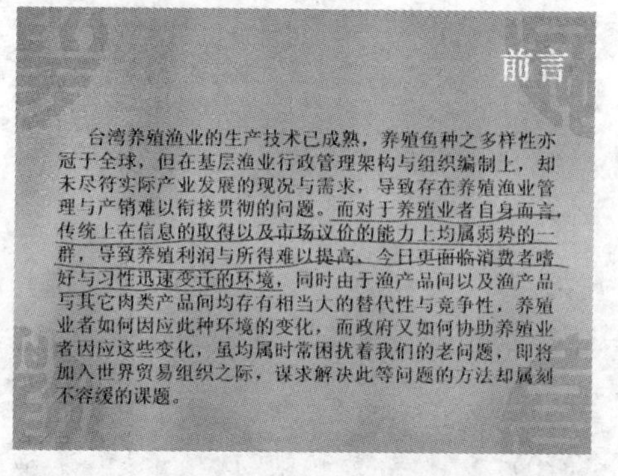

图 10 - 26 在幻灯片中拖动鼠标绘制重点

(5) 按下 Esc 键退出放映状态,此时系统将弹出对话框询问用户是否保留在放映时所作的墨迹注释,如图 10 - 27 所示。

图 10 - 27 Microsoft Office PowerPoint 对话框

(6) 单击“保留”按钮,将绘制的注释保留在幻灯片中。在快速访问工具栏中单击“保存”按钮,将修改后的演示文稿保存。

提示:

当用户在绘制注释的过程中出现错误时,可以在右键菜单中选择“橡皮擦”命令,将墨迹按需擦除;也可以选择“擦除幻灯片上的所有墨迹”命令,将所有墨迹擦除。

10.4.2 幻灯片放映的屏幕操作

PowerPoint 2007 提供了演讲者放映、观众自行浏览和在展台浏览 3 种不同的放映类型。除此之外,在放映演示文稿的过程中,还可以使屏幕出现黑屏或白屏。

1. 设置放映方式

在图 10 - 18 所示“设置放映方式”对话框的“放映类型”选项区域中可以设置幻灯片的放映模式。

- “演讲者放映”模式(全屏幕) 该模式是系统默认的放映类型,也是最常见的全屏放映方式。在这种放映方式下,演讲者现场控制演示节奏,具有放映的完全控制权。

用户可以根据观众的反应随时调整放映速度或节奏，还可以暂停下来进行讨论或记录观众即席反应，甚至可以在放映过程中录制旁白。该模式一般用于召开会议时的大屏幕放映、联机会议或网络广播等。

“观众自行浏览”模式（窗口） 观众自行浏览是在标准 Windows 窗口中显示的放映形式，放映时的 PowerPoint 窗口具有菜单栏、Web 工具栏，类似于浏览网页的效果，便于观众自行浏览，如图 10－28 所示。使用该放映类型时，用户可以在放映时复制、编辑及打印幻灯片，并可以使用滚动条或 Page Up/Page Down 控制幻灯片的播放。该放映类型常用于在局域网或 Internet 中浏览演示文稿。

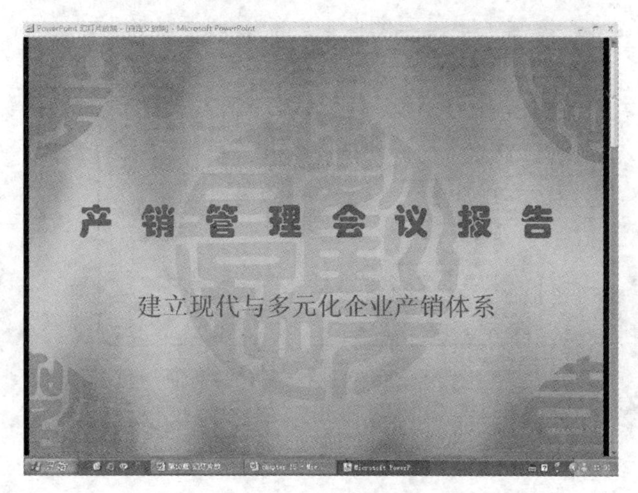

图 10－28 观众自行浏览窗口

- “展台浏览”模式（全屏幕） 采用该放映类型，最主要的特点是不需要专人控制就可以自动运行，在使用该放映类型时，如超链接等控制方法都失效。当播放完最后一张幻灯片后，会自动从第一张重新开始播放，直至用户按下 Esc 键才会停止播放。该放映类型主要用于展览会的展台或会议中的某部分需要自动演示等场合。需要注意的是使用该放映时，用户不能对其放映过程进行干预，必须设置每张幻灯片的放映时间或预先设定排练计时，否则可能会长时间停留在某张幻灯片上。

2. 设置放映屏幕

在幻灯片放映的过程中，有时为了避免引起观众的注意，可以将幻灯片进行黑屏或白屏显示。该操作具体方法为，在右键菜单中选择“屏幕”|“黑屏”命令或“屏幕”|“白屏”命令。

提示：

除了选择右键菜单命令外，还可以直接使用快捷键。在放映演示文稿时按下 B 键，将出现黑屏，按下 W 键将出现白屏。

10.5 录制和删除旁白

在 PowerPoint 中可以为指定的幻灯片或全部幻灯片添加录音旁白。使用录制旁白可以为演示文稿增加解说，在放映状态下主动播放语音说明。

【实训 10-6】为演示文稿录制旁白。

(1) 启动 PowerPoint 2007 应用程序，打开演示文稿。

(2) 在“幻灯片放映”选项卡中单击“录制旁白”按钮 录制旁白，打开“录制旁白”对话框，如图 10-29 所示。

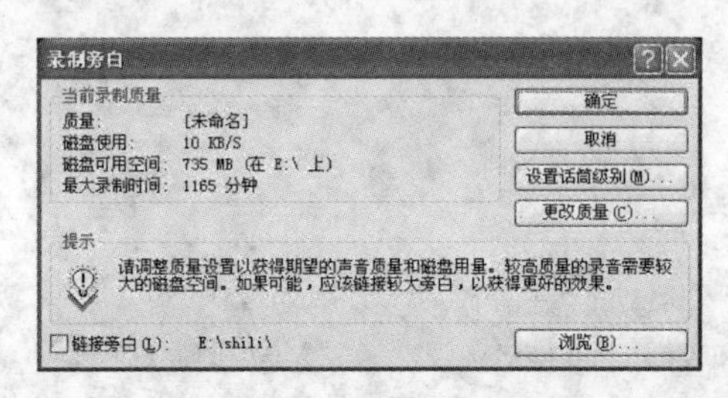

图 10-29 “录制旁白”对话框

提示：

如果是第一次录音，可以单击“设置话筒级别”按钮，打开“话筒检查”按钮，按提示进行调整。也可以单击“更改质量”按钮，打开“声音选定”对话框，选择期望的质量。需要注意的是，声音文件要占用较大的存储容量，如果选择高质量的声音，则占用的存储容量会更多。录制的旁白录音，在默认情况下是存储在演示文稿中的，用户可以选中“链接旁白”复选框，将声音作为独立的文件保存，并链接到演示文稿。此时，声音文件以.wav 为扩展名保存在演示文稿所在的目录下。

(3) 单击“确定”按钮，进入幻灯片放映状态，同时开始录制旁白。

(4) 单击鼠标或按 Enter 键切换到下一张幻灯片。当旁白录制完成后，按下 Esc 键，PowerPoint 将弹出对话框提示用户是否需要保存新的排练时间，如图 10-30 所示。

图 10-30 Microsoft Office PowerPoint 对话框

(5) 单击“保存”按钮，保存新的排练时间结果。

提示：

在录制了旁白的幻灯片在右下角都会显示一个声音图标，PowerPoint 中的旁白声音优于其他声音文件，当幻灯片同时包含旁白和其他声音文件时，在放映幻灯片时只播放旁白。若要删除幻灯片中的旁白,只需在幻灯片编辑窗口中单击选中声音图标 ,按下Delete键即可。

10.6 实例制作——旅游行程

应用超链接和动作按钮创建交互式演示文稿“旅游行程”,在放映演示文稿时,为幻灯片中的重点添加墨迹,

【实训 10-7】创建交互式演示文稿“旅游行程”,并设置幻灯片的放映方式。

(1) 启动 PowerPoint 2007 应用程序,单击 Office 按钮,在弹出的菜单中选择“新建”命令,打开“新建演示文稿”对话框。

(2) 在对话框“模板”列表中选择“我的模板”命令,打开“新建演示文稿”对话框。

(3) 在“我的模板”列表框中选择“设计模板 16”选项,如图 10-31 所示,然后单击“确定”按钮,将该模板应用到当前演示文稿中。

(4) 在“单击此处添加标题”文本占位符中输入标题文字“秋游路线详细说明”,设置文字字型为“加粗”和“倾斜”;在“单击此处添加副标题”文本占为符中输入副标题文字“——普陀一日游”,设置文字字号为 32、字型为“加粗”。

(5) 使用插入图片功能,在幻灯片中插入一张图片,并调整其大小和位置,此时第 1 张幻灯片效果如图 10-32 所示。

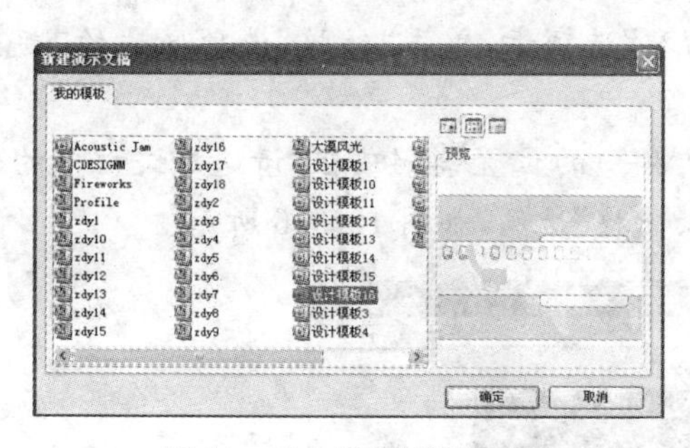

图 10-31 模板预览效果

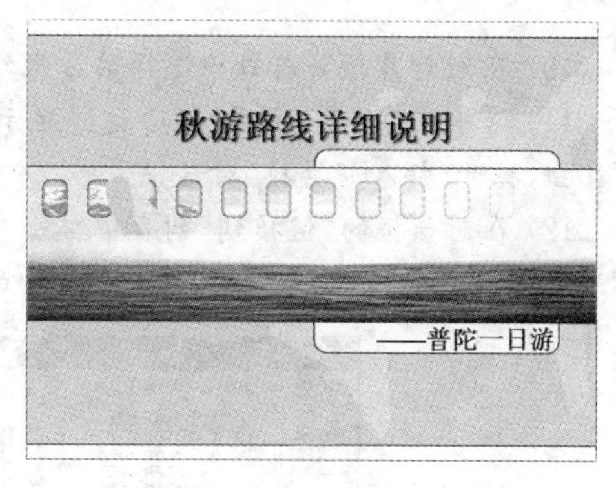

图 10-32 第 1 张幻灯片效果

(6) 单击“新建幻灯片”按钮,在演示文稿中添加新幻灯片。在幻灯片中输入标题文字“行程(上午)”,设置字型为“加粗”和“阴影”。

(7) 在“单击此处添加文本”文本占位符中输入文字,并在幻灯片中插入一张图片,设置该图片格式为“棱台形椭圆,黑色”,此时第 2 张幻灯片效果如图 10-33 所示。

(8) 参照步骤(5)~(7),添加并设置第 3 张幻灯片,使得其效果如图 10-34 所示。

图 10－33　第 2 张幻灯片效果

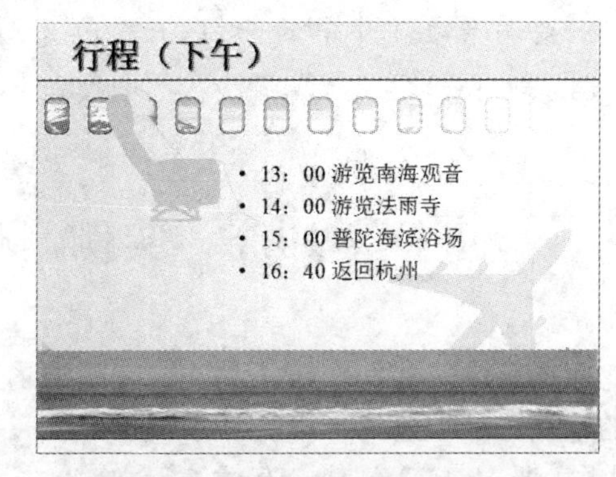

图 10－34　第 3 张幻灯片效果

(9) 依次添加 3 张幻灯片，使得幻灯片效果如图 10－35 所示。

图 10－35　添加的另外 3 张幻灯片效果

(10) 在幻灯片预览窗口中选择第 2 张幻灯片缩略图，将其显示在幻灯片编辑窗口中。

(11) 选中文字“紫竹林”，在功能区显示“插入”选项卡，单击“链接”选项区域的“超链接”按钮，打开“插入超链接”对话框。

(12) 在对话框的“链接到”列表中单击“本文档中的位置”按钮，在“请选择文档中的位置”列表框中单击“幻灯片标题”展开列表中的“紫竹林”选项，如图 10－36 所示。

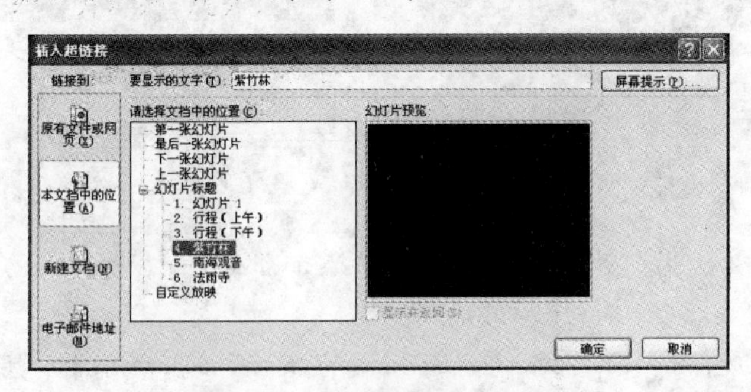

图 10－36　设置超链接的指向

(13) 单击“屏幕提示”按钮，打开“设置超链接屏幕提示”对话框，在“屏幕提示文字”文本框中输入提示文字“紫竹林介绍”，如图 10－37 所示。

(14) 单击“确定”按钮，返回到“插入超链接”对话框，再次单击“确定”按钮，完成该超链接的设置。

图 10-37 设置屏幕提示

(15) 在幻灯片预览窗口中选择第 3 张幻灯片缩略图,将其显示在幻灯片编辑窗口中。

(16) 参照步骤(11)~(14),为幻灯片中的文字"南海观音"和"法雨寺"添加超链接,使它们分别指向第 5 张幻灯片和第 6 张幻灯片,并设置屏幕提示文字为"南海观音介绍"和"法雨寺介绍"。

(17) 在幻灯片预览窗口中选择第 4 张幻灯片缩略图,将其显示在幻灯片编辑窗口中。

(18) 在功能区显示"插入"选项卡,在"插图"选项区域中单击"形状"按钮,在打开菜单的"动作按钮"选项区域中选择"动作按钮:上一张"按钮,然后在幻灯片的右上角拖动鼠标绘制该图形。

(19) 当释放鼠标时,系统自动打开"动作设置"对话框,在"单击鼠标时的动作"选项区域中选中"超链接到"单选按钮,如图 10-38 所示。

(20) 此时在"超链接到"下拉列表框中选择"幻灯片"选项,打开"超链接到幻灯片"对话框,在对话框中选择幻灯片"行程(上午)"选项,如图 10-39 所示。

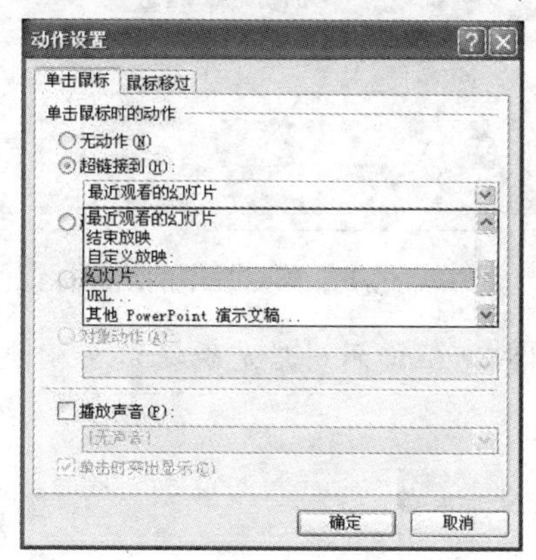

图 10-38 "动作设置"对话框

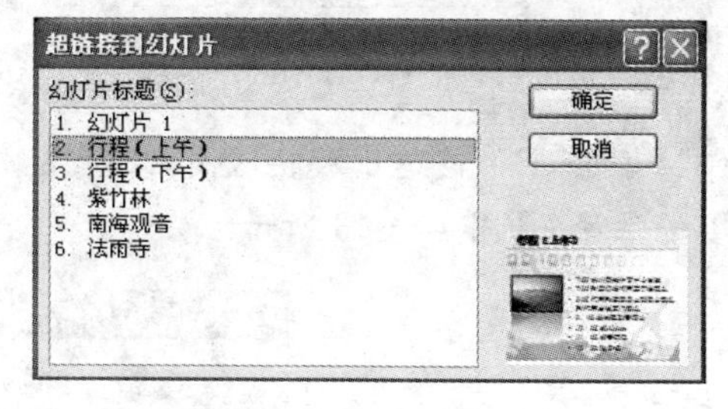

图 10-39 选择链接到的幻灯片

(21) 单击"确定"按钮,返回到"动作设置"对话框,再次单击"确定"按钮,完成该动作的设置。

(22) 在幻灯片中选中该图形,在功能区显示"格式"选项卡,单击"形状样式"选项区域中的"形状填充"按钮,在弹出的菜单中选择"黑色"。此时该张幻灯片效果如图 10-40 所示。

(23) 在幻灯片预览窗口中选择第 5 张幻灯片缩略图,将其显示在幻灯片编辑窗口中。

(24) 参照步骤(18)~(22),在第 5 张幻灯片和第 6 张幻灯片右上角绘制动作按钮,并将它们

图 10-40 在幻灯片中添加动作按钮

链接到第 3 张幻灯片。

(25) 按下 F5 键放映幻灯片，当放映到第 2 张幻灯片时，右击鼠标，在弹出的快捷菜单中选择"指针选项"|"荧光笔"命令，将绘图笔设置为荧光笔样式。

(26) 拖动鼠标在文字"黄龙体育中心"上方反复移动，使默认的黄色荧光笔覆盖这几个文字。

(27) 右击鼠标，在弹出的快捷菜单中选择"指针选项"|"圆珠笔"命令，将绘图笔设置为圆珠笔样式。

(28) 然后在右键菜单中选择"指针选项"|"墨迹颜色"命令，在打开的"主题颜色"面板中选择"绿色"选项。拖动鼠标在文字"沈家门码头"下方绘制波浪形图形。

(29) 参照步骤(27)～(28)，使用红色毡尖笔在文字"普济寺"周围绘制一个圈，此时该幻灯片效果如图 10－41 所示。

(30) 当放映到第 3 张幻灯片时，参照步骤(25)～(26)，在文字"16:40"上方绘制黄颜色标记，如图 10－42 所示。

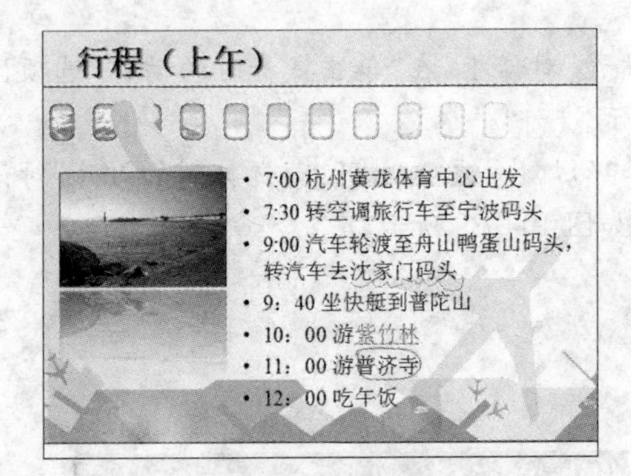

图 10－41　第 2 张幻灯片中的绘图标记

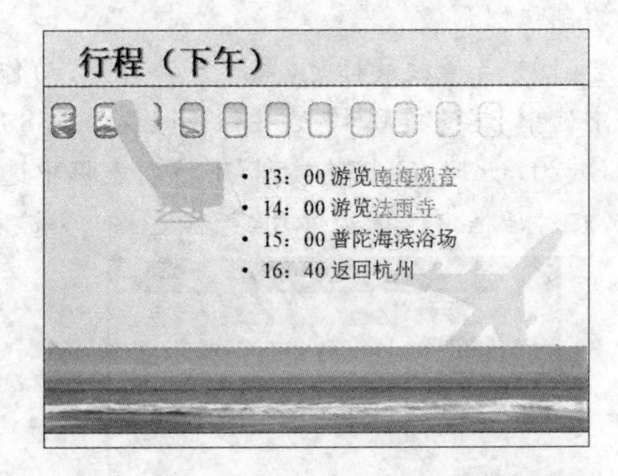

图 10－42　第 3 张幻灯片中的绘图标记

(31) 按下 Esc 键退出放映状态，此时系统将弹出对话框询问用户是否保留在放映时所作的墨迹注释，如图 10－43 所示。

图 10－43　Microsoft Office PowerPoint 对话框

(32) 单击"保留"按钮，将绘制的注释图形保留在幻灯片中。

(33) 单击 Office 按钮，在弹出的菜单中选择"另存为"命令，将该演示文稿以文件名"旅游行程"进行保存。

10.7　思考与练习

1. 简述几种常见的演示文稿的放映方式。

2. 如何在演示文稿中隐藏幻灯片？

3. 如何显示隐藏的幻灯片？

4. 如何使用绘图笔绘制标注？

5. 如何将幻灯片放映屏幕设置为黑屏或白屏？

6. 简述在幻灯片中录制和删除旁白的方法。

7. 制作如图 10-44 所示的幻灯片，并将手机图片设置为超链接，将其链接到指定网页 http://product. pconline. com. cn/product/130/p130487. html 上。

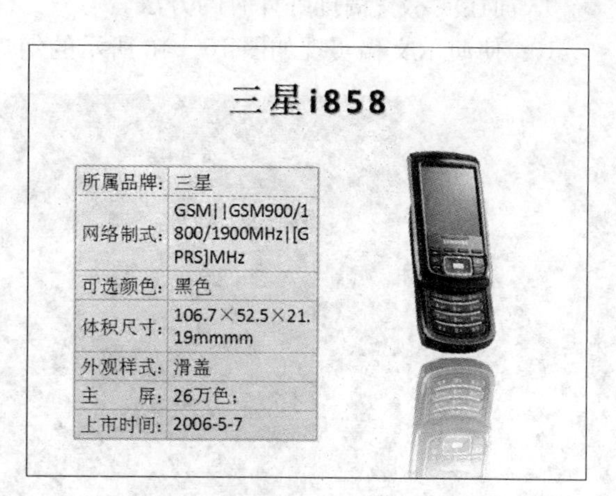

图 10-44　习题 7

8. 创建一个演示文稿，在其中制作如图 10-45 所示的幻灯片。要求为第 2 张幻灯片上指定文字中添加超链接，设置其均指向对应的幻灯片，并在第 3～9 张幻灯片添加动作按钮，设置该动作按钮都链接到第 2 张幻灯片上。

汽车名词解释

名词解释通过对整车综合性能分析，从动力性和燃油经济性，制动性和安全性，操控稳定性和平顺性，通过性等方面反映汽车性能，并对一些关键的名词做了解释，便于广大网友和汽车爱好者在购车，用车时参考和借鉴。

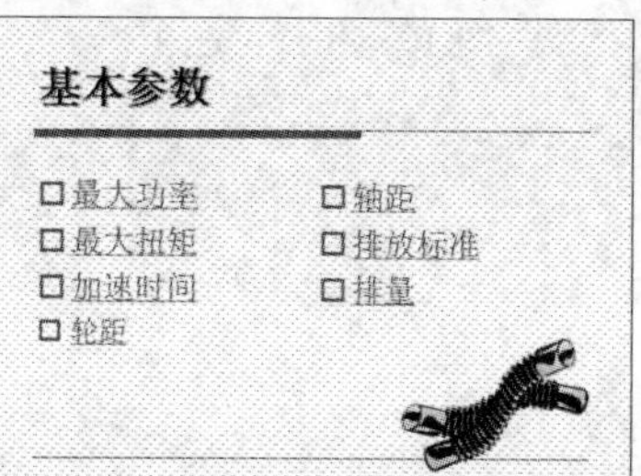

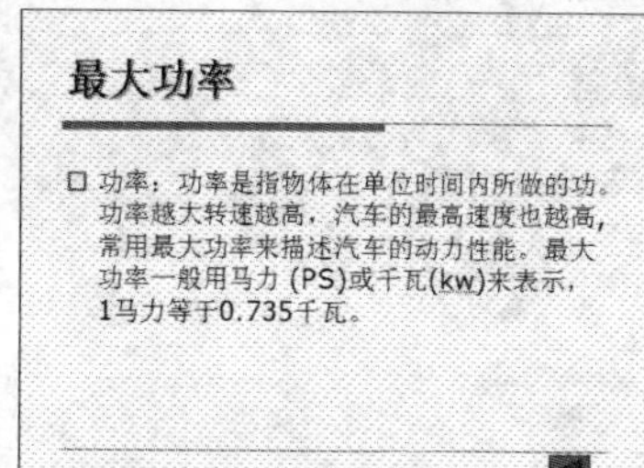

轴距

轴距，是通过车辆同一侧相邻两车轮的中点，并垂直于车辆纵向对称平面的二垂线之间的距离。简单的说，就是汽车前轴中心到后轴中心的距离。

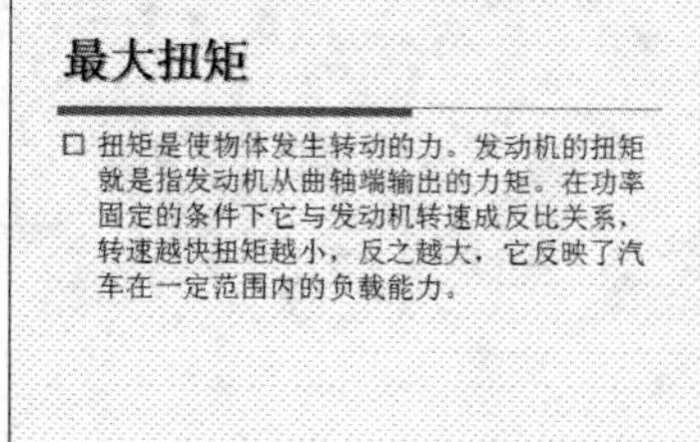

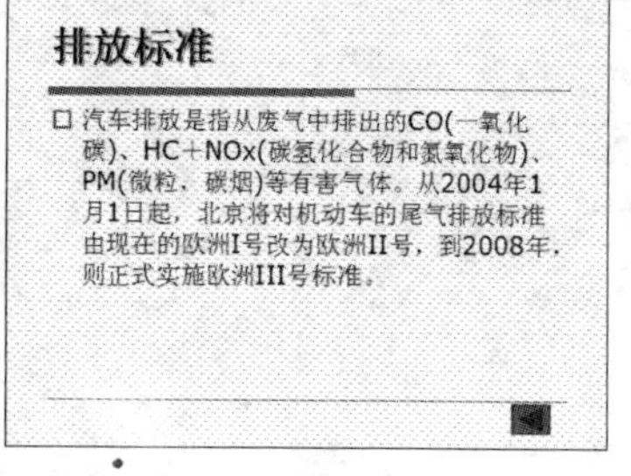

加速时间

汽车的加速性能，包括汽车的原地起步加速时间和超车加速时间。原地起步加速时间，指汽车从静止状态下，由第一挡起步，并以最大的加速强度(包括选择最恰当的换挡时机)逐步换至高挡后，到某一预定的距离车速或车速所需的时间。目前，常用0--96KM所需的时间(秒数)来评价。加速时间越短，汽车的加速性就越好，整车的动力性随即提高。

排量

活塞从上止点移动到下止点所通过的空间容积称为气缸排量，如果发动机有若干个气缸，所有气缸工作容积之和称为发动机排量。

轮距

是车轮在车辆支承平面(一般就是地面)上留下的轨迹的中心线之间的距离。如果车轴的两端是双车轮时，轮距是双车轮两个中心平面之间的距离。

图 10-45　习题 8

9. 简述演示文稿排练计时的方法。

10. 使演示文稿实现如图 10－46 所示的幻灯片缩略图放映。

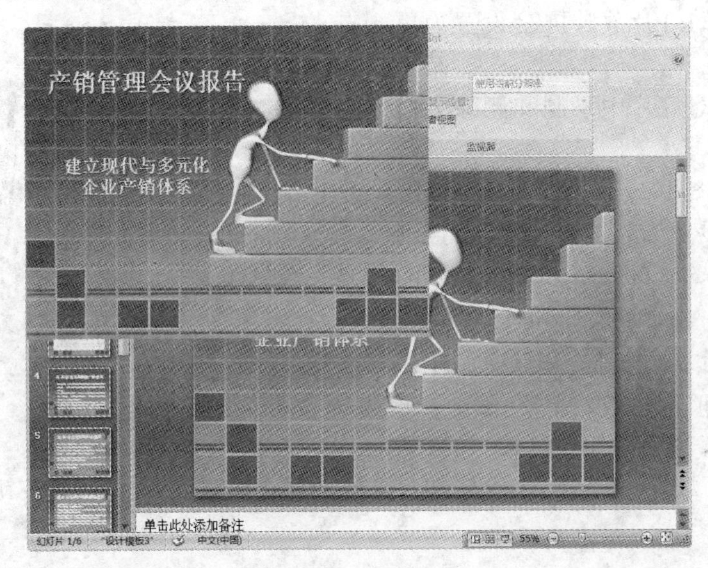

图 10－46　习题 10

第 11 章　打印和输出演示文稿

PowerPoint 提供了多种保存、输出演示文稿的方法，用户可以将制作出来的演示文稿输出为多种形式，以满足在不同环境下的需要。本章将介绍打包演示文稿，按幻灯片、讲义及备注页的形式打印输出演示文稿，以及将演示文稿保存输出为幻灯片放映、Web 格式及常用图形格式的方法。

通过本章的理论学习和上机实训，读者应了解和掌握以下内容：

- 设置幻灯片大小、编号和方向
- 预览和打印演示文稿
- 输出为网页、图形文件
- 输出为幻灯片放映及大纲文件
- 打包演示文稿

11.1　演示文稿的页面设置

在打印演示文稿前，可以根据自己的需要对打印页面进行设置，使打印的形式和效果更符合实际需要。在“设计”选项卡的“页面设置”选项区域中单击“页面设置”按钮，在打开的“页面设置”对话框（如图 11-1 所示）中对幻灯片的大小、编号和方向进行设置。

对话框中部分选项的含义如下：

- “幻灯片大小”下拉列表框　该下拉列表框用来设置幻灯片的大小。
- “宽度”和“高度”文本框　用来设置打印区域的尺寸，单位为厘米。
- “幻灯片编号起始值”文本框　用来设置当前打印的幻灯片的起始编号。
- 在对话框的右侧，可以分别设置幻灯片与备注、讲义和大纲的打印方向，在此处设置的打印方向对整个演示文稿中的所有幻灯片及备注、讲义和大纲均有效。

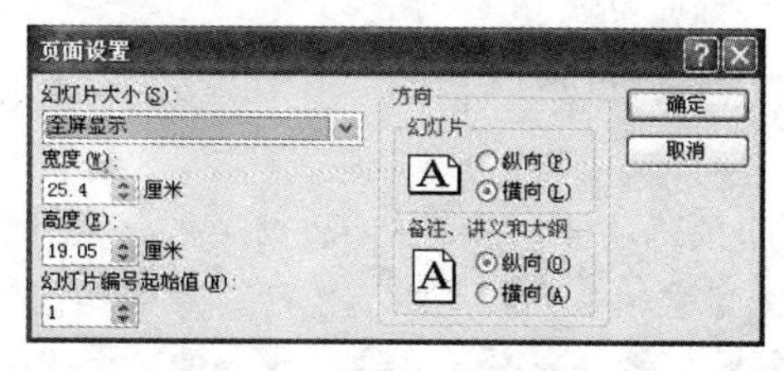

图 11-1　“页面设置”对话框

【实训 11-1】打印演示文稿之前设置幻灯片页面属性。

(1) 启动 PowerPoint 2007 应用程序，打开第 6 章创建的“员工培训”演示文稿。

(2) 在功能区显示“设计”选项卡，单击“页面设置”选项区域中的“页面设置”按钮，打开

"页面设置"对话框。

(3) 在对话框的"宽度"文本框中输入数字 30,在"高度"文本框中输入数字 35,并且在"幻灯片"选项区域中选中"纵向"单选按钮。

(4) 单击"确定"按钮,在功能区显示"视图"选项卡,单击"演示文稿视图"选项区域中的"幻灯片浏览"按钮,此时设置页面属性后的幻灯片效果如图 11-2 所示。

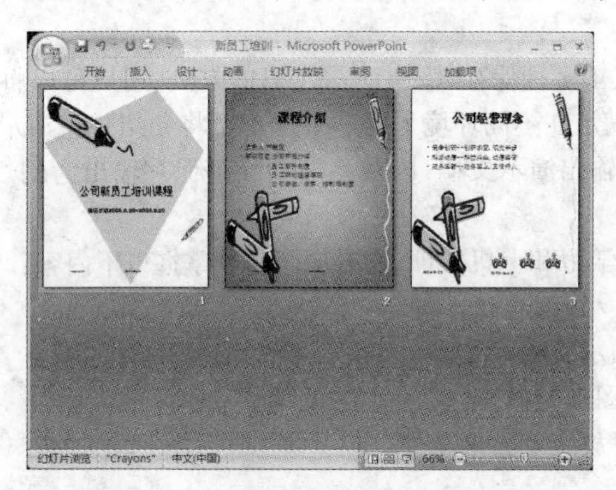

图 11-2　设置页面属性后的幻灯片效果

(5) 单击 Office 按钮,在弹出的菜单中选择"另存为"命令,将该演示文稿以文件名"页面设置"进行保存。

11.2　打印演示文稿

在 PowerPoint 中可以将制作好的演示文稿通过打印机打印出来。在打印时,根据不同的目的将演示文稿打印为不同的形式,常用的打印稿形式有幻灯片、讲义、备注和大纲视图。

11.2.1　打印预览

用户在页面设置中设置好打印的参数后,在实际打印之前,可以利用"打印预览"功能预览一下打印的效果。预览的效果与实际打印出的来效果非常相近,可以令用户避免不必要的损失。

【实训 11-2】使用打印预览功能。

(1) 启动 PowerPoint 2007 应用程序,打开【实训 11-1】创建的"页面设置"演示文稿。

(2) 单击"文件"菜单按钮,在弹出的菜单中选择"打印"|"打印预览"命令,切换到打印预览模式,如图 11-3 所示。

图 11-3　默认的幻灯片打印预览

(3) 打开"打印预览"选项卡(如图

11-4所示)，在“页面设置”选项区域的“打印内容”下拉列表中选择“讲义(每页 3 张幻灯片)”选项，此时预览窗口的显示效果如图 11-5 所示。

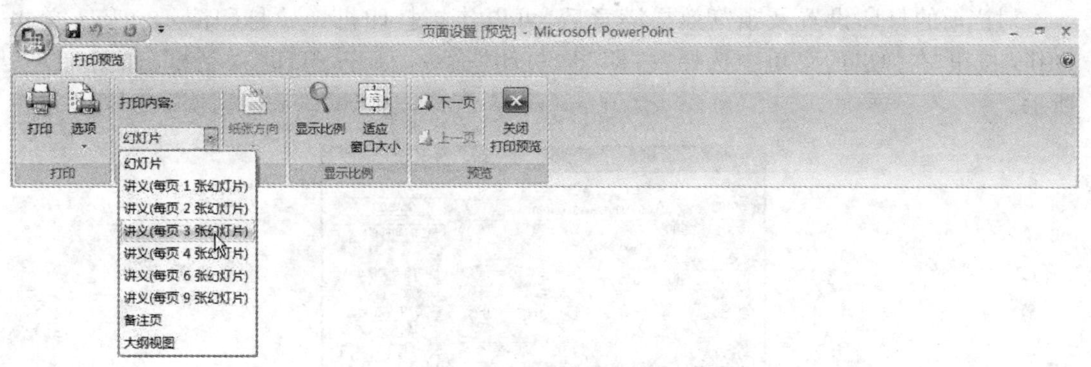

图 11-4 “打印预览”选项卡

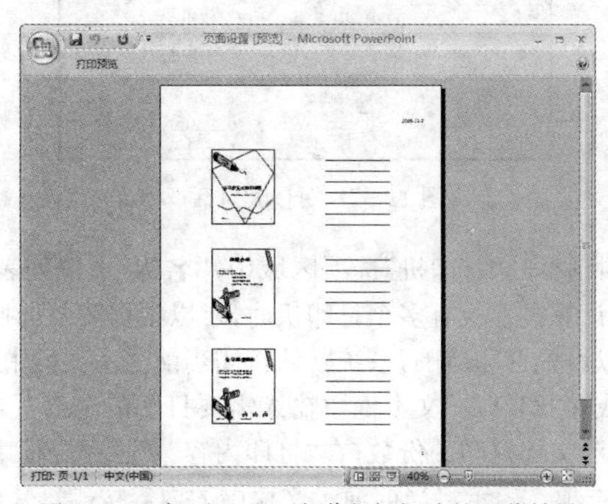

图 11-5 每页显示 3 张讲义幻灯片的预览效果

(4) 预览完毕后，单击“打印预览”选项卡中的“关闭打印预览”按钮，返回到幻灯片普通视图。

提示：

“打印内容”下拉列表框中除了包含幻灯片和讲义幻灯片的预览选项，还包含了“备注页”和“大纲视图”选项，它们的打印预览效果如图 11-6 所示。

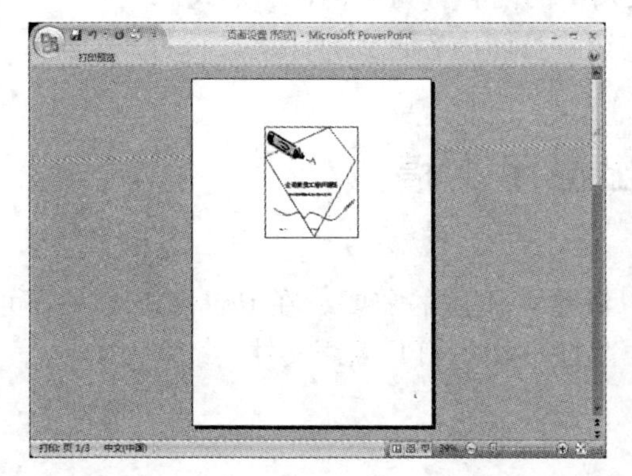
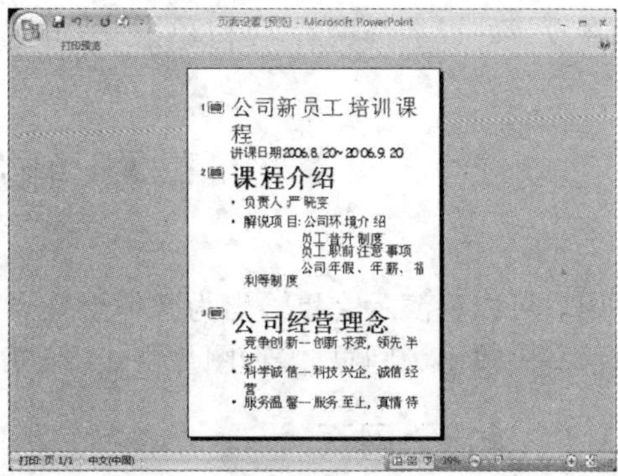

图 11-6 备注页和大纲视图模式下的打印预览效果

11.2.2 开始打印

对当前的打印设置及预览效果满意后，可以连接打印机开始打印演示文稿。单击 Office 按钮，在弹出的菜单中选择“打印”|“打印”命令，打开“打印”对话框，如图 11－7 所示。

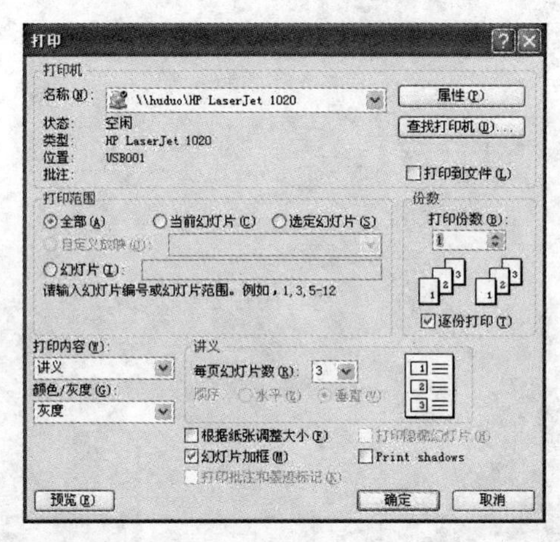

图 11－7 “打印”对话框

在图 11－7 所示对话框的“打印机”选项区域中，“名称”下拉列表框会自动调用系统默认的打印机，当用户的计算机上装有多个打印机时，可以根据需要选择打印机名称；在“打印范围”选项区域中，可以设置打印范围，系统默认打印当前演示文稿中的所有内容，用户可以选择打印当前幻灯片或在“幻灯片”文本框中输入需要打印的幻灯片编号；在“份数”选项区域中，可以设置当前演示文稿打印的份数；在“打印内容”下拉列表框中，可以选择如下选项：

- 选择“幻灯片”选项　表示将当前演示文稿中的内容按幻灯片的格式进行打印，这种方式主要用于将幻灯片打印到透明胶片或其他介质上。
- 选择“讲义”选项　表示将演示文稿中的内容打印为讲义，此时右侧的“讲义”选项区会被激活，用户可以设置每页纸可以打印幻灯片的数量，也可以设置多张幻灯片在同一张纸中的排列方式。
- 选择“备注页”选项　表示将演示文稿中的内容打印为备注页形式。
- 选择“大纲视图”选项　表示将演示文稿中的内容打为大纲视图形式。

在设置好以上选项后，可以单击“确定”按钮将打印内容送到打印机进行打印。

11.3 输出演示文稿

用户可以将演示文稿输出为其他形式，以满足多用途的需要。在 PowerPoint 中，可以将演示文稿输出为网页、多种图片格式、幻灯片放映以及 RTF 大纲文件。

11.3.1 输出为网页

使用 PowerPoint 可以方便地将演示文稿输出为网页文件，再将网页文件直接发布到局域网或 Internet 上供用户浏览。

【实训 11-3】将创建完成的演示文稿输出为网页。

(1) 启动 PowerPoint 2007 应用程序,打开第 6 章创建的"员工培训"演示文稿。

(2) 单击 Office 菜单按钮,在弹出的菜单中选择"另存为"命令,打开"另存为"对话框。在对话框中设置文件的保存位置及文件名,并在"保存类型"下拉列表框中选择"网页"选项,如图 11-8 所示。

(3) 在"另存为"对话框中单击"发布"按钮,打开"发布为网页"对话框,如图 11-9 所示。

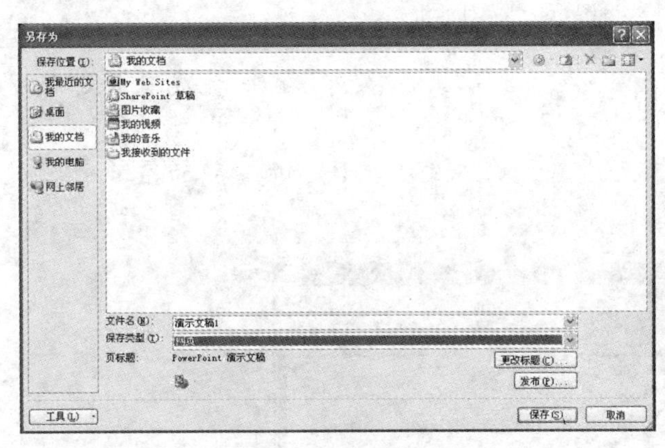

图 11-8 "另存为"对话框

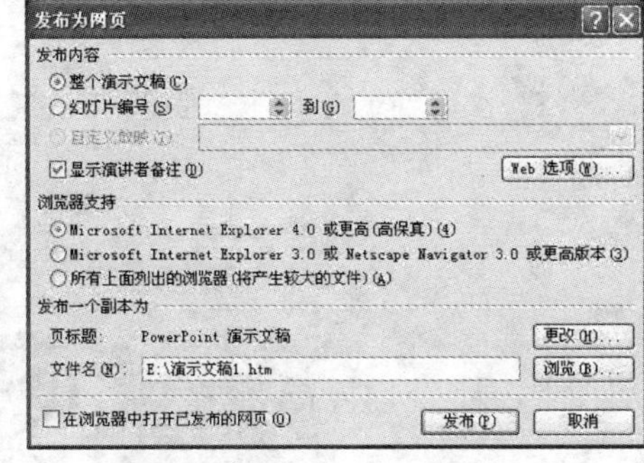

图 11-9 "发布为网页"对话框

提示:

在该对话框中,可以选中"幻灯片编号"单选按钮来设置需要发布为网页的幻灯片范围;取消"显示演讲者备注"复选框可以设置在生成的网页中不显示备注信息。

(4) 保持该对话框中的默认设置,单击"Web 选项"按钮,打开如图 11-10 所示的"Web 选项"对话框。

(5) 切换到"浏览器"选项卡,在"查看此网页时使用"下拉列表框中选择"Microsoft Internet Explore 6 或更高版本"选项,如图 11-11 所示。

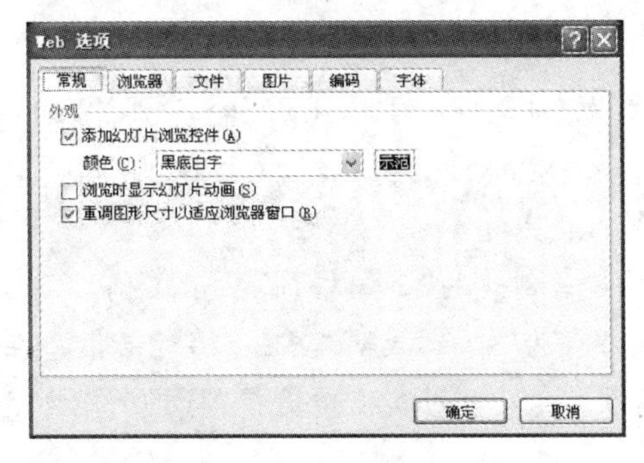

图 11-10 "Web 选项"对话框

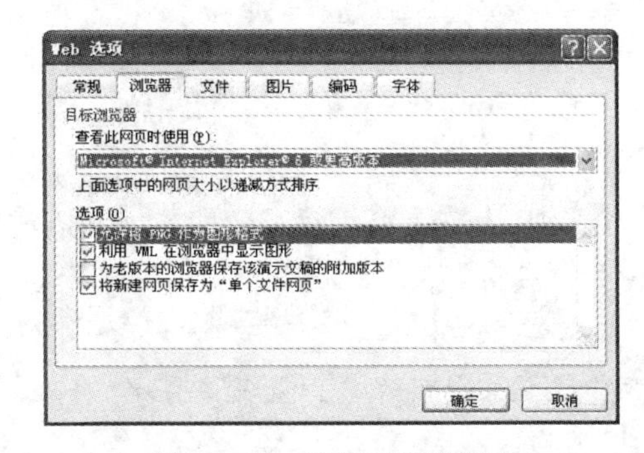

图 11-11 选择浏览器版本

提示:

一般情况下,在"查看此网页时使用"下拉列表框中选择的 Microsoft Internet Explorer

的版本越高,越能表现出幻灯片原有的复杂的页面效果。

(6) 单击"确定"按钮,返回到"发布为网页"对话框,单击"更改"按钮,在打开的"设置页标题"对话框中设置输出网页的标题,如图 11-12 所示。在"页标题"文本框中输入标题文字"新员工培训"。

图 11-12 "设置页标题"对话框

(7) 单击"确定"按钮,返回到"发布为网页"对话框,单击"发布"按钮,完成演示文稿的输出。

(8) 在保存的路径中双击打开该网页文件,此时演示文稿在 IE 浏览器中的显示效果如图 11-13 所示。

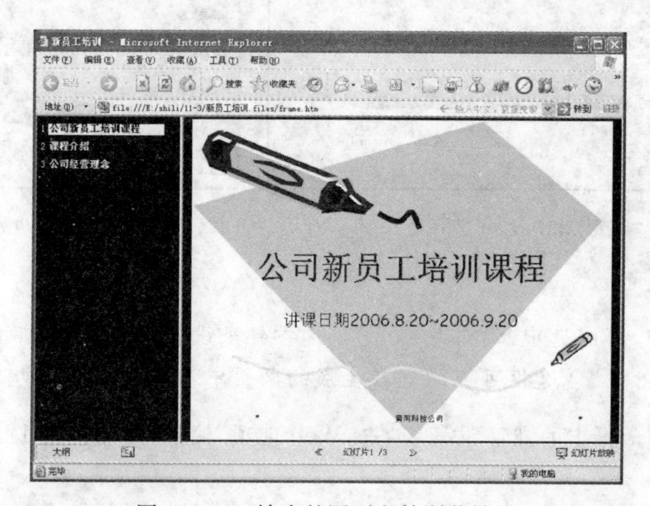

图 11-13 输出的网页文件浏览效果

11.3.2 输出为图形文件

PowerPoint 支持将演示文稿中的幻灯片输出为 GIF、JPG、PNG、TIFF、BMP、WMF 及 EMF 等格式的图形文件。这有利于用户在更大范围内交换或共享演示文稿中的内容。

【实训 11-4】将创建完成的演示文稿输出为图形文件。

(1) 启动 PowerPoint 2007 应用程序,打开第 6 章创建的"员工培训"演示文稿。

(2) 单击 Office 按钮,在弹出的菜单中选择"另存为"命令,打开"另存为"对话框。在对话框中设置文件的保存位置及文件名,并在"保存类型"下拉列表框中选择"JPEG 文件交换格式"选项。

(3) 单击"保存"按钮,系统会弹出如图 11-14 所示对话框供用户选择输出为图片文件的幻灯片范围。

(4) 单击"每张幻灯片"按钮,将演示文稿输出为图形文件。

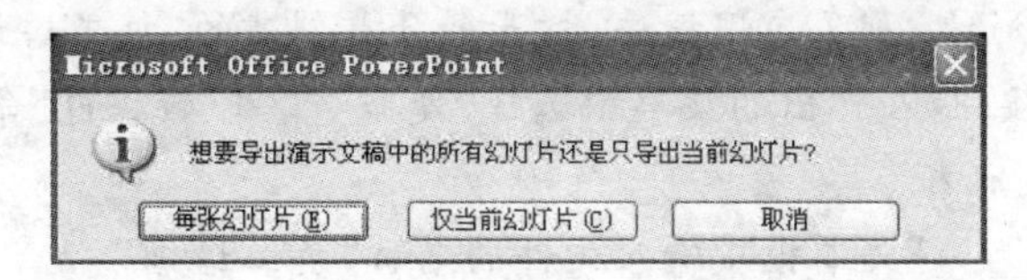

图 11-14 设置输出的图片范围

(5) 在保存的路径中双击打开保存的文件夹,此时3张幻灯片以图形格式显示在该文件夹中,如图11-15所示。

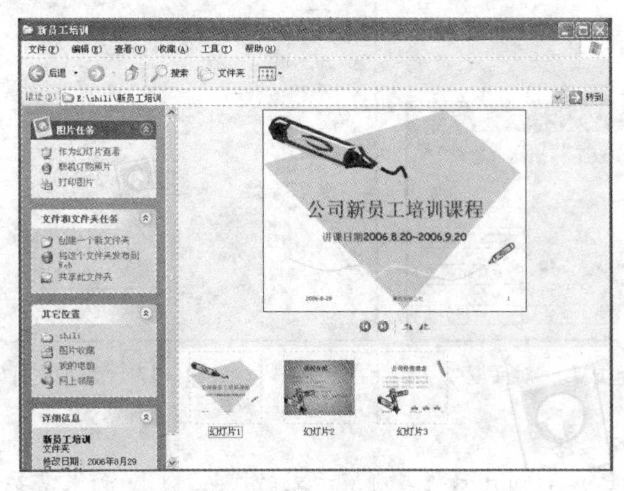

图 11-15 输出的图形文件浏览效果

11.3.3 输出为幻灯片放映及大纲文件

在PowerPoint中经常用到的输出格式还幻灯片放映和大纲文件。幻灯片放映是将演示文稿保存为总是以幻灯片放映的形式打开演示文稿,每次打开该类型文件,PowerPoint会自动切换到幻灯片放映状态,而不会出现PowerPoint编辑窗口。PowerPoint输出的大纲文件是按照演示文稿中的幻灯片标题及段落级别生成的标准RTF文件,可以被其他如Word等文字处理软件打开或编辑。

提示:

需要注意的是生成的RTF文件中除了不包括幻灯片中的图形、图片外,也不包括用户添加的文本框中的文本内容。

11.4 打包演示文稿

PowerPoint 2007中提供了"打包成CD"功能,在有刻录光驱的计算机上可以方便地将制作的演示文稿及其链接的各种媒体文件一次性打包到CD上,轻松实现演示文稿的分发或将其转移到其他计算机上进行演示。

【实训11-5】将创建完成的演示文稿打包为CD。

(1) 启动 PowerPoint 2007 应用程序,打开第 6 章创建的“员工培训”演示文稿。

(2) 单击 Office 按钮,在弹出的菜单中选择“发布”|“CD 数据包”命令,打开如图 11－16 所示的“打包成 CD”对话框。

(3) 在“将 CD 命名为”文本框中输入文件的名称“员工培训”。

(4) 单击“添加文件”按钮,打开“添加文件”对话框,在文件列表中选择其他需要一起打包的文件,如图 11－17 所示。

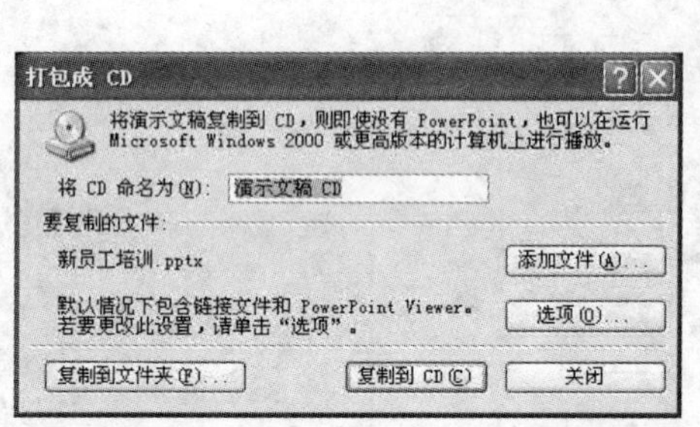

图 11－16 “打包成 CD”对话框

图 11－17 “添加文件”对话框

提示:

在默认情况下,PowerPoint 只将当前演示文稿打包到 CD,如果需要同时将多个演示文稿打包到同一张 CD 中,可以单击“添加文件”按钮来添加其他需要打包的文件。

(5) 单击“添加”按钮,此时“打包成 CD”对话框变为如图 11－18 所示的效果。

(6) 在该对话框中单击“选项”按钮,保持该对话框中的默认设置,如图 11－19 所示。

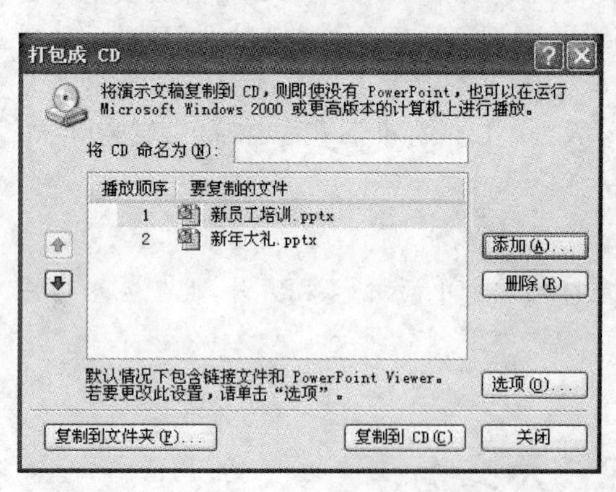

图 11－18 添加其他演示文稿后的对话框效果

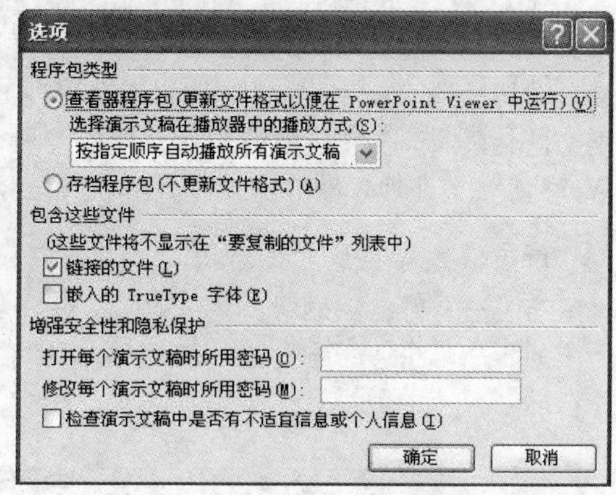

图 11－19 “选项”对话框

提示:

“选项”对话框中部分选项的含义如下:

• “链接的文件”复选框　选中该复选框,PowerPoint 在打包时会自动将演示文稿中用到的所有链接文件打包到 CD 中。

• “嵌入的TrueType字体”复选框　选中该复选框，可以将演示文稿中用到的TrueType字体一同打包到CD中，以便在没有演示文稿中所用到的字体的计算机上放映时仍能保持原来的设计风格。

• “打开每个演示文稿时所用密码”文本框　可以输入密码保护打包的演示文稿，使未授权的用户不能打开已打包的演示文稿。

• “修改每个演示文稿时所用密码”文本框　可以输入密码保护打包的演示文稿，使未授权的用户不能修改已打包的演示文稿。

(7) 在“选项”对话框中单击“确定”按钮，返回到如图11-18所示的“打包成CD”对话框，单击“复制到文件夹”按钮，打开“复制到文件夹”对话框，如图11-20所示。

图11-20　“复制到文件夹”对话框

(8) 在“文件夹名称”文本框中输入打包后的文件夹的名称“员工培训”，单击“确定”按钮。

提示：

打包文件夹所在的位置默认为演示文稿所在的文件夹，用户也可以单击“浏览”按钮，在打开的对话框中重新设置打包文件夹保存的位置。

(9) 此时PowerPoint将弹出提示框，询问用户是否在打包时加入具有链接内容的演示文稿，如图11-21所示。

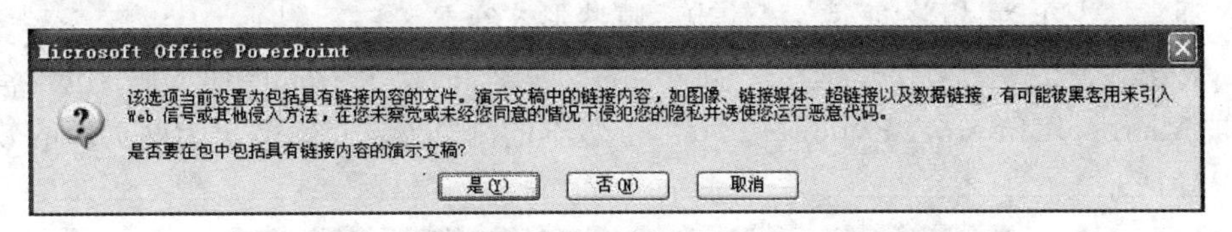

图11-21　Microsoft Office PowerPoint提示框

(10) 单击“是”按钮，此时PowerPoint将自动开始将文件打包，如图11-22所示。

图11-22　PowerPoint打包文件提示

(11) 打包完毕后，在“打包成CD”对话框中单击“关闭”按钮。

(12) 此时打开保存的文件夹“员工培训”，将显示打包后的所有文件，如图11-23所示。

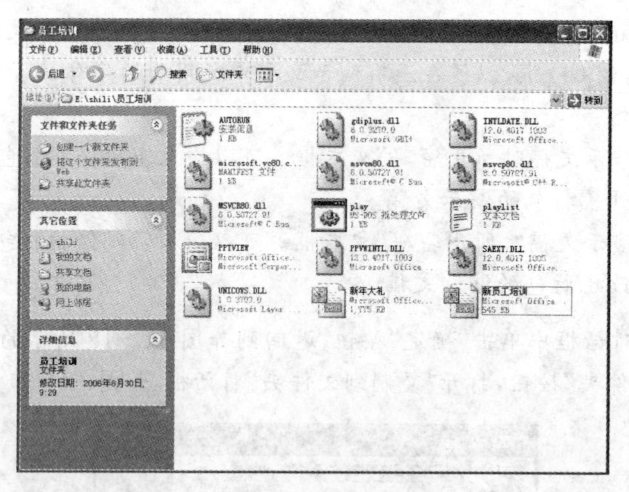

图 11-23　打包后生成的文件

提示：

当用户在其他计算机中单击.ppt格式的文件即可播放打包后的演示文稿。如果该计算机没有安装 PowerPoint 应用程序，可以在该文件夹中运行 PowerPoint 播放器 pptview.exe，用它来打开演示文稿进行放映。

11.5　思考与练习

1. 简述将演示文稿“打包成 CD”功能的基本用途。

2. 简述设置演示文稿页面的方法。

3. 通常情况下，可以将演示文稿输出为哪些形式？

4. 将第 5 章的“家居展览”演示文稿输出为网页文件，要求生成的网页中不包含备注信息，能被 Microsoft Internet Explorer 3.0 以上版本的浏览器支持。输出为网页后的效果如图 11-24 所示。

图 11-24　习题 4

5. 将第5章的“家居展览”演示文稿的第3张、第4张幻灯片输出为图形文件，如图11－25所示。

图11－25　习题5

第 12 章　实　训

12.1　岗位需求

实训目标

1. 掌握图形格式的设置方法。
2. 掌握插入及编辑 SmartArt 图形的方法。

实训内容

本例主要应用插入图形功能绘制图形，在幻灯片中插入和编辑 SmartArt 图形。演示文稿运行后的效果如图 12－1 所示。

图 12－1　演示文稿的部分效果

上机操作详解

（1）启动 PowerPoint 2007 应用程序，单击 Office 按钮，在弹出的菜单中选择“新建”命令，打开“新建演示文稿”对话框。

（2）在对话框的“模板”列表中选择“我的模板”命令，打开“新建演示文稿”对话框。

（3）在“我的模板”列表框中选择“设计模板 17”选项，如图 12－2 所示。单击“确定”按钮，将模板应用到当前演示文稿中。

（4）在“单击此处添加标题”文本占位符中输入标题文字“中国十大城市岗位需求排行”，设置文字字体为“华文琥珀”、字号为 40；在“单击此处添加副标题”文本占位符中输入副标题文字“餐厅服务人员受青睐营业人员供大于求”，设置文字字号为 28、字型为“阴影”。

（5）选中副标题文字，在“开始”选项卡的“段落”选项区域中单击“分散对齐”按钮，

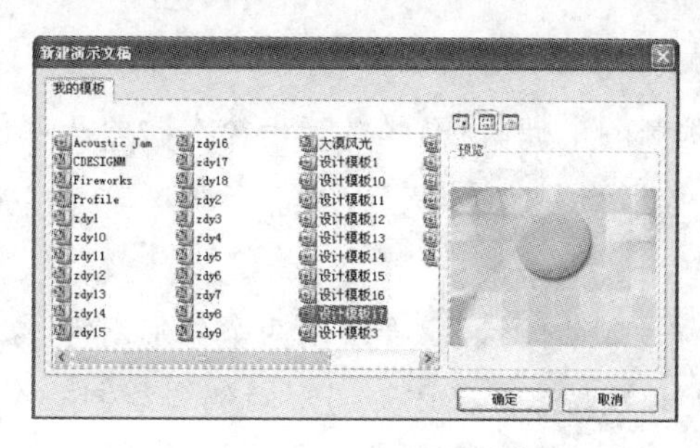

图 12-2　模板预览效果

将副标题文字分散对齐。

(6) 在功能区显示“插入”选项卡，在“插图”选项区域中单击“剪贴画”按钮，打开“剪贴画”任务窗格。

(7) 在“剪贴画”任务窗格中单击“搜索”按钮，此时剪贴画列表中将出现所有剪贴画，单击如图 12-3 所示的剪贴画，将其插入到幻灯片中。

(8) 在幻灯片中拖动剪贴画，并调整其大小，使剪贴画位于幻灯片的中间位置。

(9) 在幻灯片中选中插入的剪贴画，在功能区显示“格式”选项卡，单击“图片工具”选项区域的“重新着色”按钮，在打开菜单的“颜色模式”选项区域中选择“褐色”选项，将该剪贴画重新着色，此时第 1 张幻灯片效果如图 12-4 所示。

图 12-3　选择剪贴画

图 12-4　第 1 张幻灯片效果

(10) 在“开始”选项卡的“幻灯片”选项区域中单击“新建幻灯片”按钮，添加一张新幻灯片。

(11) 在幻灯片中选中“单击此处添加标题”文本占位符，按下 Delete 键将其删除。

(12) 拖动“单击此处添加文本”文本占位符到幻灯片的上方并输入文字，设置文字字体为“华文新魏”、字号为 28。

(13) 在功能区显示“插入”选项卡，单击“文本”选项区域的“文本框”按钮，在弹出的菜单中选择“垂直文本框”命令。

(14) 在幻灯片中按住鼠标左键拖动，绘制一个垂直文本框，并输入文字，设置文字字号为 28、字型为“加粗”，此时幻灯片效果如图 12-5 所示。

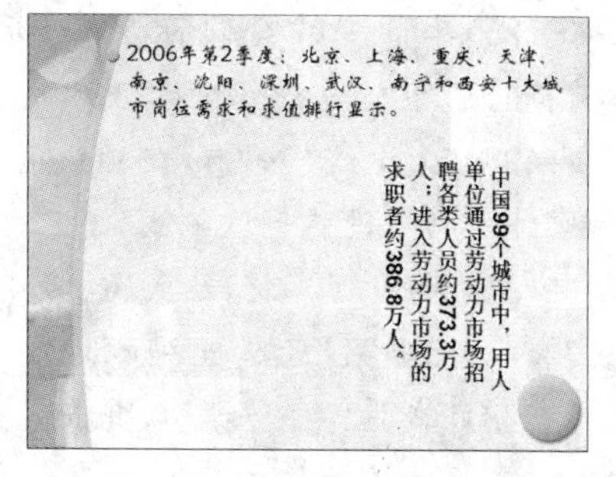

图 12-5　在幻灯片中输入文字

(15) 在“开始”选项卡的“绘图”选项区域中单击“形状”按钮，在弹出的菜单中选择“椭圆”选项，在幻灯片中绘制一个椭圆，以此象征一个人物的头部。

(16) 参照步骤(15)，选择“矩形”选项，在绘制的椭圆形图形下方绘制一个长方形图形，象征人物的身体部位。

(17) 重复步骤(16)，在矩形图形下方再绘制两个矩形图形，象征人物的腿部。

(18) 选择“圆角矩形”选项，在长方形图形两侧各绘制一个圆角矩形图形，象征人物的手部。

(19) 选中绘制的圆角矩形图形，拖动显示的绿色旋转控制点，旋转该图形，使得圆角矩形图形和长方形图形衔接如图 12-6 所示。

(20) 同时选中两个圆角矩形图形，右击鼠标，在弹出的快捷菜单中选择“置于底层”|“下移一层”命令，将圆角矩形图形置于长方形图形的下方。

(21) 选中椭圆形图形，在功能区显示“格式”选项卡，单击“形状样式”选项区域中“形状填充”按钮，在弹出的菜单中选择“橙色”选项，将图形填充为橙色。

(22) 同时选中长方形图形和圆角矩形图形，参照步骤(21)将它们的形状颜色填充为“黄色”。

(23) 单击“形状样式”选项区域中“形状轮廓”按钮，在弹出的菜单中选择“深红”选项，将这 3 个图形的边框设置为深红色。

(24) 同时选中下方的两个矩形图形，参照步骤(21)和(23)将它们的形状颜色填充为“浅褐色”，边框设置为“褐色”，此时幻灯片中的图形效果如图 12-7 所示。

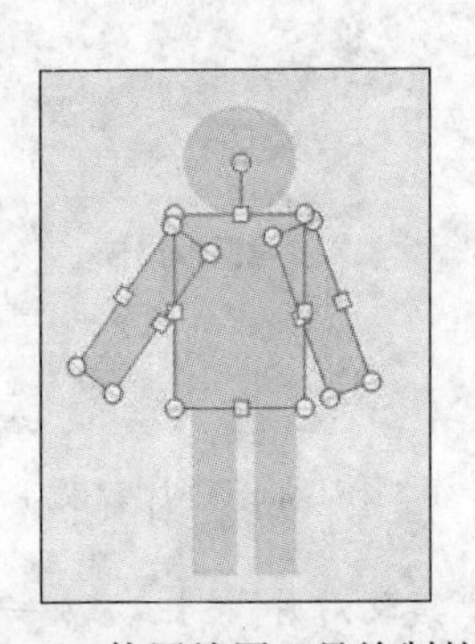

图 12-6　使用绘图工具绘制的图形

图 12-7　为图形填充颜色

(25) 同时选中绘制的所有图形，右击鼠标，在弹出的快捷菜单中选择“组合”|“组合”命令，将它们组合为一个图形。

(26) 选中组合图形，在功能区显示“格式”选项卡，单击“形状样式”选项区域右下角的按钮，打开“设置形状格式”对话框。

(27) 切换到“三维格式”选项卡，在“三维格式”选项区域中设置“棱台”、“深度”、“轮廓线”和“表面效果”的属性，如图 12-8 所示。

(28) 单击“关闭”按钮，此时图形效果如图 12-9 所示。

图 12－8　设置三维格式属性

图 12－9　设置图形的“棱台”效果

(29) 选中组合图形，在“格式”选项卡的“形状样式”选项区域中单击“形状效果”按钮，在弹出的菜单中选择“三维旋转”|“平行”|“离轴 1 右”命令，为图形添加三维效果。

(30) 在幻灯片中将图形拖动到适当的位置，此时幻灯片效果如图 12－10 所示。

(31) 在幻灯片中选中图形，在功能区显示“开始”选项卡，单击“剪贴板”选项区域中的“复制”按钮，将该图形复制到剪切板中。

(32) 然后单击“剪贴板”选项区域中的“粘贴”按钮，在幻灯片中复制一个相同的图形。此时向内拖动该图形边框，缩小图形。

(33) 选中复制的图形，参照步骤(29)设置该图形的三维效果为“离轴 2 左”，并单击“形状填充”按钮，将图形填充为蓝色，此时幻灯片效果如图 12－11 所示。

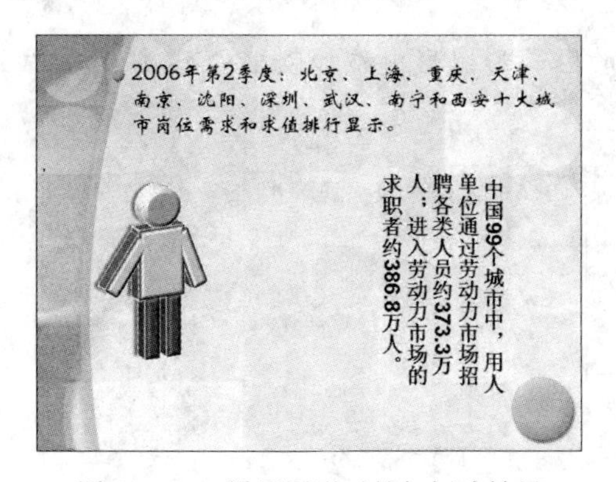

图 12－10　设置图形后的幻灯片效果

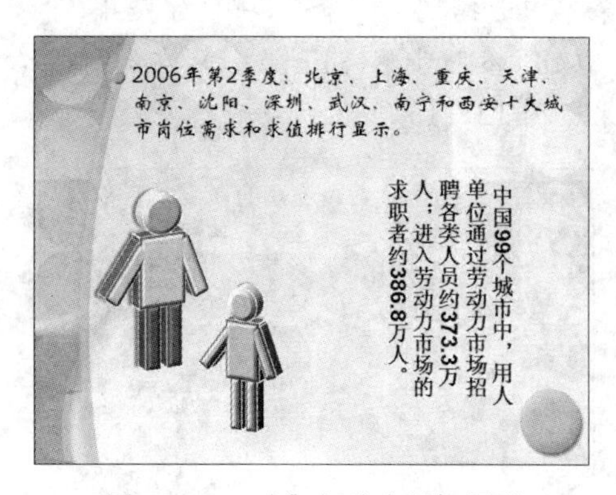

图 12－11　在幻灯片中添加图形

(34) 参照步骤(31)～(33)，在幻灯片中再添加两个图形，并缩小图形大小。此时保持它们的三维效果样式，将其颜色分别填充为“粉红”和“绿色”，此时第 2 张幻灯片设置完毕，效果如图 12－12 所示。

(35) 在“开始”选项卡的“幻灯片”选项区域中单击“新建幻灯片”按钮，添加一张新幻灯片。

(36) 在“单击此处添加标题”文本占位符中输入标题文字，设置文字字号为 32，字型为“加粗”和“阴影”，字体颜色为“红色”。

(37) 在“开始”选项卡的“绘图”选项区域中单击“形状”按钮，在弹出的菜单中选择“竖卷形"选项，在幻灯片中绘制一个竖卷形图形。

(38) 选中绘制的竖卷形图形，将其复制到剪切板上，然后在幻灯片中粘贴一个相同大小的竖卷形图形，如图 12-13 所示。

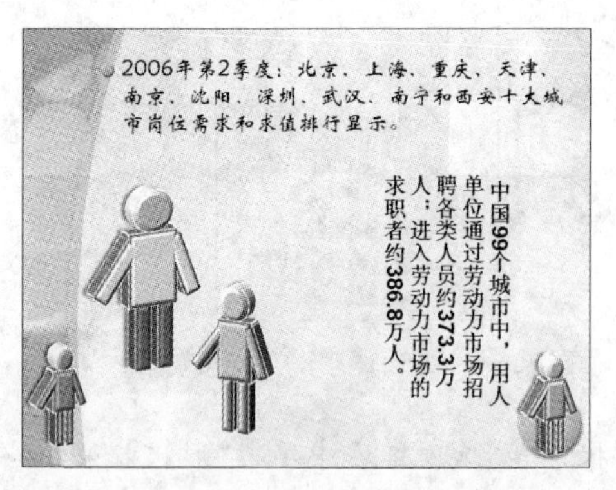

图 12-12 第 2 张幻灯片效果

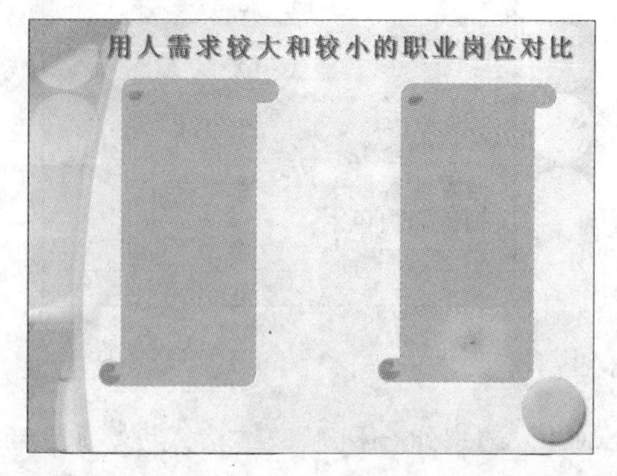

图 12-13 在幻灯片中绘制竖卷形图形

(39) 选中幻灯片左侧的竖卷形图形，在功能区显示"格式"选项卡，单击"形状样式"选项区域中"形状填充"按钮，在弹出的菜单中选择"浅绿色"选项，将该图形填充为浅绿色。

(40) 参照步骤(39)，将幻灯片右侧的竖卷形图形填充为绿色。

(41) 选中幻灯片左侧的竖卷形图形，在该图形中输入文字，设置文字字号为 32，字型为"加粗"，如图 12-14 所示。

(42) 在功能区显示"开始"选项卡，单击"段落"选项区域中的"文字方向"按钮，在弹出的菜单中选择"竖排"命令，将文字竖排。

(43) 参照步骤(41)～(42)，在幻灯片右侧的竖卷形图形中添加竖排文字，此时幻灯片效果如图 12-15 所示。

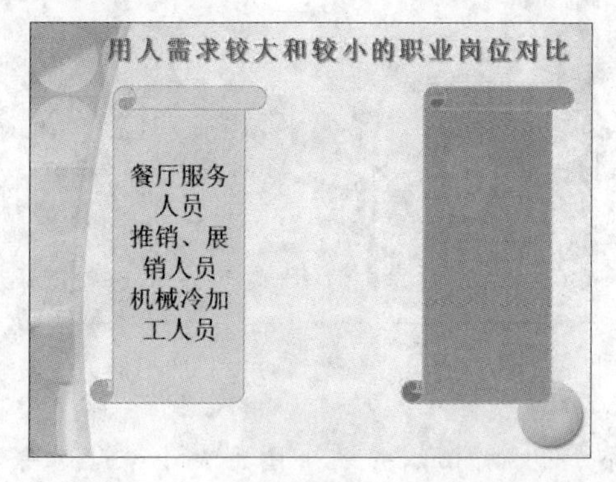

图 12-14 在竖卷形图形中输入文字

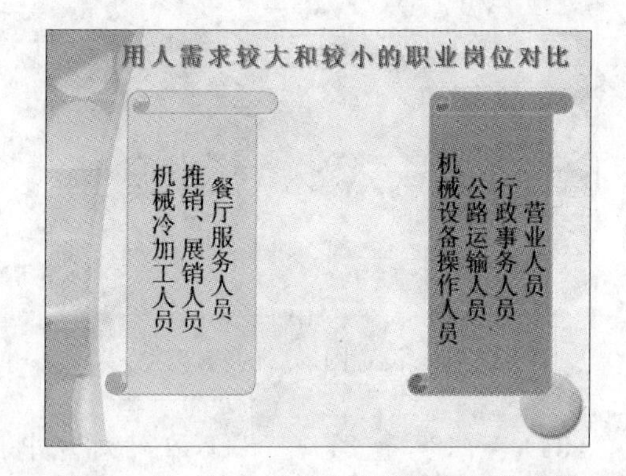

图 12-15 输入竖排文字后的幻灯片效果

(44) 在功能区显示"插入"选项卡，在"插图"选项区域中单击"图片"命令，打开"插入图片"对话框，如图 12-16 所示。

(45) 在该对话框中选中需要插入的图片，单击"插入"按钮，将图片插入的幻灯片中，此时幻灯片效果如图 12-17 所示。

图 12-16 “插入图片”对话框

(46) 在幻灯片中右击该图片，在弹出的快捷菜单中选择“置于底层”|“置于底层”命令。

(47) 选中图片，在功能区显示“格式”选项卡，单击“调整”选项区域中的“重新着色”按钮，在弹出的菜单中选择“设置透明色”命令。

(48) 此时鼠标指针变为笔形形状，在插入图片的白色区域中单击，将图片中的白色区域设置为透明，这时第 3 张幻灯片制作完毕，效果如图 12-18 所示。

图 12-17 插入来自文件的图片

图 12-18 第 3 张幻灯片效果

(49) 在“开始”选项卡的“幻灯片”选项区域中单击“新建幻灯片”按钮，添加一张新幻灯片。

(50) 在“单击此处添加标题”文本占位符中输入标题文字“我国发布的第 6 批新职业”，设置文字字号为 44、字型为“加粗”和“阴影”。

(51) 选中“单击此处添加文本”文本占位符，按下 Delete 键将其删除。

(52) 在功能区显示“插入”选项卡，在“插图”选项区域中单击 SmartArt 按钮，打开“选择 SmartArt 图形”对话框，如图 12-19 所示。

(53) 在对话框的左侧列表中选择“列表”选项，然后在 SmartArt 图形列表中选择“垂直图片重点列表”选项，单击“确定”按钮，将该图形插入到幻灯片中，如图 12-20 所示。

(54) 选中第 1 个图形，单击鼠标右键，在弹出的快捷菜单中选择“添加形状”|“在后面添加形状”命令，为 SmartArt 图形添加一个形状。

(55) 重复步骤(54)，为 SmartArt 图形再添加 3 个形状，此时该 SmartArt 图形共由 7 个形状组成，如图 12-21 所示。

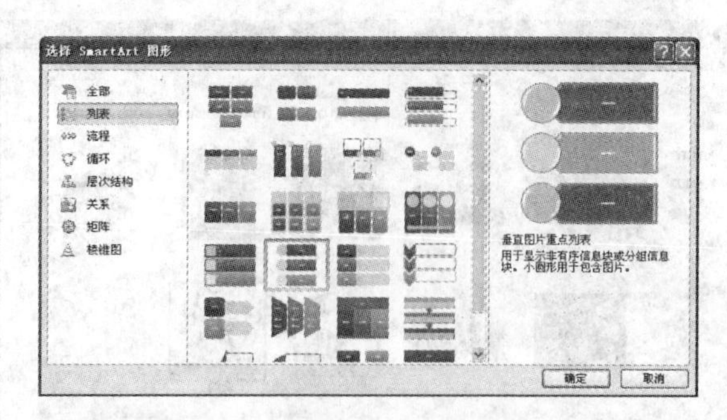

图 12－19 “选择 SmartArt 图形”对话框

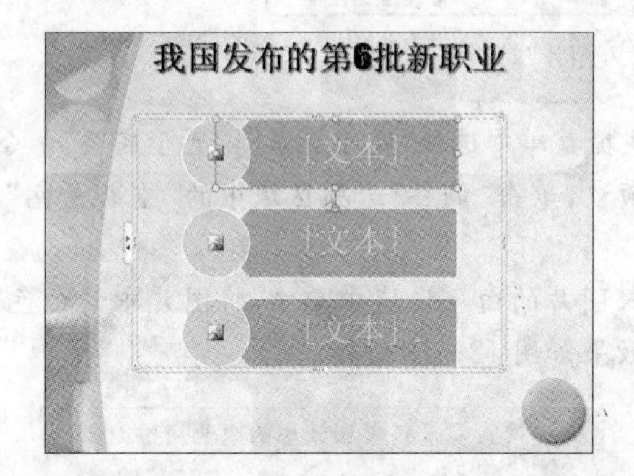

图 12－20 在幻灯片中插入 SmartArt 图形

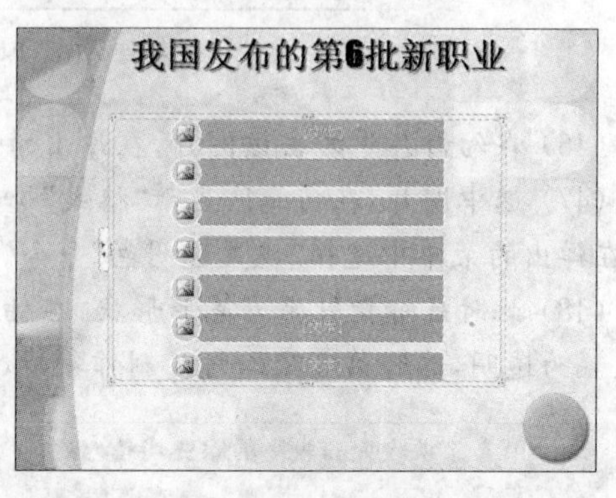

图 12－21 为 SmartArt 图形添加形状

(56) 在幻灯片中移动 SmartArt 图形，并调整其大小。使用复制粘贴命令在幻灯片中插入一个相同大小的 SmartArt 图形，此时幻灯片效果如图 12－22 所示。

(57) 选中幻灯片左侧的 SmartArt 图形，在功能区显示“设计”选项卡，单击“SmartArt 样式”选项区域中的按钮，在打开的列表中选择“卡通”选项，将 SmartArt 图形应用三维样式。使用相同方法为幻灯片右侧的 SmartArt 图形添加三维效果。

(58) 在左侧 SmartArt 图形中选中第 1 个形状，在功能区显示“格式”选项卡，单击“形状样式”选项区域中“形状填充”按钮，在弹出的菜单中选择“其他填充颜色”命令。

(59) 此时在打开的“颜色”对话框中选择颜色 RGB(190,213,75)，如图 12－23 所示。单击“确定”按钮，为该形状填充颜色。

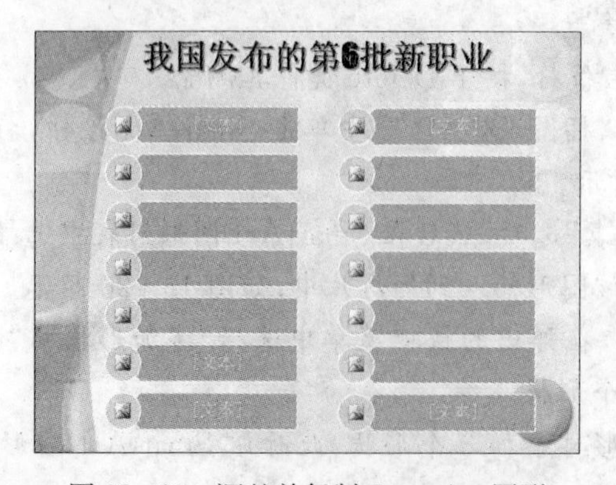

图 12－22 调整并复制 SmartArt 图形

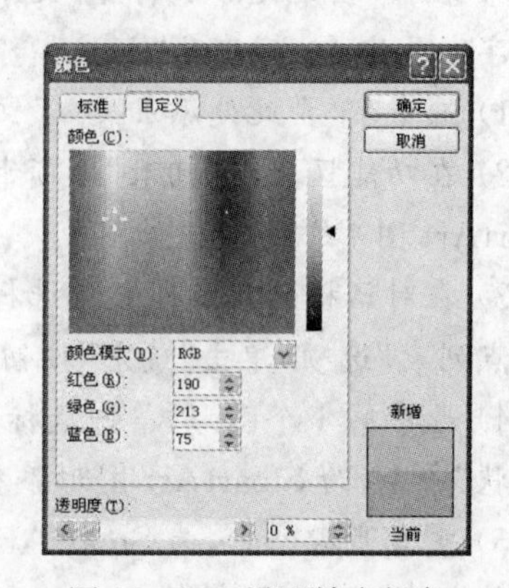

图 12－23 设置填充颜色

(60) 为左侧 SmartArt 图形中的第 4 个和第 5 个形状和右侧 SmartArt 图形中的第 3、4、5 个图形添加相同的颜色。

(61) 参照步骤(58)～(60)，为两个 SmartArt 图形中的其他形状设置填充颜色，使得颜色效果为 RGB(218,181,46)，此时幻灯片效果如图 12－24 所示。

(62) 在各形状中添加文字，设置文字字型为“加粗”，使幻灯片效果如图 12－25 所示。

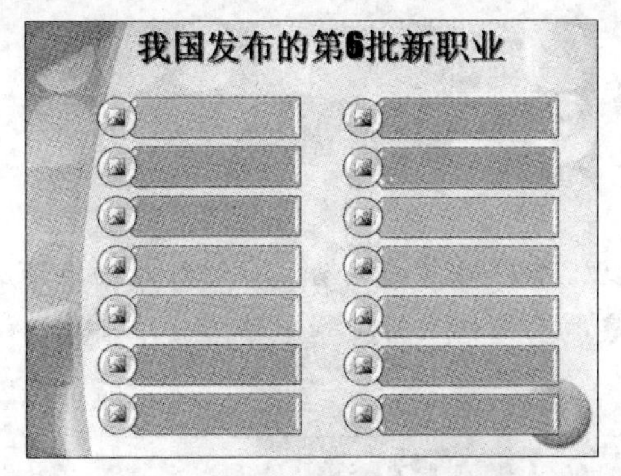

图 12－24　为形状添加填充颜色

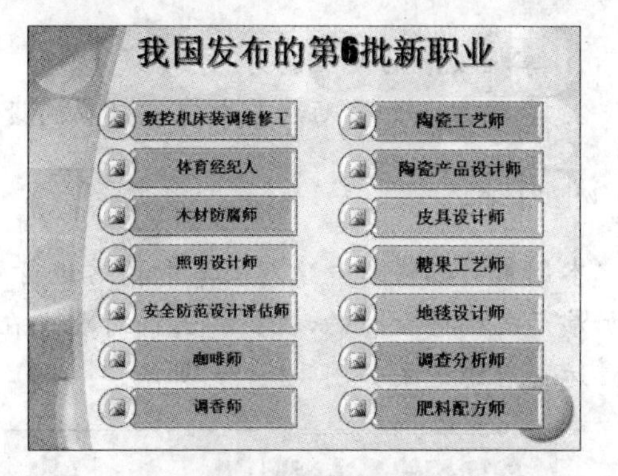

图 12－25 在形状中添加文字

(63) 在 SmartArt 图形中单击每个形状左侧的按钮，打开“插入图片”对话框，在对话框中选择需要的图形后，单击“插入”按钮，将图形插入到形状中，此时第 4 张幻灯片设置完毕，效果如图 12－26 所示。

图 12－26　在每个形状左侧插入图形

提示：

选中 SmartArt 图形，在“格式”选项卡的“形状样式”选项区域中可以设置形状的样式、边框粗细等。

(64) 单击 Office 按钮，在弹出的菜单中选择“另存为”命令，将该演示文稿以文件名“岗位需求”进行保存。

12.2　自我介绍

实训目标

1. 掌握段落的处理能力。
2. 熟练掌握切换动画和自定义动画的设置方法。

实训内容

本例主要在幻灯片中对文本和段落进行处理，并应用自定义动画和幻灯片切换动画来增加演示文稿播放时的动态效果，同时要求在演示文稿放映的过程中伴随音乐播放。演示文稿运行后的效果如图 12－27 所示。

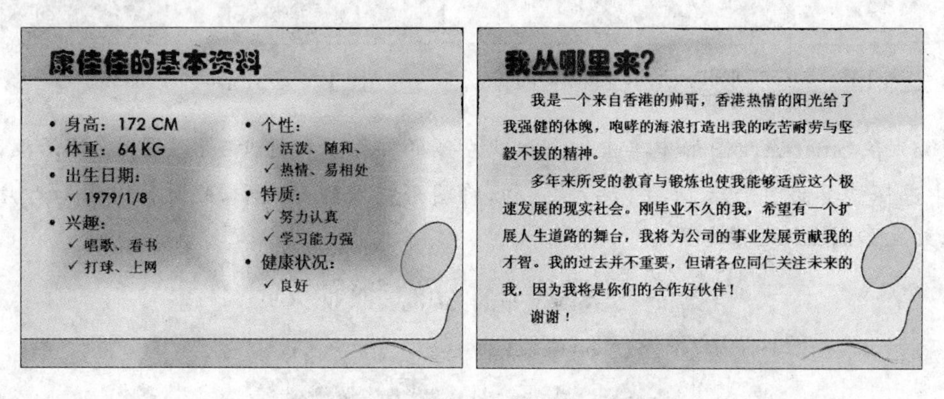

图 12－27　制作完成的幻灯片效果

上机操作详解

(1) 启动 PowerPoint 2007 应用程序，单击 Office 按钮，在弹出的菜单中选择"新建"命令，打开"新建演示文稿"对话框。

(2) 在对话框的"模板"列表中选择"我的模板"命令，打开"新建演示文稿"对话框。

(3) 在"我的模板"列表框中选择"设计模板 18"选项，单击"确定"按钮，将模板应用到当前演示文稿中。

(4) 在"单击此处添加标题"文本占位符中输入标题文字"踏入公司第一天"，设置文字字体为"华文彩云"、字号为 54、字型为"加粗"；在"单击此处添加副标题"文本占位符中输入副标题文字"康佳佳的自我介绍"，设置文字字号为 36、字型为"加粗"和"阴影"。

(5) 在幻灯片中调整两个文本占位符的位置，使得幻灯片效果如图 12－28 所示。

图 12－28　在文本占位符中输入文字并调整占位符位置

(6) 在功能区显示"插入"选项卡,在"插图"选项区域中单击"剪贴画"按钮,打开"剪贴画"任务窗格。

(7) 在"剪贴画"任务窗格中单击"搜索"按钮,在剪贴画列表中单击需要的剪贴画,将其插入到幻灯片中。

(8) 选中插入的剪贴画,在功能区显示"格式"选项卡,单击"排列"选项区域中的"旋转"按钮 旋转 ,在弹出的菜单中选择"其他旋转选项"命令,打开"大小和位置"对话框,如图 12-29 所示。

(9) 对话框默认打开"大小"选项卡,在"尺寸和旋转"选项区域的"旋转"文本框中输入 18°,将剪贴画顺时针旋转指定角度,单击"关闭"按钮。

(10) 使用鼠标拖动剪贴画到幻灯片的右上角,此时第 1 张幻灯片制作完毕,效果如图 12-30 所示。

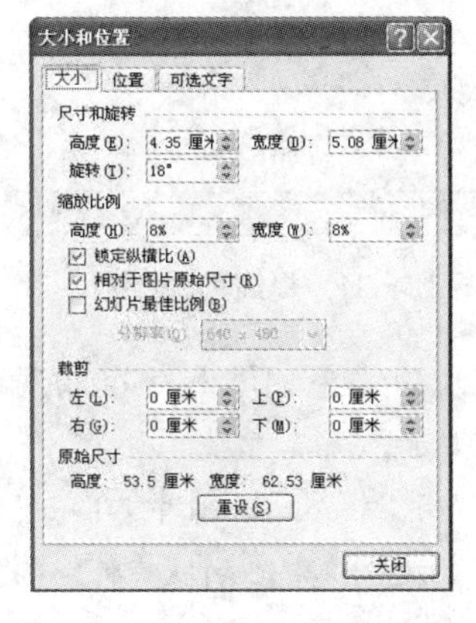

图 12-29 "大小和位置"对话框

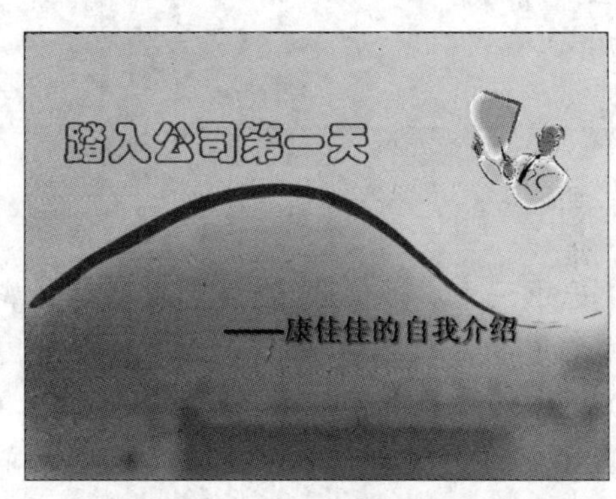

图 12-30 第 1 张幻灯片效果

(11) 在"开始"选项卡的"幻灯片"选项区域中单击"新建幻灯片"按钮,添加一张新幻灯片。

(12) 在"单击此处添加标题"文本占位符中输入标题文字"康佳佳的基本资料",设置文字字体为"华文琥珀"。

(13) 选中"单击此处添加文本"文本占位符,拖动鼠标缩小该文本框,并使其位于幻灯片的左半侧,并在该文本框中输入文字,如图 12-31 所示。

(14) 选中文字"1979/1/8",在功能区显示"开始"选项卡,在"段落"选项区域中单击"项目符号"按钮 右侧的下拉箭头,在弹出的菜单中选择如图 12-32 所示的项目符号选项。

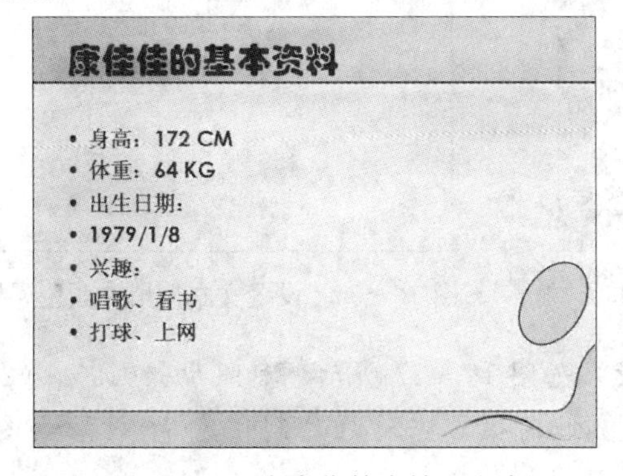

图 12-31 在占位符中输入文字

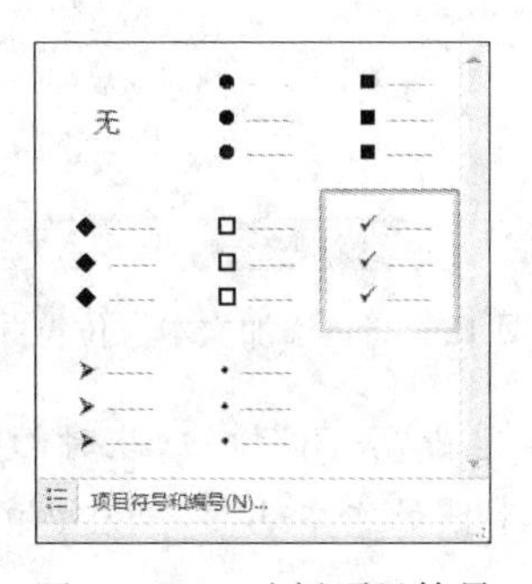

图 12-32 选择项目符号

(15) 参照步骤(14),更改文字“唱歌、看书”和文字“打球、上网”的项目符号,此时幻灯片效果如图 12-33 所示。

(16) 选中文字“1979/1/8”,在“开始”选项卡的“段落”选项区域中单击“提高列表级别”按钮,提高文字“1979/1/8”的级别。

(17) 参照步骤(16),为文字“唱歌、看书”和文字“打球、上网”提高级别,此时幻灯片效果如图 12-34 所示。

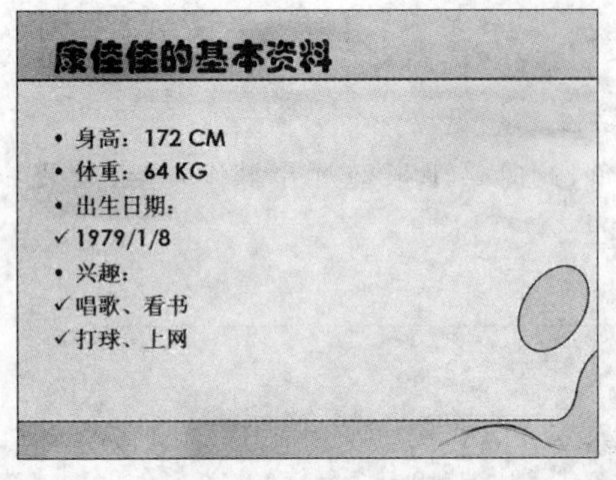

图 12-33　更改项目符号

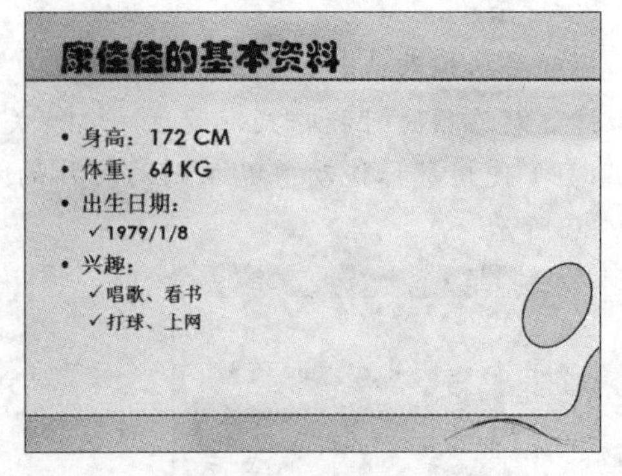

图 12-34　提高列表级别

(18) 选中该文本占位符,使用复制粘贴功能,在幻灯片的右半侧添加一个相同的文本占位符,并在其中修改文字,使得幻灯片效果如图 12-35 所示。

(19) 选中幻灯片中左半侧的文本占位符,在功能区显示“格式”选项卡,单击“形状样式”选项区域中的“形状填充”按钮,在弹出的菜单中选择“渐变”|“其他渐变”命令,打开“设置形状格式”对话框。

(20) 在该对话框中选中“渐变填充”单选按钮,在“预设颜色”下拉列表框中选择“茵茵绿原”选项,在“类型”下拉列表框中选择“路径”选项,并设置“光圈位置”和“透明度”的属性均为 100%,如图 12-36 所示。

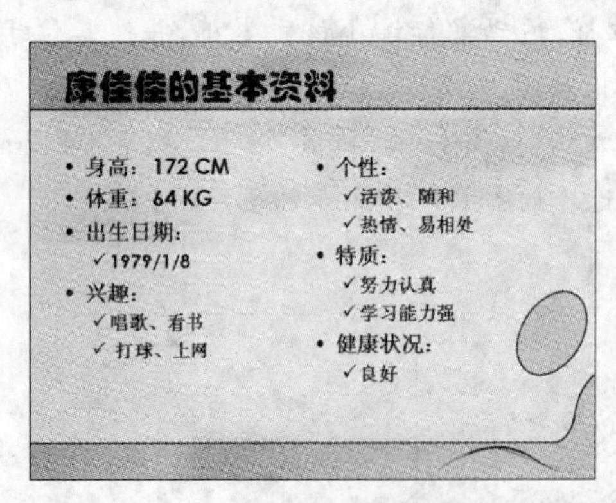

图 12-35　添加文本占位符并输入文字

图 12-36　设置文本框填充颜色属性

(21) 单击“关闭”按钮,此时幻灯片效果如图 12-37 所示。参照步骤(19)~(20),为幻灯片中右半侧的文本占位符设置填充颜色,此时第 2 张幻灯片制作完毕,效果如图 12-38 所示。

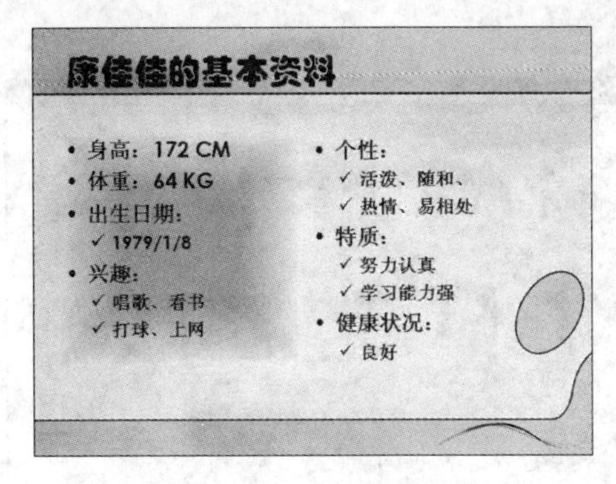

图 12 - 37 为占位符添加填充颜色

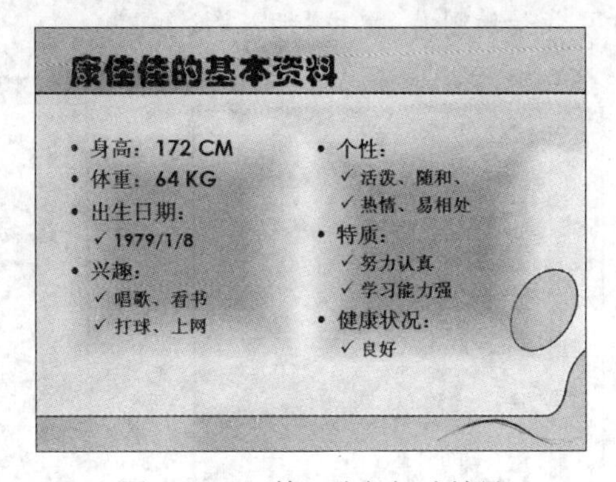

图 12 - 38 第 2 张幻灯片效果

(22) 在“开始”选项卡的“幻灯片”选项区域中单击“新建幻灯片”按钮，添加一张新幻灯片。

(23) 在“单击此处添加标题”文本占位符中输入标题文字“个人专长”，设置文字字体为“华文琥珀”、字型为“阴影”。

(24) 选中“单击此处添加文本”文本占位符，按下 Delete 键将其删除。

(25) 在功能区显示“插入”选项卡，单击“文本”选项区域的“文本框”按钮，在弹出的菜单中选择“垂直文本框”命令。

(26) 在幻灯片中按住鼠标左键拖动，绘制一个垂直文本框，并输入文字。设置文字“计算机方面”的字体为“宋体”、字号为 24、字体颜色为“蓝色”，设置其他文字字体为“宋体”、字号为 24(其中英文字母字体为 Times New Roman)。

(27) 选中除文字“计算机方面”的 3 段文字，在“段落”选项区域中单击“项目符号”按钮，为 3 段文字添加项目符号，此时幻灯片效果如图 12 - 39 所示。

(28) 参照步骤(25)～(27)，在幻灯片中再添加两个垂直文本框，并输入文字，此时幻灯片效果如图 12 - 40 所示。

图 12 - 39 插入垂直文本框并设置文字属性

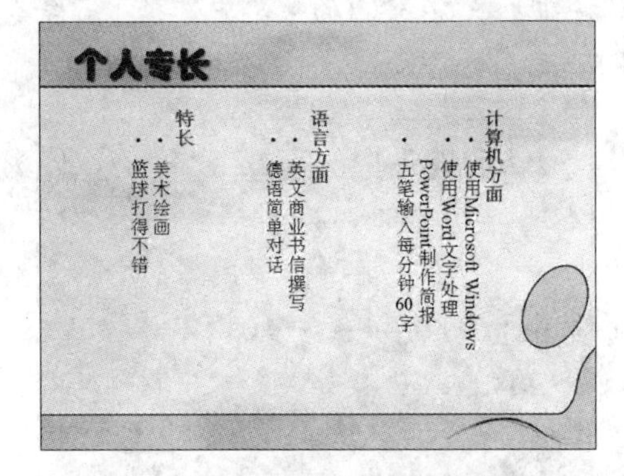

图 12 - 40 文本框在幻灯片中的效果

(29) 在功能区显示“设计”选项卡，单击“背景”选项区域的“背景样式”按钮，在弹出的菜单中选择“设置背景格式”命令，打开“设置背景格式”对话框。在对话框中选中“图片或纹理填充”单选按钮，如图 12 - 41 所示。

(30) 单击“文件”按钮，打开如图 12 - 42 所示的对话框。在对话框中选择需要作为幻灯片背景的图片，单击“插入”按钮。

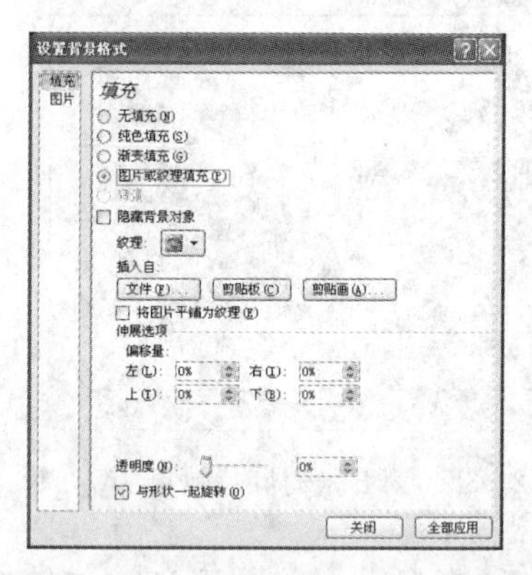

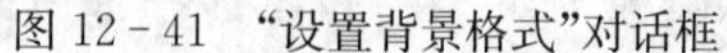

图 12-41 “设置背景格式”对话框　　　　图 12-42 “插入图片”对话框

(31) 此时返回到“设置背景格式”对话框，单击“关闭”按钮，此时幻灯片效果如图 12-43 所示。

(32) 在“开始”选项卡的“幻灯片”选项区域中单击“新建幻灯片”按钮，添加一张新幻灯片。

(33) 在“单击此处添加标题”文本占位符中输入标题文字“我从哪里来?”，设置文字字体为“华文琥珀”、字型为“阴影”。

(34) 选中“单击此处添加文本”文本占位符，按下 Delete 键将其删除。

(35) 在功能区显示“插入”选项卡，单击“文本”选项区域的“文本框”按钮，在弹出的菜单中选择“横排文本框”命令。

(36) 在幻灯片中按住鼠标左键拖动，绘制一个横排文本框，并在其中输入文字，设置文字字体为“宋体”、字号为 24、字型为“加粗”。

(37) 选中该横排文本框，在功能区显示“开始”选项卡，单击“段落”选项区域中的“行距”按钮，在弹出的菜单中选择 1.5 命令。此时第 4 张幻灯片制作完毕，效果如图 12-44 所示。

图 12-43 为幻灯片设置自定义背景

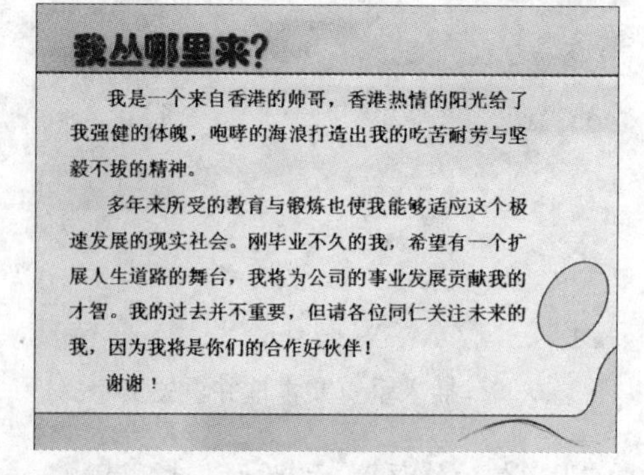

图 12-44 第 4 张幻灯片效果

(38) 在幻灯片编辑窗口显示第 2 张幻灯片，为其设置切换效果。

(39) 在功能区显示“动画”选项卡，在“切换到此幻灯片”选项区域中单击按钮，在打开的切换动画选项列表中选择“向右推进”选项。

(40) 在“切换到此幻灯片”选项区域中单击“切换速度”下拉列表框，在弹出的菜单中选择“慢速”选项，此时幻灯片切换的效果如图 12－45 所示。

(41) 参照步骤(39)～(40)，设置第 3 张幻灯片切换时的动画效果为“楔入”，切换速度为“慢速”，此时幻灯片切换的效果如图 12－46 所示。

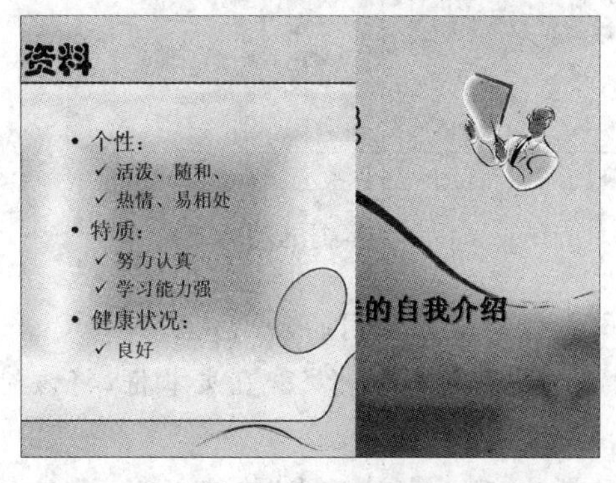

图 12－45　第 2 张幻灯片切换时的效果

图 12－46　第 3 张幻灯片切换时的效果

(42) 参照步骤(39)～(40)，设置第 4 张幻灯片切换时的动画效果为“顺时针回旋 8 根轮辐”，切换速度为“慢速”。

(43) 在幻灯片编辑窗口中显示第 1 张幻灯片，选中标题文字“踏入公司第一天”。在功能区显示“动画”选项卡，在“动画”选项区域中单击“自定义动画效果”按钮，打开“自定义动画”任务窗格。

(44) 在该任务窗格中单击“添加效果”按钮，在弹出的菜单中选择“进入”|“菱形”命令，将该标题文字应用“菱形”效果。

(45) 在幻灯片中选中副标题文字，在任务窗格中单击“添加效果”按钮，选择“进入”|“其他效果”命令，打开如图 12－47 所示的“添加进入效果”对话框。

(46) 在该对话框的“温和型”选项区域中选择“上升”选项，单击“确定”按钮。

(47) 在幻灯片编辑窗口中显示第 2 张幻灯片，选中左半侧的文本占位符。

(48) 在“自定义动画”任务窗格中单击“添加效果”按钮，选择“强调”|“其他效果”命令，在打开的“添加强调效果”对话框中选择“陀螺旋”选项，单击“确定”按钮。

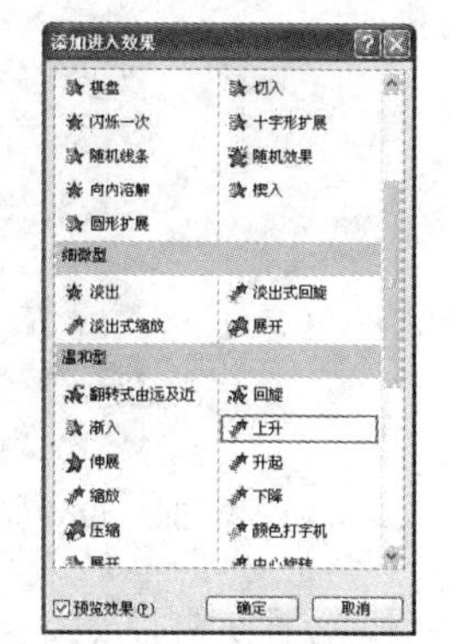

图 12－47　为副标题设置动画

(49) 在任务窗格的动画列表中右击该动画效果，在弹出的快捷菜单中选择“效果选项”命令，打开“陀螺旋”对话框。

(50) 在对话框中切换到“正文文本动画”选项卡，在“组合文本”下拉列表框中选择“作为一个对象”选项，如图 12－48 所示。

(51) 单击“确定”按钮，此时幻灯片播放的预览效果如图 12－49 所示。

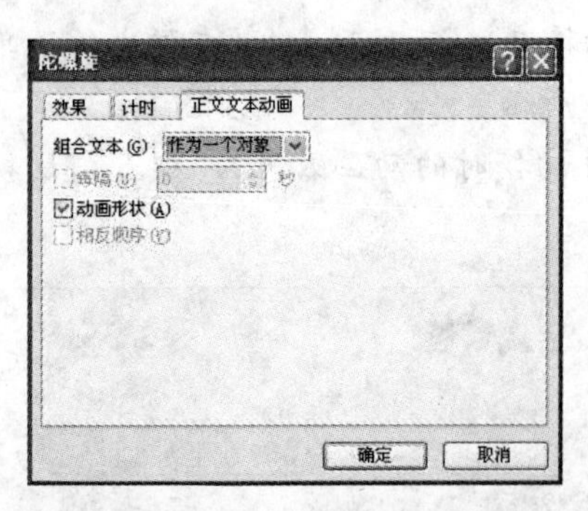

图 12-48 “陀螺旋”对话框

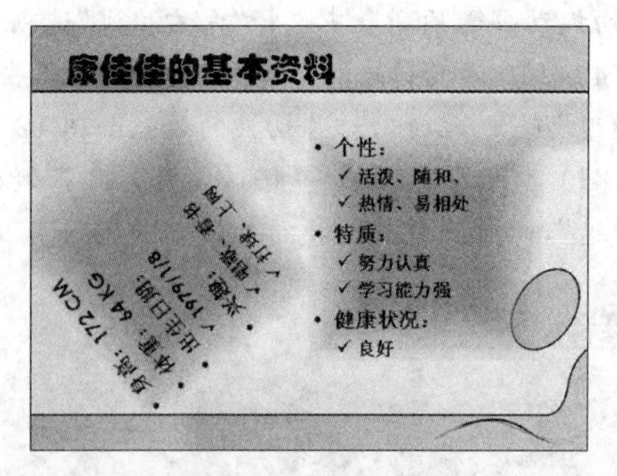

图 12-49 文本框的动画效果

(52) 使用相同方法为幻灯片中右半侧的文本占位符设置相同的动画效果。

(53) 在幻灯片编辑窗口中显示第 3 张幻灯片，首先选中“特长”垂直文本框，将该对象的自定义动画效果设置为进入动画“飞入”。

(54) 设置“计算机方面”垂直文本框的动画效果为“飞入”，然后在“自定义动画”任务窗格的“方向”下拉列表框中选择“自底部”选项。

(55) 设置“语言方面”垂直文本框的动画效果为“飞入”，并设置其动画方向为“自右上部”。

(56) 此时“自定义动画”任务窗格如图 12-50 所示，在动画名称列表框中选中第 2 个选项，单击任务窗格底部的按钮，将该动画放映的排序下移一位，此时任务窗格效果如图 12-51 所示。

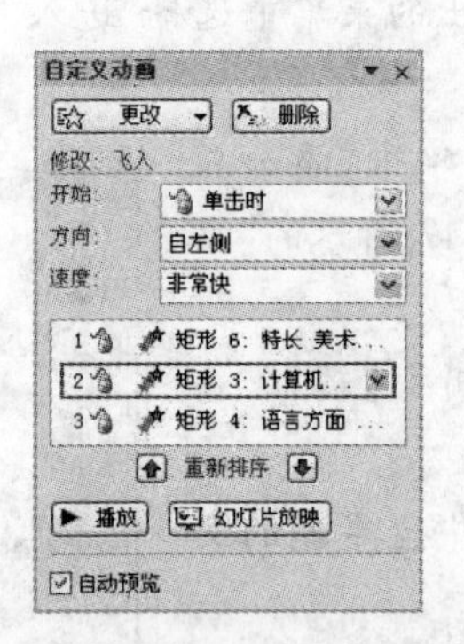

图 12-50 设置完动画效果后的任务窗格

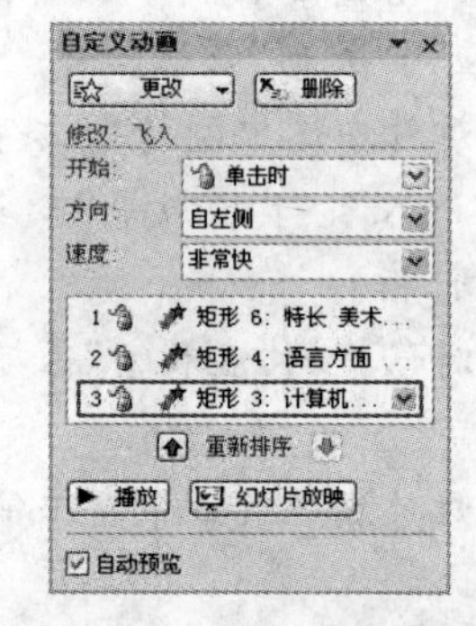

图 12-51 设置动画排序

(57) 在幻灯片编辑任务窗格中显示第 4 张幻灯片，选中“单击此处添加文本”文本占位符。

(58) 在任务窗格中单击“添加效果”按钮，在弹出的菜单中选择“动作路径”|“其他动作路径”命令，打开“添加动作路径”对话框。

(59) 在打开的对话框中选择“橄榄球形”命令，单击“确定”按钮，此时幻灯片中出现一个表示路径的橄榄球形虚框。

(60) 选中橄榄球形虚框，在幻灯片中编辑该路径，使其在幻灯片中的位置如图 12-52 所示。

(61) 在幻灯片编辑窗口中显示第1张幻灯片，在功能区显示“插入”选项卡。

(62) 在“媒体剪辑”选项区域中单击“声音”按钮，在弹出的菜单中选择“文件中的声音”命令，打开“插入声音”对话框，如图12-53所示。

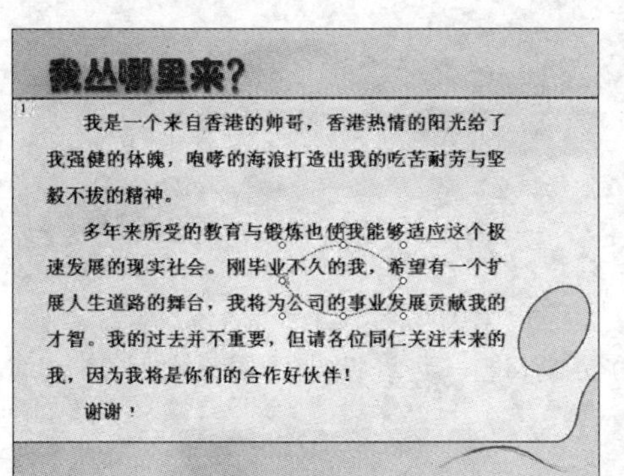

图12-52 设置自定义路径

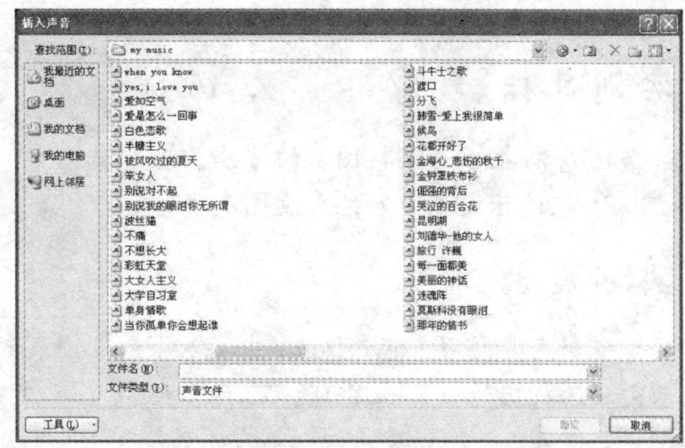

图12-53 “插入声音”对话框

(63) 在对话框中选择需要插入的声音文件，单击“确定”按钮，此时将打开消息对话框，在该对话框中单击“自动”按钮。

(64) 幻灯片中将出现声音图标，使用鼠标将其拖动到幻灯片的左下角，如图12-54所示。

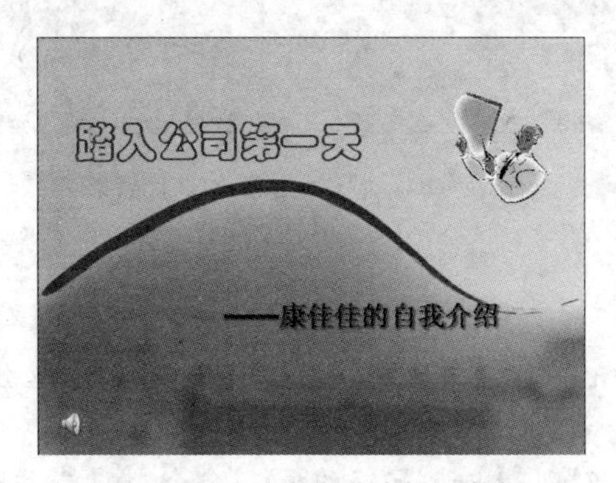

图12-54 在幻灯片中插入声音

(65) 在幻灯片中选中该声音图标，在功能区显示“选项”选项卡，在“声音”选项区域的“播放声音”下拉列表中选择“跨幻灯片播放”选项，使该声音文件作用于演示文稿的所有幻灯片。

(66) 单击Office按钮，在弹出的菜单中选择“另存为”命令，将该演示文稿以文件名“自我介绍”进行保存。

12.3 工作会议

实训目标

1. 掌握插入与编辑图表的方法。
2. 在演示文稿中熟练更改图表类型。

实训内容

本例主要复习 PowerPoint 中插入 Excel 图表的功能，进一步掌握使用图表的方法。演示文稿运行后的效果如图 12－55 所示。

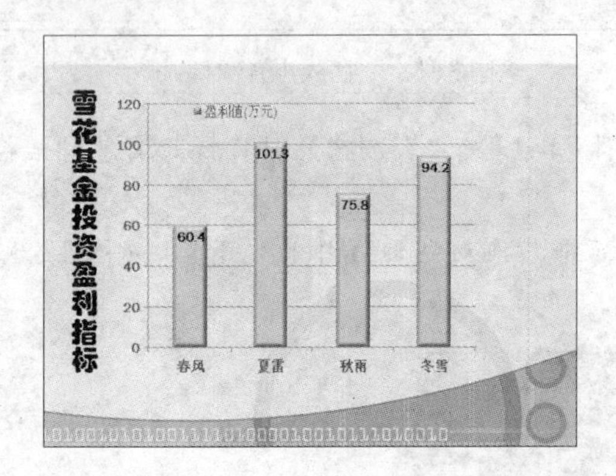

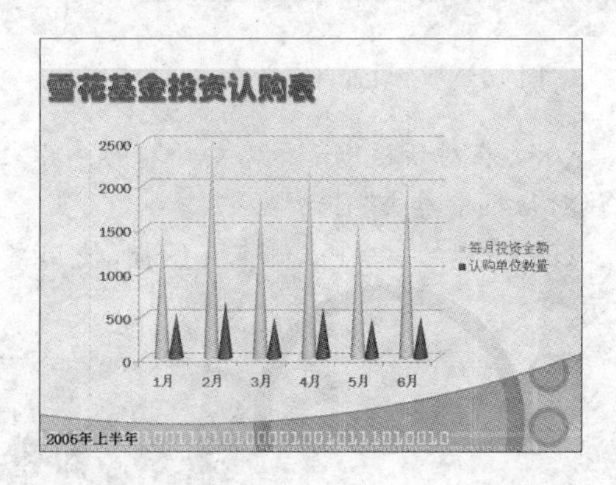

图 12－55 制作完成的幻灯片效果

上机操作详解

(1) 启动 PowerPoint 2007 应用程序，单击 Office 按钮，在弹出的菜单中选择“新建”命令，打开“新建演示文稿”对话框。

(2) 在对话框的“模板”列表中选择“我的模板”命令，打开“新建演示文稿”对话框。

(3) 在“我的模板”列表框中选择“设计模板 19”选项，单击“确定”按钮，将模板应用到当前演示文稿中。

(4) 在“单击此处添加标题”文本占位符中输入标题文字“雪花基金工作会议”，设置文字字体为“华文彩云”，字号为 66，字型为“加粗”和“阴影”，字体颜色为“橙色”；在“单击此处添加副标题”文本占位符中输入副标题文字“2006 年上半年总结”，设置文字字体为“华纹隶书”，字号为 36，字型为“加粗”。

(5) 在幻灯片中调整两个文本占位符的位置，使得幻灯片效果如图 12－56 所示。

(6) 在功能区显示“插入”选项卡，单击“媒体剪辑”选项区域中的“影片”按钮，在弹出的菜单中选择“剪辑管理器中的影片”命令，打开“剪贴画”任务窗格。

(7) 该任务窗格的剪贴画列表中显示可以插入的影片，然后单击需要的影片剪辑，将其插入到幻灯片中，并在幻灯片中调整该剪辑的大小和位置。

图 12－56 在占位符中输入文字

(8) 选中插入的剪辑，在功能区显示“格式”选项卡，单击“调整”选项区域中的“重新着色”按钮，在打开菜单的“颜色模式”选项区域中选择“褐色”命令，为插入的剪辑更改颜色，此时幻灯片的效果如图 12－57 所示。

图 12－57 在幻灯片中插入影片剪辑

(9) 在“开始”选项卡的“幻灯片”选项区域中单击“新建幻灯片”按钮，添加一张新幻灯片。

(10) 在“单击此处添加标题”文本占位符中输入标题文字“雪花基金投资认购表”，设置文字字体为“华文琥珀”、字号为 40、字型为“阴影”。

(11) 选中“单击此处添加文本”文本占位符，按下 Delete 键将其删除。

(12) 在功能区显示“插入”选项卡，在“文本”选项区域中单击“页眉和页脚”按钮，打开“页眉和页脚”对话框。

(13) 在对话框中选中“日期和时间”复选框，然后在该选项区域中选中“固定”单选按钮，并在下方的文本框中输入文字“2006 年上半年”，如图 12－58 所示。

(14) 单击“确定”按钮，此时插入的页脚出现在幻灯片的左下角。选中插入的页脚文字，设置文字字号为 20、字型为“加粗”。

(15) 在功能区显示“插入”选项卡，单击“插图”选项区域中的“图表”按钮，打开“创建图表”对话框。

(16) 在对话框的“柱形图”选项列表中选择“簇状圆柱图”选项，单击“确定”按钮，如图 12－59 所示。

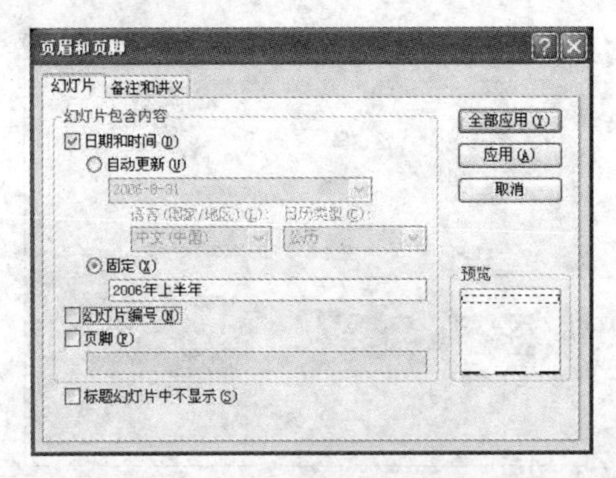

图 12-58 “页眉和页脚”对话框

(17) 此时系统自动打开 Excel 应用程序，删除表格中现有的数据，然后重新输入如图 12-60 所示的数据。

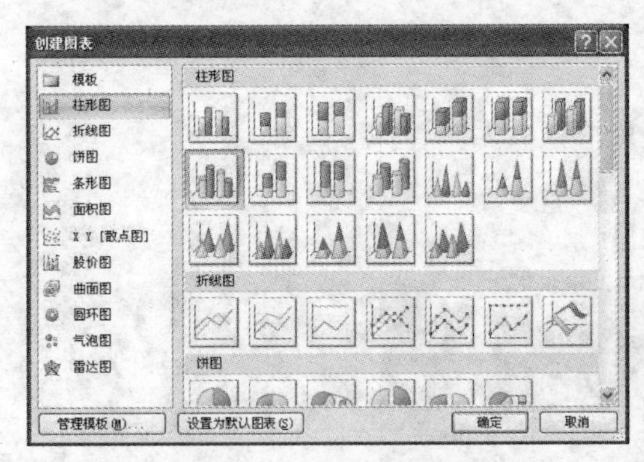

图 12-59 “创建图表”对话框

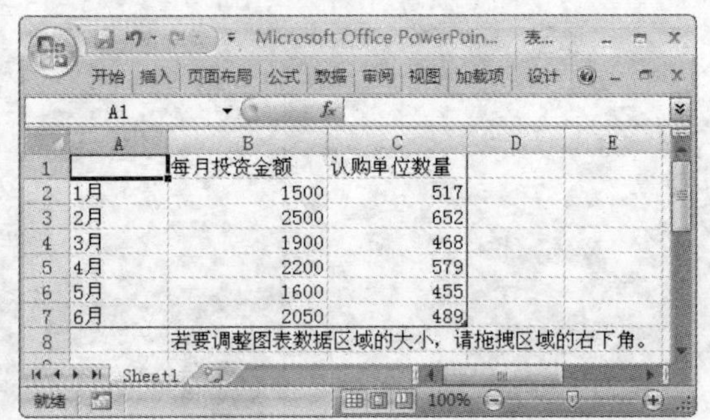

图 12-60 在 Excel 图表中输入数据

(18) 关闭 Excel 应用程序，此时幻灯片中出现插入的圆柱图，如图 12-61 所示。

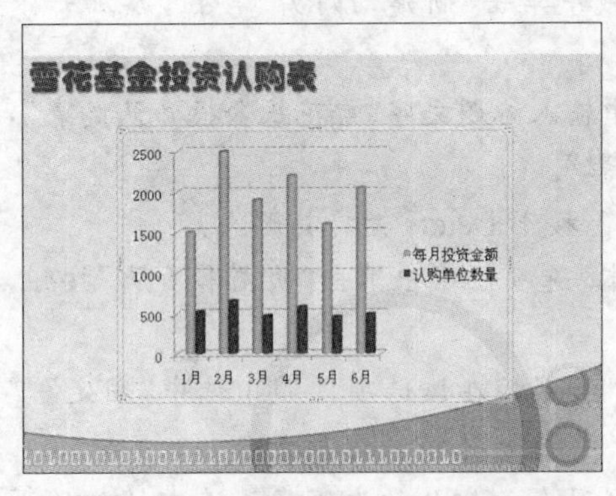

图 12-61 幻灯片中显示插入的圆柱图

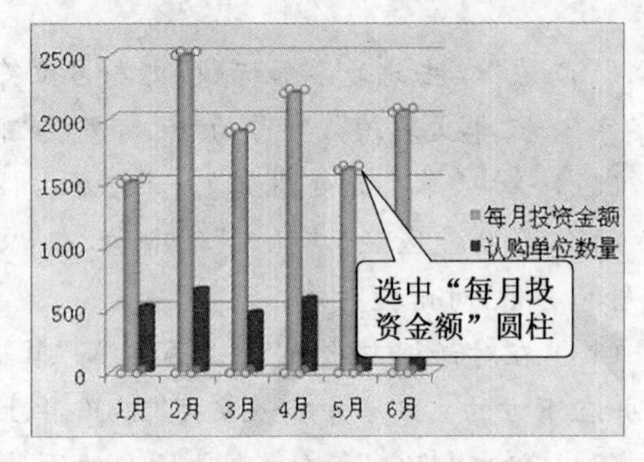

图 12-62 选中 6 个圆柱图

(19) 在插入的图表中选中任意一个月份的“每月投资金额”圆柱，此时对应每月的 6 个圆柱图都将被选中，如图 12-62 所示。

(20) 在功能区显示“格式”选项卡，单击“形状样式”选项区域中的“形状填充”按钮，在弹出的菜单中选择“橙色”，此时 6 个表示“每月投资金额”的圆柱图填充为“橙色”。

(21) 参照步骤(19)～(20),将6个表示“认购单位数量”的圆柱图变为“深红”。

(22) 在幻灯片中拖动图表的外边框,调整图表的大小,如图12-63所示。

(23) 在功能区显示“设计”选项卡,在“类型”选项区域中单击“更改图表类型”按钮,打开“更改图表类型”对话框。

(24) 在对话框的“柱形图”选项列表中选择“簇状圆锥图”选项,单击“确定”按钮,此时幻灯片中图表变为如图12-64所示的效果。

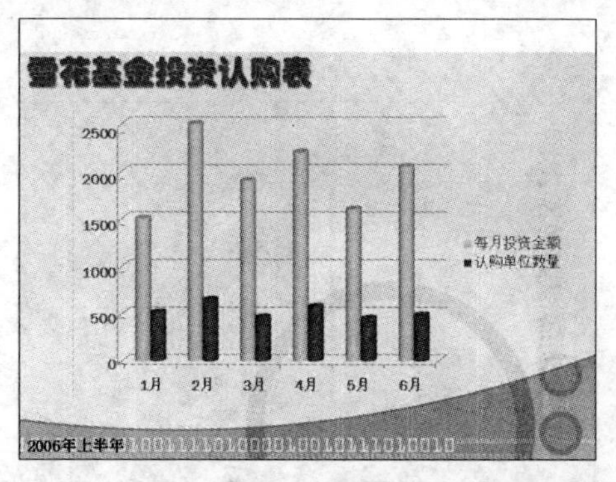

图12-63 调整圆柱图的填充颜色和图表大小

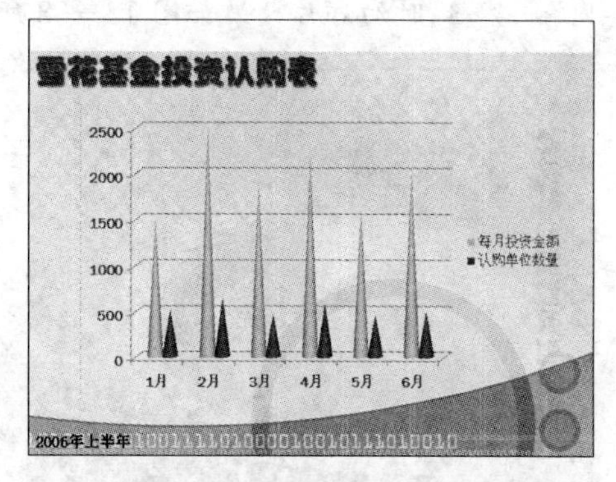

图12-64 更改图表样式

(25) 在“开始”选项卡的“幻灯片”选项区域中单击“新建幻灯片”按钮,添加一张新幻灯片。

(26) 在幻灯片中同时选中两个文本占位符,按下Delete键将其删除。

(27) 在功能区显示“插入”选项卡,单击“文本”选项区域的“文本框”按钮,在弹出的菜单中选择“垂直文本框”命令。

(28) 在幻灯片中按住鼠标左键拖动,绘制一个垂直文本框,并在其中输入文字,设置文字字型为“华文琥珀”、字号为36,并将该文本框拖动到幻灯片的左侧。

(29) 在功能区显示“插入”选项卡,单击“插图”选项区域中的“图表”按钮,打开“插入图表”对话框。

(30) 在对话框的“柱形图”选项列表中选择“堆积柱形图”选项,单击“确定”按钮。

(31) 在自动打开的Excel应用程序中输入如图12-65所示的数据。

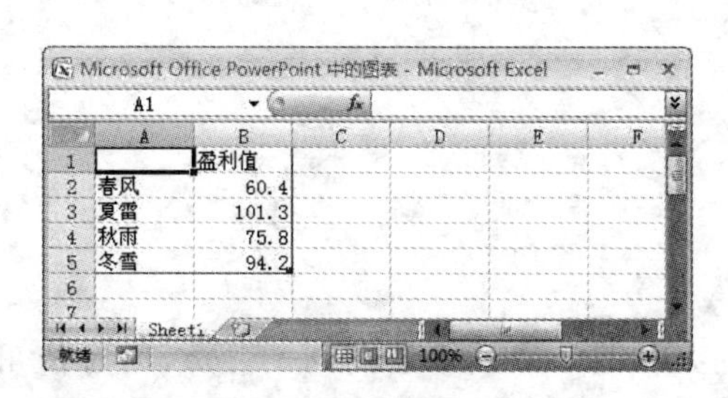

图12-65 在表格中输入数据

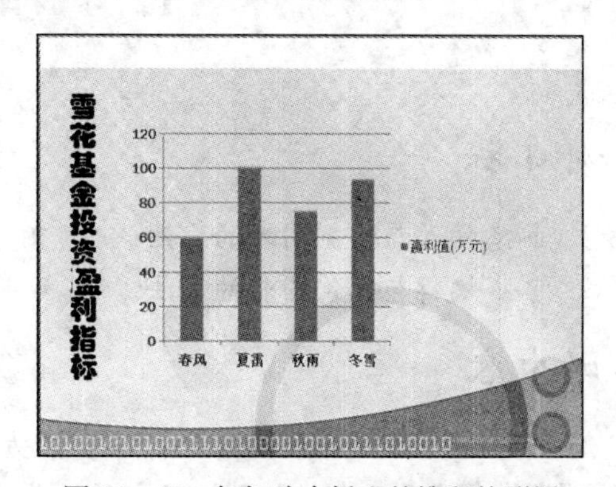

图12-66 幻灯片中插入的堆积柱形图

(32) 关闭Excel应用程序,此时幻灯片中显示插入的图表,如图12-66所示。

(33) 参照步骤(19)～(20),将4个表示“盈利值”的柱形图颜色填充为“橙色”。

(34) 同时选中 4 个柱形图，在功能区切换到“格式”选项卡，单击“形状样式”选项区域的“形状效果”按钮，在弹出的菜单中选择“棱台”|“棱台”|“冷色斜面”命令。

(35) 在功能区切换到“布局”选项卡，在“标签”选项区域中单击“图例”按钮，在弹出的菜单中选择“在顶部显示图例”命令，更改图例在幻灯片中的显示位置。

(36) 在幻灯片中拖动图表边框，调整图表的大小，此时幻灯片效果如图 12-67 所示。

(37) 在功能区切换到“布局”选项卡，单击“数据标签”按钮，在弹出的菜单中选择“数据标签内”命令，此时幻灯片效果如图 12-68 所示。

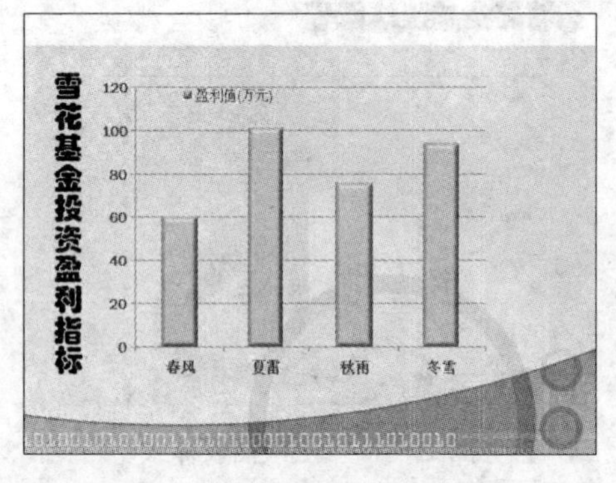

图 12-67　编辑堆积柱形图

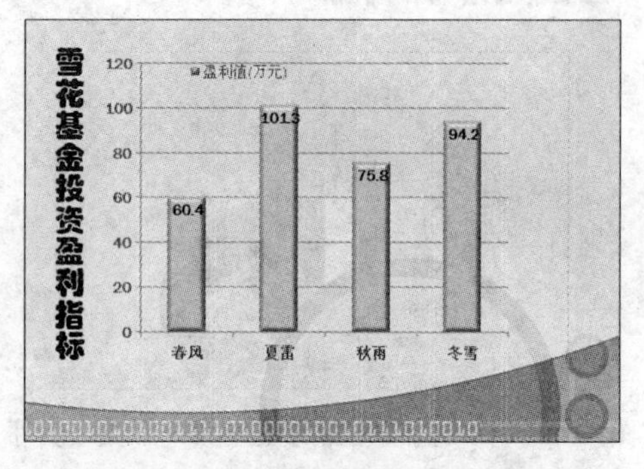

图 12-68　在图表中显示数据标签

(38) 在幻灯片编辑窗口显示第 2 张幻灯片，为其设置切换效果。

(39) 在功能区显示“动画”选项卡，在“切换到此幻灯片”选项区域中单击按钮，在打开的切换动画选项列表中选择“新闻快报”选项。

(40) 在“切换到此幻灯片”选项区域中单击“切换速度”下拉列表，在打开的列表中选择“慢速”选项，并单击“全部应用”按钮，将该动画效果应用于所有幻灯片。

(41) 单击 Office 按钮，在弹出的菜单中选择“另存为”命令，将该演示文稿以文件名“工作会议”进行保存。

12.4　电子月历

实训目标

1. 熟悉插入与绘制图表的方法。
2. 掌握编辑与美化图表的方法。

实训内容

本例主要使用 PowerPoint 的插入表格功能，在演示文稿中绘制电子月历，同时使用超链接功能将每张月历都链接到演示文稿的首页。演示文稿运行后的效果如图 12-69 所示。

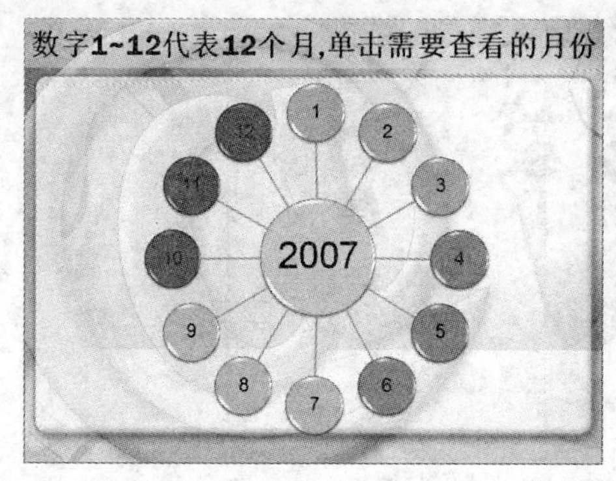

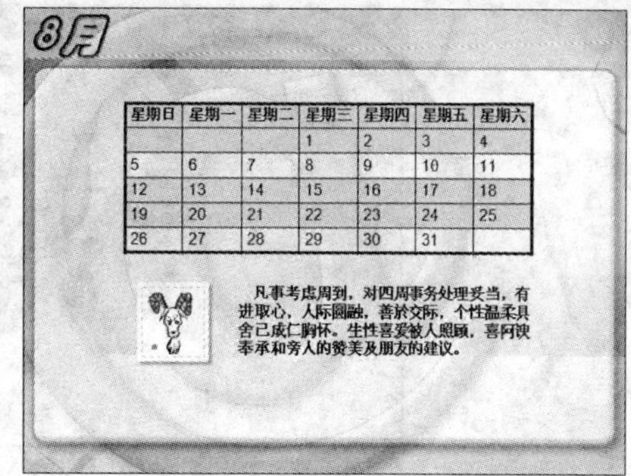

星期日	星期一	星期二	星期三	星期四	星期五	星期六
			1	2	3	4
5	6	7	8	9	10	11
12	13	14	15	16	17	18
19	20	21	22	23	24	25
26	27	28	29	30	31	

图12-69 制作完成的幻灯片效果

上机操作详解

(1) 启动PowerPoint 2007应用程序,单击Office按钮,在弹出的菜单中选择“新建”命令,打开“新建演示文稿”对话框。

(2) 在“模板”列表中选择“我的模板”命令,打开“新建演示文稿”对话框。

(3) 在“我的模板”列表框中选择“设计模板20”选项,单击“确定”按钮,将模板应用到当前演示文稿中。

(4) 在“单击此处添加标题”文本占位符中输入两行标题文字“2007年十二月历”,设置文字字体为“华文彩云”,字号为66,字型为“加粗”和“倾斜”。

(5) 选中“单击此处添加副标题”文本占位符,按下Delete键将其删除。

(6) 在功能区显示“插入”选项卡,单击“媒体剪辑”选项区域中的“影片”按钮,在弹出的菜单中选择“剪辑管理器中的影片”命令,此时打开“剪贴画”任务窗格。

(7) 该任务窗格的剪贴画列表中显示可以插入的影片,然后单击需要的影片剪辑,将其插入到幻灯片中,并在幻灯片中调整该剪辑的大小和位置,此时第1张幻灯片制作完毕,效果如图12-70所示。

(8) 在“开始”选项卡的“幻灯片”选项区域中单击“新建幻灯片”按钮,添加一张新幻灯片。

(9) 在“单击此处添加标题”文本占位符中输入标题文字,并取消“倾斜”效果。

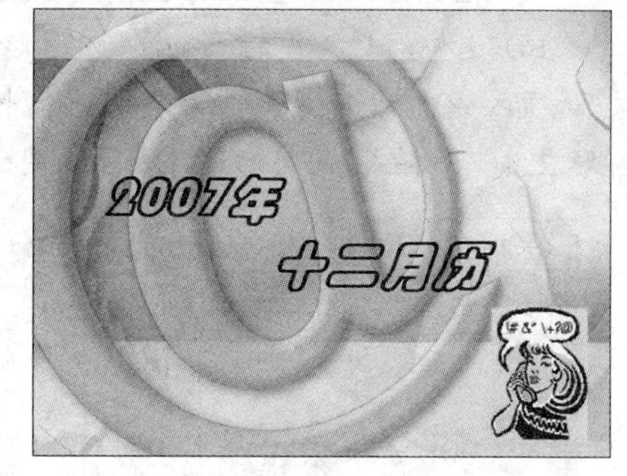

图12-70 第1张幻灯片效果

(10) 在功能区显示“插入”选项卡,在“插图”选项区域中单击SmartArt按钮,打开“选择SmartArt图形”对话框。

(11) 在对话框的左侧列表中选择“循环”选项,然后在SmartArt图形列表中选择“基本射线图”选项,如图12-71所示。

(12) 单击“确定”按钮,将该图形插入到幻灯片中,如图12-72所示。

(13) 选中最上方的图形,单击鼠标右键,在弹出的快捷菜单中选择“添加形状”|“在后面添加形状”命令,为SmartArt图形添加一个形状。

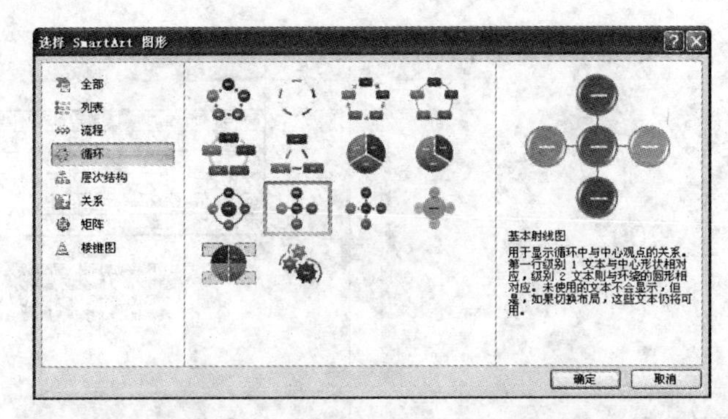

图 12-71 “选择 SmartArt 图形”对话框

(14) 重复步骤(13)，为 SmartArt 图形再添加 7 个形状，此时该 SmartArt 图形共有 13 个形状组成，如图 12-73 所示。

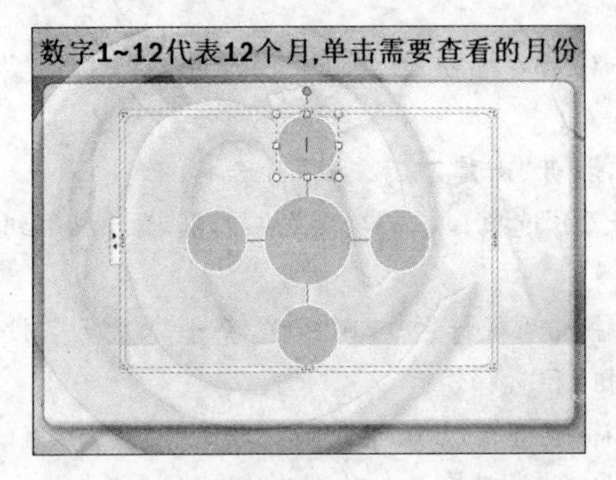

图 12-72 在幻灯片中插入 SmartArt 图形

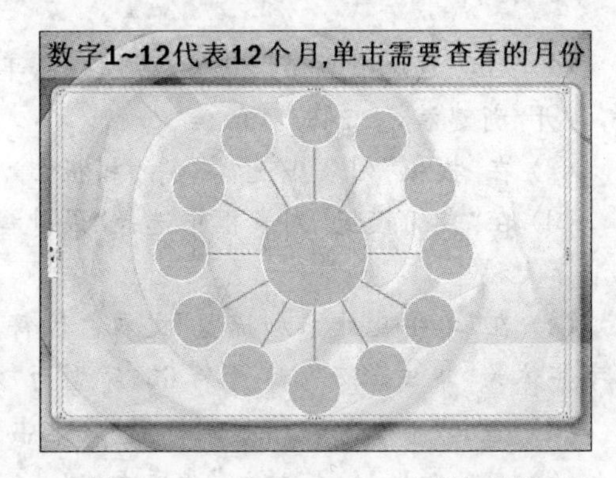

图 12-73 在 SmartArt 中添加形状

(15) 在 SmartArt 图形的 13 个形状中输入数字，如图 12-74 所示。

(16) 选中幻灯片中的 SmartArt 图形，在功能区显示“设计”选项卡，单击“SmartArt 样式”选项区域中的按钮，在打开的列表中选择“三维”选项区域的“幽雅”选项，将 SmartArt 图形应用三维样式，此时幻灯片效果如图 12-75 所示。

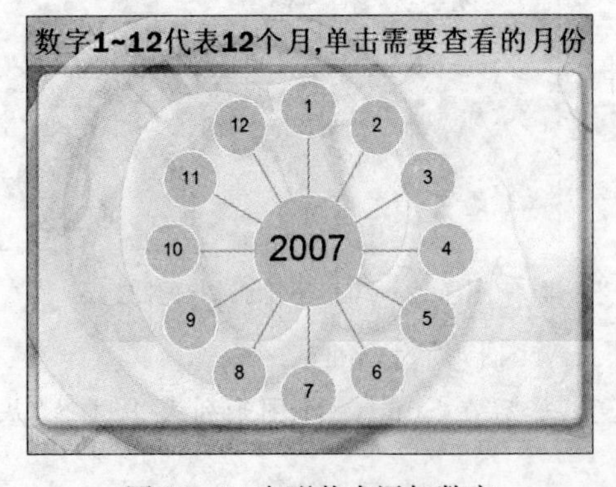

图 12-74 在形状中添加数字

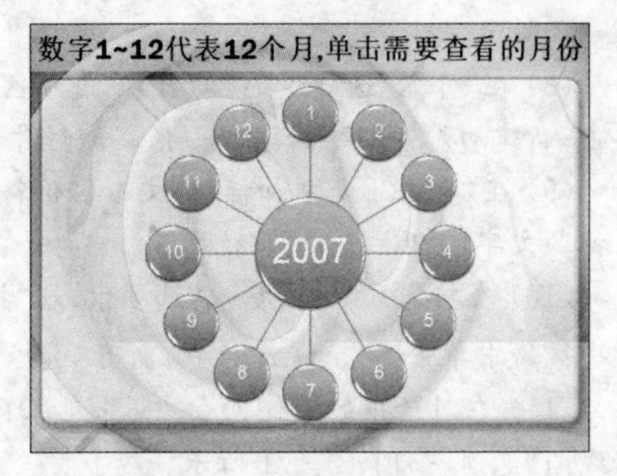

图 12-75 设置三维样式

(17) 将形状“1”、“2”、“3”填充为“绿色”；将形状“4”、“5”、“6”填充为“浅蓝”；将形状“7”、“8”、“9”填充为“橙色”；将形状“10”、“11”、“12”填充为“深红”；并将形状中的数字颜色更改为“黑色”。此时第2张幻灯片制作完毕,效果如图12－76所示。

(18) 在“开始”选项卡的“幻灯片”选项区域中单击“新建幻灯片”按钮,添加一张新幻灯片。

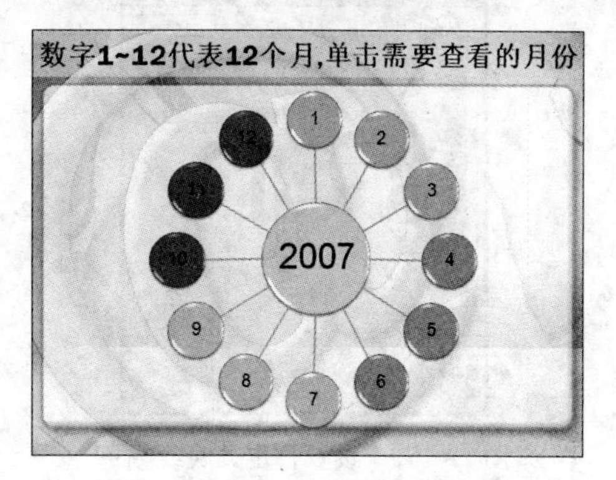

图12－76 为形状添加填充颜色

(19) 在“单击此处添加标题”文本占位符中输入标题文字“1月”,设置文字字体为“华文彩云”、字号为54。

(20) 在“单击此处添加文本”文本占位符中单击▦按钮,打开“插入表格”对话框,如图12－77所示。

(21) 在“列数”和“行数”文本框中分别输入数字7和6,单击“确定”按钮,在幻灯片中插入一个7×6表格,并将其拖动到幻灯片的适当位置,如图12－78所示。

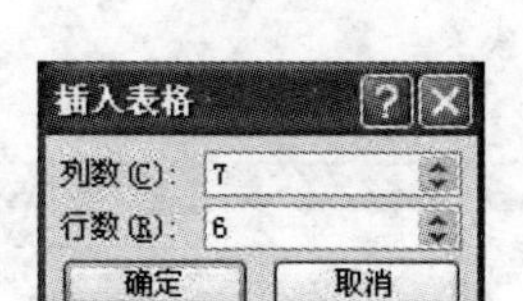

图12－77　设置“插入表格”对话框

图12－78　在幻灯片中插入表格

(22) 选中表格第1行,在功能区显示“设计”选项卡,单击“表格样式”选项区域中的“底纹”按钮,在打开菜单的“标准色”选项区域中选择“绿色”命令,将该行底纹填充为绿色。

(23) 选中表格第2、4行,单击“底纹”按钮,在打开菜单的“主题颜色”选项区域中选择“白色,强调文字颜色3,深色15%”选项。

(24) 选中表格第3、5行,将其底纹填充为“浅绿”。

(25) 选中表格最后一行,单击“底纹”按钮,在弹出的菜单中选择“其他填充颜色”命令,打开“颜色”对话框。

(26) 在“颜色”对话框的“颜色模式”下拉列表框中选择RGB选项,设置“红色”、“绿色”和“蓝色”文本框中的值分别为182、228和204,如图12－79所示。

(27) 单击“确定”按钮,此时幻灯片中的表格效果如图12－80所示。

(28) 选中整个表格,在功能区显示“设计”选项卡,单击“绘图边框”选项区域中的“笔画粗细”按钮,在弹出的菜单中选择“3.0磅”,然后在“表格样式”选项区域中单击“边框”按钮,在弹出的菜单中选择“外侧框线”选项。

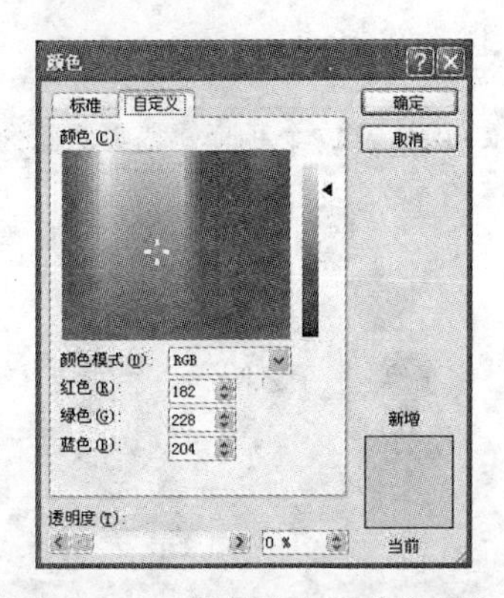

图 12－79　设置自定义底纹颜色

图 12－80　为表格设置底纹样式

(29) 选中整个表格，在功能区显示“设计”选项卡，参照步骤(28)，设置“笔画粗细”属性为“1 磅”，设置“边框”属性为“内部框线”，此时幻灯片效果如图 12－81 所示。

(30) 在单元格内输入文字内容。并在幻灯片中调整表格的大小和位置，使其如图 12－82所示。

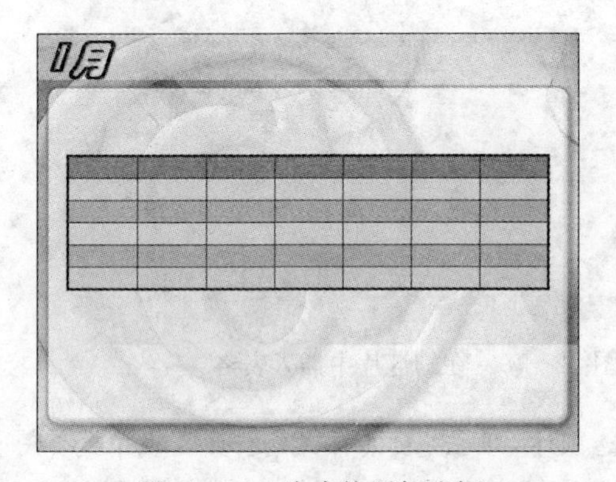

图 12－81　为表格添加边框

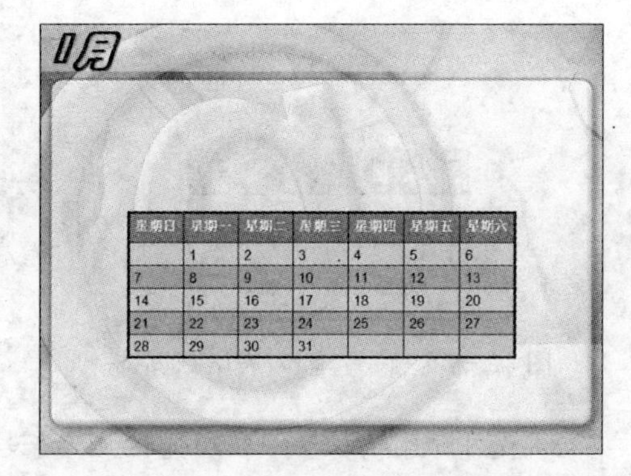

图 12－82　在表格中输入数字并调整表格大小和位置

(31) 在功能区显示“插入”选项卡，在“插图”选项区域中单击“图片”命令，打开“插入图片”对话框，如图 12－83 所示。

(32) 在该对话框中选中需要插入的图片，单击“插入”按钮，将图片插入的幻灯片中，并在幻灯片中调整其大小位置。

(33) 选中该图形，在功能区显示“格式”选项卡，在“图片样式”选项区域中单击“映像棱台，白色”选项。

(34) 在功能区显示“插入”选项卡，单击“文本”选项区域的“文本框”按钮，在弹出的菜单中选择“横排文本框”命令。

(35) 在幻灯片中按住鼠标左键拖动，绘制一个横排文本框，并输入文字。设置文字字体为“黑体”、字号为 18、字型为“加粗”，此时幻灯片效果如图 12－84 所示。

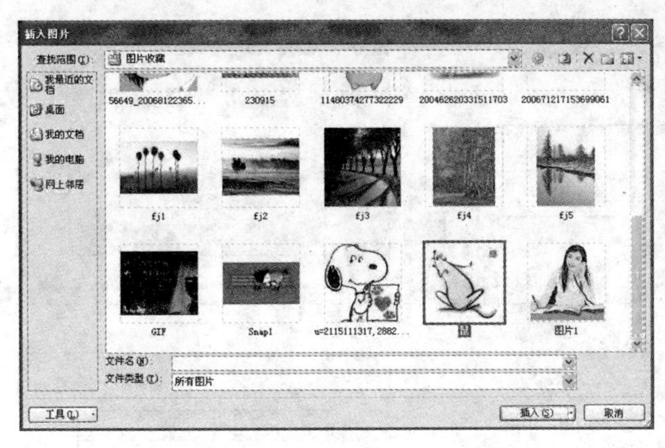

图 12-83　“插入图片”对话框

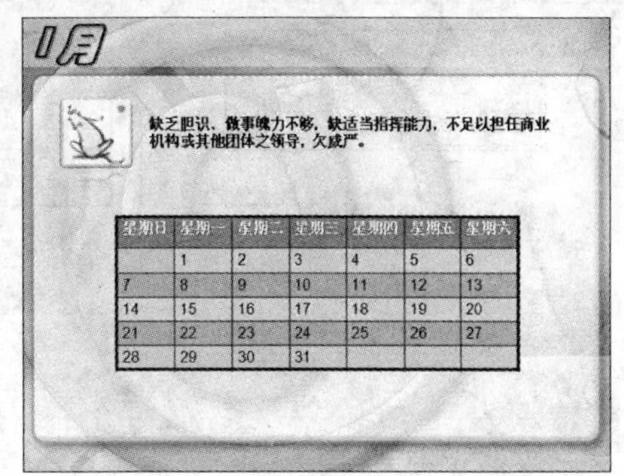

图 12-84　在幻灯片中添加图片和文本框

(36) 在“开始”选项卡的“幻灯片”选项区域中单击“新建幻灯片”按钮，添加一张新幻灯片。

(37) 在“单击此处添加标题”文本占位符中输入标题文字“2 月”，设置文字字体为“华文彩云”、字号为 54。

(38) 选中“单击此处添加文本”文本占位符，按下 Delete 键将其删除。

(39) 在第 3 张幻灯片中选中插入的表格，按下 Ctrl+C 组合键，将其复制到剪切板中，然后在第 4 张幻灯片的空白处单击，按下 Ctrl+V 组合键，将表格粘贴到该幻灯片中。

(40) 选中表格第 1 行，将其底纹颜色设置为 RGB(255,219,105)；选中表格第 2、4、5 行，将其底纹颜色设置为 RGB(230,230,92)；选中表格第 3、6 行，将其底纹颜色设置为 RGB(233,238,238)。

(41) 在该表格中重新填写文字，并将该表格移动到如图 12-85 所示的位置。

(42) 参照步骤(31)～(35)，在幻灯片中添加图片及横排文本框。设置图片的格式为“金属圆角矩形”，并拖动图片上方的绿色旋转控制点，按逆时针方向转动一定角度。此时第 4 张幻灯片制作完毕，效果如图 12-86 所示。

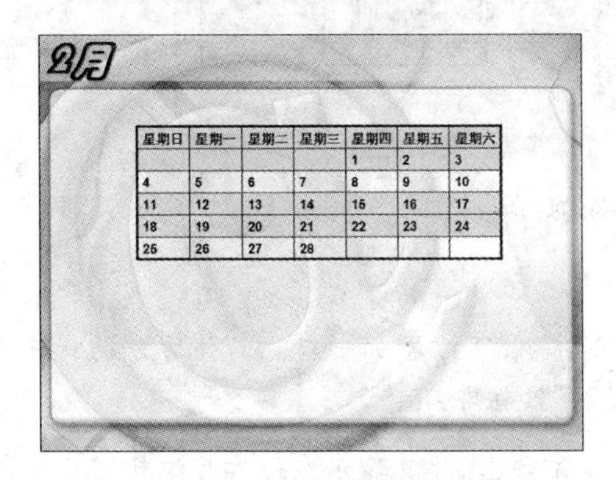

图 12-85　表格在幻灯片中的效果

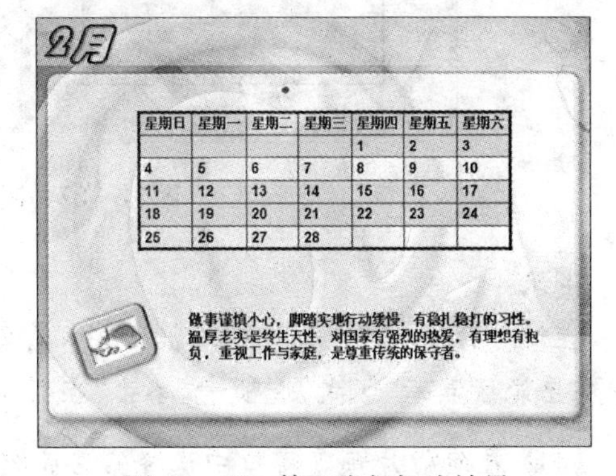

图 12-86　第 4 张幻灯片效果

(43) 参照以上步骤制作 3 月至 12 月的 10 张幻灯片，要求单月月历应用第 3 张幻灯片中的表格样式，双月月历应用第 4 张幻灯片中的表格样式。制作完毕后的各张幻灯片效果如图 12-87 所示。

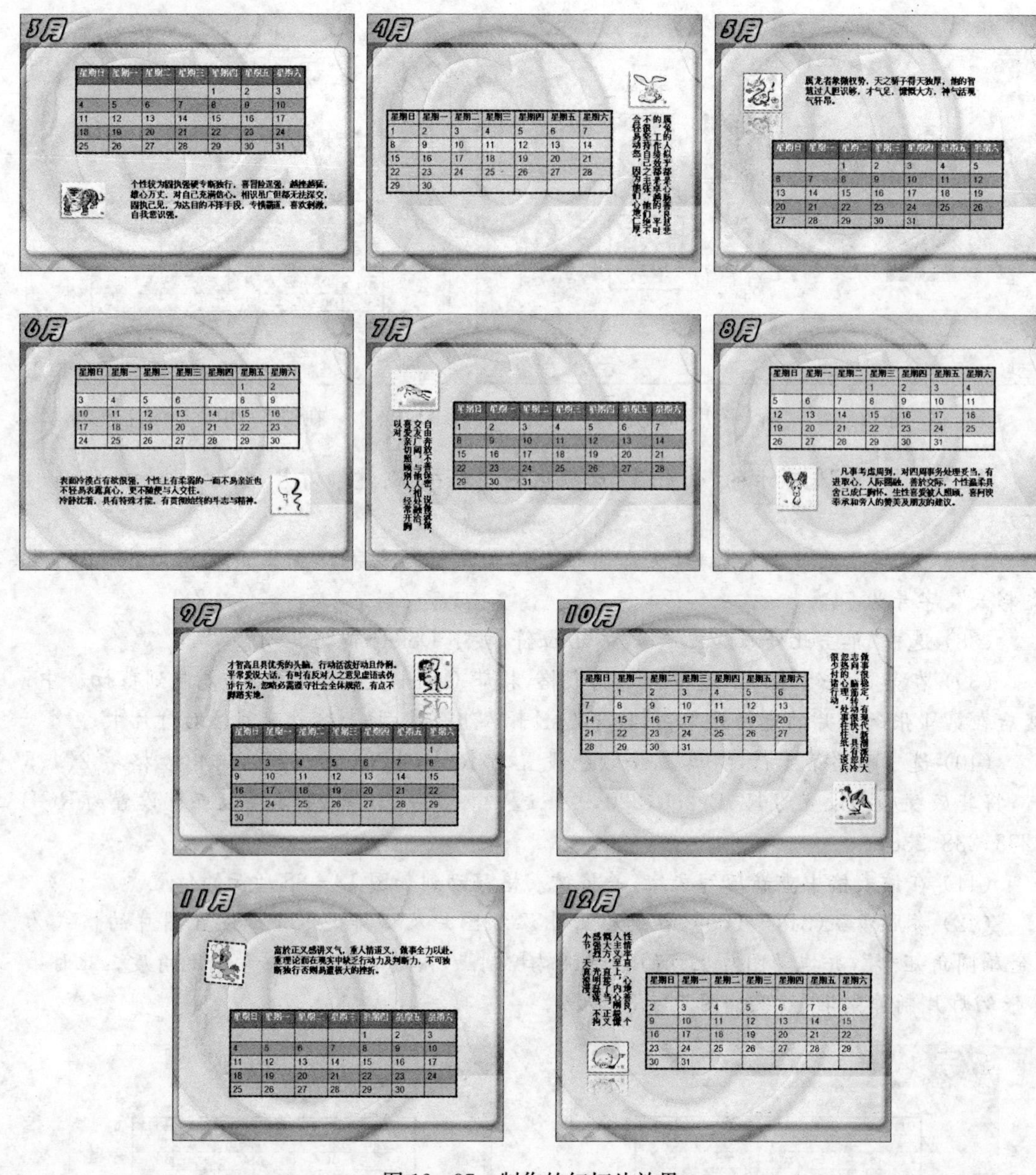

图 12-87　制作的幻灯片效果

提示：

在幻灯片“9 月”和幻灯片“12 月”中，需要在表格最下方添加一行。具体方法为选中表格，在功能区显示“版式”选项卡，单击“在下方插入”按钮即可。

(44) 在幻灯片预览窗口中选择第 2 张幻灯片缩略图，将其显示在幻灯片编辑窗口中。

(45) 在形状中选中文字 1，在功能区显示“插入”选项卡，单击“链接”选项区域的“超链接”按钮，打开“插入超链接”对话框。

(46) 在对话框的“链接到”列表中单击“本文档中的位置”按钮，在“请选择文档中的位置”列表框中选择“1 月”选项，如图 12-88 所示。

(47) 单击“屏幕提示”按钮,打开“设置超链屏幕提示”对话框,在“屏幕提示文字”文本框中输入提示文字“显示1月月历”,如图12-89所示。

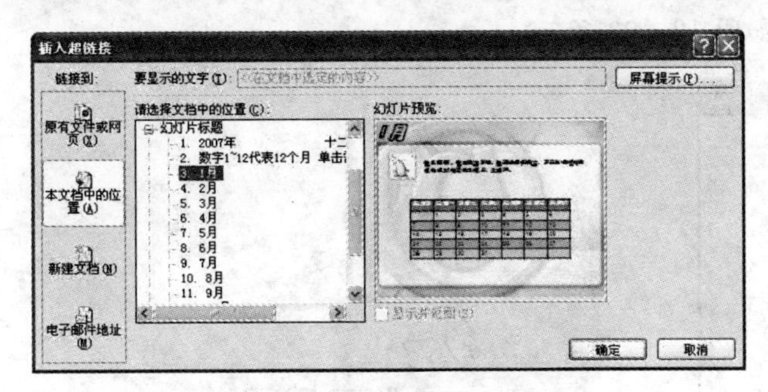

图12-88 设置超链接的位置

图12-89 设置屏幕提示

(48) 单击“确定”按钮,返回到“插入超链接”对话框,再次单击“确定”按钮,完成该超链接的设置。

(49) 参照步骤(45)~(48),分别将第2张幻灯片形状中的数字链接到对应的幻灯片中。

(50) 在“开始”选项卡的“绘图”选项区域中单击“形状”按钮,在打开菜单的“动作按钮”选项区域中选择“后退或前一项”按钮◁,然后在第2张幻灯片的右下角拖动鼠标绘制该图形。

(51) 释放鼠标时,系统将自动打开“动作设置”对话框,在“单击鼠标时的动作”选项区域中选中“超链接到”单选按钮,如图12-90所示。

(52) 此时在“超链接到”下拉列表框中选择“幻灯片”选项,打开“超链接到幻灯片”对话框,在对话框中选择第2张幻灯片的名称,如图12-91所示。

图12-90 “动作设置”对话框

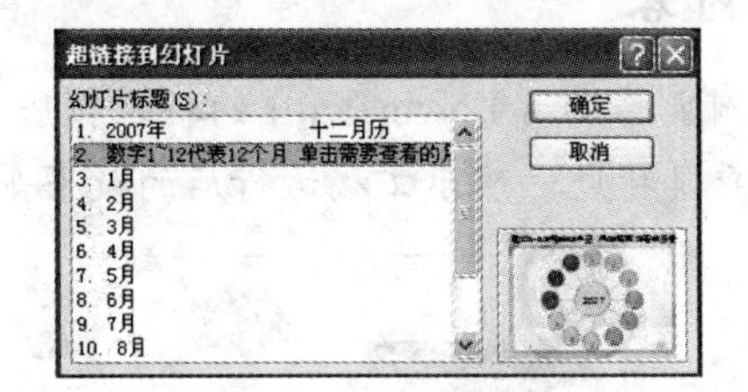

图12-91 “超链接到幻灯片”对话框

(53) 单击“确定”按钮,返回到“动作设置”对话框。在对话框中切换到“鼠标移过”选项卡,在选项卡中选中“播放声音”复选框,并在其下方的下拉列表框中选择“锤打”选项,如图12-92所示。单击“确定”按钮,完成该动作的设置。

(54) 将该动作按钮复制到第4张至第14张幻灯片中。

(55) 在幻灯片编辑窗口显示第1张幻灯片,为其设置切换效果。

(56) 在功能区显示“动画”选项卡,在“切换到此幻灯片”选项区域中单击按钮,在打开的切换动画选项列表中选择“加号”选项。

(57) 在“切换到此幻灯片”选项区域中单击“切换速度”下拉列表，在打开的列表中选择“中速”选项，此时幻灯片切换的效果如图 12-93 所示。

图 12-92 “鼠标移过”选项卡

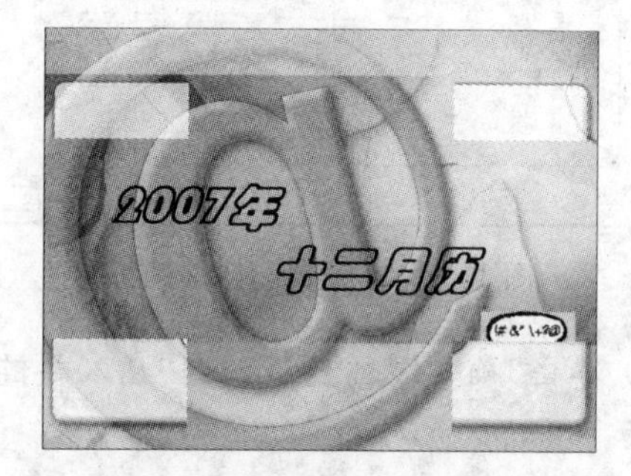

图 12-93 幻灯片切换效果

(58) 在功能区单击“全部应用”按钮，将该动画应用到所有幻灯片中。

(59) 单击 Office 按钮，在弹出的菜单中选择“另存为”命令，将该演示文稿以文件名“电子月历”进行保存。

12.5 产品相册

实训目标

1. 掌握制作相册的方法。
2. 掌握美化幻灯片的方法。

实训内容

本例主要使用 PowerPoint 的插入相册功能来创建演示文稿，并通过对母版的修改使演示文稿更具特色。演示文稿运行后的效果如图 12-94 所示。

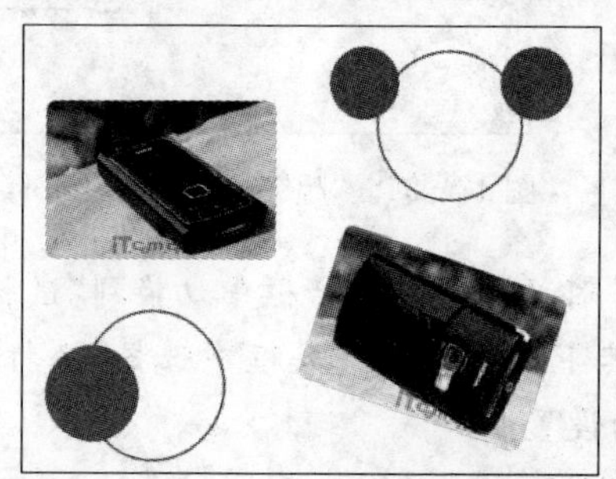

图 12-94 制作完成的幻灯片效果

上机操作详解

(1) 启动 PowerPoint 2007 应用程序,单击 Office 按钮,在弹出的菜单中选择"新建"命令,打开"新建演示文稿"对话框。

(2) 在对话框的"模板"列表中选择"我的模板"命令,打开"新建演示文稿"对话框。

(3) 在"我的模板"列表框中选择 Watermark 模板,单击"确定"按钮,将模板应用到当前演示文稿中,如图 12-95 所示。

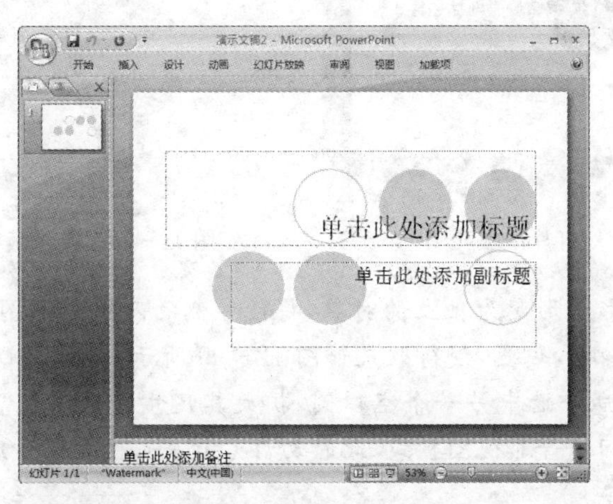

图 12-95　将 Watermark 模板应用在演示文稿中

(4) 在功能区显示"设计"选项卡,单击"主题"选项区域中的"颜色"按钮,打开主题颜色面板,在"内置"选项区域中单击 Office 选项,将其应用在当前幻灯片中,如图 12-96 所示。

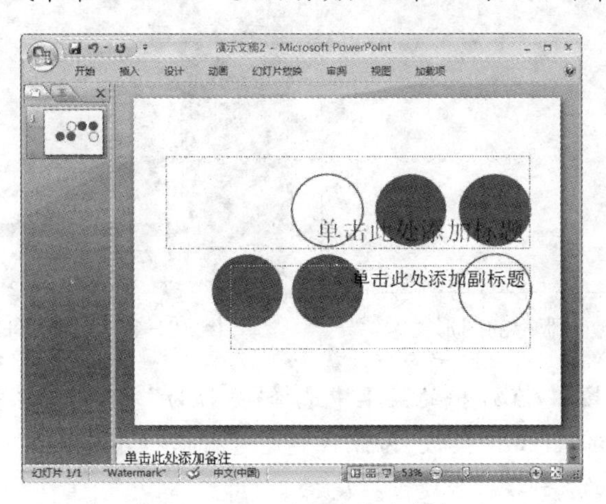

图 12-96　应用自定义颜色

(5) 在功能区单击"新建幻灯片"按钮,添加一张空白幻灯片。

(6) 在功能区显示"视图"选项卡,在"母版版式"选项区域中单击"幻灯片母版"按钮,显示幻灯片母版视图。

(7) 在打开的幻灯片母版视图中显示如图 12-97 所示的幻灯片母版。

(8) 在幻灯片预览窗口中选中第 1 张幻灯片,在幻灯片的母版的上方选中 5 个圆形图

形，右击鼠标，在弹出的快捷菜单中选择“组合”|“取消组合”命令，如图 12－98 所示。

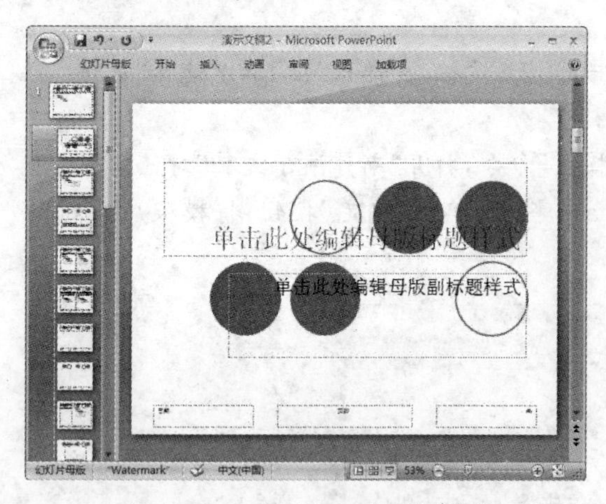

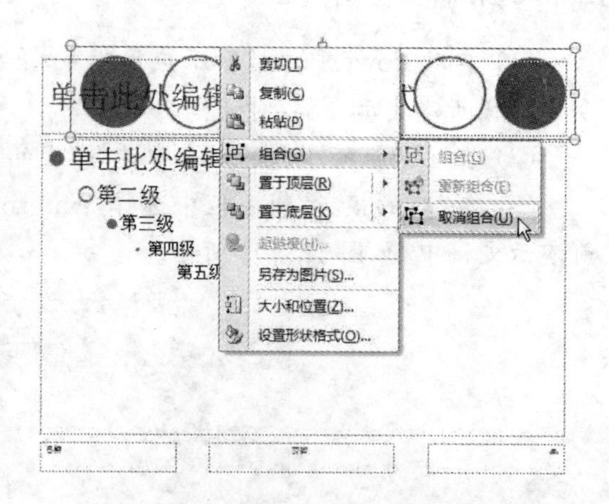

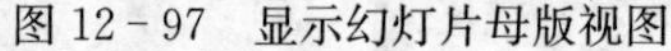

图 12－97 显示幻灯片母版视图

图 12－98 将母版中的图形取消组合

(9) 此时 5 个圆形图形变为独立的对象，将最左侧的两个圆形图形拖动到幻灯片的左下方，并调整它们的大小和位置，使得效果如图 12－99 所示。

(10) 在幻灯片母版中选中另一个空心圆，扩大其尺寸并调整位置。在功能区单击“关闭母版视图”按钮，返回到普通视图模式，此时幻灯片效果如图 12－100 所示。

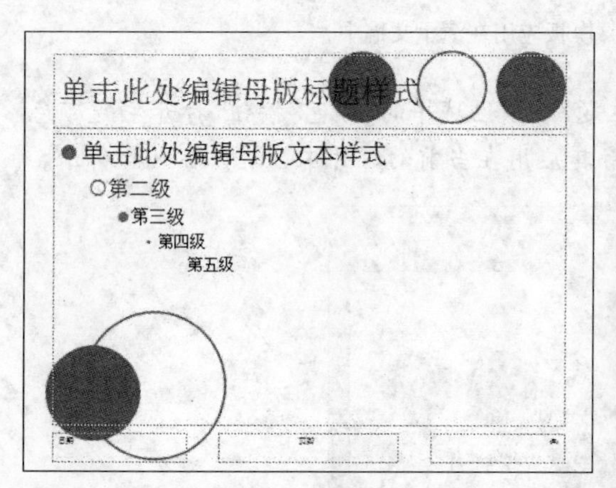

图 12－99 更改母版中的图形

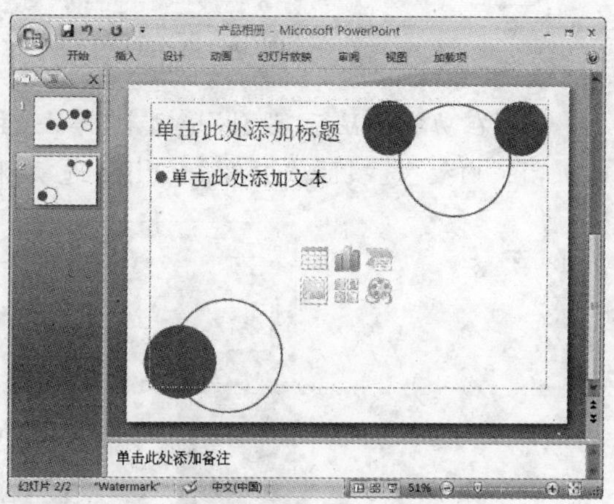

图 12－100 修改母版后的幻灯片效果

(11) 单击 Office 按钮，在弹出的菜单中选择“另存为”命令，将该演示文稿以“产品相册模板”为文件名，以“PowerPoint 模板”为保存类型进行保存，如图 12－101 所示。

(12) 关闭保存后的“产品相册模板”模板。

(13) 启动 PowerPoint 2007 应用程序，打开一个空白演示文稿。

(14) 切换到“插入”选项卡，在“插图”选项区域中单击“相册”按钮，打开如图 12－102 所示的“相册”对话框。

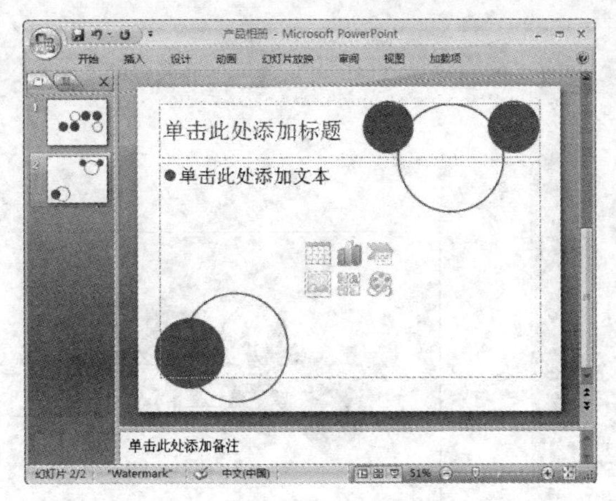

图 12-101 保存更改母版后的演示文稿

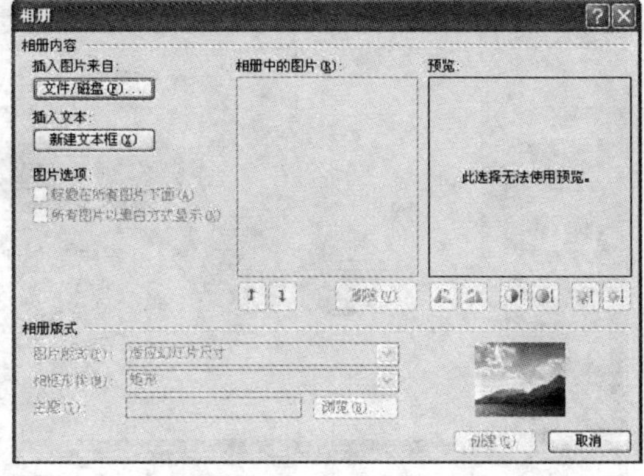

图 12-102 “相册”对话框

(15) 在对话框中单击“文件/磁盘”按钮,打开“插入新图片”对话框,在图片列表中选中需要的图片,然后单击“插入”按钮,如图 12-103 所示。

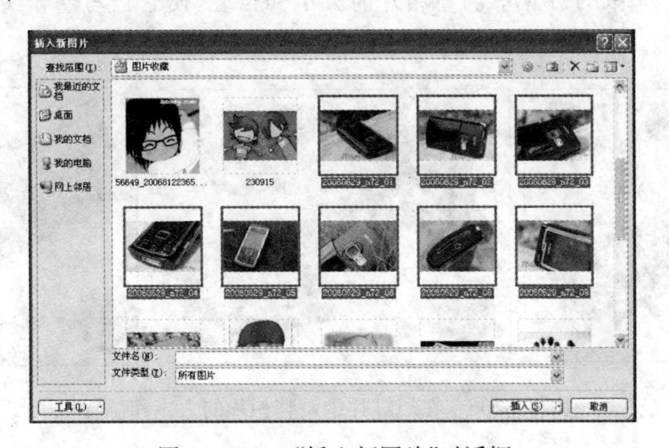

图 12-103 “插入新图片”对话框

(16) 在对话框“相册版式”选项区域的“图片版式”下拉列表中选择“2 张图片(带标题)”选项,然后单击主题文本框右侧的“浏览”按钮,打开“选择主题”对话框。

(17) 在“选择主题”对话框中选择步骤(11)保存的“产品相册模板”选项,单击“创建”按钮,将演示文稿应用“产品相册模板”模板,此时演示文稿效果如图 12-104 所示。

(18) 在幻灯片预览窗口中选择第 1 张幻灯片缩略图,将其显示在幻灯片编辑窗口中。在幻灯片中选中文本占位符,修改封面中的文字,使其如图 12-105 所示。

(19) 在功能区显示“插入”选项卡,单击“插图”选项区域“相册”按钮下方的下拉箭头,在弹出的菜单中选择“编辑相册”命令,打开“编辑相册”对话框。

(20) 在“相册版式”选项区域的“图片版式”下拉列表中选择“2 张图片”选项,在“相框形状”下拉列表框中选择“圆角矩形”选项,单击“更新”按钮。

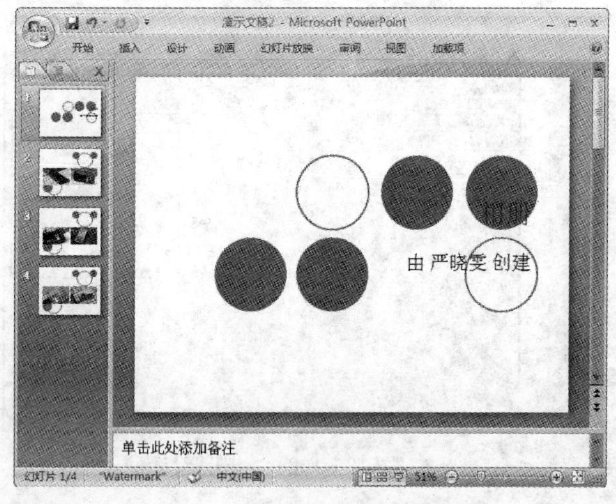

图 12-104　应用模板后的相册

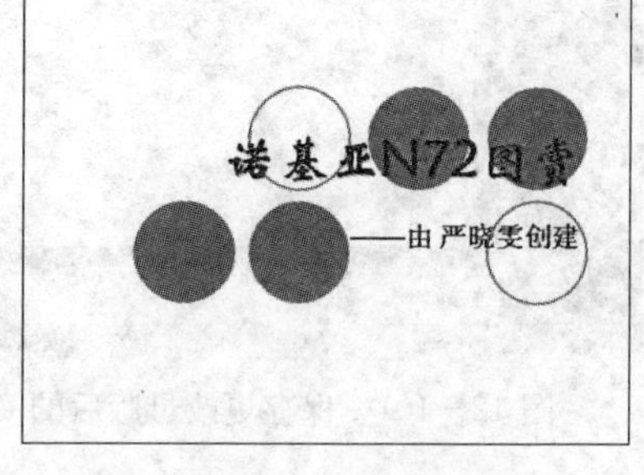

图 12-105　制作相册封面

(21) 在第 2～4 张幻灯片中调整相片的大小和位置,使它们与演示文稿的模板相符合,如图 12-106 所示。

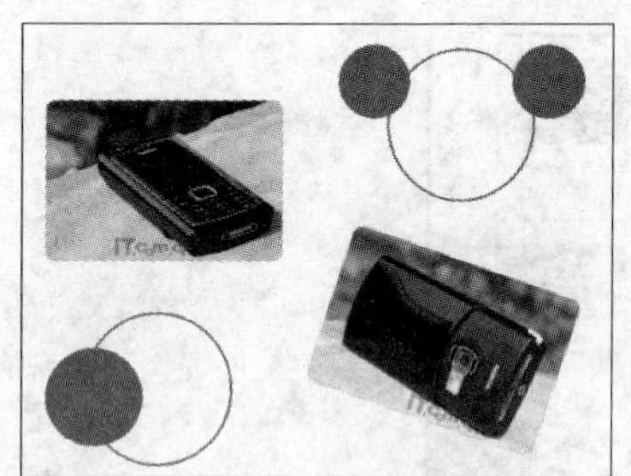
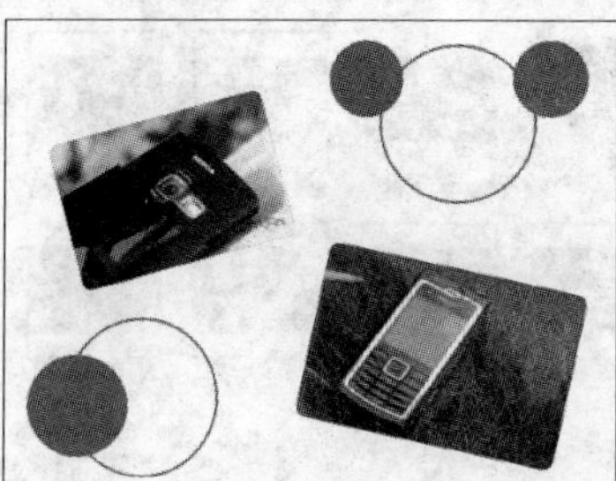
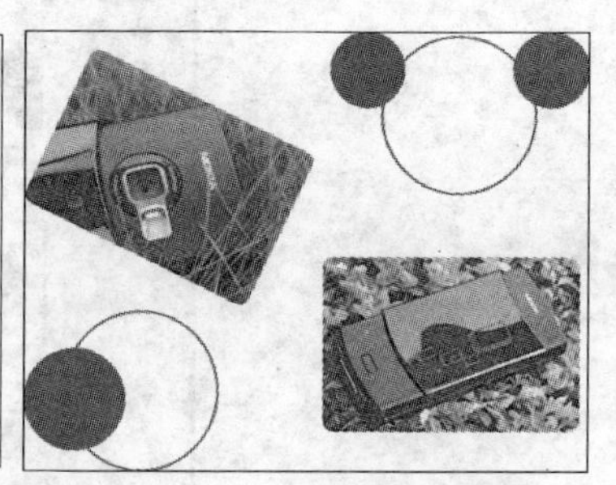

图 12-106　在幻灯片中调整相片的大小和位置

(22) 在幻灯片编辑窗口显示第 1 张幻灯片,为其设置切换效果。

(23) 在功能区显示"动画"选项卡,在"切换到此幻灯片"选项区域中单击按钮,在打开的切换动画选项列表中选择"菱形"选项。

(24) 在"切换到此幻灯片"选项区域中单击"切换速度"下拉列表框,在打开的列表中选择"慢速"选项。

(25) 在功能区单击"全部应用"按钮,将该动画应用到所有幻灯片中。

(26) 单击 Office 按钮,在弹出的菜单中选择"另存为"命令,将该演示文稿以文件名"产品相册"进行保存。